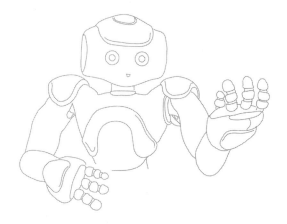

Smart Manufacturing

智能制造

理念、系统与建模方法

刘 敏 严隽薇 / 编著

U0232064

清华大学出版社
北京

<h1 align="center">内 容 简 介</h1>

移动互联网、大数据、人工智能等新一代信息技术与制造业深度融合，孕育了智能制造的新理念。

本书以智能制造理念为起点，讲述了新一代信息技术对传统制造企业的渗透、支持、冲击和融合，给制造业带来的挑战和机遇，以及制造模式的变革、制造系统的发展及建模方法论；探讨了包括智能产品、智能制造过程、智能管理和服务、智能制造模式、智能制造基础关键技术等内容的智能制造技术体系，以及面向网络协同的智能工厂架构和智能企业协作框架；详细介绍了智能制造系统的组成、制造系统的建模方法和相关的基础关键技术等内容。

本书可供自动化、机械、计算机、管理工程等领域的管理人员、技术人员参考，也可作为相关专业高年级本科生和研究生的选修课教材。

图书在版编目（CIP）数据

智能制造：理念、系统与建模方法/刘敏，严隽薇编著.—北京：清华大学出版社，2019（2021.8重印）
ISBN 978-7-302-50624-9

Ⅰ．①智… Ⅱ．①刘… ②严… Ⅲ．①智能制造系统—研究 Ⅳ．①TH166

中国版本图书馆 CIP 数据核字（2018）第 154734 号

责任编辑：梁 颖 常建丽
封面设计：傅瑞学
责任校对：梁 毅
责任印制：杨 艳

出版发行：清华大学出版社
       网　　　址：http://www.tup.com.cn，http://www.wqbook.com
       地　　　址：北京清华大学学研大厦 A 座　　邮　　编：100084
       社 总 机：010-62770175　　　　　　　　邮　　购：010-83470235
       投稿与读者服务：010-62776969，c-service@tup.tsinghua.edu.cn
       质量反馈：010-62772015，zhiliang@tup.tsinghua.edu.cn
       课件下载：http://www.tup.com.cn，010-83470236
印 装 者：三河市科茂嘉荣印务有限公司
经　　销：全国新华书店
开　　本：190mm×245mm　　印　张：25　　　　字　　数：593 千字
版　　次：2019 年 4 月第 1 版　　　　　　　　印　　次：2021 年 8 月第 5 次印刷
定　　价：79.00 元

产品编号：077887-01

前言

　　本书旨在对原书《现代集成制造系统概论：理念、方法、技术、设计与实施》(2004 年出版)进行修订、更新、补充,结合近年来全球有关智能制造理念的科研实践,同时更名为"智能制造：理念、系统与建模方法"。原书用于研究生课程"现代集成制造系统概论"。该课程是 20 世纪 90 年代中期开始为系统工程专业开设的,其宗旨是使研究生掌握计算机集成制造系统和现代集成制造系统的理论、方法、技术,具有设计与实施制造系统的能力。原书自 2004 年出版后作为研究生课程"现代集成制造系统概论"的教材一直使用至今。

　　随着信息、机械、自动化、系统工程和管理等学科的发展,特别是以移动互联网、大数据、人工智能、物联网、云计算等为代表的新一代信息技术推进了智能制造(Smart Manufacturing)技术的快速发展,结合课题组获得的丰硕科研成果,我们感到必须加深与拓宽课程的内容,特别是需要编写能反映新一代信息技术环境下智能制造技术沿革、新内涵以及相关成果的教学参考书。因此,对原书内容进行了调整,增加了"新一代信息技术的发展及其对制造业的影响""制造模式的变革""制造系统的发展及智能制造的概念""智能制造的技术构成及新一代信息技术支撑的智能工厂体系结构""智能制造系统的组成""面向智能制造的参考体系结构"等相关内容。本书对原课程目标进行了改革和更新,使研究生能够在及时获取新一代信息技术环境下智能制造领域中的最新理念、系统、方法与技术的基础上,掌握从事制造系统相关工程设计与实施需要的基本能力。

　　本书以智能制造理念为起点,讲述新一代信息技术对传统制造业企业的渗透、支持和冲击,给制造业带来的挑战和机遇,以及智能制造技术及系统的发展与沿革,并且系统介绍了智能制造的理念、技术、系统及建模方法等内容。在编写过程中,我们以国内外最新的研究成果和实践经验充实本书的内容;以系统论、方法论为指导,提升本书的学术水平,强化课程的科学性和系统性。我们将多年来科研中遇到的问题、获得的成果加以总结、系统化,并与国家的智能制造战略指导思想融合,较全面、系统地阐述了"智能制造理念、系统与建模方法"。本书可使读者直接面对国民经济建设主战场,在实施"中国制造2025""新一代人工智能"以及"信息化和工业化深度融合"的重大战略中发挥作用。相信本书的出版具有很好的学术价值。

　　本书共 7 章。第 1 章对智能互联时代的制造业、制造模式的变革、制造系统的发展及制造系统的建模方法论进行综述，并为本书内容的展开进行铺垫；第 2 章分别从德国"工业 4.0"的智能制造技术、美国工业互联网的智能制造技术和"中国制造 2025"的智能制造等角度介绍智能制造模式，并探讨包括智能产品、智能制造过程、智能管理和服务、智能制造模式、智能制造基础关键技术等内容的智能制造技术体系、面向网络协同的智能工厂架构和智能企业协作框架；第 3 章介绍智能制造系统的基本组成，包括智能研发与设计系统、智能生产系统、智能管理与服务系统以及面向流程工业的制造系统；第 4 章介绍面向制造系统集成的支撑平台；第 5 章介绍制造系统的建模方法体系，包括建模方法论、多种系统参考体系结构、建模方法和建模工具的应用等内容；第 6 章讨论制造系统的总体设计技术；第 7 章介绍制造系统的基础关键技术。

本书既注重系统性和科学性，又注重实用性；既有综合性，又有专门深入的论述。其主要特色是：系统介绍新一代信息技术环境对制造业的影响、智能制造模式的产生和发展，以及当前流行的智能制造观，如"工业 4.0""工业互联网"和"中国制造 2025"等；详细介绍智能制造技术体系及其系统构成，包括智能研发与设计系统、智能生产系统、智能管理与服务系统、产品智能服务系统等内容；系统介绍智能制造系统的建模方法体系，如建模方法论、参考体系结构和建模方法工具等；注重智能制造系统强调的关键技术，如制造系统的基础理论和支持技术、信息技术、计算机辅助技术、集成平台技术、制造过程控制技术，以及制造技术的新发展等，较全面地阐述实际系统开发中已采用或正在兴起的技术。本书涉及面广、内容丰富，努力反映出国家智能制造和新一代人工智能的战略部署及实施情况。

本书受到国家自然科学基金项目"互联网与大数据环境下面向高端装备制造的智能工厂运营优化(No.71690234)"和"面向 MRO(维护、维修、运行)网络环境的维护服务协同优化与调度研究(No.61573257)"的资助。本书的编写经过多轮研究生教学实践的检验，效果较好。全书由刘敏和严隽薇策划、编写并统稿，特别感谢戴毅茹和凌卫青在本书前一版中做了大量工作，以及马玉敏提出宝贵的修改建议。本书得到同济大学电子与信息工程学院系统工程专业博士生章锋、李玲、徐高威等同学的协助，他们为本书多个章节的素材编写工作付出了辛勤劳动，谨在此对他们表示衷心的感谢。

本书涉及的范围比较广，讨论的问题比较新，也比较复杂，书中难免有不足之处，欢迎广大读者批评指正。

作　者

2018 年 5 月

目录

第1章　智能互联时代的制造业　1

1.1　制造业发展史　1

　1.1.1　蒸汽动力时代　2

　1.1.2　电动力时代　2

　1.1.3　信息经济时代　5

　1.1.4　智能互联时代　11

1.2　信息技术对制造业的影响　15

　1.2.1　信息技术及其社会作用　15

　1.2.2　信息技术对制造业的挑战　18

1.3　制造模式的变革　22

　1.3.1　制造模式模型　22

　1.3.2　制造模式的发展阶段　25

　1.3.3　各工业强国制造模式的变革过程　31

　1.3.4　中国智能制造的部分内容　36

1.4　制造系统的发展　40

　1.4.1　计算机集成制造系统的基本概念　40

　1.4.2　现代集成制造系统的基本概念　43

　1.4.3　智能制造系统的基本概念　48

1.5　制造系统的建模方法论　51

　1.5.1　企业建模理论与方法　51

　1.5.2　工程项目开发的生命周期　54

　1.5.3　系统的实施方法　55

参考文献　55

第2章　智能制造的技术体系　57

2.1　"工业4.0"的智能制造技术　58

　2.1.1　智能工厂的概念　58

　　　2.1.2　"工业 4.0"的核心特征　65
　　　2.1.3　"工业 4.0"的基本特征　68
　　2.2　工业互联网的智能制造技术　68
　　　2.2.1　物联网　69
　　　2.2.2　智能设备　69
　　　2.2.3　智能数据　70
　　　2.2.4　智能决策　70
　　2.3　"中国制造 2025"的智能制造技术　70
　　2.4　智能制造的技术体系　71
　　　2.4.1　智能制造技术的构成及体系结构　71
　　　2.4.2　新一代信息技术支撑的智能工厂体系结构　79
　　　2.4.3　面向网络协同的智能企业协作框架　82
　　参考文献　83

第 3 章　智能制造系统的组成　85
　　3.1　制造企业的功能和生产组织方式　85
　　　3.1.1　传统制造企业的生产组织方式　86
　　　3.1.2　现代制造企业的生产组织方式　87
　　3.2　智能研发与设计系统　88
　　　3.2.1　研发与工艺设计系统概述　88
　　　3.2.2　产品创新设计与研发管理模式　89
　　　3.2.3　产品研发与工艺设计系统　95
　　　3.2.4　基于产品定义模型的智能研发和设计方法　100
　　3.3　智能生产系统　103
　　　3.3.1　智能生产系统的组成　103
　　　3.3.2　面向智能生产过程的几个概念　110
　　3.4　智能管理与服务系统　111
　　　3.4.1　智能管理与服务技术体系　111
　　　3.4.2　智能运营管理与服务系统　113
　　　3.4.3　智能物流与供应链系统　120
　　　3.4.4　产品智能服务系统　124
　　3.5　面向流程工业的智能制造系统　125
　　　3.5.1　连续型制造业的特点　125
　　　3.5.2　流程工业的制造系统　128
　　参考文献　136

第 4 章　面向制造系统集成的支撑平台系统　137
　　4.1　企业整体解决方案的集成平台　137

　　4.2　网络化制造服务平台　141

　　4.3　集成化企业建模与诊断系统　143

　参考文献　148

第5章　制造系统的建模方法体系　149

　5.1　信息系统的建模方法论　149

　5.2　制造系统的参考体系结构　150

　　5.2.1　面向集成制造的参考体系结构　150

　　5.2.2　面向智能制造的参考体系结构　186

　　5.2.3　"中国制造2025"的智能制造参考架构　197

　　5.2.4　虚实结合的智能制造参考架构　197

　5.3　制造系统的建模方法及工具　199

　　5.3.1　IDEF系列方法　199

　　5.3.2　GRAI建模方法　212

　　5.3.3　ARIS控制视图的过程链方法　218

　　5.3.4　面向对象的 I_2 DEF方法　226

　　5.3.5　采用UML类图语言的VEMS建模方法　238

　5.4　面向企业整体解决方案的建模工具应用　247

　　5.4.1　引言　247

　　5.4.2　企业诊断阶段　250

　　5.4.3　需求分析阶段　252

　　5.4.4　系统设计阶段　254

　　5.4.5　实施与运行维护阶段　256

　　5.4.6　面向企业整体解决方案的建模工具　258

　参考文献　274

第6章　制造系统的总体设计技术　275

　6.1　系统的需求分析　275

　　6.1.1　企业现状分析　275

　　6.1.2　企业面临的问题及对策分析　279

　　6.1.3　系统的需求与目标　282

　6.2　系统总体方案的制定与描述　284

　　6.2.1　制定总体方案的指导思想　285

　　6.2.2　系统总体设计的内容　286

　6.3　分系统的总体设计　290

　6.4　设计标准与规范　291

　　6.4.1　国际标准　291

　　6.4.2　ISO/TC184　292

    6.4.3　国家标准　296

参考文献　299

第7章　制造系统的基础关键技术　300

7.1　制造系统的基础理论和支持技术　300

    7.1.1　离散事件动态系统理论　300

    7.1.2　系统集成技术与企业优化技术　304

    7.1.3　系统仿真技术　307

    7.1.4　传统的智能技术与方法　309

    7.1.5　机器学习方法　315

    7.1.6　新一代人工智能技术　326

7.2　制造系统中的信息技术　327

    7.2.1　产品数据管理技术　327

    7.2.2　制造网络技术　333

    7.2.3　产品数据交换技术　338

    7.2.4　产品全生命周期管理技术　343

    7.2.5　智能传感技术　346

    7.2.6　信息物理系统技术　349

7.3　计算机辅助技术　349

    7.3.1　计算机辅助设计　349

    7.3.2　计算机辅助工艺规划　353

    7.3.3　计算机辅助制造　357

    7.3.4　计算机辅助质量管理　360

7.4　制造系统的集成平台技术　366

    7.4.1　软构件及其标准接口　366

    7.4.2　制造系统应用集成平台　371

7.5　制造过程控制技术　375

    7.5.1　数字控制技术　375

    7.5.2　柔性制造技术　377

    7.5.3　传统的智能制造技术　380

7.6　制造技术的新发展　383

参考文献　390

第1章
智能互联时代的制造业

制造业是人类创造生存和发展所需人造物的活动的总称。它奠定了人类物质文明的基础,是国民经济的支柱产业。社会由低级向高级的发展很大程度上取决于人类造物活动的水平。目前,人类走进了智能互联时代,伴随社会发展的制造业是如何演进的?又会发展成何种新的模式、新的制造系统?从制造业的发展史中可以了解,并可能得到有益的启示。

1.1 制造业发展史

从原始时代开始,人们就使用工具和制造工具。从石器时代到青铜器、铁器时代这段时期,生产力水平低下,主要是人力、畜力、局部利用水力和风力以及简单的工具;制造技术主要依靠手工技艺;生产方式采用的是手工,或半手工、半机械化的手工业作坊式生产方式。

随着手工业的兴起,在13世纪末到16世纪的200多年中,商业、交通、航海、造船和建筑业均开始得到发展。特别是从17世纪后期,相继有:英国科学家牛顿发明的力学三大定律成为后来机械学的力学理论基础;法国数学家笛卡儿创立了解析几何学;德国数学家莱布尼茨确定了微积分学;18世纪中叶,美国富兰克林发现了电,阐述了正负电荷现象,为电磁、电力研究与应用提供了前提条件。这一系列自然科学的进步促进了制造业的发展,孕育着机器生产时代的到来。简单来说,从世界经济发展史的角度看,世界生产方式经历了四次重大的变革(表1.1),在每次变革过程中,都会有一些国家会奇迹般地崛起。

表1.1　世界历史性生产方式的变革和国家的崛起

变革	时间	技术变革	生产方式变革	崛起国家	崛起的原因
第一次工业革命:蒸汽动力	18世纪70年代—19世纪50年代	机器动力代替人力	工厂的出现代替手工工厂	英国	利用生产技术、方式的变革和进步,即劳动分工与标准化

变革	时间	技术变革	生产方式变革	崛起国家	崛起的原因
第二次工业革命：电动力	19世纪80年代—20世纪20年代	电力、化学、石油、新动力、新材料	企业集团、托拉斯的出现，大规模流水生产	美国、德国	利用新兴生产方式及促进新技术，即福特的大批量生产方式
第三次工业革命：信息经济	20世纪40年代末—20世纪末	信息技术及网络、核能、生物技术、新材料	中小企业的兴起、大企业的联盟	日本、德国、美国	利用高科技产业的发展与技术的进步，包括日本的精益制造、德国的柔性制造、美国的敏捷制造等生产方式
第四次工业革命：智能互联	2012年—	移动互联网、大数据、人工智能、云计算、物联网等新一代信息技术	智能制造、服务型制造、客户化定制	美国、德国、中国	利用创新能力，即技术创新、商业模式创新、生产组织方式创新，以及制度体系创新等，如"工业互联网""工业4.0"与"中国制造2025"

1.1.1　蒸汽动力时代

1776年，英国机械师瓦特发明的第一批新型蒸汽机制造成功并应用于实际生产。依靠蒸汽动力，纺织业、机器制造业取得了革命性的变化，汽车、火车、汽船等交通工具相继得到生产，煤炭、石油和钢铁等行业也得到了相应的发展。蒸汽机的发明，将人类社会带入了蒸汽动力时代，蒸汽机成了大工业时代普遍应用的发动机，引发了第一次工业大革命。第一次工业革命标志着由机器占统治地位的近代工业化大生产时期的开始。19世纪初，交通工具也相继出现了许多创造发明，从1807年美国富尔敦制造出第一艘汽船，到1814年英国工程师史蒂芬发明蒸汽机车，到1830年世界上第一条客运铁路投入运行。交通工具的发展促进了机械制造业的发展。工业革命也为资本主义发展和机器大生产创造了广阔的前景。

1.1.2　电动力时代

1820年，丹麦奥斯特发现了电磁效应，法国安培提出了电流相互作用定律；1821年，英国法拉第制作出了永磁电动机模型；1831年，法拉第总结出电磁感应定律，发明了发电机；1864年，英国麦克斯韦建立了电磁场理论。上述这些发明、发现为后来的电信、电器以及电动机、发电机的创造和应用奠定了理论和电力工业基础。此后，电话、电报、电灯相继问世。电力机器由于能耗仅2%，且清洁、操作方便、占用空间小、性能优良、价格低廉，因此与蒸汽机相比，具有明显的竞争优势。1875—1894年，法国试验应用电力，直接采用电动机驱动机床，推动了机床制造业的发展，结束了机床动力由人力、水力到蒸汽动力的时代。以电作为动力源改变了机器的结构，开拓了机电制造技术的新局面，人类从此开始进入电动力时代。

19 世纪下半叶,另一重大发明就是内燃机。1860 年,法国李诺瓦以瓦斯为燃料发明了内燃机;1887 年,德国发明家卡尔·本茨创造了高速汽油发动机;1893 年,德国狄赛尔以重油为燃料,依据压缩燃料点火的引擎原理,研制成功了大马力柴油机,用于运输车辆动力;1896 年,美国亨利·福特制造出轻巧、有力、安全、可靠的四轮汽车。麻省理工学院的 J. 沃麦克等在《改变世界的机器》一书中关于汽车制造业的这段发展史对认识信息时代制造业的诸多问题,应该能有所启示。

1894 年,英国议会的一位议员要买一辆轿车,当时英国没有汽车制造厂,更没有任何销售商,因此这位议员只能到巴黎的 P&L 公司订制。P&L 公司是当时世界有名的处于领先地位的轿车公司,主要产品是每年制造几百辆汽车。当时的制造方式是传统的单件生产:由具有高度技巧的工匠精心地制造汽车,这些工匠通晓机械设计的原理,熟悉他们要用的各种材料的性能。他们之中不少人就是小业主,在 P&L 内独立承包,甚至可以作为一个独立的机械制造作坊与 P&L 签订合同,承制某些零件和总成。

当时 P&L 的两位创始人与几个最接近的伙伴负责与顾客讨论,确定汽车的详细规格,定购主要的零件并最后装配成品。而绝大部分的工作,包括总体设计和工程设计,都是由分散在巴黎各处的各个作坊完成的。这种情况下,P&L 公司从来就没有制造过两辆完全相同的汽车。因为即使按同样的蓝图造出来的汽车也不相同。原因在于 P&L 所有的承包商都不采用标准的计量器具。因此,当各种零件运到 P&L 工厂总装时,这些零件只是近似于所要求的规格。熟练的装配工先取两个零件,用锉将它们修整,使之配合良好。然后再挑第三个零件,使之与前面两个零件配合良好。这样一直干下去,直至整台汽车装出来,这种逐个的配合,产生了累计误差。因此,当装配工装最后一个零件时,这辆汽车和按同样蓝图制造的上一辆汽车在尺寸上的差别已经相当明显了。

这是典型的单件生产,其特点是:

(1) 劳动力在设计、机械加工和装配等方面都有很高的技艺,许多人从学徒开始,最后达到掌握单件生产的全面技艺,希望成为老板,经营自己的机械作坊,向装配汽车公司承包。

(2) 组织相当分散,一个企业主与所有各方(顾客、雇员及协作者)直接联系。

(3) 采用通用机床对金属和木材进行钻、磨等加工。

(4) 产量极低,成本高。

至 1905 年,欧洲已有几百家这类公司采用单件生产方式小量地制作汽车,这些独立承担大部分生产任务的小工厂没有能力开发新技术。1908 年,福特汽车公司对生产技术做了一系列重大改进,开创了汽车的大量生产方式,汽车逐步进入欧美家庭,成为改造世界的机器,从而引发了制造业的又一次空前大发展(第二次工业革命)。

福特公司观察到,采用单件生产方式时,每个装配工的平均工作周期,即重复同样作业之前所经历的时间为 8 小时 34 分,这时每个装配工要完成同一辆汽车上的大部分装配工作。到 1908 年,福特公司实现了所有的零件完全可以互换,每个装配工只承担一项单一的工作,在装配大厅中来回走动,逐个对每辆汽车进行组装。到 1913 年,在移动的装配线推出之前,福特公司的一个装配工的平均工作周期已从 8 小时 34 分缩短到 2.3 分。这时生产效率大为提高,因为工人对单一工作容易熟悉,工作起来速度会更快。另外,所有零件的修整时间都省掉了。福特公司又看到工人从一个装配工位到另一个工位,要花时间来回走动。于是,1913 年,福特公司推出了移动的总装线,工人站在一个地方装配某一零件。这样,工作周期又从 2.3 分缩短到 1.9 分,生产效率又大幅度提高。

福特的“大量生产方式”新技术克服了单件生产方式所固有的问题。大量生产方式的关键不是移动的组装线,而是零件的互换性,即所有零件全都可以互换,始终如一,而且连接非常方便。这种革新使组装线成为可能。这种大量生产方式减少了总装一辆汽车的工时。生产的汽车越多,每辆汽车成本降低越多。当福特的某种车型生产 200 万辆时,可使顾客的实际开支降低 2/3。为了吸引中等消费者这一市场目标,福特在设计汽车时,为汽车的使用和维护提供了前所未有的方便,普通人用一般的工具便可以修理一般的故障。这些优势把福特公司推到了世界汽车业的首位。这种大量生产方式推动汽车工业的进步达半个世纪以上。

上述故事表明,一种新的生产模式(大量生产方式)及其技术支持(零件的互换性,即公差与配合,是机械学科的一个基础技术),给制造业带来一个重大变革。但是,这场变革的深远意义不止于此,还表现在:

1. 劳动力的分工

不仅零件可以互换,工人也容易调换。临时招募的劳工互相不认识,甚至讲话也听不懂,但培训几小时甚至几分钟,他们便可以上生产线,生产出同样复杂的产品。同时,专业的分工也产生了,如工艺工程师、装备工程师、清洁工、修理工、领班等。只有检修工保留了过去装配工的许多技艺。工艺工程师中还要分工,如负责总装的工艺师和各零件作业的工艺师、电气工艺师等。随着时间的流逝,工程专业也越分越细,同专业的工程师可谈的话题越来越多,相反,不同专业的工程师之间的共同语言越来越少,这些功能障碍后来又会影响整个生产。

2. 组织结构

追求纵向一体化的生产组织模式,从原材料、制造到与汽车相关的所有功能都纳入到福特公司(福特公司可称得上是开了“大而全”的先河)。福特要把所有的工作都归并到厂内自制,是由于他对每个零件的尺寸偏差和交货期的严格要求。组织结构上用严格计划下的严格管理来代替市场经济,总部高级管理人员对公司内部的各个业务分部予以协调。这种纵向一体化的组织机构产生官僚体制特别严重,并且一经产生,几乎无法克服。

3. 工具的进步

为了代替技艺高超的工匠,福特用机床来完成同样的工作,这样减少了机床的调试时间。采用专门设计的工夹具可降低对工人的操作技艺要求。此外,按工艺的顺序安排下一道工序,安排专用的机床进行加工,又进一步提高了效率。刚性生产线因此便形成了。

由于上述影响,福特汽车厂的汽车大量生产,普及家庭,反过来又促进了整个工业的发展。可以这样说,20 世纪 50 年代以前的生产主线是追求大量生产方式,带动了整个工业的发展和社会的进步,而作为技术,机械学科起了关键作用。

18 世纪末到 20 世纪初这 100 多年中,人类在制造领域进行了大量探索性实验、研究,解决了机械、热力、电磁、化学能量的转换问题,促进了从切削原理、金属材料、机械设计、技术测量到机床制造等一系列制造技术的迅速发展。金属切削理论方面的著名科学家,美国的 F. W. 泰勒于 1879 年发表了《金属切削法》,并在研究切削速度对刀具寿命的影响的基础上,于 1907 年提出了泰勒公式。泰勒公式为提高切削效率和合理安排工人工作量以及建立科学的管理制度提供了理论依据。1798 年,美国埃利·惠特尼提出了零件的标准化与互换性,并制造了单功能专用机床,采用量规生产单一零件,实现了互换性生产方式,使大量生产方式成为可能,完成了 15000 支枪的生产合同。19 世纪末成套量块(块规)问世后,组合量块精度能达到 2.54μm。这种量块首先用于军事工业,制造出符合口径的子弹。在 19 世纪—20 世纪之交,机床制造业发展速度极快,能够制造出满足不同工艺,不同精度要求的普通、专用、自动、半自动等各类机床。

1894 年以后,电力驱动的机床得到普遍应用,机床的规格与品种不断增多,加工划分细化,工艺趋向完善。1895 年,美国制成多轴自动车床;1911 年,格林利公司制造出组合机床;1945 年,奥地利海德公司研制成电气仿形车床;1897 年,德国制成万能滚齿机;1899 年,法国制成螺旋伞齿轮机;1902 年,美国研制出高效曲轴磨床,1905 年制成行星式内圆磨床,1915 年制成无心磨床;1917 年,瑞士西普公司制成螺纹磨床;1917 年,美国普拉特·惠特尼公司生产出坐标镗床;1934 年,瑞士西普公司生产出带光学测量系统的液压坐标镗床。各种类型机床的创造、发明和发展使制造工艺日趋精确化,为后来的机械化流水线大生产提供了技术基础,机床行业从此成为倍受重视的基础产业。

这一时期,在组织管理理论方面也出现了颇有影响的新理论。其代表是美国 F. W. 泰勒的科学管理理论——强化作业管理和制定完备的规章制度;美国阿尔弗雷德·斯隆的部门管理制度——科层制的金字塔式组织管理模式;法国法约尔的组织管理理论——注重企业内部的部门设计和部门之间关系的协调。

这些制造技术和组织管理理论的发展,为大量生产模式提供了技术基础,在汽车工业的带动下,机械工业、军事工业、化学工业和食品加工业等也相继进入大量生产时代,并为“二战”的军工生产准备了物质基础、技术基础和管理经验。通信和交通业的发展为企业的购销提供了强有力的工具,使市场竞争跨越地区。激烈的竞争促使企业不断采用新技术,改革企业的生产、经营和管理方式。

1.1.3　信息经济时代

信息技术的发展历史可以上溯到人类起源的时候,但是今天一般所说的信息技术的发展阶段主要还是从计算机出现以后算起。从那时候起,大致可以分为数据处理时代、个人计算机(Personal Computer，PC)时代、互联网(Internet)时代、移动互联网时代和智能互联时代(Era of Connected Intelligence)5个阶段，每个阶段分为启动、扩散、控制和集成等发展过程(图1.1)。

图1.1　信息技术的发展历程

第一阶段开始于第二次世界大战期间，军事工业发展的需要促使电子技术的研究与开发异常活跃。美国陆军支持大学研制电子计算机，于1945年诞生了第一台电子计算机；贝尔实验室于1958年成功研制出集成电路；1971年出现了单片微处理机，之后在美国诞生了超大规模集成电路，电子计算机进入到超大规模集成电路为标志的第四代；1969年，美国莫迪康公司(Modicom)诞生了第一台可编程逻辑控制器(Programmable Logic Controller，PLC)，PLC把智能融入机器和过程自动化，广泛应用于工业、基础设施和建筑业，标志着数据处理时代的到来。

第二阶段技术上的特征是源于1981年IBM的第一台桌上型个人计算机(PC)的出现与发展，从而使信息处理技术发生了革命性变化。但是，处理的范围还局限于单机，而且所能处理的信息也很简单，主要是文字和二维图形。

第三阶段技术上的特征是网络和通信技术使得信息跨地域的迅速流通和共享得以实现(1995年10月Netscape上市，标志着互联网时代的出现)，在该阶段，信息主要通过门户网站、搜索引擎和社区进行单向传播。随着各国信息高速公路的建设，迎来了信息化进程中的网络时代。这个阶段的另一特征是信息处理等能力大大提高，能处理包括图形、图像、声音等多媒体信息。

第四阶段开始于2004年，以Web 2.0为标记；2009年，智能手机的出现标志着移动互联网进入快速发展阶段。在该阶段，信息连接方式以Wi-Fi、3G、4G为主，信息传播方式主要通过社交网络平台、App、自媒体等实现双向互动。

第五阶段开始于 2012 年美国通用公司提出的工业互联网概念,随着 2012 年美国再工业化战略、2013 年德国"工业 4.0"制造战略、"中国制造 2025"战略的推出,信息技术的发展进入智能互联时代。该阶段的连接方式主要有移动 Wi-Fi 和 5G 等,并以物联网、大数据、云计算、机器人、智能硬件和人工智能为手段,以智能设备为中心出发点实现整个网络世界之间的全方位智能互联、互动。随着智能互联时代的到来,人们能够很容易地通过各种途径得到大量各类信息,但其中有用信息的比例也随之减小了。如何有效地利用信息就成了亟待解决的问题。信息的智能化技术使得计算机真正能够成为人类智力的延伸。到那时,信息技术也就发展到它的成熟阶段。

信息技术发展的这些阶段并不是截然分开的,而是相互重叠的。信息技术发展的最初那些阶段不仅没有结束,而且依然在发展过程中。在第一阶段中出现的那些技术不仅曾经是第二、三阶段技术发展的基础,而且现在也是,将来还是。例如,要想使计算机具有处理多媒体信息的能力,首先要不断提高单台计算机的处理能力,后期信息的智能应用更是离不开前几个阶段发展起来的基础技术。

随着信息技术的高速发展,计算机在信息采集、存取、处理与通信等方面的功能应用于制造领域,极大地推动了制造技术的发展。美国麻省理工学院在空军资助下,于 1952 年发明了世界上第一台数控(Numerical Controlled,NC)机床。该项发明震惊了当时的科技界、学术界和舆论界,被视为是机械发展史上崭新的一页,是第三次工业革命,意味着制造业开始进入信息时代。在其后的近 40 年时间里,以计算机技术、通信技术等为代表的信息技术广泛应用于制造业的各个领域,对制造业的渗透、支持与服务引发并加速了制造业全新的变革进程,这一因信息技术引领的工业革命也称为新技术革命。这些新技术的代表有计算机辅助设计(Computer Aided Design,CAD)、计算机辅助制造(Computer Aided Manufacturing,CAM)、管理信息系统(Management Information System,MIS)、柔性制造(Flexible Manufacturing,FM)、计算机集成制造(Computer Integrated Manufacturing,CIM)、精良生产(Lean Production,LP)、并行工程(Concurrent Engineering,CE)、敏捷制造(Agile Manufacturing,AM)、智能制造(Intelligent Manufacturing,IM)等。

在新技术革命浪潮的冲击下,传统资本密集型、设备密集型、技术密集型生产与管理模式受到挑战,信息密集型和知识密集型生产与管理模式将取而代之。制造技术发生了质的飞跃,生产力的含义已转化为信息、自动化设备和人的智力劳动。以下是标志制造业进入信息时代、有代表性的新技术。

1. 数控机床

1952 年,美国麻省理工学院研制成功世界上第一台三坐标数控铣床。1962 年,高效率数控加工中心研制成功。1964 年,采用半导体晶体管分立元件的第二代数控系统研制成功,使数控系统的体积大大减小、价格降低、可靠性提高,从而使工业界能够真正应用上数控机床和加工中心。1967 年,采用集成电路的小型计算机数控(Computer

Numerical Control,CNC)系统研制成功,为多坐标联动曲面加工的前、后置处理提供了技术基础。1974 年,使用微处理器数控系统装备的机床在工业界得到普遍应用,如日本有些企业数控机床占有率高达 70%,利用数控机床大大提高了生产率,并取得了良好的经济效益。实践证明,数控技术给生产带来的变革和产生的效益是一般的技术改造无法比拟的。

2. 计算机辅助制造技术

(1) 数控编程技术。1955 年,麻省理工学院研制的自动编程工具(Automatically Programmed Tools,APT)解决了手工进行数控编程的难题,终于使数控机床走出实验室,投入实际生产、应用。

(2) 成组技术。50 年代后期,成组技术(Group Technology,GT)形成专门学科。成组技术用于加工工艺,即将零件按某些工艺共性和结构共性归类分组,以便采用共同的工艺装备。成组技术还可以在工序相同的前提下,集中大批量加工,采用大批量生产的工艺和设备,从而取得很好的效益。计算机辅助制造中,为便于计算机存储数据和进行信息处理,需要建立零件分类编码系统。应用零件分类编码系统,通过成组工艺可以快速完成零件的工艺过程设计,也可以用于计算机辅助产品设计,提高设计效率和设计质量。

(3) 计算机辅助工艺过程设计。计算机辅助工艺过程设计(Computer Aided Process Planning,CAPP)是借助计算机程序生成零件加工工艺过程文件,从而取代工艺师手工编制的烦琐、重复劳动,大幅度地提高工艺过程设计的效率、工艺规程的质量以及加快生产准备的进度。1976 年,美国计算机辅助制造国际组织推出了 CAPP 系统,到 80 年代,其研究成果对提高机械制造的经济效益和实现工业生产自动化起了重要作用,受到世界各工业国家的广泛重视。

3. 计算机辅助设计技术

(1) 计算机辅助绘图。工程设计人员应用 CAD 技术可以从繁重的绘制工程图的工作中解放出来,将主要精力用于方案构思、创造发明、检查修改设计方案,以便能快速得到满意的设计结果。特别是按零件成组分类原则建立的参数图形库,可以直接调用参数图形,代入参数值即可得到设计结果。

(2) 实体造型。对于构形复杂、有创造性的以及外形有特殊要求的产品设计,传统做法费时、费事、成本过高。运用计算机实体造型技术可以清晰地显示出三维形体,再利用透视法彩色投影和高亮度显示,就能得到图像逼真的实体模型。实体模型一般是采用积木式的几何造型法,由基本几何形体按并集、割集和交集逻辑运算组合而成,或是用边界文件数据结构对物体进行描述,得到物体最终的面、边及顶点结构。实体造型能对设计质量进行快速工程分析,对运动装置进行动态仿真的结构性能分析,对零件的参数设计可以在二维和三维图形间自动转换,通过模型系统可以生成零件数控刀具轨迹,检验程序和数控加工程序。

(3) 有限元分析。对于复杂结构件的设计计算,利用 CAD 的有限元分析法能很好地处理工程实际问题。有限元法是把复杂结构件转化为由简单形状的离散单元组成的集合。采用有限元分析法时,用单元刚度矩阵表示单元节点力与相应节点位移之间关系的一组联立方程式,再组合成整个结构零件的总体刚度矩阵,该矩阵表示结构零件中所有节点力与位移间的关系。根据已知的作用力、材料性能、约束条件等数据,运用求解大型线性代数方程的数值计算方法,解总刚度方程,解决结构件的结构分析问题。

4. 计算机辅助设计与辅助制造的集成

CAD、CAM 具有各自的功能软件系统,采用不同的方法描述数据,其内部数据管理系统也不尽相同。传统的 CAD 系统采用的是几何模型,而 CAM 需要的是面向制造的工艺和几何特征数据,如公差、表面粗糙度、材料特性和热处理等信息,以进行计算机辅助工艺过程设计,产生工序图与工艺文件、零件数控加工程序和刀具轨迹仿真检验程序等,即需要将 CAD 有关数据转换成各种加工与管理信息。目前应用最多的是美国国家标准局颁布的初始图形交换规范(Initial Graphics Exchange Specification,IGES),许多商品化的 CAD/CAM 系统都含有 IGES 接口。其特点是所有系统的数据传输都采用标准的数据格式,这样就简化了数据转换接口程序的编写。在前、后置处理程序的编写上也非常类似,但缺点是运行效率不高,不便于集成。

为了有效地进行产品数据交换,欧美、日本积极开展数据交换标准的研究。早在 1983 年,国际标准化组织(International Organization for Standardization,ISO)就开始制定产品模型数据交换标准(Standard for Exchange of Product model data,STEP),目标是建立贯穿产品整个生命周期各阶段的统一的产品定义模型,包括零件设计、制造过程中所有信息与信息之间的关系,以进行统一的产品数据管理,无须将产品信息转换成数据文件,使各系统之间可以直接进行信息交换。STEP 标准研究工作于 1986 年年初步完成,它是一个理想的标准,目前仍在开发完善之中。

5. 计算机辅助生产管理技术

制造自动化技术的广泛应用要求企业能够迅速处理企业内外的大量信息,能够对随机信息进行处理和控制,以便及时做出正确决策,适应市场竞争和企业生存与发展的需要。1966 年,IBM 公司建成了生产管理和控制信息系统。该动态管理模式主张把企业产品中的各种物料分为独立需求和相关需求两类,按时间段确定不同时期的物料需求,解决库存物料订货问题,进而提出了物料需求计划(Material Requirements Planning,MRP)。物料的订货计划由主生产计划的产品中各个物料的从属关系和数量运算确定。MRP 编排好加工和采购计划,保证在加工需要时物料配套齐全,能按期装配或交货,又不过量压库。20 世纪 70 年代,美国生产与库存管理协会(American Production and Inventory Control Society,APICS)组织了各种研讨会和学习班,宣传 MRP,组织会员深入企业宣讲 MRP 思想与方法,对 MRP 的推广应用起了重要作用。

1977 年,美国著名生产管理专家奥列弗·怀特提出了制造资源计划倡议,通过信息集成,对企业有限的各种制造资源(如人力、物力、资金、时间等)进行周密计划和合理利用,以提高企业的竞争能力,并命名为制造资源规划(Manufacturing Resource Planning,

MRP-Ⅱ）。MRP-Ⅱ是以生产计划与控制为主线的一种计算机辅助企业管理模式，是MRP的新发展。20世纪90年代初，美国加特纳公司提出了企业资源规划（Enterprise Resource Planning，ERP），建立起现代企业经营管理模式。

6. 工厂自动化技术

1946年，美国福特公司首先提出采用"自动化"一词描述生产过程的自动操作，并于1947年建立了生产自动化研究部门。1952年，丁迪博尔德出版了《自动化》一书，认为自动化是分析、组织和控制生产过程的手段。1954年，钱学森在美国出版了《工程控制论》一书，论述了在工程设计和实验中，能够直接用于受控工程系统的理论、概念和方法。其思想很快为世界科技界所接受，使科技人员用系统的方法去观察技术问题，指导千差万别的工程实践。此后，自动控制作为一种提高生产率的重要手段开始被推广应用，在机械制造中出现了机械自动化，在石油、化工、冶金行业中出现了过程自动化；此外，随着信息技术的推广应用，使自动控制与信息处理相结合，进而出现了业务管理自动化。20世纪60年代初出现了计算机控制的化工厂，1975年出现了集散型控制系统，使过程自动化达到很高的水平。

计算机技术在制造业的广泛应用，使操作技术日益简化，生产现场职工人数日渐减少，出现了夜班无人化生产。体力劳动逐渐让位于脑力劳动，但对于制造系统的故障诊断与维修技术，往往缺乏驾驭它的高级劳动力，因此，培养智力型高科技人才，提高系统设备的可靠性一时成为企业的难题。20世纪70年代初，日本由于遇到能源危机和公害处理等问题，迫使日本政府于1973年规划无人化工厂。1973年，美国约瑟夫·哈灵顿（Joseph Harrington）针对这一形势提出了利用计算机集成制造来组织企业生产的哲理。1981年，美国国家标准局提出了计算机集成制造发展战略，并于1983年建成了自动化制造研究实验基地（Automated Manufacturing Research Facility，AMRF）。经过近10年的发展，计算机集成制造概念已发展成为一个工厂内部实现信息集成和功能集成的工程化系统，从系统工程和资源共享的观点出发，把企业生产经营的各种单项技术功能和管理功能集成起来，提高企业的整体效益。

上述新技术反映出信息技术开始进入制造业，为制造业服务、支持，并进行渗透，渗透到制造业的方方面面：在产品设计过程，采用计算机辅助绘图、辅助设计、三维造型、特征造型。利用计算机辅助工程分析软件，可以对零件、部件以及产品的受力、受热、受振等各种情况进行工程分析计算，以优化设计。在工艺设计中采用计算机技术辅助编制工艺规划、选择刀具、选择或设计卡具。利用软件技术产生刀具轨迹的数控代码，经过前、后置处理，解决诸如刀具磨损补偿，以致避免干涉碰撞等仿真，便获得可以在数控机床或加工中心上对零件进行加工的程序。产品设计中的各种零部件可以按成组技术存放在数据库中，针对不同材料及刀具等的切削加工参数也可存放在数据库中，便于下一个不同产品的变形设计使用，进一步提高设计效率。在生产管理方面，也引入了许多先进的管理思想及相应的信息系统的软件。如何保证均衡生产，不窝工又不至于制品过多而积压流动资金。各种优化生产技术应运而生：MRP、MRP-Ⅱ、考虑按设备瓶颈组织和优化生产的最佳生产技术(Optimized Production Technology，OPT)、考虑最优库存的适时生产(Just in Time，JIT)、ERP等。各种专用的信息系统用于产品报价，跟踪重要零部件的生产状况，是辅助企业高层领导决策的工具。此外，在加工现场，除数控机床、加工中心外，在线的三坐标测量机、柔性制造单元(Flexible Manufacturing Cell，FMC)和柔性制造系统(Flexible Manufacturing System，FMS)，各种自动化物流系统(如立体仓库、自动导引车(Automated Guided Vehicle，AGV)等)、控制生产线的可编程控制器(PLC)等，也开始被广泛采用。

信息技术广泛应用于制造业，使制造业呈现了加速发展的蓬勃生机，这一期间，中小批量的生产方式开始居于主导地位。但是，要进入完全满足顾客多样化要求而且性能价格比优良的单件生产，还有许多障碍，特别是信息技术广泛进入制造业带来的障碍，即各种"自动化孤岛"以及旧的生产模式。刚性生产线大大提高了生产效率，使产品成本下降。这是以损失产品的多样性使工人成为生产线的奴隶为代价的，效率是当时市场竞争的主要表现。市场对产品多样化的要求，对刚性生产线不断提出挑战。

从上面的分析，可以得到如下启示。

(1) 生产模式的变革，特别是重大的生产模式的变革，必须以相应的科技进步作为支持，生产管理模式和相应的科技进步是推动社会进步的相辅相成的两个方面。

(2) 从"单件生产"方式到"大量生产"方式，机械技术的进展主要是技术支持，对社会的推动是巨大的，影响至今。

(3) 在渐进的近三四十年，信息技术对制造业起的作用越来越大，产品又由"大量生产"方式向"中小批量生产"方式转变。

1.1.4　智能互联时代

新一轮科技革命，特别是移动互联网、大数据、人工智能、物联网、云计算等新一代信息技术的普及，带动了几乎所有领域发生了以绿色、智能、服务化、网络化为特征的群体性技术革命，新一代信息技术与制造业深度融合，孕育了智能制造的新理念。

2012年以来，随着美国工业互联网、德国"工业4.0""中国制造2025"等各国家智能制造战略的提出，工业社会开始进入以大数据感知、传输、分析与应用为基础的智能互联时代(信息技术发展的第五阶段，如图1.1所示)。在智能互联时代，人们工作与生活中的设备与设备、人与设备之间基于物联网和移动互联网实现互联、基于大数据分析预测与人工智能实现智能化，标志着以智能互联为特征的第四次工业革命的到来(如图1.2所示)。

智能互联是以物联网技术为基础，以平台型智能硬件为载体，按照约定的通信协议和数据交互标准，结合云计算、大数据与人工智能应用，在智能终端、人、云端服务之间进行信息采集、处理、分析、应用的智能化网络，具有高速移动、大数据分析和挖掘、智能感应与应用的综合能力，能够向传统行业渗透融合，提升传统行业的服务能力，连接百行百业，进行线上线下跨界全营销。智能互联时代在结构、业务、商业模式、基本理念上都发

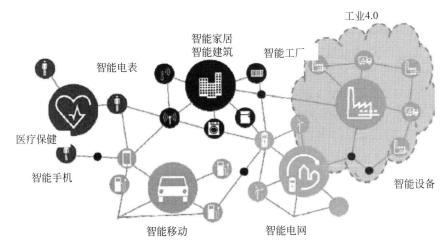

图 1.2　智能互联社会(改编自工业 4.0)

生了重大变化,而它产生的能力远非传统互联网所能想象。

　　智能互联颠覆了传统互联网,重构了人与人、人与物之间的关系,包括人与服务、服务与服务、人与媒体、虚拟与现实、人与互联网等生态之间的高度重构,是从产品层面和营销层面对传统企业全面的数字化的重构。智能硬件涉及云计算、大数据、传感器、通信等多个领域,是智能互联时代的终端入口,可以根据实际的场景与用户进行智能、场景化的互动,让智能硬件成为用户工作、生活、出行等场景的一部分,并且高频、刚需地使用它。

　　利用工业互联网进行数据传输,将物、服务、人、设备等联网,开发智能应用等都可以为人们带来价值。联网系统越来越多,传感器从物理世界采集的数据通过网络可向所有领域提供有用的信息。基于双方约定的通信关系或工业数据传输标准,移动的物、人、机器可以相互交流。有研究预测,2020 年将有 250 亿个“物体”联网,推动力有两点:一是利用智能网络和相关信息建立最优的价值流;二是创造新的商业模型。通过组件、系统和解决方案的逻辑升级可以创造全新的互操作概念并彻底简化设计与操作流程。互联网的广泛应用带来了大量的新产品,也改变了很多产品的使用方式,这些改变甚至跨越了领域的界限。

　　智能互联不是创造和形成一个新的行业,它一定是渗透到传统行业中,提升传统行业的服务和营销能力,改变传统行业的推广和传播能力,令传统行业的能力更加强大。

　　在智能互联时代,新一代信息技术与制造业深度融合,已经开始孕育一种全新的制造业的新理念——智能制造,从而形成新的生产方式、产业形态、商业模式和经济增长点:①推动 3D 打印、移动互联网、大数据、人工智能、云计算、生物工程、新能源、新材料等领域取得新突破;②基于信息物理系统的智能装备、智能工厂等智能制造正在引领制造方式变革;③网络众包、协同设计、大规模个性化定制、精准供应链管理、全生命周期管理、电子商务等正在重塑产业价值链体系;④可穿戴的智能产品、智能家电、智能汽车等智能终端产品不断拓展制造业新领域。

　　往前追溯,智能制造的研究起始于 20 世纪 80 年代人工智能在制造领域中的应用,随着 20 世纪 90 年代智能制造技术、智能制造系统的提出[1],Wright 和 Bourne[2]给出了智能制造的概念,随着“工业 4.0”战略计划的提出,智能制造的研究成熟于 21 世纪以来新一代新兴信息技术条件下的“智能制造(Smart Manufacturing)”[3,17,18]。

1. 20 世纪 80 年代:概念的提出

　　1988 年,美国赖特(Paul Kenneth Wright)和伯恩(David Alan Bourne)出版了智能制造研究领域的首本专著《制造智能》(*Manufacturing Intelligence*)[2],就智能制造的内涵与前景进行了系统描述,将智能制造定义为“通过集成知识工程、制造软件系统、机器人视觉和机器人控制对制造技工们的技能与专家知识进行建模,以使智能机器能够在没有人工干预的情况下进行小批量生产”。在此基础上,英国技术大学 Williams 对上述定义作了更为广泛的补充,认为“集成范围还应包括贯穿制造组织内部的智能决策支持系统”。《麦格劳-希尔科技词典》将智能制造界定为:采用自适应环境和工艺要求的生产技术,最大限度地减少监督和操作,制造物品的活动。

2. 20 世纪 90 年代:概念的发展

　　20 世纪 90 年代,智能制造概念提出不久,智能制造的研究获得欧、美、日等工业化发达国家的普遍重视,并围绕智能制造技术(Intelligent Manufacturing Technology,IMT)与智能制造系统(Intelligent Manufacturing System,IMS)开展了国际合作研究。1991 年,日、美、欧共同发起实施的“智能制造国际合作研究计划”提出:“智能制造系统是一种在整个制造过程中贯穿智能活动,并将这种智能活动与智能机器有机融合,将整个制造过程从订货、产品设计、生产到市场销售等各环节以柔性方式集成起来能发挥最大生产力的先进生产系统”。

3. 21 世纪以来:概念的深化

　　21 世纪以来,随着移动互联网、人工智能、物联网、大数据、云计算等新一代信息技术的快速发展及应用,智能制造被赋予了新的内涵,即新一代信息技术条件下的智能制造(Smart Manufacturing)。2010 年 9 月,美国在华盛顿举办的“21 世纪智能制造的研讨会”指出,智能制造是对先进智能系统的强化应用,使得新产品的迅速制造、产品需求的动态响应以及对工业生产和供应链网络的实时优化成为可能。2011 年 6 月,启动包括工业和机器人在内的“先进制造伙伴计划”。2012 年 2 月,出台“先进制造业国家战略计划”,提出建设智能制造技术平台,以加快智能制造的技术创新。2012 年 11 月,美国通用公司提出“工业互联网(Industrial Internet)”[4],将智能设备、人和数据连接起来,以智能的方式分析这些交换的数据,帮助人们和设备做出更智慧的决策。其中,大数据被认为是物理与信息融合中的关键技术。AT&T、思科、通用电器、IBM 和英特尔随后在美国波士顿成立工业互联网联盟,以期打破技术壁垒,促进物理世界和数字世界的融合。2013 年 3 月,建立全美制造业创新网络,其中智能制造的框架和方法、数字化工厂、3D 打印等均被列入优先发展的重点领域。

2013 年 4 月,德国正式推出"工业 4.0"(Industry 4.0)战略[3],意图在新一轮工业革命中抢占先机,奠定德国工业在国际上的领先地位。"工业 4.0"通过利用信息物理系统(Cyber-Physical System,CPS)实现由集中式控制向分散式增强型控制的基本模式转变,建立高度灵活的个性化和数字化的产品与服务的生产模式,推动现有制造业向智能化方向转型。虽没明确提出智能制造概念,但包含了智能制造的内涵,即将企业的机器、存储系统和生产设施融入 CPS。在制造系统中,这些虚拟网络(实体物理系统)包括智能机器、存储系统和生产设施,能够相互独立地自动交换信息、触发动作和控制。

为了利用新兴信息技术整合全球化的制造资源和智慧资源,实现预测型的智能制造与服务系统,2015 年 3 月和 7 月,中国政府分别制定了"中国制造 2025"战略和"互联网+"行动计划,明确提出了"加快推动新一代信息技术与制造技术融合发展,把智能制造作为两化深度融合的主攻方向,着力发展智能装备和智能产品,推进生产过程的智能化,培育新型生产方式,全面提升企业研发、生产、管理和服务的智能化水平",力争实现由制造大国向制造强国的转变;其核心旨在通过制造业的技术创新、商业模式创新、生产组织方式创新,以及制度体系创新,以工业化与信息化深度融合为主线,驱动中国制造在生产模式上向智能制造演变,在商业模式上向服务型制造演变,在资源与能源消耗上向绿色制造、环境优化转变,从而加快制造与服务的协同发展。其中,制造+互联网是关键,智能制造是主要内容。

人工智能利用机器(主要是计算机和软件)实现人的感知(如机器视觉、力觉、触觉、听觉等)和判断(如专家系统、人工神经网络、模糊推理、智能代理、自然语言理解、机器学习等),随着大数据智能、群体智能、跨媒体智能、混合智能等新一代人工智能技术的快速发展,人工智能将深刻改变人类社会生活、改变世界。2016 年 10 月,美国国家科技委连续发布了两个重要战略文件 *Preparing for the Future of Artificial Intelligence*(为人工智能的未来做好准备)和 *The National Artificial Intelligence Research and Development Strategic Plan*(美国国家人工智能研究与发展策略规划),将人工智能上升到国家战略层面,为美国人工智能的发展制订了宏伟计划和发展蓝图。2016 年 12 月,美国白宫再次发布 *Artificial Intelligence,Automation,and the Economy*(人工智能、自动化与经济)报告,该报告认为:应对人工智能驱动的自动化经济是后续政府将要面临的重大政策挑战,下一届政府应制定政策,推动人工智能发展并释放企业和工人的创造潜力,确保美国在人工智能的创造和使用中的领导地位。为抢抓人工智能发展的重大战略机遇,构筑我国人工智能发展的先发优势,加快建设创新型国家和世界科技强国,2017 年 7 月,国务院印发了"新一代人工智能发展规划"通知。

综上所述,智能制造是指在制造工业的各个阶段,将移动互联网、物联网、大数据、人工智能(特别是新一代智能技术)、云计算等新一代信息技术与先进自动化技术、传感技术、控制技术、数字制造技术和管理技术相结合,以一种高度柔性与高度集成的方式,支持工厂和企业内部、企业之间和产品全生命周期(产品研发设计、生产加工、运营管理、维护服务到报废处理的全过程)的实时管理和优化。简而言之,智能制造是新一代信息技术在制造全生命周期的应用中所涉及的理论、方法、技术和应用。

在智能制造模式下,产品和制造技术更加复杂,出现了全球化、智能化、服务化、协同化发展趋势[5]。生产组织方式(生产模式)转变为运用全球资源的智能制造模式[6],在企业内部拥有丰富的设备实时运行状态、运营环境状态、业务运营状态、人员状态、社交网络数据以及客户反馈数据等大数据信息,通过对这些数据的分析和挖掘可以了解问题产生的过程、造成的影响和解决的方式,这些信息被抽象化建模后转化成知识,再利用知识去认识、解决和避免问题,实现预测性生产与决策[7],如订单和成本预测等。这样,知识成为企业运作的基础,数据作为产生知识的主要途径,成为企业的核心资产;产品模式向智能产品与服务系统演变[8],以智能产品为承载,融合全流程的服务管理和全生命周期的数据管理,为客户提供硬件、网络和软件服务的整体或个性化解决方案,如租赁服务;商业模式向服务型制造演变[9,10],可以由制造企业之间分工合作完成制造过程,相互之间提供制造服务,如外包等,也可以将制造环节的生产性服务独立出来,建立以生产性服务为经营核心的企业,在产品生命周期内为制造企业和最终消费者提供服务,如运营、维护服务等;在产品和服务的全球化开发、生产、运营和维护过程中多主体紧密协作,价值链从企业为客户提供产品向提供个性化服务和能力转变[11],在提供服务的过程中以自组织方式有效整合企业内部、合作伙伴、用户、领域专家、云平台服务商、竞争企业等各类服务资源和智慧要素,协同为客户创造价值。

1.2　信息技术对制造业的影响

1.2.1　信息技术及其社会作用

信息、物质(材料)和能源一起,构成当今社会赖以生存的三大要素。随着科学技术的发展,信息已渗透到社会的各个角落,起着越来越重要的作用。但是,信息技术由于发展的历史比较短,也由于其涉及的广泛性和复杂性,至今并没有一个统一的定义。就其提到的用词(如消息、情报、信号、数据、指令等)就各有不同的含义。例如:信息是客观存在的,还是经人收集后才产生的;信息是对人有用的,还是任何消息(包括有害的、中性的)都可称为信息;信息是以自然形态存在的,还是必须经加工成一定的形式后才形成的等。有些不同看法是由于各人所处的位置不同,看问题的角度不同而产生。从信息生产、信息流通过程和信息消费的不同角度出发,就会存在各种不同的看法。理论工作者和实际操作者也会有不同的见解。

从社会发展史的角度看,信息广泛存在于自然界中,自有人类以来,人与人之间就有了信息的交流,人们就已经开始采集和使用信息了。历史上曾有过辉煌的信息技术发明,如语言、文字的形成,印刷术的发明,为最基本的信息交流奠定了基础。烽火台、邮驿等为生产力低下时代的信息传递创造了当时最先进的方式。算盘成为信息处理的重要工具,在当时就促进了科学和社会经济的发展。到了近代,电报的发明使快速远距离传递信息成为现实,电话则提供了双向直接(实时)通信的可能,机械式计算器至机电计算机使人的计算能力大大提高,无线电的发明不但提供了全球性的通信手段,并且构成了快速的面向全社会的大众传播媒介——广播。这些发明大大缩短了人与人之间的距离,加快了社会各种活动的节奏,提高了人们工作、生产的效率,使信息的作用逐渐为人们所认识。

纵观世界范围内的科技、经济和社会发展可以看到,19 世纪的工业革命延伸了人的手臂,即人的体力。人类通过开发机械工具推动社会生产力的发展。20 世纪中叶以来,在材料科学技术和能量科学技术长足进步的基础上,以计算机、通信和微电子技术为标志的信息技术和理论相继问世,延伸了人的智力。自 1946 年出现第一台以真空管为基础的电子计算机以来,经历了飞速的发展,其功能从数值计算发展到数据处理,控制管理,并产生了大容量存储技术。新的通信传输和交换手段不断出现,同轴电缆和卫星通信使大容量全球通信成为可能,局用数字程控交换机的诞生则构成了快速大容量自动通信的核心,一个全球自动电话网形成了。这些都建立在当代计算机、通信和微电子技术基础之上。20 世纪 80 年代以前普遍采用的大型主机和简易的哑终端被认为是第一代信息技术。从 20 世纪 80 年代中期到 21 世纪初,光电技术开始得到广泛应用,光纤通信已逐渐成为通信传输的主要手段,千百万甚至上亿人在一个通信网内同时通信,万亿次速度巨型计算机,千百万台个人计算机和通过互联网连接的分散的服务器被认为是第二代信息技术。近 10 年来,以(移动)互联网、大数据、人工智能、社交网络、物联网、云计算为特征的新一代信息技术蓬勃发展,人类社会开始通过开发智能工具来推动社会生产力的发展。信息技术的发展对人类经济发展和社会生活各个领域正产生着广泛而深远的影响,新一代信息技术革命推动的智能化浪潮正越来越迅猛地打破和重组世界经济的秩序与结构,并促使其快速转变。

根据国际标准化组织(ISO)和国际电工委员会(International Electro-technical Commission,IEC)的定义,信息技术是"针对信息的采集、描述、处理、保护、传输、交流、表示、管理、组织、储存和补救而采用的系统和工具的规范、设计及其开发"。

信息作为社会的一种基本资源,有着从产生到使用的过程。整个流程可以用图 1.3 表示。图中每两个环节之间都有传递。采集、加工等环节则可以根据广度和深度区分不同层次反复进行,在各个环节包括传递中可能需要短时的或长时的存储。在商品经济中,信息作为一种基础商品,从经济关系上看,同样有着生产、交换、分配和消费的过程。因此,在图 1.3 中,在生产与消费之间还存在交换、分配的关系,但这种关系和信息的自然形态上的交换(如电话交换)和分配(如有线电视的分配)是不同范畴的概念。

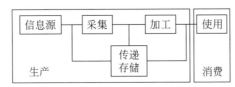

图 1.3　信息资源的生产和消费过程

在现代通信中，采集和加工大多由计算机完成。当然，采集还需要有传感器等终端设施。传递则由通信系统完成，根据不同场合的不同需求，有各种不同的计算机和通信系统。存储有磁、电、光等各种存储设备。信息源可能是人产生的各种信号，如语音、文字、著作、绘画等，也可能是自然界或社会中各种设施和过程的一些物理量。使用可能是基于信息的建模、预测和决策，形成人脑的判断，也可能是对自然和社会设施的控制信号指令等。

因此，现代信息系统主要是由各种不同的传感网络、计算机和通信系统组成的，完成从信息源采集信息，加工和处理到需要的程度后，在需要的时间内传递到所需使用的地点，并加以使用。根据不同的信息内容和需求，信息系统可大可小，可以是一个单独的主机，也可以是一个全世界范围的复杂网络系统。

信息技术在当今社会中的作用是显而易见的。首先是促进传统产业的改造，包括一、二、三产业。各个产业的技术进步，包括生产流程的更为精确、自动化程度的提高、劳动生产率的提高、管理更为科学、某些产品使用性能的提高等大多都采用现代信息技术。在制造技术中，从数控机床到自动加工中心，柔性生产系统；连续过程生产（冶金、化工、电力等）中的自动控制；运输业中对运输工具的控制和运输系统的自动调度控制等。可以说，产业的改造、升级相当大程度上是其固有技术与信息技术的结合。其次是信息产业本身发展壮大，在国民经济中的所占比重越来越大。再次是信息产业带动其他产业的发展，如材料、装备等。

这里特别要提到信息技术对制造业的作用。首先是信息技术促使了制造业的进步。正如前文叙述的从第一台数控机床诞生开始后的几十年中，制造业在信息技术的推动下已经获得了长足的进步，制造业的自动化程度和生产效益大大提高。其次是信息技术对制造业的渗透、服务和支持作用，支持企业全面实现数字化。这种作用表现在四个方面：①先进的制造装备，如离散制造业的数控装备（NC）、加工中心（Manufacturing Center，MC）、柔性制造系统（FMS）、可编程序控制器（PLC）和测量机等，流程工业中的分布式控制系统（Distributed Control System，DCS）和各类计算机控制装置等；②先进的管理技术，如 MRP、MRP-Ⅱ、精益生产（LP）、适时生产（JIT）、全面质量管理（Total Quality Management，TQM）、ERP、电子商务（E-Business）以及商务智能（Business Intelligence，BI）等；③计算机辅助技术 CAx，如 CAD（计算机辅助设计）、CAPP（计算机辅助工艺规划）、CAM（计算机辅助制造）、CAE（计算机辅助工程）、CAQ（计算机辅助质量）等；④计算机支撑技术，如数据库、工厂网络、集成平台以及各类信息标准等。最后，随着移动互联网、大数据、人工智能、物联网、云计算、4G/5G 通信等新一代信息技术向制造业领域进一步渗透和融合，以大数据分析、预测与应用为基础，带动制造业在研发、生产、运营、产品和服务、企业价值链等几乎所有领域发生了以绿色、智能、网络化、服务化为特征的群体性技术革命[11]，逐渐促使制造企业改变传统制造模式，拥抱智能制造，并且打破企业"壁垒"，走向全球市场。

1.2.2 信息技术对制造业的挑战

随着通信及航空事业的发展,信息时代的到来大大加速了世界市场的形成和发展,从而使世界范围内的市场竞争变得越来越激烈。今天不论在哪一个国家,不管是什么社会制度,制造企业都不可能离开世界市场而独立发展。市场竞争推动整个社会进步,使技术得到发展。同时,市场竞争也给制造企业造成了严酷的生存环境。这就是说,信息时代已经对制造业提出了严峻的挑战。

1. 世界市场竞争历史和准则

自 20 世纪中后期,由于以信息技术为代表的科学技术与工业技术的飞速发展,世界市场逐步形成,激烈的市场竞争也伴随市场经济的发展不断演变。这里先回顾一下世界制造业的发展历程(表 1.2)。

表 1.2　世界制造业的发展历程

时间	蒸汽动力时代	电动力时代	信息经济时代				智能互联时代
	1760—1860 年	1860—1940 年	1940—1970 年	1970—1985 年	1985—1995 年	1995—2012 年	2012 年至今
技术特征	机器动力	NC、CNC、CAx	LP、JIT、TQM、MRP、MRP-Ⅱ	FMS、DCS、CIMS	ERP、工厂网络、数据库、CIMS	敏捷制造、现代集成制造、网络化制造	移动互联网、物联网、大数据、云计算、人工智能等新一代信息技术
密集类型	资本密集	技术密集	技术密集	技术-信息密集	信息密集	信息-知识密集	知识密集
劳动力手段	机械化	刚性自动化	刚-柔性自动化	柔性自动化	集成化	集成化、智能化	智能化、预测性
生产工具	机械设备	联动线	机电自动线	柔性生产线	制造系统	制造系统	制造平台
组织形式	分化	部门化	直线职能制	职能-部门化	扁平化	网络化、协同化	服务化、智能化
市场性质	低技术经济、规模经济(卖方主宰市场)		高技术经济、范围经济(买方主宰市场)				
竞争焦点	生产率、劳动力成本、质量		柔性、响应性、综合竞争力				

从表 1.2 中可以看出,所谓市场,早在 18 世纪工业革命时就已经存在了。就全世界总体情况(经济发达国家为主)而言,以 20 世纪 50 年代为界,之前为卖方主宰市场,之后为买方主宰市场。而从 20 世纪开始,企业的技术密集特征日益明显,生产工具、劳动力、生产组织形式以及竞争的焦点等方面演变的时间间隔缩短,频率加快。这就意味着信息

时代的制造业面临的市场经济不断加剧。不断激化的世界市场的竞争历史见表 1.3。

表 1.3　世界市场的竞争历史

	竞 争 重 点	制造新模式	竞 争 力 度
20 世纪 70 年代以前	提高生产率,降低劳动力成本		
20 世纪 70 年代以后	提高企业整体效率和效益(Time Quality Cost Service,TQCS)	LP、JIT、TQM、MRP、MRP-Ⅱ、CIMS 出现	
20 世纪 80 年代	以客户为核心(新品开发、零次品、全成本、永久服务)	TQCS→CIMS 推广ERP、MIS/CIMS	企业重组
20 世纪 90 年代	新产品上市时间(独占性技术决定了产品的价值和价格)	并行工程、供应链管理E-Business	兼并,"只有第一,没有第二"
21 世纪初	企业核心竞争能力	敏捷制造、网络化制造	全球化生产
2018	创新能力(技术创新、商业模式创新、生产组织方式创新,以及制度体系创新)	智能制造、服务型制造、客户化定制	全球化协同制造与服务

2. 信息技术促使形成新的时空观

信息技术的快速进步不仅使得信息技术本身和信息技术应用的模式发生了巨大变化,巩固和拓展了信息资源在企业组织中的战略地位,而且已经上升到企业生存环境的高度,从而根本改变了对时间和空间的认识,建立起了新的时空观念。

在工业社会,时间和空间是影响企业业绩的关键,某种程度上把它们当作障碍因素;而现在,管理者将把它们视作资源。新的时间观念认为:①企业应按照消费者的时间,而不是按供应者的时间来满足消费需求;②与其他竞争者相比,以适时观念交付产品和提供服务的生产者将具有明显的优势;③适时经营意味着识别消费者需求到满足消费者需要之间无时间延迟。要实现这样的时间观念,首先要建立信息价值观。因为在从识别顾客需求到满足顾客需求这一过程中,信息的准确、及时、有效和全面是整个过程有效性的前提。要达到这样的信息处理要求,就依赖于先进的信息技术。新的空间观念是指信息技术的发展,把因地理上的原因和等级上的原因而分离的人们结合在一起已经成为可能;能够取代等级制的是通过综合运用信息技术而建立起来的网络制。

美国的戴维斯和戴维森将这种企业生存环境的信息化归纳为:
- 信息化=按顾客要求定制产品和服务+快速反应;
- 信息化=在交货地点生产;
- 信息化=减少间接成本、库存和流动资本;
- 信息化+直接接受服务=更高的服务标准;
- 信息化=形成组织之间的密切联系;
- 信息化+后勤系统=全球化。

在信息化的深刻影响和推动下,世界经济进一步朝全球化方向发展。世界经济的全球化也同时极大地增加了信息对于企业的价值,并为面临新环境的企业创造了新的经营机遇。

目前,世界市场的竞争将遵循以下准则：用户选择准则；性能价格比；优胜劣汰,适者生存。

如果说科学技术是生产力的发展的源动力,那么市场竞争则是推动生产力发展的直接动力。

3. 制造业市场竞争面临的严峻形势

面临当今世界市场的激烈竞争,如何按照世界市场竞争的准则去应对,以及如何适应信息时代和知识经济带来的冲击和挑战等问题不仅已成为世界企业界人士关注的热点,而且也已受到我国制造业人士乃至党和国家领导的高度重视。为了振兴制造业,必须先了解制造业,特别是中国制造业面临的新特点和严峻形势。

1) 制造业市场竞争的新特点

- 用户对产品的功能、性能、质量和服务的要求越来越高。
- 产品批量变得更小,市场也变得越来越"零碎"。
- 能参与全球竞争的企业日益增多。
- 跨国公司的垄断性更加明显。
- 企业的兼并重组更激烈、更动荡。
- 一般水平的产品及制造能力严重过剩。
- 独占性技术(知识)构成产品的主要价值,知识—技术—产品更新周期缩短。
- 人口老龄化更严重。
- 环保意识、绿色制造呼声更强。

2) 严峻形势：从"中国制造 2025"看我国制造业发展面临的形势和环境

当前和未来一个时期,我国仍将面对复杂多变的国际环境和艰巨繁重的国内改革发展任务,制造业发展的内外环境也呈现出不同于以往的重要变化。《中国制造 2025》指出,全球制造业格局面临重大调整,国内经济发展环境发生重大变化,我国制造业发展必须紧紧抓住历史机遇,积极稳妥地应对内外部挑战。

(1) 新一代信息技术与制造技术融合,将给世界范围内的制造业带来深刻变革。

科技创新始终是推动人类社会生产生活方式产生深刻变革的重要力量。当前,信息技术、新能源、新材料、生物技术等重要领域和前沿方向的革命性突破和交叉融合,正在引发新一轮产业变革,将对全球制造业产生颠覆性的影响,并改变全球制造业的发展格局。

特别是新一代信息技术与制造业的深度融合,将促进制造模式、生产组织方式和产业形态的深刻变革,智能化和服务化成为制造业发展新趋势。泛在连接和普适计算、虚拟化、3D 打印、工业互联网、大数据等技术将重构制造业技术体系,如 3D 打印将新材料、数字技术和智能技术植入产品,使产品的功能极大丰富,性能发生质的变化；在互联网、物联网、云计算、大数据等泛在信息的强力支持下,制造商、生产服务商、用户在开放、共用的网络平台上互动,单件小批量定制化生产将逐步取代大批量流水线生产;基于信息物理系统的智能工厂将成为未来制造的主要形式,重复和一般技能劳动将不断被智能装备和生产方式所替代。随着产业价值链重心由生产端向研发设计和营销服务端转移,产业形态将从生产型制造向服务型制造转变。网络众包、异地协同设计、大规模个性化订制、精准供应链管理等正在构建企业新的竞争优势;全生命周期管理、总集成总承包、互联网金融、电子商务等加速重构产业价值链新体系。

新一轮科技革命与产业变革也给我国的制造业发展带来重要机遇。当今,我国在一些领域与世界前沿科技的差距都处于历史最小时期,已经有能力并行跟进这一轮科技革命和产业变革,实现制造业的转型升级和创新发展。

（2）全球产业格局重大调整,我国制造业发展面临严峻的外部形势。

发达国家高端制造回流与中低收入国家争夺中低端制造转移同时发生,对我国形成"双向挤压"的严峻挑战。一方面,高端制造领域出现向发达国家"逆转移"的态势。制造业重新成为全球经济竞争的制高点,各国纷纷制定以重振制造业为核心的再工业化战略。美国发布"先进制造业伙伴计划""制造业创新网络计划"和"工业互联网",德国发布"工业4.0",日本在"2014制造业白皮书"中重点发展机器人产业,英国发布"英国制造2050"等。目前,发达国家产业发展的新态势已经开始吸引部分高端制造企业回流。据波士顿咨询集团2011年的调查,总部设在美国、收入超过100亿美元的跨国公司中,有48%表示愿意"回流"美国。另一方面,越南、印度等一些东南亚国家依靠资源、劳动力等优势,也开始在中低端制造业上发力,以更低的成本承接劳动密集型制造业的转移。一些跨国资本直接到新兴国家投资设厂,有的则考虑将中国工厂迁至其他新兴国家。例如,微软计划关停诺基亚东莞工厂,部分设备转移到越南河内;通用电器、耐克、优衣库、三星、船井电机、富士康等知名企业纷纷在东南亚和印度开设新厂。总的来看,我国制造业正面临着发达国家"高端回流"和发展中国家"中低端分流"的双向挤压。

（3）我国经济发展进入新常态,资源环境和要素成本约束日益趋紧,经济发展环境发生重大变化。

我国的经济发展已不再是总量扩张的过程,而主要是结构升级转型的过程,增速下降可能带来某些难以预料的挑战,这对我国制造业发展方式转变提出了紧迫要求。

当前,我国制造业发展的资源能源、生态环境、要素成本等都在发生动态变化。从资源能源看,我国资源相对不足、环境承载能力较弱,人均淡水、耕地、森林资源占有量仅为世界平均水平的28%、40%和25%,石油、铁矿石、铜等重要矿产资源的人均可采储量分别为世界人均水平的7.7%、17%、17%。从环境压力看,长期积累的环境矛盾正集中显现,目前全国有70%左右的城市不能达到新的环境空气质量标准,17个省（区、市）的600 000 000左右人口受雾霾天气影响,水体污染较为突出,土壤污染日益凸显,重大环境事件时有发生。从要素成本看,随着人口红利消失和要素成本的全面上升,我国制造业原有的比较优势正在逐渐消失。如2014年我国劳动年龄人口从2011年的顶点下降了

560万,劳动力供给呈缩减趋势,并直接导致用工成本上升。目前我国制造业工资普遍达到3000~4000元,远高于东南亚等国。据波士顿报告,中国制造业对美国的成本优势已经由2004年的14％下降到2014年的4％,表明在美国生产只比在中国生产贵4％。

我国制造业传统竞争优势赖以保持的多种要素约束日益趋紧,已经使粗放式的发展道路越走越窄。经济发展新常态下,在原有比较优势逐步削弱、新的竞争优势尚未形成的新旧交替期,我国制造业必须加快转型升级步伐。

总的来看,未来10年我国制造业发展面临的挑战巨大,机遇也前所未有,但机遇大于挑战。必须牢牢把握新一轮科技革命和产业变革与我国加快转变经济发展方式形成历史性交汇的战略机遇期,审慎应对、前瞻部署,坚定不移推进结构调整和转型升级,努力形成新的经济增长点,塑造国际竞争新优势,抢占制造业的未来发展先机。

综上所述,信息时代中的世界市场竞争日趋激烈,信息技术,尤其新一代信息技术促使形成的新时空观极大地提升了信息对于企业的价值,制造企业必须正视面临的企业新生存环境,以积极参与激烈的国际竞争,在竞争中求得生存和发展作为企业追求的目标。

1.3　制造模式的变革

制造是一个减熵、增加信息含量的过程。企业是一个复杂、非线性、大动力学系统。在企业内动态地流通着劳务流、资金流、物料流、信息流和能量流等资源。在市场经济环境和企业体制、生产组织和技术系统中,依靠科技、依靠人的决策和技术创造能力、依靠信息的减熵支撑,经营、管理上述各种资源,以获取企业投入的优化增值和利润,是建立企业先进制造模式的目标。

制造模式(manufacturing mode)是一种为响应社会和市场需求变化而产生的革命性集成化生产模式(production mode)[12],并且由于一种新制造系统的创建使其成为可能,是制造企业在生产经营、管理体制、组织结构和技术系统等方面体现的形态或运作方式。从更广义的角度看,制造模式就是一种有关制造过程和制造系统建立和运行的哲理和指导思想。

1.3.1　制造模式模型

制造企业必须对世界任何地方的消费者和市场做出快速响应,以保持企业在全球的竞争力,这个响应来自三个方面:产品设计、制造系统以及商业模式。

(1) 产品设计:根据细分市场,开发创新性的客户可定制的产品和功能(服务)。

(2) 制造系统:适应性的制造系统,产品的产量和功能能够快速适应市场需求的变化。

(3) 商业模式:应响应变化莫测的市场和客户。

制造系统、商业模式和产品结构(来自产品设计)的集成就产生了一种制造模式,每种新制造模式的驱动力都是市场需求和社会需求(图1.4)。社会需求也许来自于有更多可供选择的产品,以满足个人的品位和喜好,或来自于降低产品价格,或来自于与环境有关的需求。

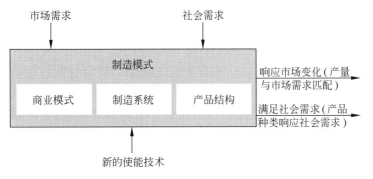

图 1.4　制造模式模型

每种制造模式的目标由市场行情、社会的新需求以及这些需求的变化驱动。新的技术使能器(如计算机、新兴信息技术等)的引入,并在新型制造系统中应用,使得新的制造模式成为可能。对应每种新的制造模式,就有一种新型的制造系统被开发出来,并通过一种基于新的技术使能器的应用使其成为可能。例如,柔性制造系统的发明使大规模定制模式成为可能。产品结构也随着模式的变化而改变。随着产品种类的进一步扩展,产品结构越来越模块化。每种制造模式都有自己的商业模式,来适应制造模式的特性,并满足制造模式的需要——社会需求或市场行情。

每种制造模式都重点涉及 3 个基本要素:①设计,设计产品及其功能,以满足特定的社会需求;②制造,通过能够快速响应市场需求和基于的工艺及制造系统来制造产品;③销售,向客户销售目标明确、有针对性的产品来使企业获利。每种制造模式的商业模式都是唯一的,这一商业模式决定着设计—生产—销售的顺序。

1. 商业模式

商业模式是在提升消费者产品价值的同时,利用企业的竞争优势为企业创造经济价值的一种战略方法,指企业与企业之间、企业的部门之间、企业与顾客之间、企业与渠道之间都存在各种各样的交易关系和连接方式。商业模式也就是企业所有资源和经济关系的有机组合,与企业战略一起称为企业顶层设计的核心内容。一般而言,商业模式包括 10 个基本要素,而一个好的商业模式至少要包含前 7 个,也就是说,应该确定消费者是谁,以及怎样通过向消费者提供可以从中获利的产品和服务,以便为企业创造经济价值。

- 价值主张(value proposition):公司通过产品和服务向消费者提供的价值。价值主张确认公司对消费者的实用意义。
- 消费者目标群体(target customer segments):公司瞄准的消费者群体。这些群体具有某些共性,从而使公司能够(针对这些共性)创造价值。定义消费者群体的过程也被称为市场划分(market segmentation)。

- 分销渠道（distribution channels）：公司用来接触消费者的各种途径，阐述了公司如何开拓市场。它涉及公司的市场和分销策略。
- 客户关系（customer relationships）：公司同消费者群体之间建立的联系，通常说的客户关系管理（customer relationship management）与此相关。
- 价值配置（value configurations）：资源和活动的配置。
- 核心能力（core capabilities）：公司执行商业模式所需的能力和资格。
- 合作伙伴网络（partner network）：同其他公司之间为有效地提供价值并实现其商业化而形成的合作关系网络，也描述了公司商业联盟（business alliances）的范围。
- 成本结构（cost Structure）：所使用的工具和方法的货币描述。
- 收入模型（revenue model）：通过各种收入流（Revenue Flow）创造财富的途径。
- 裂变模式（Business Name Consumer，BNC）：商业模式转变的方式和方向。

在企业运营过程中，与商业模式相关的概念有运营模式、经营模式、盈利模式、生产模式、营销模式等[19]，可从以下角度进行区别。

- 从企业战略角度，运营模式泛指企业对内、对外的一切商业活动及组织实施，是从企业内部资源的层面上来整体分析企业是如何运转的、如何经营的、如何销售的等。经营模式是运营模式中的一个很重要的部分，主要指企业创造价值的过程。运营模式是一个大圆，经营模式是大圆中的小圆。
- 商业模式与运营模式：商业本身大于运营，商业模式构建的是企业与其他企业、用户、客户、政府、竞争对手等全方位的关系，运营模式构建的是基于企业生产经营销售管理等企业内部经济关系。商业模式的范围要大于运营模式。
- 盈利模式是指从成本与收入的角度分析企业是如何赚钱并持续赚钱的。
- 生产模式（production mode）和营销模式是分别解释生产制造和营销管理的方式。

根据企业生命周期，企业会有不同的发展阶段。无论是互联网新兴企业，还是传统企业，无论是制造企业，还是专业服务公司，开始必须设计企业的商业模式。小型企业要在创业时期设计好商业模式，中型企业在转型升级时必须重塑商业模式，大型及巨型企业须根据多元业务进行不同业务链企业的商业模式改造。

在很多情况下，采用一种新型的商业模式比发明新的产品更容易获得成功。例如，Domino's Pizza 发明的送货上门的商业模式、Dell 发明的计算机组装模式、阿里的淘宝网络大卖场模式、京东的自有物流送货、小米的互联网手机模式（改变了传统手机制造的供应链）、e保养的O2O维护保养模式（改变了传统汽车后服务市场）等。

2. 制造系统

制造系统是人、机器和装备以及物料流和信息流的一个组合体。国际著名制造系统工程专家、日本东京大学的一位教授指出："制造系统可从3个方面定义。①制造系统的结构方面：制造系统是一个包括人员、生产设施、物料加工设备和其他附属装置等各种硬件的统一整体;②制造系统的转变方面:制造系统可定义为生产要素的转变过程,特别是将原材料以最大生产率变成为产品;③制造系统的过程方面:制造系统可定义为生产的运行过程,包括计划、实施和控制。"

综合而言,制造系统是制造过程及其所涉及的硬件、软件和人员组成的一个将制造资源转变为产品或半成品的输入/输出系统,涉及产品全生命周期(包括市场分析、产品设计、工艺规划、加工过程、装配、运输、产品销售、售后服务及回收处理等)的全过程或部分环节。其中,硬件包括厂房、生产设备、工具、刀具、计算机及网络等;软件包括制造理论、制造技术(制造工艺和制造方法等)、管理方法、制造信息及其有关的软件系统等;制造资源包括狭义制造资源和广义制造资源;狭义制造资源主要指物能资源,包括原材料、坯件、半成品、能源等;广义制造资源还包括硬件、软件、人员等。

制造系统的目标是用远低于生产原型产品的成本来生产高质量的产品,使它们能够以畅销的价格进行销售。在全球化竞争环境中,设计一种具有成本效益的制造系统并有效地运作是具有重要竞争力的跳帧,特别是当竞争对手有大量劳动力优势时。

3. 产品结构

产品结构随着模式的变化而改变,随着产品种类的扩展,产品结构越来越模块化和产品功能(服务)越来越多样化。

1.3.2　制造模式的发展阶段

20 世纪后半叶,特别是 20 世纪 80 年代后期以来,生产需求朝多样化方向发展且竞争加剧。信息技术的进步,特别是互联网的出现,迫使产品生产朝多品种、变批量、短生产周期方向演变,传统的大量生产正在被更先进的生产模式所代替,从而对制造模式的演变起到了巨大的推动作用。从美国学者于 20 世纪 80 年代末首次提出了"先进制造"(advanced manufacturing)的概念开始,国内外专家学者先后总结出了一系列颇有成效和价值的制造模式,如精益制造、柔性制造、计算机集成制造、敏捷制造、现代集成制造、虚拟制造、高效快速重组(Lean Agile Flexible,LAF)、分散化网络制造、成组技术、绿色制造、智能制造、大规模定制等,为制造业实现多品种、小批量、个性化定制生产奠定了相关的理论基础。

总的来说,制造模式总是与当时的生产发展水平及市场需求相联系的,至今,消费品制造经历了手工作坊制造、大规模制造、精益制造、柔性制造和计算机集成制造、敏捷制造和现代集成制造、智能制造等不同发展阶段(图 1.5 改编自文献[16])。

1. 手工作坊制造

在手工业生产时代,是手工作坊制造模式,其特点是产品的设计、加工、装配和检验基本上都由个人完成,技术工人使用通用机床基准地制造客户所支付的产品,一次生产一件产品。这种制造模式灵活性好,但效率低,难以完成大批量产品的生产,其有如下特征:

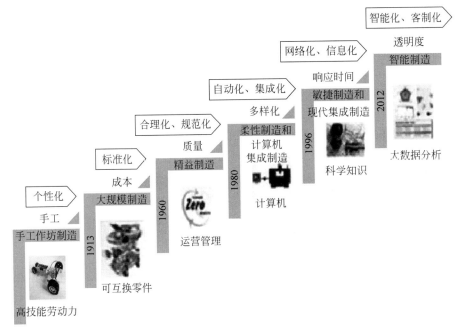

图 1.5　制造模式的发展阶段

（1）产品品种多，因为每种产品都是根据订单生产的。

（2）每种产品的产量极低。

（3）拉动式商业模式：销售—设计—制造。

（4）高技能的劳动力。

（5）通用机床完成所有的加工操作。

2. 20 世纪初—20 世纪中叶：大规模制造

大规模制造也称量产，是指产品数量很大，大多数工作地点固定，长期按照一定的生产节拍（在流水线生产中，相继完成两件制品之间的时间间隔）进行某一个零件的某一道工序的加工。大量生产品种单一，产量大，生产重复程度高。高质量标准化可互换零件的生产技术是大规模制造成功的主要技术使能器。

从 19 世纪中叶到 20 世纪中叶，福特于 1913 年提出基于可互换零件的大规模制造（Mass Production，MP）模式，以低成本生产高质量（C/Q）的产品，在制造业中占主导地位近百年，这种模式通过劳动分工实现作业专业化，在机械化和电气化技术支持下，大大提高了劳动生产率，降低了产品成本，有力推动了制造业的发展和社会进步。

大规模制造的主要特征如下。

• 生产的产品种类非常有限。

• 每种产品的产量很大。

• 推动式商业模式：设计—制造—销售。

• 专用机械和装配流水线。

- 相对低技能的劳动力。

大规模制造的实现条件：

- 可互换零件。
- 流水生产线。
- 专用设备与专用制造系统。

3. 20 世纪 60 年代—20 世纪 80 年代中后期：精益制造

精益制造的目标是以低成本生产高质量的产品。

精益制造(LP),有些专家称之为精益生产,是指在需要的时候按需要的量生产所需的产品。其目标是：降低制造成本、提高产品质量。也就是说,即使在产品产量相对较低的情况下,通过消除浪费,从而降低成本、改善品质、提高生产率,也能很经济地生产高品质的产品。有些管理专家也称精益生产方式为 JIT 生产方式、准时制生产方式、适时生产方式或看板生产方式等。浪费的来源主要包括以下 8 种情形。

(1) 过量生产：生产了多于客户需求数量、下一生产工序所需数量的产品,过早或过快生产出了下一工序要求的产品。

(2) 产品缺陷：不仅使产品质量下降,而且在生产系统中增加无价值的活动。

(3) 库存：精益生产系统中,库存按照拉动系统原理,保持在最低状态。

(4) 运输(搬运)：厂房布局不合理,生产操作之间长距离运输或频繁地搬运物料。

(5) 多余的动作：生产中不会为产品增加价值的动作,如移动零件。

(6) 等待：零件在待加工区等待机器加工、机器空转或闲置等待零件加工。

(7) 员工未被充分利用。

(8) 无效加工。

20 世纪 50 年代初,当二次大战刚刚结束,西方国家正在津津乐道于大批量生产方式带来的绩效和优势时,日本人却在迅速恢复被战争破坏的经济,悄悄地和不自觉地开始酝酿了一场制造史上的革命。在此同时,制造技术的发展突飞猛进,数控、机器人、可编程序控制器、自动物料搬运装置、工厂局域网、基于成组技术的柔性制造系统等先进制造技术和系统迅速发展,但它们只是着眼于提高制造的效率,减少生产准备时间,却忽略了可能增加的库存带来的成本增加。当时,日本丰田汽车公司副总裁大野耐一开始注意到制造过程中的浪费是造成生产率低下和增加成本的根源,他从美国的超级市场受到启发,形成了看板系统的构想,于 1953 年提出了 JIT 方式(使能器),并于 20 世纪 60 年代初形成了日本丰田应用于运营管理的精益生产模式。20 世纪 80 年代后期,精益生产系统的原理在美国、欧洲和中国开始运用,这时大规模定制模式也应运而生。

大规模定制是以大量生产的成本生产类型广泛(多品种、小批量)的定制产品,吸引更多的消费者,增加销售。

4. 20 世纪 80 年代—20 世纪 90 年代中后期：柔性制造和计算机集成制造

柔性制造和计算机集成制造的目标是通过计算机数控机床或机器人以低成本生产多品种、小批量的零件和产品。

1）柔性制造

柔性制造系统是由可编程设备（如计算机数控机床和工业机器人）加上柔性物料进给系统（如自动导向小车或一个行车式机器人）组成的系统。柔性制造系统的构件单元是计算机数控机床（常用于加工系统中）或机器人（常用于装配系统和自动焊接线等），它们两者都包含了柔性物料进给系统的精细运行控制器。加工系统中典型的计算机数控机床包括加工中心、钻床、激光切割机和一些自动检测设备等；典型的柔性物料进给系统包括传送带、门架和自动导向小车（AGV）等。柔性制造系统可以通过改变零件程序、刀具和定位方式生产新的产品。柔性制造系统成为大规模定制生产模式的使能器。

1967年，英国莫林斯公司首次根据威廉森提出的柔性制造系统（FMS）基本概念，研制了"威廉森系统24"。其主要设备是6台模块化结构的多工序数控机床，目标是在无人看管条件下实现昼夜24小时连续加工，但最终由于经济和技术上的困难而未全部建成。同年，美国的怀特·森斯特兰公司建成Omniline Ⅰ系统，它由8台加工中心和2台多轴钻床组成，工件被装在托盘上的夹具中，按固定顺序以一定节拍在各机床间传送和进行加工。这种柔性自动化设备适于在少品种、大批量生产中使用，在形式上与传统的自动生产线相似，所以也叫柔性自动线。日本、德国等也都在20世纪60年代末至20世纪70年代初，先后开展了FMS的研制工作。1976年，日本发那科公司展出了由加工中心和工业机器人组成的柔性制造单元（FMC），为发展FMS提供了重要的设备形式。FMC一般由1～2台数控机床与物料传送装置组成，有独立的工件储存站和单元控制系统，能在机床上自动装卸工件，甚至自动检测工件，可实现有限工序的连续生产，适于多品种、小批量生产应用。20世纪70年代末期，柔性制造系统在技术上和数量上都有较大发展，20世纪80年代初期已进入实用阶段，其中以由3～5台设备组成的柔性制造系统为最多，但也有规模更庞大的系统投入使用。

柔性制造系统的历史如下：

- 1967年，英国的莫林斯公司最早推出了"威廉森系统24"，6台模块化结构的多工序数控机床由传输工件（固定在托盘上）的自动物料处理系统连接，实现24小时连续加工。
- 1971年，美国Sundstrand公司设计了轨道式托盘传输系统——穿梭车系统。
- 1972年，德国机床厂商Auerbach推出了"M250/02CNC"制造系统，配有2个三轴加工中心、3个两臂转换器和1个四臂机器人，完成菱形零件的五面加工。
- 20世纪70年代中期，柔性制造系统开始生产小批量、多品种零件。
- 20世纪80年代及此后20年，柔性制造系统广泛应用于整个工业界。

柔性制造系统的发展趋势大致有两个方面：一方面是与计算机辅助设计和辅助制造系统相结合，利用原有产品系列的典型工艺资料，组合设计不同模块，构成各种不同形式的具有物料流和信息流的模块化柔性系统。另一方面是实现从产品决策、产品设计、生产到销售的整个企业经营过程的自动化，特别是管理层次自动化的计算机集成制造系统。在计算机集成制造系统中，柔性制造系统只是它的一个组成部分。

2）计算机集成制造

计算机集成制造（Computer Integrated Manufacturing，CIM）是随着计算机技术在制造领域中广泛应用而产生的一种生产模式，于 1973 年由美国约瑟夫·哈灵顿博士提出。CIM 是一种概念、一种哲理，而计算机集成制造系统 CIMS 是指在 CIM 思想指导下，逐步实现的企业全过程计算机化的综合系统，其目标是通过企业全流程改善降低浪费、次品和事故，提高产品的质量。计算机集成制造系统是计算机集成制造模式的使能器。

5. 20 世纪 90 年代后期—21 世纪初：敏捷制造和现代集成制造

敏捷制造和现代集成制造的目标是通过产品全生命周期的数据管理，为用户提供所需要的能力和服务（个性化产品和服务）。

全球化制造革命开始于 20 世纪的最后 10 年。全球化使世界各地不同国家生产相似产品的企业加入了竞争行列，大大加剧了全世界的竞争。在这种情况下，消费者的个性化需求刺激了制造市场的个性化生产。20 世纪末，全球化的个性化生产开始成熟，消费者可以主动参与到购买产品的设计过程，精准地选择符合自己需求的商品和服务。

个性化生产商业模式：以接近大量生产的成本，从给定模块中选取组件，及时地按订单生产定制产品，通过完全符合消费者对产品的需求来增加销售。

在全球化制造中，制造系统不仅必须具有柔性，而且能够对产品需求的波动做出响应。这种响应性可以通过开发可重构制造系统实现。可重构制造系统[13]能够快速调整其生产能力，使之与市场需求相匹配；能够迅速装备响应的工具生产新产品；能够及时更新功能，生产不同的产品系列。可重构制造系统通过"按时、按需提供产能和功能"，从而拥有对市场需求高度适应的生产能力。个性化生产和可重构制造系统融合诞生了敏捷制造和现代集成制造。

1）敏捷制造

敏捷制造是指制造企业采用现代通信手段，通过快速配置各种资源（包括技术、管理和人），以有效和协调的方式响应用户需求，实现制造的敏捷性。敏捷性是核心，是企业在不断变化、不可预测的经营环境中善于应变的能力，是企业在市场中生存和领先能力的综合表现，具体表现在产品的需求、设计和制造上具有敏捷性，也可以说是可重构制造。

20 世纪 90 年代，信息技术突飞猛进，信息化的浪潮汹涌而来，许多国家制订了旨在提高自己国家在未来世界中的竞争地位、培养竞争优势的先进的制造计划。为重新夺回美国制造业的世界领先地位，美国政府把制造业发展战略目标瞄向 21 世纪。美国通用汽车（GM）公司和里海（Leigh）大学的雅柯卡（Iacocca）研究所在国防部的资助下组织了百余家公司，由通用汽车、波音、IBM、德州仪器、AT&T、摩托罗拉等 15 家著名大公司和国防部代表共 20 人组成了核心研究队伍。此项研究历时 3 年，于 1994 年年底提出了"21 世纪制造企业战略"。这份报告中提出既能体现国防部与工业界各自的特殊利益，又能获取他们共同利益的一种新的生产方式，即敏捷制造（AM）。

敏捷制造是在具有创新精神的组织和管理结构、先进制造技术（以信息技术和柔性智能技术为主导）有技术和知识的管理人员三大类资源支柱支撑下得以实施的，也就是将柔性生产技术、有技术和知识的劳动力与能够促进企业内部和企业之间合作的灵活管理集中在一起，通过建立的共同基础结构对迅速改变的市场需求和市场进度做出快速响应。敏捷制造比其他制造方式具有更灵敏、更快捷的反应能力。

2）现代集成制造

现代集成制造（Contemporary Integrated Manufacturing，CIM）在继承计算机集成制造优秀成果的基础上不断吸收先进制造技术中相关思想的精华，适应集成过程从信息集成、过程集成向企业集成方向迅速发展，于 1999 年由中国学者李伯虎、吴澄等提出。

6. 2012 年至今：智能制造

智能制造的目标是以低成本快速实现智能化的客户定制需求。

随着 2012 年美国工业互联网、2013 年德国工业 4.0、2015 年"中国制造 2025"等国家制造战略的提出，社会进入智能制造模式。智能制造突出了知识在制造活动中的价值地位，而知识经济又是继工业经济后的主体经济形式。智能制造成为未来经济发展过程中制造业重要的生产模式。

制造系统中问题的发生和解决的过程会产生大量数据，通过对这些数据的分析和挖掘可以了解问题产生的过程、造成的影响和解决的方式（图 1.6(a)），这些信息被抽象化建模后转化成知识，再利用知识去认识、解决和避免问题，核心是从以往依靠人的经验，转向依靠挖掘数据中隐形的线索，使得制造知识能够被更加高效和自发地产生、利用和传承。

基于大数据的预测性分析技术可以加速产品创新、生产系统质量的预测性管理、产品健康管理及预测性维护、能源管理、环保与安全、供应链优化、产品精准营销、智能装备和生产系统的自省性和重构能力，其实现方式可以从以下 3 个方面体现（图 1.6(b)）。

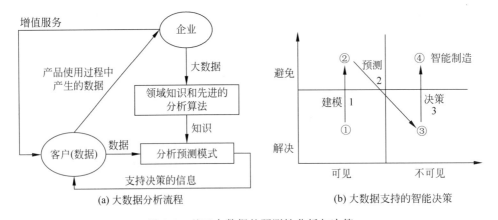

(a) 大数据分析流程　　　　　　　　(b) 大数据支持的智能决策

图 1.6　基于大数据的预测性分析与决策

• 建模：把问题变成数据，通过数据建模把经验变成可持续的价值。

- 预测：把数据（如时域信号的统计特征、波形信号的频域特征、能量谱特征以及特定工况下的信号读数等）变成知识，分析可见问题，预测不可见问题。
- 决策：把知识变成数据，驱动产品、工艺、生产、运营、决策创新。

总体来说，每种制造模式都具有一组不同的需求集合，既有来自社会的需求，也有来自市场的需求，见表 1.4。

表 1.4　制造模式的特点及其驱动器

制造模式	手工作坊制造	大规模制造	精益制造	柔性制造和计算机集成制造	敏捷制造和现代集成制造	智能制造
开始时间	约 1850 年	约 1913 年	约 1960 年	约 1980 年	约 2000 年	约 2012 年
社会需求	独特产品	大批量、低成本产品	低成本、高质量产品	多品种、小批量、高质量产品	个性化产品/服务	智能产品/服务
市场力量	不稳定需求	稳定需求	稳定需求	稳定需求	波动需求	波动需求
模式目标	满足要求	降低成本	低成本、高质量	多品种、高质量	快速响应服务	智能服务
使能技术	电	可互换零件	精益生产	计算机数控	信息技术和互联网	新一代信息技术
制造系统	电动机床	专用制造系统（机床/装配线）	精益生产系统	柔性制造系统/计算机集成制造系统	可重构制造系统/现代集成制造系统	智能制造系统
产品结构	个性化	不变	模块化	模块化	高度模块化	智能化
商业模式	拉动式	推动式	拉动式	推动式	拉动式	拉动式

1.3.3　各工业强国制造模式的变革过程

在过去近 200 年的工业积累中，美国、日本、德国等工业强国都形成了非常鲜明的制造哲学，其根源是对知识的理解、积累和传承方式的差异[6]。日本的载体是人，德国的载体是装备，美国积累的主要载体是数据，形成了各自特色。

1. 日本：通过组织文化和人的训练不断改善，在知识的承载和传承上非常依赖人

日本独特的克忍、服从和集体观念文化也深深地影响了日本的制造文化，其最主要的特征就是通过组织的不断优化、文化建设和人的训练解决生产系统中的问题。日本在 1970 年提出以"全生产系统维护（Total Production Maintenance，TPM）"为核心的生产管理体系，其核心思想为：全效率、全系统和全员参与。1990 年以后，日本选择了"精益制造"（JIT & LP）作为其转型方向，而非 6-sigma 质量管理体系。日本企业在人才的培养方面也是不遗余力的，尤其是雇员终身制文化，将雇员与企业的命运紧密联系在一起，使得人的经验和知识能够在企业内部积累、运用和传承。

除了企业内部以外，日本还有独特的"企业金字塔梯队"文化，即以一个巨型企业为核心，如丰田、三菱等，形成一个完整产业链上的企业集群，企业之间保持长期的合作，互相帮助对方进行改善和提升,这样能够保证知识在一个更大的体系中不断地积累、流通和传承。

对于日本企业而言,员工是最重要的价值,对人的信任远胜于对设备、数据和系统的信任,所有的自动化或是信息化建设也都是以帮助人去工作为目的,所以日本企业从来不会谈机器换人或是无人工厂。如果中国想要学习工匠精神,那么最应该借鉴的是日本孕育工匠的组织文化和制度。但是,这样的文化在近几年遇到了一个十分巨大的挑战,就是日本的老龄化和制造业年轻一代大量短缺的问题,使得没有人能够去传承这些知识。日本也意识到了自己在数据和信息系统方面的缺失,开始在这些方面发力。这一点在日本的工业价值链(Industrial Value chain Initiative,IVI)产业联盟的构架和目标上能够清晰地看到。

该联盟提出的19条工作项目:①远程工厂的操作监控和管理;②设备生命周期管理;③生产线实时数据的动态管理;④设备集成的实时维护;⑤实时数据分析和预测维护;⑥云共享和维护数据的策划—实施—检查—改进(Plan-Do-Check Action cycle,PDCA);⑦通过制造执行系统(Manufacturing Execution System,MES)将自动化生产线、运输和人工检测进行集成;⑧自主的制造执行系统在公司外工作;⑨能处理意外情况的制造执行系统;⑩达到从实时数据获取制造知识;⑪以智能数据作为质量保证(故障的早期发现和阻止);⑫中小型企业制造系统使用机器人;⑬制造技术与管理的无缝集成;⑭设计和制造的物料清单与可追溯管理的集成;⑮人与机器合作的工作方式的工厂的标准化;⑯连接中小企业;⑰信息物理生产和物理一体化;⑱远程站点的B2B收货服务;⑲面向用户的大规模定制。其中有7条与大数据直接相关。

可以说,日本的转型战略是应对其人口结构问题和社会矛盾的无奈之举,核心是要解决替代人的知识获取和传承方式。日本在转型过程中同样面临着许多挑战,首先是数据积累的缺失,使得知识和经验从人转移到信息化体系和制造系统的过程中,缺少了依据和判断标准。其次是日本工业企业保守的文化造成软件和IT技术人才的缺失,正如日本经产省公布的《2015年制造白皮书》中表达的忧虑"相对于在德国和美国正在加快的制造业变革,现在还没有(日本)企业表现出重视软件的姿态"。

2. 德国的制造哲学及"工业4.0":通过设备和生产系统的不断升级,将知识固化在设备上

德国的先进设备和自动化的生产线是举世闻名的,可以说在装备制造业的实力上有着傲视群雄的资格。德国人严谨的风格以及独特的"学徒制"高等教育模式(co-operative education,co-op)使得德国制造业的风格非常务实,理论研究与工业应用的结合也最紧密。

日本和德国解决问题的方式是不同的。例如,如果生产线上经常发生物料分拣出错的现象,日本的解决方式很有可能是改善物料辨识度(如颜色等)、员工训练以及设置复查制度;而德国则很可能会设计一个射频识别(Radio Frequency IDentification,RFID)扫码自动分拣系统或是利用"图像识别+机械手臂"自动进行分拣。

除了在生产现场追求问题的自动解决之外,在企业的管理和经营方面也能够看到其尽力减少人为影响因素的努力。例如,世界上最好的企业资源计划(ERP)管理系统、制造执行系统(MES)、先进规划与排程系统(Advanced Planning and Scheduling,APS)等软件供应商都来自德国,通过软件自动完成尽量减少人为因素带来的不确定性。

　　然而,德国同样对数据的采集缺少积累。在德国的制造系统中,对故障和缺陷采用零容忍的态度,一旦出现问题,就通过装备端的改进一劳永逸地解决,在德国人的意识中不允许出现问题,也就自然不会由问题产生数据,最直接的表现就是找遍德国的高校和企业几乎没有人在做设备预诊与健康管理(Prognostics Health Management,PHM)和虚拟测量等质量预测性分析。另外,德国生产线的高度自动化和集成化,使得其整体设备效率(Overall Equipment Effectiveness,OEE)非常稳定,利用数据进行优化的空间也较小。

　　产品优秀的质量和可靠性,使得德国制造拥有非常好的品牌口碑。然而,德国近年来也发现了一个问题,那就是大多数工业产品本身只能够卖一次,卖给一个客户之后也就少了一个客户。同时,随着一些发展中国家的装备制造和工业能力的崛起,德国的市场也在不断被挤压,在 2008—2012 年的 5 年时间里,德国工业出口几乎没有增长。因此,德国开始意识到卖装备不如卖整套的解决方案,甚至如果同时还能够卖服务就更好了。

　　2013 年 4 月,德国在汉诺威工业博览会上正式推出了"工业 4.0"战略计划,其背后是德国将制造系统中积累的知识体系集成后产生的系统产品,同时将制造知识以软件或是工具包的形式提供给客户作为增值服务,从而在客户身上实现可持续的盈利能力。"工业 4.0"的思想是通过信息物理系统(CPS)实现人、设备与产品的实时连通、相互识别和有效交流,构建一个高度灵活的个性化和数字化的智能制造模式。在这种模式下,生产由集中向分散转变,规模效应不再是工业生产的关键因素;产品由趋同向个性转变,未来产品都将完全按照个人意愿进行生产,极端情况下将成为自动化、个性化的单件制造;用户由部分参与向全程参与转变,不仅出现在生产流程的两端,而且广泛、实时参与生产和价值创造的全过程。

　　"工业 4.0"设计框架的核心要素就是集成:一是价值网络的横向集成,即通过应用CPS,加强企业之间在研究、开发与应用的协同推进,以及在可持续发展、商业保密、标准化、员工培训等方面的合作;二是全价值链的纵向集成,即在企业内部通过采用CPS,实现从产品设计、研发、计划、工艺到生产、服务的全价值链的数字化;三是端对端系统工程,即在工厂生产层面,通过应用CPS,根据个性化需求定制特殊的IT结构模块,确保传感器、控制器采集的数据与ERP管理系统进行有机集成,打造智能工厂。因此,德国在第四次工业革命中的主要目的是利用知识进一步提升其工业产品出口的竞争力,并产生直接的经济回报。

　　2013 年 12 月,德国电气电子和信息技术协会发布了"德国'工业 4.0'标准化路线图",其目标是制定出一套单一的共同标准,形成一个标准化的、具有开放性特点的标准参考体系,最终达到通过价值网络实现不同公司间的网络连接和集成。德国"工业 4.0"提出的标准参考体系是一个通用模型,适用于所有合作伙伴公司的产品和服务,提供了

"工业 4.0"相关的技术系统的构建、开发、集成和运行的框架,意图是将不同业务模型的企业采用的不同作业方法统一为共同的作业方法。

3. 美国的制造哲学及工业互联网:从数据和移民中获得新的知识,并擅长颠覆和重新定义问题

与日本和德国相比,美国在解决问题的方式中最注重数据的作用,在客户的需求分析、客户关系管理、生产过程中的质量管理、设备的健康管理、供应链管理、产品的服役期管理和服务等方面都大量地依靠数据进行。这也造成了 1990 年后美国与日本和中国选择了两种不同的制造系统改善方式:美国企业普遍选择了非常依赖数据的 6-sigma 体系,而日本选择了非常依赖人和制度的精益管理体系。由于中国与日本文化的相似性以及中国企业普遍缺乏数据的积累和信息化基础,所以中国的制造企业在 2000 年以后的质量和管理改革也大多选择精益管理体系。除了从生产系统中获取数据以外,美国还在21 世纪初提出了"产品全生命周期管理(PLM)"的概念,核心是对所有与产品相关的数据在整个生命周期内进行管理,管理的对象为产品的数据,目的是全生命周期的增值服务和实现到设计端的数据闭环(closed-loop design)。

数据也是美国获取知识的最重要途径,不仅是对数据积累的重视,更重要的是对数据分析的重视,以及企业决策从数据反映出来的事实出发的管理文化。除了利用知识解决问题外,美国也非常擅长利用知识进行颠覆式创新,从而对问题进行重新定义。例如,美国的航空发动机制造业,降低发动机的油耗是需要解决的重要问题。大多数企业会从设计、材料、工艺、控制优化等角度去解决这个问题,然而 GE 公司发现飞机的油耗与飞行员的驾驶习惯以及发动机的保养情况非常相关,于是就从制造端跳出来转向运维端去解决这个问题,收到的效果比从制造端的改善还要明显。这也就是 GE 公司在推广工业互联网时提出的"1%的力量"(Power of 1%)的依据和信心来源,其实与制造并没有太大的关系。

所以,美国在智能制造革命中的关键词依然是"颠覆",这一点从其新的战略布局中可以清楚地看到,利用工业互联网颠覆制造业的价值体系,利用数字化、新材料和新的生产方式(3D 打印等)去颠覆制造业的生产方式。

1)工业互联网

工业互联网的概念最早由通用电气于 2012 年提出,与"工业 4.0"的基本理念相似,倡导将人、数据和机器连接起来,形成开放而全球化的工业网络,其内涵已经超越制造过程以及制造业本身,跨越产品生命周期的整个价值链。工业互联网和"工业 4.0"相比,更加注重软件、网络和大数据,目标是促进物理系统和数字系统的融合,实现通信、控制和计算的融合,营造一个信息物理系统的环境。

工业互联网系统由智能设备、智能系统和智能决策三大核心要素构成,是数据流、硬件、软件和智能的交互。由智能设备和网络收集的数据存储之后,利用大数据分析工具进行数据分析和可视化。由此产生的"智能信息"可以由决策者必要时进行实时判断处理,成为大范围工业系统中工业资产优化战略决策过程的一部分。

（1）智能设备。

将信息技术嵌入装备中,使装备成为可智能互联产品。为工业机器提供数字化仪表是工业互联网革命的第一步,使机器和机器交互更加智能化,这得益于以下 3 个要素:①部署成本:仪器仪表的成本已大幅下降,从而有可能以一个比过去更经济的方式装备和监测工业机器;②微处理器芯片的计算能力:微处理器芯片持续发展已经达到一个转折点,即使得机器拥有数字智能成为可能;③高级分析:"大数据"软件工具和分析技术的进展为了解由智能设备产生的大规模数据提供了手段。

（2）智能系统。

智能系统是将设备互联形成的一个系统。智能系统包括各种传统的网络系统,但广义的定义包括了部署在机组和网络中并广泛结合的机器仪表和软件。随着越来越多的机器和设备加入工业互联网,可以实现跨越整个机组和网络的机器仪表的协同效应。智能系统的构建整合了广泛部署智能设备的优点。当越来越多的机器连接在一个系统中,久而久之,结果将是系统不断扩大并能自主学习,而且越来越智能化。

（3）智能决策。

当从智能设备和系统收集到足够的信息来促进数据驱动型学习的时候,智能决策就发生了,从而使一个小机组网络层的操作功能从运营商传输到数字安全系统。

2014 年 3 月,美国通用电气、IBM、思科、英特尔和 AT&T 5 家行业龙头企业联手组建了工业互联网联盟(Industrial Internet Consortium,IIC),其目的是通过制定通用标准,打破技术壁垒,使各个厂商设备之间可以实现数据共享,利用互联网激活传统工业过程,更好地促进物理世界和数字世界的融合。工业互联网联盟已经开始起草工业互联网通用参考架构,该参考架构将定义工业物联网的功能区域、技术及标准,用于指导相关标准的制定,帮助硬件和软件开发商创建与物联网完全兼容的产品,最终目的是使传感器、网络、计算机、云计算系统、大型企业、车辆和数以百计其他类型的实体得以全面整合,推动整个工业产业链的效率全面提高。

2）智能制造

2011 年 6 月 24 日,美国智能制造领导联盟(Smart Manufacturing Leadership Coalition,SMLC)发表了"实施 21 世纪智能制造"报告。该报告认为智能制造是先进智能系统强化应用、新产品制造快速、产品需求动态响应,以及工业生产和供应链网络实时优化的制造。智能制造的核心技术是网络化传感器、数据互操作性、多尺度动态建模与仿真、智能自动化,以及可扩展的多层次的网络安全。该报告给出了美国智能制造企业框架(图 1.7)。智能制造企业将融合所有方面的制造,从工厂运营到供应链,并且使得对固定资产、过程和资源的虚拟追踪横跨整个产品的生命周期。最终结果将是在一个柔性的、敏捷的、创新的制造环境中优化性能和效率,并且使业务与制造过程有效串联在一起。

总的来说,对知识的理解、积累和传承方式的差异决定了日本、德国和美国制造业的创新制造哲学和文化,而制造哲学和文化又影响了国家在工业道路选择的路径和侧重点。

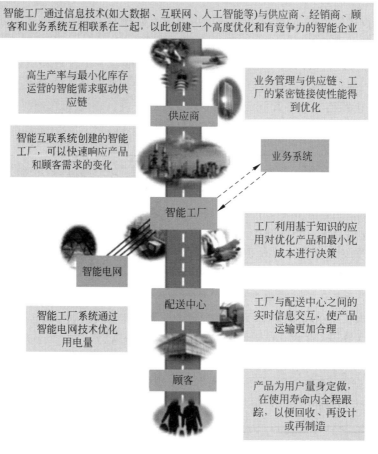

图 1.7 美国智能制造企业框架

1.3.4 中国智能制造的部分内容

经过几十年的快速发展,我国制造业规模跃居世界前列,建立起门类齐全、独立完整的制造体系,成为支撑我国经济社会发展的重要基石和促进世界经济发展的重要力量。持续的技术创新,大大提高了我国制造业的综合竞争力。载人航天、载人深潜、大型飞机、北斗卫星导航、超级计算机、高铁装备、百万千瓦级发电装备、万米深海石油钻探设备等一批重大技术装备取得突破,形成了若干具有国际竞争力的优势产业和骨干企业,我国已具备建设工业强国的基础和条件。

但我国仍处于工业化进程中,与先进国家相比还有较大差距。制造业大而不强,自主创新能力弱,关键核心技术与高端装备对外依存度高,以企业为主体的制造业创新体系不完善;产品档次不高,缺乏世界知名品牌;资源能源利用效率低,环境污染问题较为突出;产业结构不合理,高端装备制造业和生产性服务业发展滞后;信息化水平不高,与工业化融合深度不够;产业国际化程度不高,企业全球化经营能力不足。推进制造强国建设,必须着力解决以上问题。

建设制造强国,必须紧紧抓住当前难得的战略机遇,积极应对挑战,加强统筹规划,突出创新驱动,制定特殊政策,发挥制度优势,动员全社会力量奋力拼搏,更多依靠中国装备、依托中国品牌,实现中国制造向中国创造的转变,中国速度向中国质量的转变,中国产品向中国品牌的转变,完成中国制造由大变强的战略任务。

1. 指导思想

全面贯彻党的十九大精神,加快建设制造强国,加快发展先进制造业,推动互联网、大数据、人工智能和实体经济深度融合。以推进智能制造为主攻方向,以满足经济社会发展和国防建设对重大技术装备的需求为目标,强化工业基础能力,提高综合集成水平,促进产业转型升级,培育有中国特色的制造文化,实现制造业由大变强的历史跨越。基本方针是:

(1)创新驱动。坚持把创新摆在制造业发展全局的核心位置,完善有利于创新的制度环境,推动跨领域、跨行业协同创新,突破一批重点领域关键共性技术,促进制造业数字化、网络化、智能化,走创新驱动的发展道路。

(2)质量为先。坚持把质量作为建设制造强国的生命线,强化企业质量主体责任,加强质量技术攻关、自主品牌培育。建设法规标准体系、质量监管体系、先进质量文化,营造诚信经营的市场环境,走以质取胜的发展道路。

(3)绿色发展。坚持把可持续发展作为建设制造强国的重要着力点,加强节能环保技术、工艺、装备推广应用,全面推行清洁生产。发展循环经济,提高资源回收利用效率,构建绿色制造体系,走生态文明的发展道路。

(4)结构优化。坚持把结构调整作为建设制造强国的关键环节,大力发展先进制造业,改造提升传统产业,推动生产型制造向服务型制造转变。优化产业空间布局,培育一批具有核心竞争力的产业集群和企业群体,走提质增效的发展道路。

(5)人才为本。坚持把人才作为建设制造强国的根本,建立健全科学合理的选人、用人、育人机制,加快培养制造业发展急需的专业技术人才、经营管理人才、技能人才。营造大众创业、万众创新的氛围,建设一支素质优良、结构合理的制造业人才队伍,走人才引领的发展道路。

2. 战略目标

立足国情,立足现实,力争通过"三步走"实现制造强国的战略目标。

第一步,力争用 10 年时间,迈入制造强国行列。

到 2020 年,基本实现工业化,制造业大国地位进一步巩固,制造业信息化水平大幅提升。掌握一批重点领域关键核心技术,优势领域竞争力进一步增强,产品质量有较大提高。制造业数字化、网络化、智能化取得明显进展。重点行业单位工业增加值能耗、物耗及污染物排放明显下降。

到 2025 年,制造业整体素质大幅提升,创新能力显著增强,全员劳动生产率明显提高,两化(工业化和信息化)融合迈上新台阶。重点行业单位工业增加值能耗、物耗及污染物排放达到世界先进水平。形成一批具有较强国际竞争力的跨国公司和产业集群,在全球产业分工和价值链中的地位明显提升。

第二步,到 2035 年,我国制造业整体达到世界制造强国阵营中等水平。创新能力大幅提升,重点领域发展取得重大突破,整体竞争力明显增强,优势行业形成全球创新引领能力,全面实现工业化。

第三步,新中国成立 100 年时,制造业大国地位更加巩固,综合实力进入世界制造强国前列。制造业主要领域具有创新引领能力和明显竞争优势,建成全球领先的技术体系和产业体系。

3. 战略任务和重点

实现制造强国的战略目标,必须坚持问题导向、统筹谋划、突出重点;必须凝聚全社会共识,加快制造业转型升级,全面提高发展质量和核心竞争力。

1) 推进信息化与工业化深度融合

加快推动新一代信息技术与制造技术融合发展,着力发展智能装备和智能产品,推进生产过程智能化,培育新型生产方式,全面提升企业研发、生产、管理和服务的智能化水平。

研究制定智能制造发展战略。编制智能制造发展规划,明确发展目标、重点任务和重大布局。加快制定智能制造技术标准,建立完善智能制造和两化融合管理标准体系。强化应用牵引,建立智能制造产业联盟,协同推动智能装备和产品研发、系统集成创新与产业化。促进工业互联网、云计算、大数据在企业研发设计、生产制造、经营管理、销售服务等全流程和全产业链的综合集成应用。加强智能制造工业控制系统网络安全保障能力建设,健全综合保障体系。

智能产品研发:加快发展智能制造装备和产品。组织研发具有深度感知、智慧决策、自动执行功能的高档数控机床、工业机器人、增材制造装备等智能制造装备以及智能化生产线,突破新型传感器、智能测量仪表、工业控制系统、伺服电动机及驱动器和减速器等智能核心装置,推进工程化和产业化。加快机械、航空、船舶、汽车、轻工、纺织、食品、电子等行业生产设备的智能化改造,提高精准制造、敏捷制造能力。统筹布局和推动智能交通工具、智能工程机械、服务机器人、智能家电、智能照明电器、可穿戴设备等产品研发和产业化。

智能工厂(智能生产):推进制造过程智能化。在重点领域试点建设智能工厂/数字化车间,加快人机智能交互、工业机器人、智能物流管理、增材制造等技术和装备在生产过程中的应用,促进制造工艺的仿真优化、数字化控制、状态信息实时监测和自适应控制。

产品全生命周期的智能管控:加快产品全生命周期管理、客户关系管理、供应链管理系统的推广应用,促进集团管控、设计与制造、产供销一体、业务和财务衔接等关键环节集成,实现智能管控。加快民用爆炸物品、危险化学品、食品、印染、稀土、农药等重点行业智能检测监管体系建设,提高智能化水平。

价值链的智能服务：深化互联网在制造领域的应用。制定互联网与制造业融合发展的路线图,明确发展方向、目标和路径。发展基于互联网的个性化定制、众包设计、云制造等新型制造模式,推动形成基于消费需求动态感知的研发、制造和产业组织方式。建立优势互补、合作共赢的开放型产业生态体系。加快开展物联网技术研发和应用示范,培育智能监测、远程诊断管理、全产业链追溯等工业互联网新应用。实施工业云及工业大数据创新应用试点,建设一批高质量的工业云服务和工业大数据平台,推动软件与服务、设计与制造资源、关键技术与标准的开放共享。

基础设施建设：加强互联网基础设施建设。加强工业互联网基础设施建设规划与布局,建设低时延、高可靠、广覆盖的工业互联网。加快制造业集聚区光纤网、移动通信网和无线局域网的部署和建设,实现信息网络宽带升级,提高企业宽带接入能力。针对信息物理系统网络研发及应用需求,组织开发智能控制系统、工业应用软件、故障诊断软件和相关工具、传感和通信系统协议,实现人、设备与产品的实时联通、精确识别、有效交互与智能控制。

紧密围绕重点制造领域关键环节,开展新一代信息技术与制造装备融合的集成创新和工程应用。支持政产学研用联合攻关,开发智能产品和自主可控的智能装置并实现产业化。依托优势企业,紧扣关键工序智能化、关键岗位机器人替代、生产过程智能优化控制、供应链优化,建设重点领域智能工厂/数字化车间。在基础条件好、需求迫切的重点地区、行业和企业中,分类实施流程制造、离散制造、智能装备和产品、新业态新模式、智能化管理、智能化服务等试点示范及应用推广。建立智能制造标准体系和信息安全保障系统,搭建智能制造网络系统平台。

2）积极发展服务型制造和生产性服务业

加快制造与服务的协同发展,推动商业模式创新和业态创新,促进生产型制造向服务型制造转变。大力发展与制造业紧密相关的生产性服务业,推动服务功能区和服务平台建设。

推动发展服务型制造。研究制定促进服务型制造发展的指导意见,实施服务型制造行动计划。开展试点示范,引导和支持制造业企业延伸服务链条,从主要提供产品制造向提供产品和服务转变。鼓励制造业企业增加服务环节投入,发展个性化定制服务、全生命周期管理、网络精准营销和在线支持服务等。支持有条件的企业由提供设备向提供系统集成总承包服务转变,由提供产品向提供整体解决方案转变。鼓励优势制造业企业"裂变"专业优势,通过业务流程再造,面向行业提供社会化、专业化服务。支持符合条件的制造业企业建立企业财务公司、金融租赁公司等金融机构,推广大型制造设备、生产线等融资租赁服务。

加快生产性服务业发展。大力发展面向制造业的信息技术服务,提高重点行业信息应用系统的方案设计、开发、综合集成能力。鼓励互联网等企业发展移动电子商务、在线定制、线上到线下等创新模式,积极发展对产品、市场的动态监控和预测预警等业务,实现与制造业企业的无缝对接,创新业务协作流程和价值创造模式。加快发展研发设计、技术转移、创业孵化、知识产权、科技咨询等科技服务业，发展壮大第三方物流、节能环保、检验检测认证、电子商务、服务外包、融资租赁、人力资源服务、售后服务、品牌建设等生产性服务业，提高对制造业转型升级的支撑能力。

强化服务功能区和公共服务平台建设。建设和提升生产性服务业功能区，重点发展研发设计、信息、物流、商务、金融等现代服务业，增强辐射能力。依托制造业集聚区，建设一批生产性服务业公共服务平台。鼓励东部地区企业加快制造业服务化转型，建立生产服务基地。支持中西部地区发展具有特色和竞争力的生产性服务业，加快产业转移承接地服务配套设施和能力建设，实现制造业和服务业协同发展。

1.4　制造系统的发展

如前所述，制造系统是一个由制造过程、硬件、软件和人员组成的输入输出系统。

早期的制造系统，如专用制造系统（如专用机床和专用装配线）、柔性制造系统等主要面向企业的制造过程。随着全球化竞争的加剧，制造系统向面向产品全生命周期、企业经营全过程的资源管理方向发展，经历了计算机集成制造系统和现代集成制造系统，发展到当前基于智能制造模式的智能制造系统。

1.4.1　计算机集成制造系统的基本概念

1. 计算机集成制造的基本概念及定义

1）计算机集成制造的基本概念

工厂自动化技术的推进和信息时代的到来，孕育了一种制造业的哲理——计算机集成制造。1973 年，美国约瑟夫·哈灵顿（J. Harrington）在其所著的 *Computer Integrated Manufacturing* 一书中提出了计算机集成制造的理念，当时就以英文字的开头字母称之为 CIM 理念。CIM 是一种概念、一种哲理，是用来组织现代工业生产的指导思想。考虑到后面提到的现代集成制造也被简称为 CIM 的情况，有时就称哈灵顿的 CIM 为"早期CIM"，以示区别。

信息技术在工业化国家的制造业中是不可能在统一的规划下实施的，因此不同的研究单位和公司采用的是不同的标准，形成了各种不同的封闭系统，可以称之为"自动化孤岛"。不同的通信协议，使设备之间无法实现信息交换，不同的软件之间无法实施信息的传输，不同的数据库之间无法实现数据的共享。"自动化孤岛"阻碍了进一步完善TQCS。一个企业无法实现"五个正确"，即"在正确的时间，将正确的信息以正确的方式传给正确的人（或机器），以做出正确的决策或操作"。因此，信息集成和系统集成是相当一个时期以来，以至于今后人们努力实施的目标之一。

计算机集成制造系统便是用集成的观点、信息的观点对待制造业，它把整个制造业推向一个新的发展阶段。早期 CIM 概念包含系统和信息两个基本的观点：

（1）企业生产的各个环节,即从市场分析、产品设计、加工制造、经营管理直到售后服务的全部生产活动,形成了一个不可分割的整体,它们彼此紧密相连;单一的生产活动都应在企业整个框架下作统一的考虑。这是一种系统的观点。

（2）整个生产过程实质上是一个数据的采集、传递和加工处理的过程。最终形成的产品可以看作是"数据"的体现。这是一种信息的观点。

2）早期 CIM 的定义

市场竞争全球化带来的后果是竞争空前加剧,而竞争的焦点集中表现在:产品上市时间（Time to Market）、质量（Quality）、成本（Cost）以及售前售后服务（Service）。TQCS 是制造业的永恒主题,也是 CIM 哲理的根本宗旨。追求更完善的 TQCS 是永无止境的过程,它不断促进管理改革和技术进步,其结果是全社会的进步。

早期 CIM 的定义为:"CIM 是一种组织、管理与运行企业生产的新哲理,它借助计算机硬软件,综合运用现代化管理技术、制造技术、信息技术、自动化技术、系统工程技术,将企业生产全部过程中有关人、技术、经营管理三要素及其信息流与物流有机集成并优化运行,以实现产品高质、低耗、上市快,从而使企业赢得竞争"。

对上述定义可进一步阐述如下:

- CIM 是一种组织、管理与运行企业生产的哲理,其宗旨是完善 TQCS,从而使企业赢得竞争。
- 企业生产的全部活动过程是一个不可分割的有机整体,应从系统的观点进行协调,进而实现全局优化。
- 企业生产的要素包括人、技术、经营管理。其中,尤其要继续重视发挥人在现代企业生产中的主导作用。
- 企业生产活动包括信息流（采集、传递和加工处理）及物流两大部分。现代企业中尤其要重视信息流的管理运行及其与物流间的集成。
- CIM 技术是基于现代管理技术、制造技术、信息技术、自动化技术、系统工程技术的一门综合性技术。具体地讲,它综合并发展了与企业生产各环节有关的计算机辅助技术,即计算机辅助经营管理与决策技术（如 MIS、OA、MRP）,计算机辅助分析与设计技术（如 CAD、CAE、CAPP）,计算机辅助制造技术（如 DNC、CNC、工业机器人、FMC、FMS）,计算机辅助信息集成技术（如网络、数据库、标准化、CASE、AI）,计算机辅助建模、仿真、实验技术,计算机辅助质量管理与控制等。

CIMS 是基于 CIM 哲理而组成的系统。概括地讲,它就是以企业的全部经营活动作为一个整体,对企业内部的各种信息进行加工处理,借助信息处理工具——"计算机"进行"集成化"的制造、生产和管理。"计算机集成制造"一词中的"计算机"仅是一个工具而已,"制造"是目的,而"集成"则是 CIM 区别于其他生产方式的关键所在,它是将计算机与制造生产联结在一起的关键,是这种生产方式的核心。

2. 计算机集成制造系统的组成

1）CIMS 的三要素

根据 CIM 及 CIMS 的定义，通常认为系统集成包括以下 3 个要素：经营、技术及人/机构（图 1.8）。这 3 个要素互相作用、互相支持，使制造企业达到优化。根据这 3 个要素相互间的关系可以看出存在 4 类集成的问题。它们是：

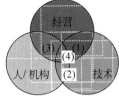

图 1.8 集成的三要素

- 利用计算机技术、自动化技术、制造技术及信息技术等支持企业达到预期的经营目标，如缩短产品设计与开发周期，提高产品质量，减少库存量等，即经营目标是企业建立集成的目的，而技术则仅仅是一种手段。
- 利用技术支持企业中各种人员的工作，使之能互相配合，并协调一致。例如，通过共享数据库，使产品设计人员能及时了解产品制造的可行性。
- 通过改进组织机构、培训人员及提高人员素质，支持企业达到经营目标，即人/机构和技术一样也是实现集成的一个重要手段。
- 统一管理并实现经营、人/机构及技术三者的集成。

系统集成的基础是信息集成。系统集成的主要技术包括系统数据库管理技术、计算机网络技术、系统集成平台和产品数据交换技术。

2）早期 CIMS 的组成

计算机集成制造系统（CIMS）是以计算机为工具，以集成为主要特征的自动化系统。图 1.9 给出了一个关于早期 CIMS 组成的描述。由图 1.9 可知，企业 CIMS 主要由生产经营管理信息分系统、工程设计自动化分系统、制造自动化分系统、质量保证分系统、计算机网络分系统、数据库分系统六大部分组成。

- 生产经营管理信息分系统：一般来讲，它是一个多级递阶系统。从上层的经营决策、制造资源规划（MRP-II）到车间级调度与管理，包括市场预测、经营决策、中长期生产规划、生产技术准备、销售、供应、财务、成本、设备、工具、人力资源计划等。
- 工程设计自动化分系统：包括 CAD、CAPP、CAM、CAE 及 CAT（计算机辅助测试）、可加工性设计及成本可计算性设计等。
- 制造自动化分系统：这是 CIMS 中信息流和物流的结合点，随行业的不同而具有不同的内容。在离散行业，主要指机械加工车间、装配车间、自动（数控）单元等；在连续行业，主要指流程生产线。
- 质量保证分系统：包括质量规划、质量检测（数据采集、评估）及质量跟踪。
- 计算机网络/数据库分系统：这是 CIMS 集成的支撑系统，是集成的主要工具平台。

在人这个重要主题的参与下，在全局集成规划指导下，各分系统之间正确的数据传递与信息交互构成了 CIMS 有机集成的整体。

计算机集成制造理念提出之初，由于当时计算机的应用尚不普遍，市场竞争还未达

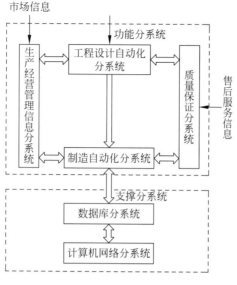

图 1.9　早期 CIMS 组成框图

到必须迫切发展 CIMS 的地步,因此,这一概念并没有引起人们足够的重视。直到 20 世纪 80 年代初,计算机集成制造(CIM)理念才逐渐被与制造业自动化相关的多个领域广泛接受,CIM 和 CIMS 技术逐渐成为制造工业的热点。世界上很多国家和企业都纷纷制定和实施本国或本企业的 CIM 发展战略,CIM 基础技术迅速发展、互相渗透。

1.4.2　现代集成制造系统的基本概念

1. 现代集成制造理念发展的背景与形成

1986 年,我国的国家高技术研究发展计划(简称 863 计划)的自动化领域将计算机集成制造系统列为一个主题,简称 863/CIMS 主题。在之后的 15 年中,CIMS 领域取得了辉煌的成果。我国科技人员在总结前期 CIMS 实践的基础上,1999 年由李伯虎、吴澄等提出了现代集成制造系统(Contemporary Integrated Manufacturing System,CIMS)的概念。现代集成制造(CIM)理念延升和拓展了计算机集成制造理念,它的形成与发展与 20 世纪 70 年代出现的 CIM 一样有着浓厚的时代背景。

1) 全球化趋势

信息技术的飞速发展打破了时间和空间对经济活动的限制,为国家间、企业间经济关系的发展提供了新的手段和条件。同时,随着交通技术的发展,区域性经济组织开始形成和发展,使得市场沿地域合并、生产竞争日益全球化。经济的全球化,市场的国际化,贸易和投资的自由化,以及服务的世界化,促进了竞争,提高了效率,鼓励了革新,增加了新的资本投资,加快了经济增长速度。世界大市场逐步形成,国际间的经济贸易交往与合作更加频繁和紧密,竞争越来越激烈。这股全球化浪潮使得制造产业、技术和产品逐步走向国际化,导致制造业在全球范围内重新分布和组合。制造业已从对抗竞争的时代发展到今天的既有竞争又有合作、我赢你也赢的新时代。竞争的加剧将促使竞争对手利用一切可以利用的制造资源,主动积极地寻求市场机遇,联合和竞争两位一体,并超出国界,敏捷性成为制造业追求的目标。当今,以产品为龙头,以资本为纽带,通过市场形成具有较强竞争力的跨地区、跨行业、跨所有制和跨国经营的跨国公司和虚拟企业在全球范围内迅速增长,其目标是通过资金、技术和人才的优势互补,以获得最佳的经济效益和更强的竞争力。国际上联合研制生产高新技术产品的方式已相当普遍,随着企业之间跨越国界的贸易往来,将会孕育出崭新的巨型企业,跨国经营将成为未来企业的发展方向。

2)以客户为中心的市场

我们正处在工业时代向后工业时代演进的转折点。工业化生产的特征是"标准化基础上的规模经济",而后工业生产是"个性化服务基础上的规模经济"。这一特征在网络经济中被称为大批量定制。消费者的价值观念发生了根本的变化,表现为对商品多品种、变批量、高性能、高质量、高可靠性、交货期短、合理的价格、完善的营销及售后服务等多方面的需求。由此导致制造业正面临一个被消费者偏好分化,产品寿命期短、更新快、动态快速多变、稳定性差和难以预测的买方市场。要求从传统的集中化、通用化、标准化和大型化等特征的制造模式向分散化、个性化、专业化和小型化的新型制造模式转换。客户驱动着市场,市场牵动着制造企业。制造业从以生产为中心转向以市场需求为中心,从以企业为主导转向以客户为主导,以满足客户需求为目标。这已成为制造企业赢得客户、开拓和占领市场的重要因素。

3)竞争新环境和新形式

世界上的每个企业都被各种经济纽带更紧密地联系在一起,既相互依存,又互相补充;同时,也使每个企业都有机会占领更大的市场,但也有可能因竞争失利而被市场淘汰。企业面对的将是日益激烈,甚至是残酷的市场竞争。对市场瞬息万变的需求的快速响应成为竞争的焦点,而创新则成为在激烈竞争中取胜的重要手段。由于高新技术产品研发难度与日俱增,面对多变且不可预测的市场,缺乏资源成为许多企业实现经营目标的主要障碍。这一切必然迫使企业的组织形态和结构朝高效、开放、合作与动态调整的方向演化,形成以竞争为基础、以合作为主导、风险共担、利益共享、共存共荣的机制,积极有效、主动、快速响应和适应市场,夺取竞争的胜利。

4)知识经济的出现

据联合国经济合作与发展组织统计,20 世纪 90 年代,该组织成员国的高技术产品在制造业产品中的份额翻了一番,达 20%～25%;知识密集型服务部门(如教育、通信、信息等)的发展更为迅速。经济合作与发展组织主要成员国 GDP 的 50% 以上是以知识为基础的。专家估计,科技进步对经济增长的贡献已从 20 世纪初的 5%～20% 提高到 20世纪 70 年代—90 年代的 70%～80%,全球信息高速公路建成后将提高到 90%。鉴于经济正逐步向知识密集型演变,知识将成为制造财富的主要资本,在该组织 1996 年的国际性文件中首次正式使用了"基于知识的经济"的概念,知识经济作为一种经济的新模式逐步得以确立。世界正走向知识经济时代,知识将成为最重要的经济力量,拥有知识,就拥有未来;世界科技发展速度加快,知识更新的速度加快,从技术革命到产业革命的周期将缩短,技术产品的市场生命周期也将缩短。随着人们消费水平的不断提高和消费观念的日趋多元化,新产品蕴含的知识性日益突出。因此,现代制造企业激烈竞争的核心是以知识为基础的新产品的竞争,而决定制造业竞争力的关键是新产品的快速开发能力。

5) 互联网的冲击

互联网为企业向客户推销自己的产品提供了全新的舞台,成为商业竞争的新战场。由互联网的快速蔓延带来的信息全球化、经济全球化必将导致生产制造的全球化。制造业正在变成一种越来越集成化的全球系统。信息、资金、材料、零部件、成员和工人(如技术、知识能力、制造能力、投资能力等)已打破国家和地区的界限,制造能力已发展成为一种商品。人们开始从价值流的角度重新审视制造业的运营模式以及制造资源的分布和配置,并由此派生出电子商务模式。联合国贸易和发展会议 2017 年 4 月 21 日公布的统计数据显示,全球电子商务市场规模已经达到 25 万亿美元,美国和中国在这个市场占据领先地位。互联网从商业基础上给传统商业模式带来冲击,原来的经营管理平台发生改变。而对于制造企业来说,互联网改变了传统的管理思想,实现了管理平台上的实时性和互动性;企业管理需要考虑的问题更多,如:如何管理和优化企业的外部资源,在世界经济环境中建立业务网络,拓展企业新的业务增长点;如何在各个业务环节中与客户保持密切关系,在越来越复杂的供求关系中准确及时地为现有的和潜在的客户提供"个性化"的产品和服务等。

6) 环境保护和可持续发展呼声日盛

20 世纪 60 年代以来,全球经济以前所未有的高速度持续发展,但由于忽略了环境保护,结果造成了全球变暖、臭氧层破坏、酸雨、空气污染、水源污染、土地沙化等恶果;大量失去使用价值的废旧产品数量猛增,在欧洲,每年有 80 万吨旧的电视机、计算机设备、收音机和测量仪器及 300 万吨废旧汽车设备被丢进国家的垃圾场。20 世纪 90 年代,全美国的垃圾填埋场有 70% 以上已失去功效;许多州的垃圾填埋场快要达到它们许可的容纳量。据统计,造成环境污染的排放有 70% 是来自制造业,每年约产生 55 亿吨无害废物和 7 亿吨有害废物。必须从源头上进行治理,才能彻底解决环境污染问题。要考虑产品整个生命周期对环境的影响,最大限度地利用原材料、能源,最低限度地消耗自然资源,减少有害废物和固体、液体、气体的排放物,改进操作,减轻对环境的污染。20 世纪 90 年代以来,有关资源和环保的问题日渐成为制造业研究的热点。

上述背景的形成,归根到底是由于 20 世纪中叶以来,微电子、计算机、通信、网络、信息、自动化等科学技术等高新技术在制造领域中的广泛渗透、应用和衍生。制造业走向全球化、信息化、集成化和绿色化势在必行。随着计算机科学和电子科学的发展及渗入融合到现代制造系统中,反映现代应用科学理论的系统论、信息论、控制论的智能理论与控制技术有机地融为一体,形成了现代集成制造系统的理论与方法。

2. CIM/CIMS 的定义与内涵

1）CIMS 集成的 3 个阶段

早期现代集成制造（CIM）理念的两个重要观点之一是系统的观点，由此"集成"成为 CIM 哲理的核心。CIM 将"集成"这一核心理念进行了延伸和拓展，认为从系统论的观点出发，现代集成制造系统技术实现的途径是：由企业的信息集成入手，从信息集成向过程集成（过程重构和优化）及企业间集成的方向发展。这就是 CIMS 集成的 3 个阶段：信息集成、过程集成与企业间集成。这 3 者之间存在下述关系。

（1）信息集成是过程集成的基础。

只有在信息集成构建的信息通道基础上，各功能单元才能克服时间上、空间上以及异构环境的障碍，进行良好的沟通和协调，以实现过程集成。

（2）信息集成和过程集成是更好地实现企业间集成的充分条件。

例如，在实现企业间集成的敏捷制造的关键技术中，广泛地采用了信息集成和过程集成的技术成果，如通过信息集成实现的资源共享、信息服务和网络平台等，通过过程集成实现的并行工程、虚拟制造等。敏捷制造是建立在信息集成和过程集成基础之上的企业间集成。需要指出的是，信息集成和过程集成与企业间集成之间并没有必然的因果关系，它们只是为制造企业实现企业间集成提供了技术支持和先进的集成手段。

（3）企业间集成的发展促进信息集成和过程集成向更高层次发展。

现代集成制造环境下的企业间集成，是从制造系统优化的角度对信息集成和过程集成在深度和范围上的扩展，因此必然对信息集成和过程集成提出更高的要求，从而促进两者的发展。

总之，信息集成、过程集成与企业间集成是互为推动的关系，而不是一种谁替代谁的关系。另外，这 3 方面的集成技术都在不断向前发展。

2）对 CIM/CIMS 内涵的新认识

CIM 在广度上和深度上拓宽了早期 CIM 的内涵。863/CIMS 主题提出："CIM 是一种组织、管理和运行现代制造类企业的理念。它将传统的制造技术与现代信息技术、管理技术、自动化技术、系统工程技术等有机结合，使企业产品全生命周期各阶段活动中有关的人/组织、经营管理和技术三要素及其信息流、物流和价值流三流有机集成并优化运行，以达到产品（P）上市快（T）、高质（Q）、低耗（C）、服务好（S）、环境清洁（E），进而提高企业的柔性、健壮性、敏捷性，使企业赢得市场竞争"。

CIMS 是一种基于 CIM 理念构成的数字化、信息化、智能化、绿色化、集成优化的制造系统，可以称之为具有现代化特征的，信息时代的一种新型生产制造模式。这里的"制造"是"广义制造"的概念，它包括了产品全生命周期各类活动——市场需求分析、产品定义、研究开发、设计、生产、支持（包括质量、销售、采购、发送、服务）及产品最后报废、环境处理等的集合。其中，价值流是指以产品 T、Q、C、S、E 等价值指标体现的企业业务过程流，如成本流等。现代集成制造系统细化了现代市场竞争的内容（P、T、Q、C、S、E）；提出了反映 CIMS 现代化特征的五化；强调了系统的观点，拓展了系统集成优化的内容，包括信息集成、过程集成和企业间集成优化、企业活动中三要素和三流的集成优化，以及 CIMS 相关技术和各类人员的集成优化；突出了管理与技术的结合，以及人在系统中的重要作用；指出了 CIMS 技术是基于传统制造技术、信息技术、管理技术、自动化技术、系统工程技术的一门发展中的综合性技术，特别是突出了信息技术的主导作用；扩展了 CIMS 应用范围，包括离散型制造业、流程及混合型制造业，使 CIMS 更具广义性、开放性和持久性。

3. CIM 理念的特征

与传统制造系统的组织思想相比，现代集成制造理念体现出以下特征：

1) 现代集成是面向 21 世纪的制造理念

CIM 理念代表着制造技术的最新发展阶段，体现了能够有效地控制制造系统中的物质流、信息流和价值流的工程技术。CIM 理念反映了 21 世纪现代集成制造系统发展的现代化特征：数字化、信息化、智能化、集成优化、绿色环保化。

2) 以提高企业综合效益为目标的系统性

CIM 理念旨在提高企业对多变市场环境的适应能力和竞争能力，促进国家的经济发展和综合实力的提高，且注重在工业企业中推广应用，并产生最好的实效。其目标从提高各个部门的局部效益转变到整体上适应市场需求和提高整体的综合效益，体现出其系统性特征。

3) 覆盖从产品市场研究到终结处理等制造活动的全过程

CIM 理念的内容覆盖了市场需求、开发设计、生产设备、加工制造、产品销售、使用维修及终结处理等全过程。

4) 现代集成制造的多学科交叉融合性进一步增强

CIM 理念从早期 CIM 发展而来，更体现了各种专业、学科之间不断的渗透、交叉、融合，其中的界限逐渐淡化，甚至消失，使现代集成制造趋于系统化、集成化，已发展成为集机械、电子、信息、材料和管理等技术于一体的新兴交叉技术体系。

5) 现代集成制造理念更加强调技术、管理、人员/组织的有机集成

CIM 理念的方法和模式（如并行工程、准时制造、全面质量管理、精良生产、敏捷制造、大批量定制等）都比早期 CIM 更体现了技术与管理、人员三者紧密结合这一特点。在实施现代集成制造技术的过程中，要注重技术、管理、人员三者的有机集成，使制造全过程能够达到优化运行，组织管理模式更加灵活化、合理化。

6) 现代集成制造理念的普遍性

CIM 理念是由诸多具体的生产组织模式、方法等集中提炼、发展而来的。不同的企业，不同的时期往往需要不同的动作方法，既不能生搬硬套，忽视具体应用的特殊性，也不能因为一两次的失败而否认其具有普遍指导意义。

7) 现代集成制造理念的发展性

CIM 理念本身是从早期 CIM 发展而来的，必然也是吐故纳新、不断充实、不断发展的，因此应坚持跟踪先进、脚踏实地、着眼未来的原则，努力推动 CIM 理念的发展，保持

CIM 理念的先进性、代表性、普遍性。

1.4.3　智能制造系统的基本概念

自美国 20 世纪 80 年代提出智能制造的概念后,一直受到众多国家的重视和关注,纷纷将智能制造列为国家级计划并着力发展。目前,在全球范围内具有广泛影响的是德国"工业 4.0"战略、美国工业互联网战略和"中国制造 2025"战略的智能制造概念。

1. 智能制造的定义

智能制造的定义非常多,下面仅列举了其中一些。

- 1991 年,日本、美国、欧洲共同发起实施的"智能制造国际合作研究计划"中定义:智能制造系统是一种在整个制造过程中贯穿智能活动,并将这种智能活动与智能机器有机融合,将整个制造过程从订货、产品设计、生产到市场销售等各个环节以柔性方式集成起来的能发挥最大生产力的先进生产系统。

- 在百度百科中,"智能制造"采用了路甬祥报告[14]中的定义:"智能制造(Intelligent Manufacturing,IM)是一种由智能机器和人类专家共同组成的人机一体化智能系统,它在制造过程中能进行智能活动,如分析、推理、判断、构思和决策等。通过人与智能机器的合作共事,去扩大、延伸和部分地取代人类专家在制造过程中的脑力劳动。它把制造自动化的概念更新,扩展到柔性化、智能化和高度集成化。"

- 2001 年 6 月,美国智能制造领导力联盟(SMLC)发表了《实施 21 世纪智能制造》报告。智能制造是先进智能系统强化应用、新产品制造快速、产品需求动态响应,以及工业生产和供应链网络实时优化的制造。智能制造的核心技术是网络化传感器、数据互操作性、多尺度动态建模与仿真、智能自动化,以及可扩展的多层次的网络安全。

- 在中国智能制造科技发展"十二五"专项规划中,智能制造是面向产品全生命周期,实现泛在感知条件下的信息化制造,是在现代传感技术、网络技术、自动化技术、拟人化智能技术等先进技术的基础上,通过智能化的感知、人机交互、决策和执行技术,实现设计过程智能化、制造过程智能化和制造装备智能化等。智能制造系统最终要以人为主要决策核心的人机和谐系统向以机器为主体的自主运行转变。

- 2015 年 1 月,光明科技指出,智能制造是面向产品全生命周期,实现泛在感知条件下的信息化制造。智能制造技术是在现代传感技术、网络技术、自动化技术、拟人化智能技术等先进技术的基础上,通过智能化的感知、人机交互、决策和执行技术,实现设计过程、制造过程和制造装备智能化,是信息技术、智能技术与装备制造技术的深度融合与集成。智能制造是信息化与工业化深度融合的大趋势。

- 在中国 2015 智能制造试点示范专项行动实施方案中,智能制造是基于新一代信息技术,贯穿设计、生产、管理、服务等制造活动各个环节,具有信息深度自感知、智慧优化自决策、精准控制自执行等功能的先进制造过程、系统与模式的总称,具有以智能工程为载体,以关键制造环节智能化为核心,以端到端数据流为基础,以网络互联为支撑等特征,可以有效缩短产品研发周期,降低运营成本,提高生产效率,提升产品质量,减少资源、能源的消耗。

- 2015 年 12 月,"国家智能制造标准体系建设指南 2015 版"提出了智能制造系统架构模型[15],该模型从生命周期、系统层级和智能功能 3 个维度阐述智能制造的内涵,所构建的智能制造标准体系结构包括基础共性标准、关键技术标准和重点行业标准 3 大部分,其中,关键技术标准包括智能装备、智能工厂、智能服务、工业软件和大数据、工业互联网 5 个部分。

从上述定义可看出,随着各种制造新模式的产生和新一代信息技术的快速发展,智能制造的内涵不断变化,人工智能的成分在弱化,信息技术、网络互联等概念在强化,同时,智能制造的范围也在扩大,横向上从传动制造环节延伸到产品全生命周期,纵向上从制造装备延伸到制造车间、制造企业,甚至延伸到企业的生态系统。

人们对智能制造的理解存在一定分歧,例如,国家 973 项目高品质复杂零件智能制造基础研究中认为,智能制造的科学理念集中体现在智能工艺和智能装备上,是复杂工况下高性能产品制造的有效手段,这可视为智能制造的狭义理解。虽然"工业 4.0"、工业互联网和"中国制造 2025"都没有给出智能制造的定义,但是,"工业 4.0"强调智能生产(smart production)和智能工厂(smart factory),工业互联网强调智能设备(intelligent devices)、智能系统(intelligent system)和智能决策(intelligent decision)三要素的整合,"中国制造 2025"把智能制造作为两化深度融合的主攻方向。因此,也有一种观点认为这些战略规划就是在讲智能制造,这实际上范化了,不利于理解智能制造的本质特征。

智能制造就是面向产品的全生命周期,以新一代信息技术为基础,以制造系统为载体,这些关键环节和过程具有一定自主性的感知、学习、分析、决策、通信与协调控制能力,能动态地适应制造环境的变化,从而实现某些优化目标[16]。相关的解释如下:

(1) 智能制造面向产品全生命周期,而非狭义加工生产环节,包括产品的智能设计与研发、智能生产(加工和装配)、智能服务等环节,而产品是智能制造的目标对象。

(2) 智能制造以新一代信息技术为基础,包括互联网、大数据、云计算等,是泛在感知条件下的信息化制造。

(3) 智能制造的载体是制造系统,如图 1.10 所示。制造系统从微观到宏观有不同的层次,如制造装备、制造单元、制造车间、制造企业和企业生产系统等。制造系统的构成包括产品、制造资源(如机器、生产线、人等)、各种过程活动(如设计、制造、管理、服务等)以及运行与管理模式。

(4) 智能制造技术的应用针对的是制造系统的关键环节和过程,而不一定是全部。

(5) 智能的制造系统必须具备一定自主性的感知、学习、分析、决策、通信与协调控制能力,这是区别于自动化制造系统和数字化制造系统的根本地方,同时,能动态地适应制造环境的变化也非常重要,一个只具有优化计算能力的系统和一个智能的系统是不

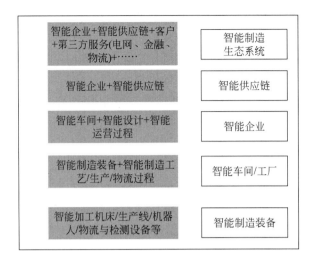

图 1.10　智能制造系统的层次

同的。

（6）构建智能的制造系统必然是为了实现某些优化目标。这些优化目标非常多，例如，增强用户体验友好性、提高装备运行可靠性、提高设计和制造效率、提升产品质量、缩短产品制造周期、拓展价值链空间等。注意，不同的制造系统层次，制造系统的不同环节和过程，不同的行业和企业，其优化目标及其重要性都是不同的，难以一一列举，必须具体情况具体分析。

近几年，新技术革命的重大突破初显端倪，某些重要产业领域显现出发生革命性突破的先兆，或将引发若干领域的群体性和系统性突破。新技术的快速发展及其与传统产业的跨界融合、渗透，正推动产业发展进入新的阶段，全球制造业的生产方式、生产组织模式和市场供需方式发生了重大变革。

智能制造的特征在于数据的实时感知、优化决策、动态执行 3 个方面。

（1）数据的实时感知。智能制造需要大量的数据支持，通过利用高效、标准的方法实时进行信息采集、自动识别，并将信息传输到分析决策系统。

（2）优化决策。通过面向产品全生命周期的海量异构信息的挖掘提炼、计算分析、推理预测，形成优化制造过程的决策指令。

（3）动态执行。根据决策指令，通过执行系统控制制造过程的状态，实现稳定、安全的运行和动态调整。

发展智能制造的核心是提高企业生产效率，拓展企业价值增值空间，其优势表现在以下几个方面：

（1）缩短产品的研制周期。通过智能制造，产品从研发到上市、从下订单到配送的时间得以缩短。通过远程监控和预测性维护，也减少了工厂设备的停机时间和生产中断时间。

（2）提高生产的灵活性。通过采用数字化、互联和虚拟工艺规划，智能制造开启了大规模批量定制生产,乃至个性化小批量生产的大门。

（3）创造新价值。通过发展智能制造,企业将实现从传统的"以产品为中心"向"以集成服务为中心"转变,将重心放在解决方案和系统层面上,利用服务在整个产品生命周期中实现新价值。

2. 智能制造系统

智能制造系统是一种由智能机器和人类专家共同组成的人机一体化智能系统,它在制造过程中能以一种高度柔性与高度集成的方式,借助计算机模拟人类专家的智能活动进行分析、推理、判断、构思和决策等,从而取代或者延伸制造环境中人的部分脑力劳动,同时收集、存储、完善、共享、集成和发展人类专家的智能。

1.5　制造系统的建模方法论

制造系统的构建不仅涉及如何通过学习提高对制造哲理的理解,如何在体制与组织机构改革的实践中逐步实现相应的制造系统,而且还需要企业建模理论、工程开发周期和实施过程等工程项目建模方法论的指导。

1.5.1　企业建模理论与方法

1. 企业建模的基本概念

企业建模是对企业中的事务功能、事务数据和事务循环以及其他有益于描述企业状况的模型进行抽象化表达的过程。企业模型为企业建模人员与执行事务功能的人员之间达成共识提供基础,以便对企业的事务动作过程和资源进行确认。通过企业模型,一方面能够分析与评价现行企业动作的效能;另一方面,可以在分析与评价的基础上,按照新的管理理论对企业模型进行优化,以获得符合精益生产、并行工程、敏捷制造和智能制造等新型管理方式的新企业模型。在对这个新模型进行分析与评价后,可以采用业务流程再造(Business Process Re-engineering, BPR)等手段根据新模型对企业进行改造,然后再进行集成,就能够实现提高产品质量、降低成本、缩短产品设计与开发周期以及快速响应市场变化等目标。因此,经确认的企业模型将是企业实施制造系统的后续步骤的基础和极其宝贵的信息源、知识源。模型是实际事物、实际系统的抽象。它是针对需要了解和解决的问题,抽取其主要因素和主要矛盾,忽略一些不影响基本性质的次要因素,形成对实际系统的表示方法。模型的表示形式可以多种多样,可以是数学表达式、物理模型或图形文字描述等。总之,只要能回答所需研究问题的实际事物或系统的抽象表达式,都可以称为模型。在企业模型研究中,由于企业实际问题的复杂性、不确定性和人的因素、主观因素的存在,应用更多的是图形模型和文字描述模型。

企业建模是企业诊断和优化的基础,是企业集成的基础,为分析现有企业问题,找出差距,提供描述和分析手段,并支持进行具体实现。企业建模分析已经渗透制造系统的各个方面,为提高企业的竞争力,就必须优化企业的人力、设备配置以及各种过程,而优化的基础是建模。供应链模型则有助于优化企业和供应商以及用户之间的关系和过程,因此可以说,包括信息集成在内的整个系统集成和优化的基础就是企业建模。

2. 参考体系结构

对企业进行集成所需的集成信息流与组织系统的开发面临 3 个主要问题。第一,如果没有任何经验就进行开发,开发的费用(风险)会很高。第二,用户组织中通常不具备进行集成项目所需的全部技能。第三,如果不采用市场上针对企业的通用技术,那么开发出来的新的组织和信息结构将是不可行的,而且很脆弱。开发企业参考体系结构的出发点是:因为对各种类型的企业来说,集成项目的大部分实际上是相同的或是相似的。因此,可以获取这些共同点,进行标准化并投入应用,以避免从头做起进行开发。一旦标准化后,将会有各种工具、方法和大量的兼容产品支持被广泛接受的体系结构,从而在时间上和费用上获益。下面是一些基本概念。

1) 企业参考体系结构

企业参考体系结构有狭义的和广义的两种定义。狭义的企业参考体系结构在一个通用的层次上描述集成企业,是从各个视角描述将要投入运行的企业的模型系统。广义的企业参考体系结构描述企业开发的各个阶段,而且每个阶段都从各个视角描述。先前的系统是后来生成系统的一部分。

如图 1.11 所示,参考体系结构中的功能实体细化为可以实现的功能部件,同时细化功能部件之间的交互方式,就可以构成体系结构。而将体系结构中的功能部件及其交互方式实现、组装、测试之后,就可以构成实际系统。反之,从实际系统、体系结构到参考体系结构的构建过程,属于逆向工程的过程,主要用于系统的故障检测、维护,以及功能扩展。

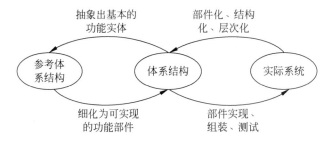

图 1.11　参考体系结构、体系结构与实际系统之间的关系

2) 建模方法和工具

建模方法和工具用来对上述建模进行创建、开发和分析。它们不一定要与特定的参考体系结构或方法论关联。

3) 方法论

方法论是用户为了实现企业集成战略并在该战略下完成集成项目时可以遵循的一组"已得到验证的"指导方针、技术、步骤,实际上就是一系列实施指南。方法论通常与参考体系结构一起开发。

4）集成基础设施

集成基础设施是一个企业集成所必需的、以通信功能为基础的系统。

企业参考体系架构是一种由多种具有关联关系的模型工具共同构成的模型库。作为一个集成化有机整体，企业参考体系架构不仅能够从不同角度、不同层次对企业系统加以描述，形成若干独立模型，而且这些独立模型之间也因存在着呼应关系而不孤立。企业参考体系架构为企业解决集成中的 what&how 问题。一般企业参考体系架构具有3 个基本特点：系统性、包容性和实用性。

（1）系统性——提供设计功能、组织、数据、资源等多方面因素及概念、逻辑、物理多种抽象的方法体系结构，为进一步实现企业系统开发和改造过程的标准画、统一化，甚至自动化创造条件。

（2）包容性——能够将众多的系统开发方法和工具集在企业参考体系框架下加以统一，使它们彼此联系、相互沟通，既可促进各方法在实用中的有效结合，也有利于使用不同方法的开发人员的协调合作。

（3）实用性——能够在企业模型体系理论的指导下，辅助以实用化软件支持环境，为实际企业系统的建模、分析和评价提供计算机支持。有的甚至提供典型行业的企业参考模型，作为建立客户化企业应用结构的基础。

3. 体系结构

制造系统是一个复杂的大系统，企业实施制造系统是一个复杂的系统工程。为了保证系统的实施能够得到良好的效果，除了需要实施者有良好的理论、技术和丰富的实施经验外，还需要有先进实施方法论的指导和工具系统的支持。

如图 1.11 所示，制造系统的体系结构是制造企业参考体系结构的功能实体细化，是研究制造系统各部分组成及相关关系的技术科学，反映描述系统的各个组成部分及其相互关系的一组模型，是系统实施方法和工具系统的基础。研究制造系统的体系结构也就是为企业研究一种从系统设计到实施的具有较高规范程度和参考价值的参考结构，以及利用此参考结构较快又较优地规划、设计和实施制造系统的方法、工具及集成基础结构。制造系统体系结构的特点除了有一般企业模型体系具有的系统性、包容性和实用性外，还要求企业模型具有整体性、一致性和开放性。

（1）整体性——能够完整、全面地反映企业各个组成部分在全生命周期的各个阶段中的静态特征和运作流程，为企业的整体集成优化提供参考。

（2）一致性——能够保证模型体系的各个维及各层次的视图在数据、事件、功能以及相关属性等方面一致。这种一致性是保证信息流通、转换及共享的基本条件。

（3）开放性——包括空间上的开放性、时间上的开放性和时空上的开放性。

空间上的开放性使系统的各组成部分在空间上能够有效地集成起来；时间上的开放性能保持制造系统有尽可能长的生命周期；时空上的开放性则可保证系统在进行技术改造时，能尽可能多地利用原有系统中的组成部分，而对那些需要改造的部分，又能简易地、有效地被替代,需要增添的部分也能简易地被集成入原有系统,在时间上和空间上使这些新旧组成部分具有良好的相容性。

4. 企业建模方法

企业建模方法,是指基于一定研究目的,提出对研究对象的知识的表示法,以便在研究过程中有一种共同语言,能毫不含糊地进行分析研究和交流。先有明确的目标,并针对这一目标和研究对象的某一"方面"选取合适的建模方法(表示方法),然后对这些表示方法进行明确的格式化,就能根据研究的"方面"的概念,建立起这"方面"的模型。

1.5.2 工程项目开发的生命周期

本节仅简要地从系统科学和软件工程的角度讲述制造系统应用工程开发生命周期的主要步骤以及各阶段的主要任务和工作内容。

根据国内外开发制造系统的实践,参照方法论中关于规模大、周期长、任务繁重、结构复杂,又往往投入巨资大系统的开发过程,工程项目开发的生命周期要经历若干个结构化进程。例如,CIMS 应用工程开发的生命周期就划分为以下 5 个阶段。

1) 可行性论证阶段

可行性论证阶段的主要任务是:了解企业的战略目标及内外现实环境;确定 CIMS 的总体目标和主要功能;拟订集成的总体方案和实施的技术路线,并从技术、经济和社会条件等方面论证技术方案的可行性;制订投资规划和开发计划;完成可行性论证。该阶段的工作内容有:了解市场环境、经营目标和采取的策略;调查和分析企业当前的状况;明确需求,确定 CIMS 的目标及主要功能;拟订 CIMS 的集成方案和采取的技术路线;拟订系统开发计划;投资概算初步成本效益分析以及编写可行性论证报告等。

2) 初步设计阶段

初步设计阶段的主要任务是:确定制造系统需求;建立目标系统的功能模型;确定信息模型的实体和联系;提出制造系统实施的主要技术方案。该阶段的工作内容有:需求分析;总体结构设计;性能指标设计;确定信息模型;接口要求;方法和技术路线;关键技术;系统配置;实施进度计划;规划 CIMS 环境下的组织机构;经费预算;效益分析以及编写设计报告等。

3) 详细设计阶段

详细设计阶段的主要任务是:对初步设计产生的系统方案进一步完善和细化;数据库系统的概念、逻辑和物理结构设计;应用系统的软件结构、算法、代码编写说明;硬件施工安装设计;确定组织机构、人员配置和培训计划。该阶段的工作内容有:确定系统的详细需求;应用软件系统设计;数据库系统设计;系统资源设计;系统组织机构的调整与确定;确定技术标准;拟订系统实施计划;投资预算及资金规划以及编写详细设计报告等。

4) 工程实施阶段

工程实施阶段将详细设计的内容进行物理实现,产生一个可运行的系统。它的主要任务是：数据库、网络及生产设备的安装调试；应用软件编码、安装、调试；组织机构落实、人员定岗。该阶段的工作内容有：数据库系统实施；应用系统实施；生产设备及计算机资源实施和组织机构实施等。

5）系统运行与维护阶段

系统运行与维护阶段的主要任务是：对投入运行的 CIMS 进行调整和修改；改正在开发阶段产生而在调试阶段又未发现的错误，并使系统适应外界环境的变化；实现功能的扩充和性能的改善；对系统的运行效果进行评价。该阶段的工作内容有：操作规程；维护手册；人员培训；运行状况记录；软件维护；数据库和数据文件维护；硬件资源维护；机构和人员的调整以及系统评价等。

1.5.3　系统的实施方法

制造系统的实施是一个复杂的特大型系统工程。制造系统的开发要以系统工程和软件工程的方法论为指导，既要保证系统的实用有效，又要保证系统的集成。因此，必须采取总体规划、分步实施的开发路线。分步实施将分解对资金和技术力量的需求，减轻企业的压力，更重要的是，可以分阶段见效、鼓舞士气、坚定信心，使企业增强经济实力，为下一阶段的开发积蓄力量。分步实施应贯彻效益驱动的思想，根据企业的总目标和生产经营瓶颈解决企业急需，实现重点突出。

实施过程中强调人的作用。计算机及各种先进的自动化设备固然有其优点，但只能代替人的部分体力劳动和脑力劳动。即使将来技术再发展，也不可能全部代替人。因此，制造系统实际上是一个复杂的人机系统，即部分工作由计算机等完成，部分工作由人完成。人将永远是制造系统中一个重要的组成部分。

实施后，综合评价制造系统工程的全部价值。应该把全部项目效益（货币效益、战略效益、特征效益）和影响项目成功的全部因素（技术、经济、组织、环境方面的风险因素）集成起来，综合评价制造系统的工程价值。

参考文献

[1]　Andrew Kusiak. Intelligent Manufacturing Systems [M]. New York：Prentice-Hall,1990.

[2]　Wright P K,Bourne D A. Manufacturing intelligence [M]. New York：Addison-Wesley,1988.

[3]　Industrie 4.0 Working Group. Recommendations for implementing the strategic initiative Industrie 4.0［EB/OL］. 2013-4-8. http://www. acatech. de/de/publikationen/stellungnahmen/kooperationen/detail/artikel/recommendations-for-implementing-the-strategic-initiative-industrie-40-final-report-of-the-industr. html.

[4]　Evans P C,Annunziata M. Industrial Internet：pushing the boundaries of minds and machines［EB/OL］. 2012/11/16. https://www. ge. com/docs/chapters/Industrial_Internet. pdf.

[5]　Fuchs E R H. Global manufacturing and the future of technology［J］. Science,2014,345（6196）：519-520.

[6]   李杰,倪军,王安正.从大数据到智能制造[M].上海：上海交通大学出版社,2016.

[7]   Frankel F,Reid R. Big Data：Distilling Meaning from Data[J]. Nature,2008,455(7209)：30.

[8]   Baines T,Lightfoot H. Made to serve：How manufacturers can compete through servitization and product-service systems[M]. New York：John Wiley & sons,Ltd.,2013.

[9]   何哲,孙林岩.服务与制造的历次大讨论剖析和服务型制造的提出[J].管理学报,2012,9(10)：1515-1523.

[10]   国家制造强国建设战略咨询委员会.服务型制造[M].北京：电子工业出版社,2016.

[11]   杨善林.互联网与大数据环境下的智能产品与智慧制造[C].智能制造协同创新与发展论坛,2015.

[12]   约拉姆·科伦.全球化制造革命[M].倪军,陈靖芯,等译.北京：机械工业出版社,2014.

[13]   Koren Y,Jovane F,Heisel U,et al. VanBrussel：Reconfigurable manufacturing systems[J]. CIRP Annals,1999,48(2)：6-12.

[14]   路甬祥.中国创新论坛之从制造到创造[C].装备制造业振兴专家论坛,2009.

[15]   国家制造强国建设战略咨询委员会.智能制造[M].北京：电子工业出版社,2016.

[16]   李杰.工业大数据：工业4.0时代的工业转型与价值创造[M].邱伯华,等译.北京：机械工业出版社,2015.

[17]   Andrew Kusiak. Smart manufacturing must embrace big data[J]. Nature,2017,544：23-25.

[18]   Thoben K D,Wiesner S,Wuest T. "Industrie 4.0" and Smart Manufacturing—A review of research issues and application examples[J]. Int. J. Automation Technology,2017,11(1)：4-16.

[19]   东方.商业模式与运营模式、经营模式、盈利模式、生产模式、营销模式等概念的区别？[EB/OL]. https://www.zhihu.com/question/35509754/answer/154727244.

[20]   熊光楞,吴柞宝,徐光明.计算机集成制造系统的组成与实施[M].北京：清华大学出版社,1996.

[21]   陈禹六,谢斌,董亚男.计算机集成制造(CIM)系统设计和实施方法论[M].北京：清华大学出版社,1996.

[22]   陈启申.制造资源计划基础[M].北京：企业管理出版社,1997.

[23]   林友孚.企业生产管理[M].武汉：湖北科学技术出版社,1997.

[24]   吴澄,李伯虎.从计算机集成制造到现代集成制造——兼谈中国CIMS系统论的特点[J].计算机集成制造系统,1998,4(5)：1-6.

[25]   刘文剑,常伟,金天国,等.CAD/CAM集成技术[M].哈尔滨：哈尔滨工业大学出版社,2000.

[26]   吴澄.现代集成制造系统导论——概念、方法、技术和应用[M].北京：清华大学出版社,施普林格出版社,2002.

第 2 章
智能制造的技术体系

新一轮科技革命,特别是移动互联网、大数据、人工智能、云计算等新一代信息技术的普及,带动几乎所有领域发生了以绿色、智能、服务化、网络化为特征的群体性技术革命[1]。产品和制造技术更加复杂,出现了全球化、智能化、服务化、协同化发展趋势[2]。生产组织方式(生产模式)转变为运用全球资源的智能制造模式[3],在企业内部以数据为中心实现预测型生产系统,如订单和成本预测等;产品模式向智能产品与服务系统演变[4],以智能产品为承载,融合全流程的服务管理和全生命周期的数据管理,为客户提供硬件、网络和软件服务的整体或个性化解决方案,如租赁服务;商业模式向服务型制造演变[5,6],可以由制造企业之间分工合作完成制造过程,相互之间提供制造服务,如外包等,也可以将制造环节的生产性服务独立出来,建立以生产性服务为经营核心的企业,在产品生命周期内为制造企业和最终消费者提供服务,如运营、维护服务;在产品和服务的全球化开发、生产、运营和维护过程中多主体紧密协作,价值链从企业为客户提供产品向提供个性化产品和服务转变[6],在提供服务的过程中以自组织方式整合企业内部、合作伙伴、用户、领域专家、云平台服务商、竞争企业等各类服务资源和智慧要素,协同为客户创造价值。

在智能互联时代,基于信息物理系统(CPS)的德国“工业 4.0”与美国工业互联网的核心要义是传统制造业利用物联网(Internet of Things,IoT)和大数据分析(big data analytics)进行的智能化转型[7,8]。随着新一代信息技术的持续渗透以及大数据技术的推广应用,我国政府也适时地提出了“中国制造 2025”战略、“互联网+”行动计划和“新一代人工智能发展规划”等战略规划,必将驱动中国制造在生产模式上向智能制造演变、在商业模式上向服务型制造演变,价值链从为客户提供产品转变为为客户提供个性化和智能化的产品和服务。

智能制造是指将移动互联网、物联网、新一代人工智能、云计算、工业互联网和大数据等新一代信息技术,与设计、生产、管理、服务等制造活动的各个环节融合起来的先进制造过程、系统与模式的总称。智能制造关注信息技术与制造技术的深度融合。

在智能制造模式下,原来的基础材料、基础工艺和基础零部件等制造基础将转变为传感器、大数据和软件等内容,制造企业拥有丰富的设备实时运行状态、运营环境状态、业务运营状态、人员状态、社交网络数据以及客户反馈数据等大数据信息,通过对这些数据的分析和挖掘可以了解问题产生的过程、造成的影响和解决的方式,这些信息被抽象化建模后转化成知识,再利用知识去认识、解决和避免问题,实现智能生产与决策。这样,智能制造模式将改变"传统以库存管理为基础的制造运作管理理论"为"基于大数据的智能化服务型制造",在这种条件下,知识成为服务型制造企业运作的基础,数据作为产生知识的主要途径,将成为企业的核心资产。

本章在介绍当前"工业4.0"、"工业互联网"和"中国制造2025"等智能制造观的基础上,探讨新一代信息技术环境中智能制造技术、智能工厂的体系结构和智能企业网络化协同制造框架。

2.1 "工业4.0"的智能制造技术

按照德国学术界和产业界解释,"工业4.0"是继机械化("工业1.0",蒸汽动力机械设备应用于生产)、电气化("工业2.0",电机发明和电能使用,大规模流水线生产)、自动化和信息化("工业3.0",应用IT技术实现自动化生产)之后,以智能制造为主导的第四次工业革命("工业4.0"),通过移动互联网、物联网、人工智能、云计算、工业互联网和大数据等新兴信息技术,实现智能制造。

"工业4.0"从嵌入式系统向CPS进化,利用CPS对制造过程的组织管理模式进行革命性变革,通过工业软件、智能器件实现制造过程的智能化、虚拟化,力图在制造工厂这一德国的传统优势领域保持领导地位。在设备层面,通过智能器件和控件的小型化、自主化实现设备的智能化;在工厂层面,通过工业软件整合设备资源,实现制造过程的智能化,打造智能工厂;在生产与市场的整合方面,把设计、生产计划、制造过程管控、产品运营维护等全生命周期信息进行整合,在智能工厂内实现端到端集成,并最终实现制造模式的变革——智能制造。智能工厂作为未来第四次工业革命的标志,不断向实现实物、数据以及服务等元素的无缝连接(物联网、大数据和服务互联网)的方向发展。

2.1.1 智能工厂的概念

智能工厂作为智能制造重要的实践领域,正引起了制造企业的广泛关注和各级政府的高度重视。智能工厂的概念起源于早期的智慧工厂/数字化工厂模型。

1. 智慧工厂/数字化工厂的概念模型

智慧工厂/数字化工厂概念首先由美国ARC顾问集团(ARC Advisory Group)于2006年提出,智慧工厂/数字化工厂实现了以制造为中心的数字制造、以设计为中心的数字制造和以管理为中心的数字制造,并考虑了原材料、能源供应、产品销售的销售供应,提出从工程(面向产品全生命周期的设计和技术支持)、生产制造(生产和经营)和供应链这 3 个维度描述。智慧工厂全部的协同制造与管理活动(Collaborative Manufacturing Management,CMM)[7]如图 2.1 所示。

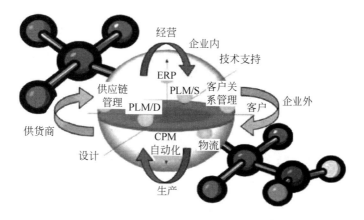

CPM—Collaborative Production Management；PLM/D/S—Product Lifecycle Management Design/Service
ERP—Enterprise Resource Planning

图 2.1　早期智慧工厂的概念模型(来源于美国 ARC 提出的智慧工厂/数字化工厂模型)

数字工厂作为支撑"工业 4.0"现有的最重要国际标准之一,是 IEC(国际电工委员会)/TC65(65 技术委员会:工业过程测量、控制和自动化)的重要议题。

2011 年 6 月,IEC/TC65 成立 WG16"数字工厂"工作组,西门子、施耐德电气、罗克韦尔自动化、横河等国际自动化企业,以及我国机械工业仪器仪表综合技术经济研究所等研究机构都参与了 IEC/TR 62794:2012 数字工厂标准的制定。为更好地指导国内企业开展数字工厂建设,全国工业过程测量控制和自动化标准化委员会(SAC/TC124)组织国内相关单位,将该标准等同转化为我国国家标准《工业过程测量、控制和自动化生产设施表示用参考模型(数字工厂)》(GB/Z 32235—2015,2015 年 12 月发布)。

IEC 词汇库给出的定义是:数字工厂是数字模型、方法和工具的综合网络(包括仿真和 3D 虚拟现实可视化),通过连续的、没有中断的数据管理集成在一起。它是以产品全生命周期的相关数据为基础,在计算机虚拟环境中对整个生产过程进行仿真、评估和优化,并进一步扩展到整个产品生命周期的新型生产组织方式。

IEC 数字工厂的概念模型分为图 2.2 所示的 3 个层次:底层是包含产品构件(如汽车车灯、发动机、轮胎等)和工厂生产资源(如传感器、控制器和执行器等)的实物层;第二层是虚拟层,对实物层的物理实体进行语义化描述,转化为可被计算机解析的"镜像"数据,同时建立数字产品资源库和数字工厂资源库的联系;第三层是涉及产品全生命周期过程的工具应用层,包括设计、仿真、工程应用、资产管理、物流等各个环节。

数字工厂概念的最大贡献是实现虚拟(设计与仿真)到现实(资源分配与生产)。通过连通产品组件与生产系统,将用户需求和产品设计通过语义描述输入资源库,再传递给生产要素资源库,制造信息也可以反馈给产品资源库,从而打通产品设计和产品制造之间的"鸿沟"。更进一步，实现了全网络统筹优化生产过程的各项资源，在改进质量的同时减少设计时间，缩短产品开发周期。

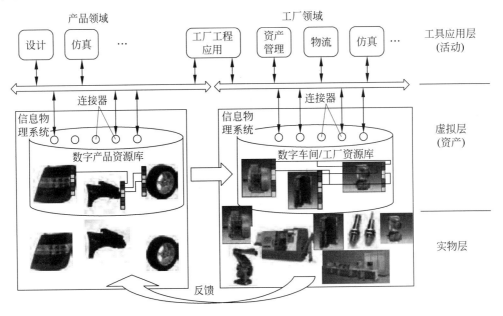

图 2.2　数字工厂概念的示意图

2. 虚实结合的智能工厂概念模型

随着信息技术和数据库技术的发展，数字工厂的概念和功能有了扩展。

德国的专家和教授基于制造立国和制造强国的理念，把 CPS 运用于生产制造，提出了信息物理生产系统（Cyber Physical Production System，CPPS），以 CPPS 为模型构建智能工厂（smart factory）或者数字化工厂。2012 年，德国政府制定和大力推行"工业 4.0"，而且强调"工业 4.0"的特征是工业自动化和信息的紧密结合，它建立在 CPS 的基础之上。这就为智能工厂的实现指明了一条具有现实可行性的途径。于是，德国为数众多的、与制造相关的企业从跨国超大型企业（如 Siemens、SAP 等）到各类自动化产品的中小企业，都在考虑和酝酿如何应对这一发展的大趋势。

CPS 深度融合了 3C（计算、通信和控制）能力，在对物理设施深度感知的基础上，构建安全、可靠、高效、实时的工程系统。通过计算进程和物理进程实时相互反馈循环，实现信息世界和物理世界的完全融合，从而改变人类构建工程物理系统的方式。因此，智能工厂可以看作是图 2.3 所示的物理工厂＋虚拟工厂的结合体[8]。在这个模型中，依靠自动化生产设备构建而成的物理工厂是智能制造的基础，也是绝大多数的中国制造工厂现阶段转型提升的重点和关键，即实现生产过程的自动化和数字化；在数字化的基础上，通过大数据分析及新一代人工智能技术，实现工厂的智能化分析和应用。

智能生产：当今市场瞬息万变，为了能够应对与日俱增的市场竞争压力，更好地满足市场需求，企业生产模式也由以往的大规模生产向大规模定制和更高级的个性化定制转变,这就要求工厂的生产线具备模块组合能力;在模块组合生产中,借助物联网技术,对生产模块中混线生产的个性化定制半成品、成品进行实时追踪、组合配置与调度,实现工厂的柔性化生产,并解决大规模生产向定制化生产转型带来的不确定性、多样性和复杂性问题。

产品质量控制:为更好地响应市场需求,追求成本最优,绝大多数公司会设立多家自有工厂或者使用代工厂。因此,虽然是同样的制造工艺及生产流程,但不同的供应商存在原材料差异,且生产工艺易受气候、温湿度等众多因素影响,在这种情况下,如何确保在任何工厂和同一工厂的任何时间按照同样生产工艺流程制造的产品保持同一、优质的产品特性,成为质量工程师和工艺工程师的一道难题。

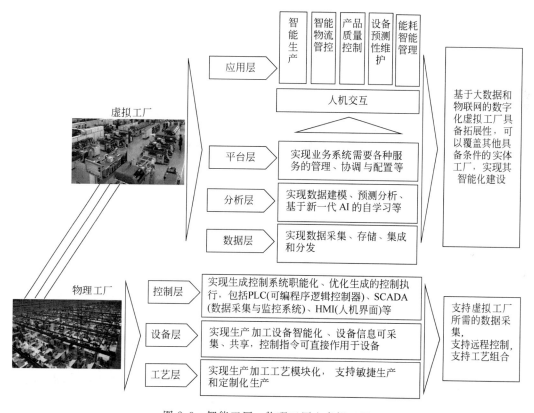

图 2.3　智能工厂＝物理工厂＋虚拟工厂

设备预测性维护:为适应客户的不同需求,现在越来越多的制造业工厂同时拥有面向大批量生产的连续型流水线工艺设备、面向定制化需求的离散型多机台工艺设备,以及管线型动力设备、区域型值守物流设备等。对于不同的设备类型,如何建立差异化的运维与保障策略,实现对生产工艺、产品质量的有效保障(图 2.4),已经成为大型生产制造企业普遍面临的难题。

智能物流管控:车间物流的智能化管理与控制。

能耗智能管理：企业能源管理是构建智慧工厂的重要环节，优先对企业能源实现智能管理是智慧工厂建设的重要步骤。

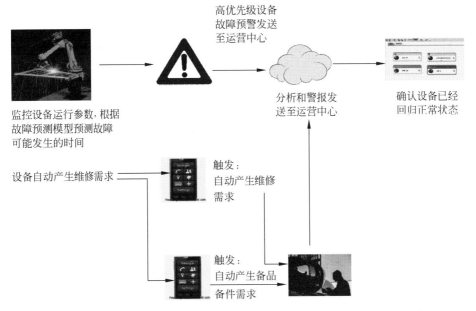

图 2.4　基于物联网和大数据的设备预测性维修

3. 通用电器（GE）智慧工厂的概念模型

2015 年 2 月 14 日，GE 公司在印度 Pune 建设的智慧工厂（brilliant factory）揭幕。区别于传统大型制造厂，这间工厂具备超强的灵活性，可以根据 GE 公司在全球个不同地区的需要，在同一厂房内加工生产飞机发动机、风机、水处理设备、内燃机车组件等看似完全不相干的产品。

GE 公司的智慧工厂结合工业互联网和先进制造技术，用数据主线打通设计、工艺、制造、供应链、分销渠道、售后服务，并形成一个内聚、连贯的智能系统。该工厂雇用的 1500 名工人共同分享使用生产线，包括 3D 打印机和激光检测设备。这里，工厂的设备和计算机相互"沟通交流"、共享信息，并且为保证质量和预防设备故障采取措施。而且，工厂的生产线通过数字化的方式与供应商、服务商、物流系统相连接用来优化生产。

GE 智慧工厂[9]的理念基于两个概念：数字主线（digital thread）和数字孪生（digital twin），其理念是通过数字主线驱动智慧工厂（图 2.5），在企业各阶段实现经营目标。

（1）数字主线：描述一束连接（贯穿）着产品生命周期里各阶段过程的数据（图 2.6），如喷漆发动机的传感器链接着供应商等。

洛克希德·马丁在 21 世纪初研制 F-35 时，为大幅度提高产品质量、缩短研制周期和降低成本，构建了集成产品和过程研发（Integrated Product and Precess Development，

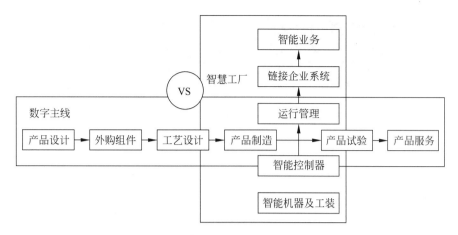

图 2.5   数字主线驱动的智慧工厂

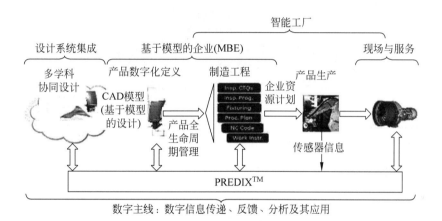

图 2.6   数字主线

IPPD)平台,提出了 digital thread 的概念,强调数字主线贯穿于产品全生命周期(digital thread throughout life-cycle),在 F-35 研制中取得了很好的效果,此后被大家广泛认可。

在 2005 年 F-35 的评审中提到:整个 F-35 团队通过 IPPD 能共享数字工程模型,其效果是非凡的,使我们能基于设计/工程/制造软件 CATIA 的计算机模型制作产品部件。当部件交付时,非常令人满意地看到它们完美地匹配计算机模型。这种方法创造了奇迹,如澳大利亚制造的用于 F-35 自主物流项目的发动机输送车,可以精确地与发动机匹配。

GE 数字主线的核心框架(图 2.7):将企业的运营数据转变为有效的客户化定制方案。

(2)数字孪生(图 2.8):是指每件物质资产的数字模型(虚拟),包括设计和工程细节,描述其集合形状、材料、组件和行为,以及特定物理资产的制造和操作数据,最初由国防高级研究计划署(Defense Advanced Research Projects Agency,DARPA)提出。

图 2.7　GE 数字主线的核心框架

数字孪生的概念模型由 3 个主要部分构成：真实世界的实物产品（physical products in real space）、虚拟世界的虚拟产品、虚拟产品和实物产品间关联的数据和信息连接。

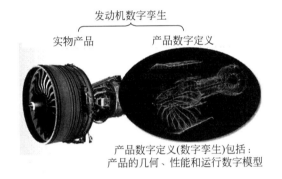

图 2.8　发动机的数字孪生模型

数字孪生革新了工程模拟过程（图 2.9），可帮助公司分析和优化产品在实际操作条件下的性能。

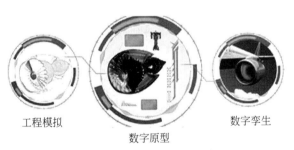

图 2.9　工程模拟的数字孪生模型

数字孪生革新了产品生产过程，可以改进物理工厂的操作监控及资产管理（图 2.10）。

数字孪生的本质是根据物理工厂创建一个资产的运营数字模型（虚拟工厂），因此，数字孪生和数据主线成为"工业 4.0"成功的关键技术。

（3）GE 智慧工厂的理念是将设计、工程、制造、供应链、分销和服务链接到一个智能系统中，因此，现代制造就是从云到车间的过程（图 2.11）。

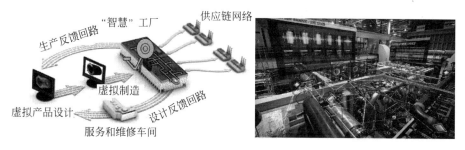

图 2.10　工厂的孪生模型(虚拟工厂和物理工厂)

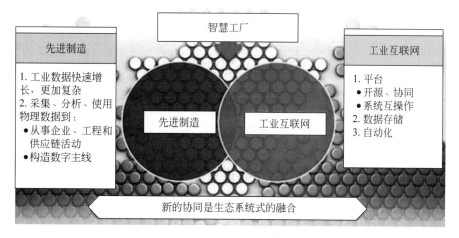

图 2.11　GE 智慧工厂

2.1.2　"工业 4.0"的核心特征

在"工业 4.0"框架(图 2.12)中,物联网和服务互联网分别位于智能工厂三层信息技术基础架构的底层和顶层。最顶层中包含与生产计划、物流、能耗和经营管理相关的 ERP、SCM、CRM 等,和产品设计、技术相关的 PLM 也处在最顶层,与服务互联网紧密相连。中间一层通过信息处理系统实现与生产设备的连接和生产线控制、调度等相关功能,从智能物料的供应到智能产品的产出,贯穿整个产品生命周期管理。最底层通过物联网实现控制、执行、传感,最终实现智能生产。

"工业 4.0"的核心在于工业、产品和服务的全面交叉渗透,这种渗透借助于软件,通过在互联网和其他网络上实现产品及服务的网络化而实现。"工业 4.0"重点关注两方面内容:产品开发与生产过程。"工业 4.0"实施建议中,进一步提出"工业 4.0"的 3 个核心特征:

- 通过价值链及网络实现企业间的横向集成,将各种不同制造阶段和商业计划的 IT 系统集成在一起,强调产品的价值流(增值过程)集成,既包括一个公司内部的材料、能源和信息的配置(如原材料物流、生产过程、产品外出物流、市场营销等),

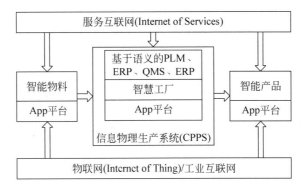

图 2.12 "工业 4.0"框架

也包括不同公司间的配置(形成价值网络)。

- 企业内部灵活可重组的网络化制造系统的纵向集成,将各种不同层面的自动化与 IT 系统集成在一起(如传感器和执行器、控制、生产管理、制造执行、企业计划等各种不同层面),强调生产信息流的集成,包括订单、生产调度、程序代码、工作指令、工艺和控制参数等信息的下行传递,以及生产现场的工况、设备状态、测量参数等信息的上行传递。

- 全生命周期管理及端到端系统工程,通过集成 CAD/CAM/CAPP、PLM、ERP、SCM、CRM、MES 等软件/系统,实现用户参与设计(个性化),并通过虚拟设计、虚拟评估和虚拟制造,更好地把用户需求同生产制造完美地结合起来,并涉及产品直到维护服务的全生命周期,随时将用户意见反馈给前端的设计阶段,动态提升产品质量。

智能工厂的横向集成(图 2.13):网络协同制造的企业通过价值链以及信息网络所实现的信息共享与资源整合,确保各企业间紧密合作,提供实时产品和服务,实现产品开发、生产制造、经营管理等在不同企业间的信息共享和业务协同,主要体现在网络协同合作上,从企业集成过渡到企业间的集成,进而走向产业链、企业集团,甚至跨国集团间基于企业业务管理系统的集成,产生全新的价值链和商业模式。

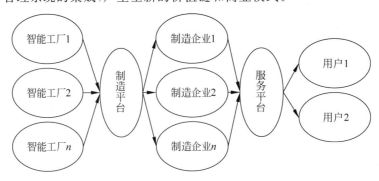

图 2.13 智能工厂的横向集成

智能工厂的纵向集成(图 2.14)：基于智能工厂中网络化的制造体系,实现贯穿企业内部管理、运行、控制及现场等多个层级的企业内部业务流程集成,是实现柔性生产、绿色生产的途径,主要体现在工厂内的科学管理从侧重于产品的设计和制造过程,走向产品全生命周期的集成过程,最终建立有效的纵向生产体系。

图 2.14　智能工厂的纵向集成

智能工厂的端到端集成(图 2.15)：贯穿整个价值链的工程化信息集成,以保障大规模个性化定制的实施。端到端集成是基于满足用户需求的价值链的集成,通过价值链上不同企业间及每个企业内部的资源的整合及协作,是实现个性化定制服务的根本途径。端到端集成可以是企业内部的纵向集成,可以是产业链中的横向集成,也可以是两者的交互融合。

图 2.15　智能工厂的端到端集成

在"工业 4.0"中,对供应商而言,动态商业模式和工程流程使生产和交付变得更加灵活,而且对于生产中断和故障可以灵活反应。现在工业制造在制造流程中已经能够提供端到端的透明化,以促进选择决策的制定。安全和安保是智能制造系统成功的关键(图 2.16),设备和产品中包含的信息特别需要被保护,以防止这些信息被滥用或者在未被授权的情况下使用。这将对安全和安保的架构和特殊识别码的集成调用产生更高的要求。

企业从信息集成、过程集成、企业集成不断向智能发展的集成阶段迈进,在智能工厂的横向集成、纵向集成和端到端集成 3 项核心特征的基础上,智能制造将推动企业内部、企业与网络协同合作企业之间以及企业与顾客之间的全方位整合,形成共享、互联的未来制造平台。另外,这 3 个集成实际上为我们指明了实现"工业 4.0"的技术方向。

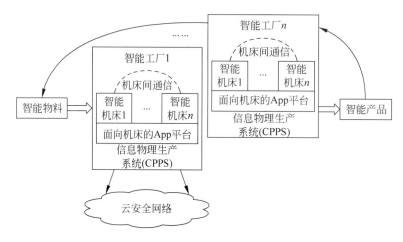

图 2.16 基于云安全网络的智慧工厂流程

2.1.3 "工业 4.0"的基本特征

互联：把设备、生产线、工厂、供应商、成品及客户紧密地联接在一起,将无处不在的传感器、嵌入式终端系统、智能控制系统、通信设施通过 CPS 形成一个智能网络,使得产品和生产设备之间、不同的生产设备之间以及数字世界和物理世界之间能够互联,使得机器、功能部件、系统以及人类通过网络持续地保持数字信息的交流。

数据：在"工业 4.0"时代,制造企业的数据将会呈现爆炸式增长态势。数据包括产品数据、运营数据、价值链数据、外部数据。

创新："工业 4.0"的实施过程就是制造业创新发展的过程,制造技术(新型传感器、集成电路、人工智能、移动互联、大数据等信息技术,传统制造技术,传统工业与信息技术融合,如信息物理空间、智能工厂等)、产品("全面感知＋可靠通信＋智能"的产品以及智能装备从单机智能向智能生产线、智能车间和智能工厂演进)、模式(全新的生产模式:基于 CPS 的智能工厂和智能制造模式;商业模式:网络众包、异地协同设计、大规模个性化定制、精准供应链管理等)、业态、组织(开放创新、协同创新、用户创新)、转型(从大规模生产向个性化定制转型、从生产型制造向服务型制造转型、从要素驱动向创新驱动转型)等方面的创新将会层出不穷。

集成：上面 3 项的集成。

2.2 工业互联网的智能制造技术

工业互联网是机器、物品、控制系统、信息系统、人之间互联的网络,为智能制造提供信息感知、传输、分析、反馈、控制支撑。工业互联网的概念最早由美国通用电气(GE)公司于 2012 年提出,随后,GE 联合 AT＆T、思科、IBM 和英特尔于 2014 年 3 月发起成立美国工业互联网联盟(IIC),将这一概念大力推广,并由对象管理组织(OMG)管理。

工业互联网联盟的愿景是使各个制造业厂商的设备实现数据共享。工业互联网联盟的成立目的在于通过制定通用的工业互联网标准,利用互联网激活传统的生产制造过程,促进物理世界和信息世界的融合。通过感知网络把机器、设备和人进行高效地连接,在制造全流程实现信息的高效整合(图 1.10)。通过全流程大数据分析,对整个制造系统的运行方式进行整体把握和全局优化。通过人机交互和决策,构建实时的智能设计、生产和运营维护保障。

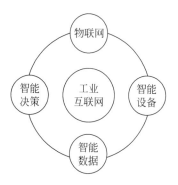

工业互联网的实质是指利用智能设备采集智能数据,利用智能系统进行数据挖掘和可视化展现,实现智能决策,为生产管理提供实时判断参考,反过来指导生产,优化制造工艺,如图 2.17 所示。工业互联网的典型特征是其智能性:与数字化制造相比,智能制造具有预测、决策与自主调整优化等能力。

图 2.17　工业互联网框架

2.2.1　物联网

2013 年,美国提出的万亿传感器覆盖地球(Trillion Sensors Universe,TSU)计划,旨在推动社会基础设施和公共服务中每年使用 1 万亿个传感器。

物联网是将现实世界与信息技术紧密结合的系统。通过信息技术源源不断地获取由摄像头等各种传感器的现实世界的数据,互联网将直接和间接地对机器人和其他设备在现实世界的活动产生影响。信息技术与现实世界的融合,除了物联网之外,还有其他表述。例如,美国自认科学基金早在 2006 年就召开了 CPS 工作组会议,探讨了 CPS 的可行性,并认为 CPS 是美国在未来世界保持竞争力的关键;IBM 公司推出智慧地球(Smart Planet)的愿景,借助传感器推动信息技术与现实世界的融合;HP 公司也推出了类似的地球中枢神经系统(the Central Nervous System for the Earth,CeNSE)概念。

在制造业领域中,信息技术与物理世界的融合并非是最近才开始的,飞机与汽车中实际上已经嵌入了复杂的信息技术,一辆高端汽车中可能含有 100 多项信息技术工艺。可以说,物联网为智能设备奠定了基础。

2.2.2　智能设备

GE 的工业互联网带来了智能设备的概念,其基本含义就是在现有的基础上引入工业互联网的机制,包括连接性、智能机器、传感器、大数据和数据模型等。通过在各个层面采集数据、分析数据,形成智能决策,既要实现设备自身的可维护性,又要实现运营过程的优化。

由智能设备和网络搜集的数据存储之后,利用大数据分析工具进行数据分析和可视化。由此产生的智能信息可以由决策者在必要时进行实时判断处理,或者成为大范围工业系统优化战略决策过程的一部分。例如,GE 使其生产的风力发电机叶片实现全部联网,实现:①点击自我监测,并通过无线网络发送感知数据;②汇集各个时段、各个区域的数据;③通过数据挖掘,分析风速和电机叶片的夹角,实现叶片的自我调整,以及分析最佳的电机维修保养时机;④匹配最恰当的工具和经验技巧知识,让工作人员高效地完成作业;⑤保持网络协同,同步更新工业互联网数据,从而有望使产能提高 50%。

智能设备还可以在机器、网络、个人或企业之间促进实现数据共享,用以进一步促进智能协作,使众多的相关企业参与到资产维护、管理和优化过程中,也可以确保在恰当的时候将哪些本地和远程拥有专业知识的人们整合起来。每台智能设备都会产生大量可以通过工业互联网传输给远程机器和用户的数据,这些数据还包括那些能够优化系统运行、维护机器和机组的外部数据。随着时间的推移,机器能够从它的历史数据中得到启示,并且通过控制系统更加智能地运转。

2.2.3　智能数据

随着越来越多的机器和设备加入工业互联网,可以实现跨越整个机组和网络的机器与仪表的协同。智能数据具有优化网络、优化运维、恢复系统与自主学习的价值。

优化网络:在一个网络系统内实现互联的各种设备或机器,可以相互协作,提高网络整体的运营效率。

优化运维:通过智能数据可以实现效率最大化,成本最低化,并有利于整个设备或系统的运行维护。

恢复系统:通过建立广泛的大数据信息,帮助网络系统在发生毁灭性打击之后更加快速、有效地进行恢复。

自主学习:每台设备或机器的操作经验可以聚合为大数据,使得整个系统能够自主学习。

2.2.4　智能决策

一旦智能设备采集到大量智能数据,就可以通过智能系统进行智能决策,以提升商业经营价值。设备与数据相结合,实现了协同实时更新,将使诸多行业受益。

2.3　"中国制造 2025"的智能制造技术

我国将工业互联网和人工智能定位于国家战略高度。2015 年,国务院与工业和信息化部先后出台了《中国制造 2025》[10]《国务院关于积极推进"互联网+"行动的指导意见》[11]《工业和信息化部关于贯彻落实〈国务院关于积极推进"互联网+"行动的指导意见〉的行动计划(2015—2018 年)》等一系列指导性文件,部署全面推进实施制造强国战略。2016 年,政府工作报告中进一步提出要深入推进"中国制造+互联网"。

《中国制造 2025》明确提出,通过政府引导、整合资源,实施国家制造业创新中心建设、智能制造、工业强基、绿色制造、高端装备创新 5 项重大工程,实现长期制约制造业发展的关键共性技术突破,提升我国制造业的整体竞争力。

人工智能的迅速发展将深刻改变人类社会生活、改变世界。为抢抓人工智能发展的重大战略机遇,构筑我国人工智能发展的先发优势,加快建设创新型国家和世界科技强国,按照党中央、国务院部署要求,2017 年 7 月,制定了《新一代人工智能发展规划》[12],立足国家发展全局,准确把握全球人工智能发展态势,找准突破口和主攻方向,全面增强科技创新基础能力,全面拓展重点领域应用的深度和广度,全面提升经济社会发展和国防应用智能化水平。推动人工智能与各行业融合创新,在制造、农业、物流、金融、商务、家居等重点行业和领域开展人工智能应用试点示范,推动人工智能规模化应用,全面提升产业发展智能化水平。在智能制造领域,围绕制造强国重大需求,推进智能制造关键技术装备、核心支撑软件、工业互联网等系统集成应用,研发智能产品及智能互联产品、智能制造使能工具与系统、智能制造云服务平台,推广流程智能制造、离散智能制造、网络化协同制造、远程诊断与运维服务等新型制造模式,建立智能制造标准体系,推进制造全生命周期活动智能化。

2.4 智能制造的技术体系

由"工业 4.0"、工业互联网和"中国制造 2025"有关智能制造的理念和技术可以看出,智能制造融合了新一代信息技术、先进制造技术、自动化技术和人工智能技术等,利用智能装备、智能装配线、智能车间、智能工厂等智能生产系统设施,通过智能研发系统、智能管理和服务系统开发出智能产品,面向客户推进产品智能服务,最终实现企业的智能决策。

2.4.1 智能制造技术的构成及体系结构

1. 智能制造技术的构成

如图 2.18 所示,可以从商业模式、生产模式、运营模式和科学决策等层次揭示智能制造的相关关键技术构成。其中,智能产品与产品智能服务技术可以给企业带来商业模式的创新,由智能装备、智能装配线、智能车间和智能工厂构成的智能生产技术可以帮助企业实现生产模式的创新,智能研发、智能运营管理和服务、智能物流和供应链服务可以实现运营模式的创新,智能决策可以帮助企业实现科学决策。

1) 智能产品

智能产品(smart product)通常包括机械、电气和嵌入式软件。典型的智能产品包括智能手机、智能可穿戴设备、无人机、智能汽车、智能家电、智能售货机等。智能装备也是一种智能产品。企业应该思考如何在产品上加入智能化的单元,提升产品的附加值。例如，在工程机械上添加传感器，可以对产品进行定位和关键零部件的状态监测，为实现智能服务打下基础。

智能产品是发展智能制造的基础与前提，由物理部件、智能部件和联结部件构成。智能部件由传感器、微处理器、数据存储装置、控制装置和软件，以及内置操作和用户界面等构成；联结部件由接口、有线或无线联接协议等构成；物理部件由机械和电子零件构成。智能部件能加强物理部件的功能和价值，而联结部件进一步强化智能部件的功能和价值，使信息可以在产品、运行系统、制造商和用户之间联通，并让部分价值和功能脱离物理产品本身存在。

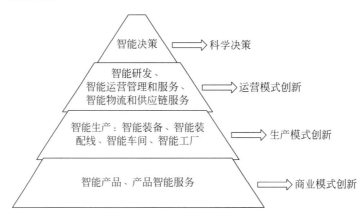

图 2.18　智能制造的关键技术

智能产品具有监测、控制、优化和自主 4 个方面的功能。监测是指通过传感器和外部数据源，智能产品能对产品的状态、运行和外部环境进行全面监测；在数据的帮助下，一旦环境和运行状态发生变化，产品就会向用户或相关方发出警告。控制是指可以通过产品内置或产品云中的命令和算法进行远程控制。算法可以让产品对条件和环境的特定变化做出反应；优化是指对实时数据或历史记录进行分析，植入算法，从而大幅提高产品的产出比、利用率和生产效率；自主是指将监测、控制和优化功能融合到一起，产品就能实现前所未有的自动化。

2）智能装备

制造装备（smart equipment）经历了机械装备到数控装备，目前正逐步发展为智能装备。智能装备具有检测功能，可以实现在机检测，从而补偿加工误差、提高加工精度、补偿热变形等。以往一些精密装备对环境的要求很高，现在由于有了闭环的检测与补偿，所以可以降低对环境的要求。智能装备一个最基本的要求，就是要提供开放的数据接口、支持 M2M（Machine to Machine，机器与机器互连）的设备联网。另外，3D 打印机本质上是一种数控装备，不是智能装备。

3）智能车间

一个车间通常有多条生产线，这些生产线要么生产相似的零件或产品，要么有上下游的装配关系。要实现智能车间（smart workshop），需要对生产状况、设备状态、能源消耗、生产质量、物料消耗等信息进行实时采集和分析,进行高效排产和合理排班,显著提高设备利用率(OEE)。因此,无论什么制造行业,制造执行系统(MES)成为企业的必然选择。MES 是一个车间级的综合管理系统,可以帮助企业显著提升设备利用率,提高产品质量,实现生产过程可追溯和上料防错,提高生产效率。离散制造企业也可以应用MES。先进生产排程(APS)系统也已经进入制造企业的视野,开始了初步实践,实现基于实际产能约束的排产。

数字化制造(DM)技术也是智能车间的支撑工具,可以帮助企业在建设新厂房时,根据设计的产能科学进行设备布局,提升物流效率,提高工人工作的舒适程度。对于机械制造企业,可以通过分布式数控(Distributed Numerical Control, DNC)技术实现设备状态信息和加工代码的上传下达。应用数字孪生技术可以将 MES 采集到的数据在虚拟的三维车间模型中实时地展现出来,在提供车间虚拟现实(Virtual Reality, VR)环境的基础上,还可以显示设备的实际运行状态,实现虚实融合。

4) 智能工厂

一个工厂通常由多个车间组成,大型企业有多个工厂。仅有自动化生产线和一大堆机器人,并不是智能工厂。作为智能工厂(smart factory),不仅生产过程应实现自动化、透明化、可视化、精益化,同时,产品检测、质量检验和分析、生产物流也应当与生产过程实现闭环集成。

一个工厂的多个车间之间要实现信息共享、准时配送、协同作业。一些离散制造企业也建立了类似流程制造企业那样的生产指挥中心,对整个工厂进行指挥和调度,及时发现和解决突发问题,这也是智能工厂的重要标志。智能工厂必须依赖无缝集成的信息系统支撑,主要包括 PLM、ERP、CRM、SCM 和 MES 等系统。大型企业的智能工厂需要应用 ERP 系统制订多个车间的生产计划,并由 MES 根据各个车间的生产计划进行详细排产,MES 排产的粒度是天、小时,甚至分钟,MES 是一个企业级的实时信息系统。

5) 智能生产

智能生产(smart production)是指以智能制造系统为核心,以智能工厂为载体,通过在工厂和企业内部、企业之间以及产品全生命周期形成以数据互联互通为特征的制造网络,实现生产过程的实时管理和优化。智能生产涵盖产品研发、工艺设计、工厂规划的数字设计与仿真,底层的智能装备、制造单元和自动化生产线,制造执行系统,以及物流自动化与企业管理系统等。

6) 智能研发

离散制造企业在产品研发方面,已经应用了 CAD/CAM/CAE/CAPP/EDA(电子设计自动化)等工具软件和 PDM/PLM 系统,但很多企业应用这些软件的水平并不高。企业要开发智能产品,需要机、电、软多学科的协同配合;要缩短产品研发周期,需要深入应用仿真技术,建立虚拟数字化样机,实现多学科仿真,通过仿真减少实物试验;需要贯彻标准化、系列化、模块化的思想,以支持大批量客户定制或产品个性化定制;需要将仿真技术与试验管理结合起来,以提高仿真结果的置信度。流程制造企业已开始应用 PLM

系统实现工艺管理和配方管理,LIMS(实验室信息管理系统)比较广泛。

目前,在产品研发方面,已经出现了一些智能化的软件系统,成为智能研发(smart R&D)的具体体现。例如,Geometric 的 DFM PRO 软件可以自动判断三维模型的工艺特征是否可制造、可装配、可拆卸;CAD Doctor 软件可以自动分析三维模型中存在的问题;基于互联网与客户、供应商和合作伙伴协同设计,也是智能研发的创新形式;Altair 的拓扑优化技术可以在满足产品功能的前提下,减轻结构的质量;系统仿真技术可以在概念设计阶段,分析与优化产品性能,这方面达索系统、西门子(LMS)公司已有成熟的技术,天喻软件也开发出系统仿真的平台,并在中国商飞得到应用;PLM 向前延伸到需求管理,向后拓展到工艺管理,例如,西门子的 Teamcenter Manufacturing 系统将工艺结构化,可以更好地实现典型工艺的重用;此外,索为高科和金航数码合作,开发了面向飞机机翼、起落架等大部件的快速设计系统,也是一种智能研发的软件,可以大大提高产品设计效率。

汽车整车企业和设计公司广泛应用 Cave 技术,利用虚拟现实技术辅助产品研发,也是一个智能研发技术。全球 PLM 领导厂商之一,达索系统公司提出了三维体验(3D Experience)的理念,在 VR 和 AR 方面提供了解决方案。

7) 智能运营管理和服务

时至今日,ERP 仍然是制造企业实现现代化管理的基石。以销定产是 ERP 最基本的思想,MRP 是 ERP 的核心。制造企业核心的运营管理系统还包括人力资本管理系统(Human Capital Management,HCM)、客户关系管理系统(CRM)、企业资产管理系统(EAM)、能源管理系统(EMS)、供应商关系管理系统(SRM)、企业门户(EP)、业务流程管理系统(BPM)等,办公自动化(OA)也可作为一个核心信息系统。为了统一管理企业核心主数据,近年来,主数据管理(Master Data Management,MDM)也开始在大型企业部署应用。实现智能管理和智能决策的条件是基础数据准确和主要信息系统无缝集成。

8) 智能物流和供应链服务

制造企业内部的采购、生产、销售流程都伴随着物料的流动,因此,越来越多的制造企业在重视生产自动化的同时,也越来越重视物流自动化,自动化立体仓库、无人引导小车(AGV)、智能吊挂系统得到了广泛的应用;而在制造企业和物流企业的物流中心,智能分拣系统、堆垛机器人、自动辊道系统的应用日趋普及。仓储管理系统(Warehouse Management System,WMS)和运输管理系统(Transport Management System,TMS)也受到制造企业和物流企业的普遍关注。其中,TMS 涉及 GPS 定位和 GIS 的集成,可以实现供应商、客户和物流企业三方的信息共享。

实现智能物流与供应链的关键技术包括自动识别技术,如 RFID 或条码、GIS/GPS 定位、电子商务、EDI(电子数据交换),以及供应链协同计划与优化技术。其中,EDI 技术是企业间信息集成(B2B integration)的必备手段,然而,我国企业对 EDI 的重视程度非常不够。EDI 技术最重要的价值,就是可以实现供应链上下游企业之间,通过信息系统之间的通信,实现整个交易过程无须人工干预,而且不可抵赖。

9）产品智能服务

智能服务（product smart service）通过采集设备运行数据，并上传至企业数据中心（企业云），系统软件对设备实时在线监测、控制，并经过数据分析提早进行设备维护。基于传感器和物联网（IoT），可以感知产品的状态，从而进行预防性维修、维护，及时帮助客户更换备品、备件，甚至可以通过了解产品运行的状态，给客户带来商业机会。还可以采集产品运营的大数据，辅助企业进行市场营销的决策。此外，企业通过开发面向客户服务的 App 应用，也是一种智能服务的手段，可以针对企业购买的产品提供有针对性的服务，从而锁定用户，开展服务营销。

10）智能决策

企业在运营过程中产生了大量的数据。一方面是来自各个业务部门和业务系统产生的核心业务数据，如与合同、回款、费用、库存、现金、产品、客户、投资、设备、产量、交货期等有关的数据，这些数据一般是结构化的数据，可以进行多维度的分析和预测，这就是商业智能（BI）技术的范畴，也被称为管理驾驶舱或决策支持系统。企业可以应用这些数据提炼出企业的关键绩效指标（Key Performance Indicator，KPI），并与预设的目标进行对比，同时，对 KPI 进行层层分解，来对干部和员工进行考核，这就是企业绩效管理（Enterprise Performance Management，EPM）的范畴。

企业在运营中产生了诸多的大数据，包括生产现场采集的实时生产数据、设备运行的大数据、质量的大数据、产品运营的大数据、电子商务带来的营销大数据、来自社交网络的与公司有关的大数据等，这些大数据统称为工业大数据（industrial big data），对这些工业大数据进行分析，需要引入新的分析工具。对于制造企业而言，要实现智能决策，首先必须将业务层的信息系统用好，实现信息集成，确保基础数据准确，这样才能使信息系统产生的数据真实可信。在此基础上应用 BI 软件进行分析。例如，三一重工借助大数据和物联网技术，将工程机械通过机载控制器、传感器和无线通信模块进行实时采集，通过对大数据进行多维度分析和预测，使"挖掘机"指数成为我国经济运行的晴雨表。

智能制造的相关技术不限于以上内容。

2. 智能制造技术体系结构

根据上述分析，可以构建如图 2.19 所示智能制造技术体系的总体框架。智能制造基础关键技术为智能制造系统的建设提供支撑。智能制造系统是智能制造技术的载体，相关的关键技术包括智能产品、智能制造过程、智能管理和服务和智能制造模式四部分内容。

1）智能产品

智能产品可以分为面向使用过程的智能产品、面向制造过程的智能产品和面向服务过程的智能产品 3 种类型。

（1）面向使用过程的智能产品。

无人机、无人驾驶汽车、智能手机等典型的面向使用过程的创新智能产品具有"人—机"或"机—机"互动能力强、用户体验性好的特征，可以代替或者辅助用户完成某些工作，具有较高的附加值。产品的智能性主要通过自主决策（如环境感知、路径规划、智能

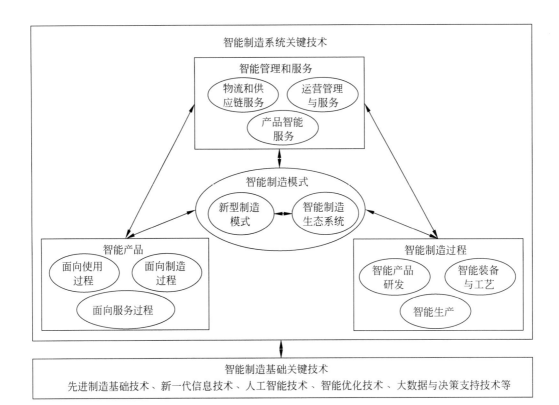

图 2.19　智能制造技术体系的总体框架

识别等）、自适应工况（如控制算法及策略等）、人机交互（如多功能感知、语音识别、信息融合等）、信息通信等技术实现。借助工业互联网和大数据分析技术，这类产品的使用信息也可以反馈回设计部门，为产品的改进与创新设计提供支持。

　　智能制造装备也属于面向使用过程的智能产品，如智能数控机床将专家的知识和经验融入感知、决策、执行等制造活动中，并赋予产品制造在线学习和知识进化能力，实现高品质零件的自学自律制造。智能制造装备和智能制造工艺密切相关。

　　（2）面向制造过程的智能产品。

　　产品是制造的目标对象，要实现制造过程的智能化，产品（含在制品、原材料、零配件、刀具等）本身的智能化是不可缺少的，它的智能特征体现在可自动识别、可精确定位、可全程追溯、可自主决定路径和工艺、可自主报告自身状态、可感知并影响环境等诸多方面。"工业 4.0"中描述了这样一个场景，产品进入车间后，自己找设备加工，并告诉设备如何加工，这就是面向制造过程的智能产品的具体体现，实现的关键技术包括无线射频识别技术等自动识别技术、CPS 技术、移动定位技术等。

　　（3）面向服务过程的智能产品。

　　对于工程机械、航空发动机、电力装备等产品，远程智能服务是产品价值链中非常重要的组成部分。以通用电气为例，其位于美国亚特兰大的能源监测与诊断中心，收集了全球 50 多个国家上千台 GE 燃气轮机的数据,每天的数据量多达 10GB,通过大数据分析可对燃气轮机的故障诊断和预警提供支撑。为了实现远程智能服务,产品内部嵌入了传感器、智能分析与控制装置和通信装置,从而实现产品运行状态数据的自动采集、分析和远程传递。

2）智能制造过程

智能制造过程是指以智能制造系统为核心,涵盖智能产品研发、智能装备与工艺、智能生产等系统。

（1）智能产品研发。

产品设计是产品形成的创造性过程,是带有创新特性的个体或群体性活动,智能技术在设计链的各个环节使设计创新得到质的提升。通过智能数据分析手段获取设计需求,进而通过智能创成方法进行概念生成,通过智能仿真和优化策略实现产品的性能提升,辅之以智能并行协同策略来实现设计制造信息的有效反馈,从而大幅缩短产品研发周期,提高产品设计品质,主要有面向多源海量数据的设计需求获取技术（多源数据来自于互联网的客户评价、服务商的协商调研、设计伙伴的信息交互、正在服役产品关键性能数据的实时在线反馈等数据,智能方法有智能聚类方法、神经网络技术、机器学习策略、软计算方法、数据挖掘技术等大数据和云计算技术）、设计概念的智能创成技术（如何从设计需求转变为概念产品是设计智能的实际体现和具化过程,可以使用各种人工智能和系统工程方法）、基于模拟仿真的智能设计技术（产品功能是产品性能的具体载体,由设计概念信息发展为具体产品需要进行产品性能的具体量化实现,随着高性能计算技术的发展,工业企业越来越倾向使用高性能仿真来替代昂贵的物理性能实验,在节约成本的同时大幅缩短研制周期）、面向性能优化的智能设计技术（性能优先是在产品设计时要对产品如何通过工艺手段实现来加以综合考量,在确保产品能够实现的前提下对产品性能进行优化）。

（2）智能装备与工艺。

智能装备是装备能对自身和加工过程进行自感知,对与装备、加工状态、工件材料和环境有关的信息进行自分析,根据零件的设计要求与实时动态信息进行自决策,依据决策指令进行自执行,通过"感知—分析—决策—执行与反馈"大闭环过程,不断提升装备性能及其适应能力,使得加工从控形向控性发展,实现高效、高品质及安全可靠的加工,而且,设备与人的协同工作、虚拟环境/虚实结合环境制造等也是智能装备与工艺的重要内容。

（3）智能生产。

针对制造工厂或车间,引入智能技术与管理手段,实现生产资源最优化配置、生产任务和物流实时优化调度、生产过程精细化管理和智慧科学管理决策。智能手段有:智能计划与调度、工艺参数优化、智能物流管控、产品质量分析与改善、设备预测性维护、生产成本分析与预测、能耗监控与智能调度、生产过程三维虚拟监控、车间综合性能分析评价等。

制造工厂或车间的智能体征体现在：制造车间具有自适应性，具有柔性、可重构能力和自组织能力，从而支持多品种、多批量和混流生产；产品、设备、软件之间实现相互通信，具有基于实时反馈信息的智能动态调度能力；建立预测制造机制（可见异常：设备停机、质量超差；不可见异常：设备性能衰退、制造过程失控），可实现对未来的设备状态、产品质量变化、生产系统性能等的预测，从而提前主动采取应对措施。

3）智能管理和服务

通过泛在感知、系统集成、互联互通、信息融合等信息技术手段，将工业大数据分析技术应用于生产管理服务和产品售后服务环节，实现科学的管理决策，提升供应链运作效率和能源利用效率，并拓展价值链，为企业创造新价值。具体体现为：智能物流与供应链管理技术（自动化、可视化物流技术，全球供应链集成与协同技术，供应链管理智能决策技术）、智能运营管理与服务技术（智能的企业资源管理、客户关系管理、全面质量管理、电子商务以及能源管理（能源综合监测、生产与能耗预测、能源供给/调配/转换/使用等重点环节的节能优化技术）等技术）、产品智能服务技术（通过持续改进，建立高效、安全智能服务系统，实现服务和产品的实时、有效、智能化互动，为企业创造新价值）。

例如，产品的智能服务技术通过采集设备运行数据，并上传至企业数据中心（企业云），系统软件对设备实时在线监测、控制，并经过数据分析提早进行设备维护。例如，维斯塔斯通过在风机的机舱、轮毂、叶片、塔筒及地面控制箱内安装传感器、存储器、处理器以及 SCADA 系统，实现对风机运行的实时监控，还通过在风力发电涡轮中内置微型控制器，可以在每次旋转中控制扇叶的角度，从而最大限度地捕捉风能，还可以控制每台涡轮，在能效最大化的同时，减小对邻近涡轮的影响。维斯塔斯通过对实时数据进行处理预测风机部件可能产生的故障，以减少可能的风机不稳定现象，并使用不同的工具优化这些数据，达到风机性能的最优化。

4）智能制造模式

智能制造技术的发展催生了许多新型制造模式，如家用电器、汽车行业的客户化定制模式，电力、航空装备行业的异地协同研发和云制造模式，食品、药材、建材、钢铁、服装等行业的电子商务模式，以及众包设计、网络协同制造、服务型制造等新型制造模式。

（1）客户化定制。

客户化定制模式以用户或订单为中心，根据产品总体结构或者原型，结合个性化需求完成产品设计和生产制造。大规模个性化定制以品种多、个性化、专业化、网络化、柔性化和效率高等特点快速灵活生产产品或提供服务满足客户的个性化需求。

（2）网络协同制造。

网络协同制造基于网络制造、全球制造和敏捷制造的生产模式，采用互联网技术，建立灵活有效、互惠互利的动态企业联盟，有效实现研究、设计、生产和销售各种资源的重组，提高企业的市场快速反应和竞争能力。网络协同制造打破时间和地域约束，实现动态资源调配与协同运行，可最大限度缩短新品上市的时间和生产周期，快速响应客户需求，提高设计和生产的柔性。

（3）云制造。

云制造是一种基于网络的、面向服务的智能制造新模式。它融合发展了现有信息化制造（信息化设计、生产、试验、仿真、管理、集成）技术与云计算、物联网、服务计算、智能科学等新兴信息技术，将各类制造资源和制造能力虚拟化、服务化，构成制造资源和制造能力的服务池，并进行统一的、集中的优化管理和经营，从而使用户只要通过网络和制造，就能随时随地按需获取制造资源与制造能力的服务，进而智能地完成其产品全生命周期的各类活动。

（4）服务型制造。

服务型制造将物理资源或虚拟资源进行服务化封装，对封装的服务进行建模和描述并发布到云平台，提供生产性服务和服务性生产，实现分散化制造资源的整合和企业核心竞争力的高效利用，使得以传统产品制造为核心的模式向以提供服务为核心的模式转变。服务型制造可建立制造基地或业务流程外包，实现制造价值链中利益相关者价值增值，降低企业制造成本，增强产业竞争力，进而提高全要素生产率、产品附加值和市场占有率。

这些制造模式以工业互联网、大数据分析、3D打印等新技术为实现前提，极大地扩展了企业的价值空间。新模式下，智能制造系统将演变为复杂的大系统，结构更加动态，企业间的协同关系也更加分散化，制造过程由集中生产向网络化异地协同生产转变，企业之间的边界逐渐变得模糊，制造生态系统则变得更加清晰和重要，企业必须融合智能制造生态系统，才能得以生存和发展。

2.4.2　新一代信息技术支撑的智能工厂体系结构

CPS提高了物理系统的可控性、效率和可靠性，但是在社会和自然环境中，大多数的物理系统和相关的网络系统涉及人的参与，将社会系统（包括人）融合到CPS中，形成了社会信息物理系统（Social-Cyber-Physical System，SCPS），有时又称为人信息物理系统（Human CPS，HCPS）。信息系统连接物理系统和社会系统，物联网（传感网络）连接物理系统和相应的信息系统，互联网连接社会系统和相应的信息系统，从而物理系统和社会系统能映射到二者共同的信息系统。SCPS环境支撑的智能工厂体系结构（图2.20）包含了服务价值链、产品全生命周期供应链和SCPS制造环境3个部分，整个价值链成为智能工厂价值增值的聚合体。

1. 服务价值链

服务价值链由客户参与、生产性服务和服务性生产构成。生产性服务是在服务业里将提供服务的对象强调在生产者或是市场的中间投入，借由生产性服务可以将制造业的价值链向市场延伸；而服务性生产则是强化了制造业本身的服务功能，以提升公司与产品的竞争力。

（1）客户参与。

客户参与指的是以信息反馈的形式参与整个生产活动，包括联合设计、联合开发、供

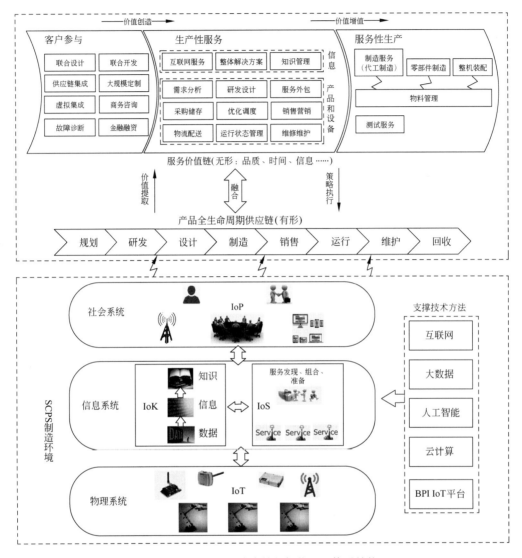

图 2.20　SCPS 环境支撑的智能工厂体系结构

应链集成、大规模定制、虚拟集成、商务咨询、故障诊断等。客户作为主体发布其个性化的需求,为制造企业创造市场,并参与到产品制造的每个环节,以自己掌握的知识、技术和信息对产品从设计到销售提出有用的建议。将客户引入到制造和服务的全过程,强调客户参与式设计、制造和销售,从根本上解决为谁制造的问题,使得企业能够根据目标客户的个性化需求,提供产品及服务,实现了客户锁定,也提高了客户满意度。

　　利用工业数据平台获取消费者、市场等各维度的数据信息,包括企业关注的产品反馈、市场需求、消费者习惯等信息,达到生产者和消费者之间"信息黏性"的效果,并利用这些关联数据信息,通过大数据挖掘分析技术构建大量的相关性标签体系去匹配产品需求、细分客户类型、分析兴趣爱好、挖掘关注点,实现客户全面洞察,改进、创新设计产品的功能和款式。此外,利用平台门户与消费者直接交互,为消费者提供定制和配置工具,捕捉他们个性化的解决方案,使得消费者更直接、深入地参与到产品创新设计的过程中。

（2）生产性服务。

生产性服务包括信息类服务以及产品和设备类服务。信息类服务为生产制造过程提供互联网服务、整体解决方案、知识管理等内容。产品和设备类服务涵盖需求分析、设计改造、服务外包、采购储存、优化调度、广告销售、物流服务、运行状态管理、维修维护等。生产性服务贯穿于整个制造生命周期的上、中、下游。例如,在产品设计的上游,涉及的生产性服务包括市场需求分析、新产品设计等。利用生产性服务,从全局出发将产品的价值实现延伸至产品设计前的市场需求分析和产品交付顾客使用后的维修活动中,完成对产品服务系统的完整应用。

（3）服务性生产

服务性生产包括制造服务(代工制造)、零部件制造、整机装配、物料管理和测试服务等。制造企业可以将非核心制造外包出去,通过自身核心制造能力协同其他企业完成产品的加工制造。越来越多的厂商倾向于采用社会化大生产方式,将产品制造的一部分或者全部环节外包给专业化的制造商完成;也有越来越多的专业化制造服务供应商(如富士康科技集团)为其他企业提供制造外包等服务性生产活动。通过服务性生产协作,使得多企业主体能够在更广阔的范围内寻找具有比较优势的制造资源,降低制造成本,提高生产效率,增强生产柔性,降低生产投资风险,加强市场应变能力。

2. 产品全生命周期供应链

将产品供应链中相关的信息、资源、设备、人员和服务等都纳入服务体系中,基于信息系统的支持,采用合理的实施方法,通过服务增效来实现企业利润的最大化。制造服务包括产品规划、研发、设计、制造、销售、运行、维护以及回收等阶段,伴随了产品从初级生产直到消费的各环节,最后到终端客户。

通过将服务价值链和产品供应链进行对比,可以检验一个智能工厂或制造企业是否已经完整地提供顾客所需的服务内容。如果有部分服务内容无法满足顾客的需求,则该智能工厂短期可以采取外包方式服务顾客,长期而言则要思考是否该建立更完整的服务价值链。

3. SCPS 制造环境

基于 SCPS 的制造环境体系以 4 个支柱为基础,即物联网(IoT)、知联网(Internet of Knowledge,IoK)、服务互联网(Internet of service,IoS)、人联网(Internet of people,IoP);SCPS 的支撑技术方法包括区块链、物联网、互联网、工业大数据分析、云计算、人工智能等。IoT 连接物理系统和信息系统,使制造具有智慧化;IoP 连通利益相关者,提供产品设计、创造和销售的在线社区,打破制造商和消费者(产消者)之间的壁垒,使制造具有社会化;IoS 描述了一个应用互联网作为媒介以提供、出售服务的信息基础框架,涉及的技术有面向服务的体系结构(SOA)以及使制造具有服务化的 Web、网格和云技术;IoK 将数据(由 IoT 连接的智能对象所产生的)转化为信息/知识,使制造具有智能化。

从一定程度上讲,IoK 可以看作是语义网(semantic web),信息被给予明确界定的含义,使计算机和人更好地协作。然而,大数据环境下语义网的研究仍在初期阶段,制造面临着海量数据的挑战。IoP、IoK、IoS 和 IoT 4 大支柱为基于 SCPS 的制造环境提供了使能技术,信息系统由 IoK 和 IoS 构成,IoS 能够提供符合 SOA 标准的 Web 服务。

在 SCPS 制造环境下,智能工厂以 BPI、IoT 以及互联网为通信载体,为使用者提供机器到机器的通信解决方案,满足使用者对生产过程监控、指挥调度、远程数据采集和测量、远程诊断等方面的信息化需求,实现智能化、远程化和实时化,实现从客户到生产线的产品和工艺配置畅通无阻的数据交流,使得人、机器和资源如同在一个社交网络里自然地沟通协作。

2.4.3 面向网络协同的智能企业协作框架

智能制造模式将利用新一代信息技术,以智能工厂为实践,以全面深度互联为基础,以端到端数据流为核心驱动,以互联网驱动的新产品、新模式、新业态为特征,通过将产品研发设计流程、企业管理流程和生产产业链流程有机地结合起来,形成一个如图 2.21所示的面向网络协同的智能企业业务流程体系,从而使得产品研发与设计、制造管理和

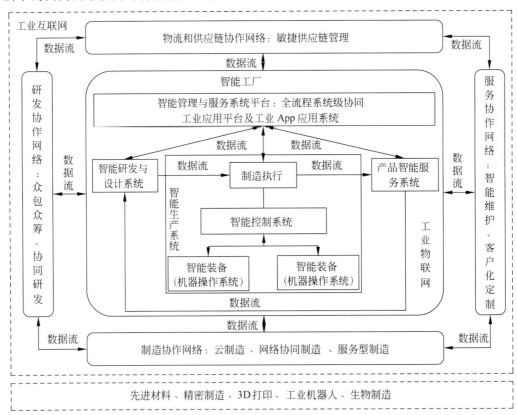

图 2.21 面向网络协同的智能企业业务流程协作框架

服务、客户关系管理、产品生产和服务的全生命周期管理和供应链管理有机地融合在一个完整企业与市场的闭环系统中,形成一个集成了工程、生产制造、供应链和企业管理的全球网络化协同智能制造系统平台,在设计、工业、制造和服务各环节实现端到端无缝协作的智能工业生态系统。

随着人工智能、虚拟现实和网络技术的进一步发展,未来的网络化协同智能制造模式将以工业物联网和工业互联网为基础,将设计、工业、制造和服务各环节融合到一个如图 2.22 所示的网络化协同智能制造系统平台中,实现用户、智能企业和智能工厂的协同研发和设计、生产、销售和运维网络平台。

图 2.22　未来的网络化协同智能制造平台

参考文献

[1]　杨善林.互联网与大数据环境下的智能产品与智慧制造[C].智能制造协同创新与发展论坛,2015.

[2]　Fuchs E R H. Global manufacturing and the future of technology[J]. Science,2014,345(6196):519-520.

[3]　李杰,倪军,王安正.从大数据到智能制造[M].上海:上海交通大学出版社,2016.

[4]　Baines T,Lightfoot H. Made to serve:how manufacturers can compete through servitization and product-service systems[M]. New York:John Wiley & sons,Ltd,2013.

[5]　何哲,孙林岩.服务与制造的历次大讨论剖析和服务型制造的提出[J].管理学报,2012,9(10):1515-1523.

[6]　国家制造强国建设战略咨询委员会.服务型制造[M].北京:电子工业出版社,2016.

[7]　天海互联网.数字化工厂和智慧工厂[EB/OL].2016-06-18. http://blog. sina. com. cn/s/blog_16031ae190102wnt6. html.

[8]　埃森哲中国.展望新制造[2017 年 3 月(2017 年第 1 辑)][M].上海:上海交通大学出版社,2017.

[9]　航空制造网.美国 GE 转型之路[EB/OL]. 2017-8-15. https://c. m. 163. com/news/a/CRSF-IQIT051198M2. html? spss=newsapp&spsw=2&from=timeline&spssid=bdaadd1c42841ea52d6c6fdee9386c8e&f=wx.

[10]　中国制造 2025 规划[EB/OL]. 2015-5-8. http://www. gov. cn/zhengce/content/2015-05/19/content_9784. htm.

[11]　国务院关于积极推进"互联网+"行动的指导意见[EB/OL]. 2015-7-4. http://www. gov. cn/zhengce/content/2015-07/04/content_10002. htm.

［12］ 国务院关于印发新一代人工智能发展规划的通知［EB/OL］. 2017-7-20. http://www. gov. cn/zhengce/content/2017-07-20/content_5211996. htm.

［13］ 王喜文. 智能制造：中国制造 2025 的主攻方向［M］. 北京：机械工业出版社，2016.

［14］ 谭建荣，刘振宇. 智能制造关键技术与企业应用［M］. 北京：机械工业出版社，2017.

［15］ 国家制造强国建设战略咨询委员会. 智能制造［M］. 北京：电子工业出版社，2016.

［16］ 万荣，张泽工，高谦. 互联网＋智能制造［M］. 北京：科学出版社，2016.

第3章
智能制造系统的组成

　　智能制造系统是一种由智能机器和人类专家共同组成的人机一体化智能系统,在制造过程中能以一种高度柔性的方式,借助新一代信息和人工智能技术模拟人类专家的智能活动进行基于大数据的分析、推理、判断、构思和决策等,从而取代或者延伸制造环境中人的部分脑力劳动。在这一过程中,智能制造系统的构成与制造企业的功能和生产组织方式密切相关。

　　智能制造系统将按照现代制造企业的生产组织方式和智能制造的理念提升或塑造企业,具有自动化、数字化、智能化、集成优化和绿色化等特征。根据智能制造技术体系的总体框架(图 2.19)和智能企业业务流程协作框架(图 2.21)可知,智能制造系统包括智能研发与设计系统、智能生产系统、智能管理与服务系统等,以及面向流程工业的智能制造系统。

3.1　制造企业的功能和生产组织方式

　　制造企业的本质在于它能够为社会提供产品,有效地增加社会财富。制造的含义是利用一定的资源将原材料按照特定的要求转化为产品的过程。这种转化包括物态、功能和价值 3 个层次。如果制造企业的生产没有实现产品的价值,尽管转化也造成了新的功能或具有了价值,但是由于使用价值不能发挥其作用,而只能视为是对社会资源的占有。因此,必须强调制造过程的有效性,即产品的市场价值,然后才是生产转换过程的效率。

　　为了实现转化过程和产品的商品价值,企业的组织结构必须要有相应的智能部门。图 3.1 是制造企业的一般模型。如图所示,纵向是生产管理功能,主要是信息的流动;横向是物态的转化功能,是物料和信息的同时流动。为了保证这些功能的实现,制造企业的组织结构一般包含厂部、计划科、生产科、检验科、总务科、人事科、设计科、工艺科、供应科、销售科和生产车间等。

　　制造企业的组织结构除与企业功能有关外,还取决于生产过程。例如,我国大型制

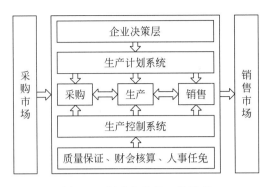

图 3.1　制造企业的一般模型

造业通常都有铸造、锻造、热处理、大件加工、轴套加工、齿轮加工、箱体加工、板材加工、装配、运输、动力等不同性质的生产车间和部门。它们在生产过程中追求大而全,几乎产品的每一部分以及配套部件都由自己生产,但在技术、成本、质量和效益方面都比不上专业化工厂。此外,生活保障体系也是影响企业组织结构的一个重要因素。许多大中型企业在计划经济体制下具有自己的学校、医院、托儿所等,不仅给工厂的社会后勤功能带来许多弊病,同时也占用了大量的精力和资源,造成生产率降低,加重了企业的负担。

3.1.1　传统制造企业的生产组织方式

传统制造企业的生产组织方式是以泰勒提出的以劳动分工和计件工资制为基础的分工方式,它可以克服单件生产方式的弱点。传统生产组织方式对社会结构、劳动分工、教育制度和经济发展都产生了巨大的推动作用。传统制造企业的生产组织方式的特点是：①最大的分工和简单的工作；②最小的智能工作内容；③众多的从属关系。

如图 3.2 所示,技术、人员素质和生产组织在传统制造企业的生产组织方式中没有集成,这种组织方式更强调工人要服从领导,并且每个工人通常只熟悉一种技能,同时只独立完成一种任务。工人与工人之间缺乏协同合作。

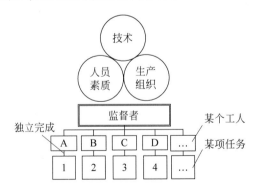

图 3.2　传统制造业的生产组织方式

　　在传统制造企业的建立过程中,生成组织和工艺技术通常是各自独立进行设计的。首先从工程和经济方面考虑,在理想化的制造环境中进行技术规划;然后再进行生产组织方式的规划。它是先从硬件着手,然后进行软件设计,再加入用户界面,最后实现制造系统的目标。由于技术规划的强制性,这种先技术、后组织的方法存在很多局限性和缺点,限制了生产组织设计的范围和最优方法的应用。

　　另外,在传统制造企业的生产组织方式中,工作设计原则是劳动效率最高,即单位时间内的产出最大。这种生产组织方式以技术为中心,在工作内容方面则是任务单一、分工明确、没有决策内容,并且生产技能单一,在人机工程方面是人附属于设备。

3.1.2　现代制造企业的生产组织方式

　　随着市场竞争的加剧以及信息技术对传统企业的渗入,传统的制造业生产组织方式已经不能满足要求。企业结构不仅在宏观上必须做出调整(如企业分布化、集团化、虚拟化等),在微观上也要改革。制造业传统的生产组织方式是按照泰勒的分工原则建立的,并一直沿袭至今,虽有不断改进,但本质上没有变化。

　　目前,传统的车间制造方式正在向柔性的自动化生产方式转变。新技术要求有新一代的工人人员、新的工作设计和新的生产组织方式。每个人在工作时都要在一定程度上具备制订计划、判断决策、分析复杂系统的能力,创造不断学习新的生产技术知识的机会以及提高相互合作的品质。如图 3.3 所示,企业集成不仅是技术上的集成,更重要的是技术、生产组织和人员素质 3 者的集成。现代制造业的生产组织将改变传统的管理结构和泰勒分工方式,不仅用自动化实现了人机分离,而且给工人更多的自由和可能去进行创造性劳动。因此,以"人"为中心的、现代生产组织原则将遵循"尽可能适应人的心理需要"的观点:①高素质的工作人员从事熟练技术工作;②较多的智能工作内容;③管理层次较少,基层的自主性增强。

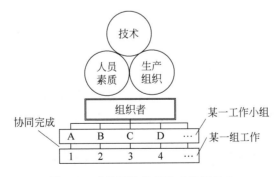

图 3.3　现代制造业的生产组织方式

　　在社会技术系统的设计方面,同样需要适应新形势的变化。现代社会技术系统的设计原则包括:①建立相对独立的生产组织单元,把一组任务(任务块)交给一个相对独立的生产组织单元,在以模块方式相互连接的网络中建立生产过程的组织;②制造过程和生产组织统一，生产组织单元对产品的数量和质量全面负责；③生产单元中，各工序之间的内部关系平等，这是相互理解和支持的决定性条件；④可以自动调节波动和干扰，避免以失控的形式从一个生产组织单元转移到另一个单元；⑤单元负责人与所有成员相互合作，确保相对独立的生产组织单元的自我调节以及与外界的联系。

此外，现代社会技术系统的设计原理还提出了正确的工作设计问题。它强调在劳动中促进人类个性的发展，以人为本，并通过外界的和内在的因素激发工作人员的劳动效率。现代工作设计与传统工作设计的主要区别在于从以技术为中心过渡到以人为中心。现代企业不仅仅是生产产品，而且还要营造一个符合劳动者心理和生理需要的环境，为参与生产的人提供发展才能的机会。

3.2　智能研发与设计系统

产品研发与设计是产品形成的创造性过程，是带有创新特性的个体或群体性活动。通过智能数据分析手段获取设计需求，通过智能创成方法进行概念生成，通过多学科协同创新设计和集成、智能仿真和优化策略实现产品的性能提升，辅之以智能并行协同策略实现设计制造和用户使用信息的有效反馈，从而大幅缩短产品研发周期，提高产品设计品质。

3.2.1　研发与工艺设计系统概述

伴随着信息时代的来临，在某种意义上也可以认为世纪之交全球正在进入数字化时代，2012年，工业互联网的提出开启了智能互联时代。数字化时代是过去50年，特别是最近30年技术发展的一个历史阶段，智能互联时代则是未来的发展趋势，其主要特征是数字化和智能技术在生产、生活、经济、社会、科技、文化、教育和国防等各个领域不断扩大应用，并取得日益显著的效益。

数字化技术是指以计算机硬件、软件、信息存储、通信协议、周边设备和互联网络等为技术手段，以信息科学为理论基础，包括信息离散化表述、扫描、处理、存储、传递、传感、执行、物化、支持、集成和联网等领域的科学技术集合。数字化技术作为一种通用信息工程技术，具有分辨率高，表述精度高，可编程处理，处理迅速，信噪比高，传递可靠、迅速，便于存储、提取和集成、联网等重大技术优势，这些技术优势给各个领域专业技术的改造、革新提供了崭新的手段。

数字化技术和各种专业技术融合形成了各种数字化专业技术，如数字化设计技术、数字化制造技术、数字化视听技术等。相对传统制造技术，数字化制造技术是一项融合数字化技术和制造技术，且以制造工程科学为理论基础的重大的制造技术革新，是智能制造的基础。

计算机图形学与产品设计技术的结合产生了以数据库为核心，以图形交互技术为手段，以工程分析计算为主体的一体化的计算机辅助设计（CAD）系统。将CAD的产品设计信息转化为产品的制造、工艺规划等信息,使加工机械按照预定的工序和工步的组合和排序选择刀具、夹具、量具,确定切削用量,并计算每个工序的机动时间和辅助时间,这就是计算机辅助工艺规划(CAPP)。将包括制造、检测、装配等方面的所有规划,以及面向产品设计、制造、工艺、管理、成本核算等所有信息数字化,转换为计算机能理解的语言,并被制造过程的全阶段所共享,从而形成了所谓的 CAD/CAE/CAPP/CAFD(计算机辅助夹具设计)/CAM,这些系统构成了面向产品研发的数字化设计系统。

　　智能技术在设计链的各个环节使设计创新得到质的提升。智能设计技术应用现代信息技术,采用计算机模拟人类的思维活动,提高计算机的智能水平,从而使计算机能够更多、更好地承担设计过程中的各种复杂任务,成为设计人员的重要辅助工具,主要包括:面向多源海量数据的设计需求获取技术、设计概念的智能创成技术、基于模拟仿真的智能设计技术、面向性能优化的智能设计技术等。

　　本节在讨论智能制造模式中产品创新设计与研发管理模式的基础上,讨论相关的产品设计与研发系统。

3.2.2　产品创新设计与研发管理模式

1. 多学科协同创新设计与集成

　　在智能互联时代,多学科领域一体化性能样机建模与仿真技术是基于一体化建模语言的多学科建模与仿真集成环境,开展控制、机械、电子、软件等多学科领域一体化建模与仿真分析,实现产品多学科一体化快速原型设计。按照控制、机械、电子、软件等不同专业,建立用于多学科领域一体化功能建模与仿真分析的模型库。

　　在复杂产品性能样机的开发过程中,需要对设计过程中的技术、方法和工具进行集成,实现各学科领域知识的综合集成。尽管不同学科涉及的开发对象和领域等有所不同,但从设计和开发过程的管理角度看,都存在相同的分阶段的生命周期,如分析、设计、仿真、优化、组装和测试等阶段。所以,需要开发统一的产品协同开发方法实现全生命周期的产品开发,需要在统一的框架内研究。建模是人类对客观世界和抽象事物之间联系的具体描述,通过应用统一建模技术实现航天产品数字化性能样机统一建模与设计。基于数字样机的协同制造技术研究以型号产品生产制造流程为主线,贯穿工艺协同审查、工艺规划、工艺设计、工装设计、虚拟制造仿真、零部件数字化制造实现等各主要环节,以数字样机作为产品制造依据。

　　在复杂产品数字性能样机的全生命周期协同设计与制造过程中,一般以科研生产流程为主线,结合各类设计模型,需要建立满足面向全生命周期、基于数字样机的一体化设计工作流程和综合集成服务平台,以多学科协同集成设计与仿真流程,实现数字性能样机一体化设计与仿真过程中的研讨、设计、建模、优化、仿真、评审和决策,形成统一的满足面向全生命周期、基于数字样机数字化设计工作流程和支持总装厂和分系统厂(所)间的协同制造应用系统。总体设计部进行复杂产品的总体设计,并形成分系统的设计任务模型,以便于各总装厂进行工艺、工装和产品模型的设计,应用组织建模,建立部门及人员的组织模型,提供组织管理、角色定义、职级资格定义、用户扩展属性定义、组织扩展属性定义等功能。定义角色的各种与产品数据管理(PDM)中权限和任务等功能相关联的基本属性。应用数据建模,建立 PDM 中需要管理的产品数据的类型定义。提供对企业数据字典、对象类树、对象类属性定义及属性项的关联填写方法,提供文档模板定义及各类文档的编辑工具、浏览圈阅工具,提供关联视图定义个性化工作界面,提供对象目录定义动态地管理当前关注的对象集合。

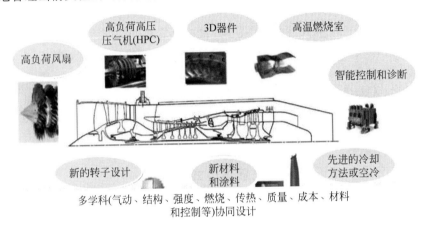

图 3.4　多学科协同创新设计与集成

2. 产品创新设计与研发管理模式

创新管理模式是创新过程的制度化体现。到目前为止,有 6 代创新管理模式被广泛实践(图 3.5)。第一代:以技术创新为动力线性驱动;第二代:以市场需求为动力拉动;第三代:公司各部门更主动地参与创新过程;第四代:价值链上下游在创新过程中合作;第五代:客户参与部分创新过程(如 beta 版产品试用);第六代:"开放式创新",企业从各种渠道获取创新思路和技术,同时对本公司不使用的技术,也通过一些方式让其他人使用。前三代创新模式基本是封闭的,完全由公司内部完成产品创新。后三代模式在创新过程中逐渐加入更多的外部元素,因此开放程度越来越高。随着互联网的普及,消费者的创新热情和创新能力彰显出更大的能量和商业价值,以"用户创造"为代表的创新民主化成为新趋势。

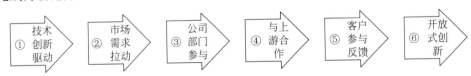

图 3.5　产品创新设计与研发管理模式

一般来说,无论采用哪种创新模式,产品创新的过程都主要包括图 3.6 所示的几个阶段。每个阶段分别完成如下任务。

图 3.6　产品创新设计过程

产品策划：产品的初步创意的形成，并对创意进行筛选。主要解决以下问题：确定产品的可行性、产品的特点，确定目标客户群是谁以及如何找到他们，确定产品在市场的定位。

产品设计：把经过筛选后的产品创意进一步设计成比较完善的产品概念，全面确定整个产品策略、外观、结构、功能，并确定生产系统的布局。清晰的产品设计为企业内部和外部的交流提供了基础，从而进行可行性分析。

产品开发：这是产品从设计转化为具体产品的阶段，主要任务包括：产品关键技术的研发，进行产品开发和解决工艺问题，并提出完整的测试方案、生产方案和产品规格。

产品测试：主要包括产品功能测试、客户和市场测试。产品功能测试就是验证产品能否达到试验产品预先的功能及参数要求。客户和市场测试是测定创新产品满足客户需求的程度，并征求他们对样品的意见、对价格的反应等。

产品发布：根据产品的测试和对市场的预测决定全面推向市场，建立销售渠道进行大规模销售。

3. 基于移动互联网的产品创新设计与研发模式

1）开放式创新（Open Innovation）

Chesbrough 首次阐述了"开放式创新"的概念和理论。他认为，在一个知识被广泛传播的扁平世界，公司不能仅依赖本公司的研发力量，应该在公开的市场获取创新灵感，同时对本公司不使用的发明，也应该通过一些措施让其他人使用。可以说，开放式创新模式主要体现了企业的创新思路来自外部以及创新成果能够被外部更好地利用的情景。

互联网的本质是开放和共享，因而为开放式创新提供了新的平台。Von Hippel 认为，客户是创新的重要源泉，而互联网为客户的参与提供了渠道和便利条件。Dominik Mahra 和 Annouk Lieven 认为，通过网络虚拟社区，企业可以以较低的成本获得领先用户。这些具有专业知识的领先用户可以参与产品的改进，而不是仅提出自己的需求，从而有效地参与到企业产品开发中。企业应该建立一个与开放源社区、客户支持中心不同的虚拟领先用户社区（Virtual Leading User Community，VLUC），来更好地进行用户创新。在开放式创新中，用户成为企业的发明者或合作发明者，在创新系统中扮演了重要角色，企业可以通过用户参与创新进行创新资源的搜集。

2）众包理论

2006 年，Jeff Howe 首次使用 crowd sourcing（众包）一词，并对其内涵进行了阐述："众包"是指一个公司或机构把过去由员工执行的工作任务，经由网络以自愿方式外包给非特定的大众做法。"众包"有 3 个基本特征：基于互联网、开放式生产、自主参与和自主协作。

"众包"是基于个人的选择，其参与者具有自主性，体现出一种公众的参与式文化。Clay Shirky 运用认知盈余的概念解释在互联网时代用户参与众包的原因。因为有大量受过教育，并拥有自由支配时间的人，他们有丰富的知识背景，同时有强烈的分享欲望，这些人将碎片时间汇聚在一起，产生巨大的社会效应。一些互联网公司（如 Facebook）成功的关键是具备认知盈余的广大客户参与。他还强调"领先用户创新"思路，即并不是由产品的设计者，而是由该产品最活跃的使用者来推动产品创新。在追求"个性化"的时代，消费者越来越不甘于只做单纯的消费者、产品的接受者，他们越来越希望加入到产品的创新、设计、制作等过程中，拥有与众不同的个性化产品。以实现"用户创造"为主要价值诉求的众包，正成为处于激烈竞争中的企业进行产品创新的另一种模式。网络技术的发展为众包提供了技术条件和平台，在缩减与用户之间时间与空间距离的同时，也降低了参与的成本与门槛。

3）长尾理论

长尾理论由美国学者 Chris Anderson 首先提出，他认为用户对产品性能的需求呈现长尾状的帕累托分布。在大工业时代，便宜的大众产品只有最通用的几种功能，而特别设计的小众产品是价格昂贵的奢侈品，仅供精英人群享用。在互联网时代，厂商可以设计很多价廉物美的个性化小众产品，然后通过互联网向分布广泛的消费者出售，也可以设计一款功能丰富的产品，为按长尾分布的广大消费者提供满意的产品。一些学者认为，实施长尾策略的公司有如下特征：①都是依托互联网技术的企业，它们利用长尾理论开拓新市场，有利于避免同质化竞争；②互联网的特征使得这些企业的产品或者服务的存储和传播成本降低；③这些企业的成功都是建立在一个庞大的用户群的个性化需求基础上的；④个性化需求定制和不断创新往往占据主导地位。

4）精益创业

开放式创新和众包模式主要阐述了用户参与创新过程的价值。精益创业理论提出了一套严谨的方法，描述如何能够让客户在参与创新的过程中减少产品开发的失败，使开发的产品快速升级换代。该理论认为，在新产品和新技术市场前景不确定的情况下，应对不确定性的有效方法是小步试错。精益创业的思路是：首先提出一个产品价值和增长的假设前提，预测将要发生的事情，接着再用实证进行验证，然后循环往复。其要点是：尽早邀请客户参与产品研发、用最小可行产品（Minimum Viable Product，MVP）试探潜在客户的真正需求、用最合适的指标测量价值假设和增长假设、迭代开发产品、最终找到契合市场的产品（product to market fit）、好产品需要有自增长特性、如果在这个过程中不能找到产品市场位置，就转型。由此可见，"精益创业"是一种低成本运行、快速产出的新型组织形式，它有 3 个特征：高效、不浪费、对市场快速反应。精益创业模式由敏捷软件开发方式演化而来，互联网为实施这些迭代创新模式提供了优越的条件。

4. 基于(移动)互联网的产品创新设计与研发方法

产品创新过程按策划、设计、开发、测试、发布这几个阶段进行分解,结合:①互联网生态环境下产品创新的过程和方式;②在产品创新的过程中客户如何参与到产品创新中;③互联网生态环境下产品创新模式呈现什么样的特点和优势等问题,构建出在互联网生态环境下通信产品创新设计与研发的新方法。

1) 无缝开放式创新设计与研发方法

整体来说,公司研发团队分成两个层级(图 3.7):大产品团队以及下面的若干个小产品功能团队。产品功能团队是日常运作核心,每个小团队包括产品经理、设计师、开发工程师、测试、运维、论坛客服等职能,少则 3 人,最多 10 人,完成一个功能从策划到发布的完整过程。在此基础上,构建无缝开放式创新(seamless open innovation)设计与研发方法。

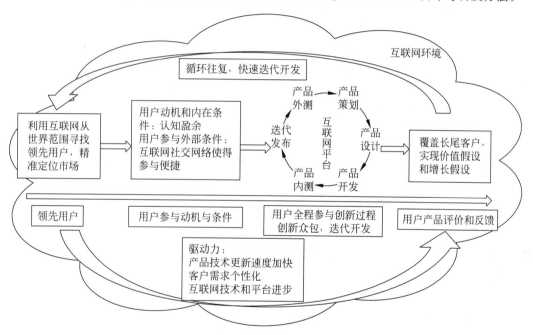

图 3.7　无缝开放式创新设计与研发方法

首先,找到合适的领先客户是客户参与创新的关键步骤。领先用户有几个主要价值:①明确的需求信息,他们可以清晰地描述出他们的需求,这是一般用户难以做到的;②帮助公司开发新产品和服务的原型与概念;③加速新产品的开发过程,并帮助公司降低成本。同时,辨识用户的需求,企业可以通过虚拟社区与客户及时沟通。互联网让企业从世界范围寻找领先客户,并使与他们的密切沟通变得快速和低成本。

用户愿意参与产品创新的动机多样化,一些学者的研究表明:用户参与创新的动机有:①经济回报;②对创新的内在兴趣、心理需求;③获得知识和技能;④社会交往以及其他动机,如极低的加入门槛、关注度等。小米公司的案例证实了客户重视参与感和成就感,享受创新的过程、重视创新所创造的价值。

另外，现代消费者有大量的零碎时间，可以利用其认知盈余参与到他自己感兴趣创新的活动中，互联网让他们的奉献成本很低，对于公司来说，聚沙成塔效果显著。用户参与产品创新流程的一个显著特征是从"信息贡献者"向"过程参与者"的角色转变。在这一过程中，企业需要提供相应的平台，便于客户参与创新。互联网对用户创新的推动作用并非简单的提高效率和提供工具，它让用户之间的互动与协作关系出现了网下所不曾有过的新特征，如平等、受尊重、为社会创造额外价值等。

企业开发出"最小化可行产品"后，然后卷入用户全程参与策划、设计、开发、测试和发布的全过程，从而不断改进产品，实现产品的快速迭代升级。这种创新方式已经有几个版本的变种，如敏捷开发、精益创业等。产品快速迭代模式最重要的特点是在产品创新的全过程（而不是其他模式的产品创新部分阶段）实现众包。

该模式的主要特征是：①小团队完成从策划到发布的整个流程，快速迭代、循环往复；②用户全程参与产品创新的每个步骤；③全面、高效地利用互联网生态环境。

2）与传统开放式创新及传统产品创新管理流程的特征比较

在这个过程中，①产品创新全程对客户开放，利用互联网打通了公司的内部整个产品团队和客户之间的墙，而不是像传统的"开放式创新"仅主要解决创新思路来源和创新成果利用的问题；②产品创新过程的迭代开放和循环往复性，让产品创新过程的每个阶段无缝对接，而不是传统产品创新管理的阶段性、线性化过程。表3.1显示了无缝开放式创新、传统开放式创新及传统产品创新管理流程的特征比较。

表 3.1　无缝开放式创新、传统开放式创新及传统产品创新管理流程的特征比较

无缝开放式创新	传统开放式创新	传统产品创新管理流程
不仅创新思路来自客户和其他外部人员，产品创新全过程都把客户卷入进来，整个产品开发团队在产品开发各阶段都与客户无缝合作。创新过程采用小团队，每个创新步骤无缝对接，迭代开发、循环往复、速度快、容错性较好、成本低，充分利用互联网生态环境和最新社交媒体工具，聚焦互联网新生代客户群的生活方式	传统开放式创新强调两个创新开放点：①创新思路来源于公司外的客户和其他人；②公司不用的创新成果转让给第三方	产品策划、设计、开发、测试、发布阶段呈现线性流程。创新过程是公司内部行为，与客户有明显的"墙"。另外，产品创新各阶段往往分别由不同部门完成，部门之间也有"墙"。因此，封闭性强、周期长、成本高

3）互联网时代的"无缝开放式创新"的特征

（1）开放众包充分挖掘利用客户的认知盈余。

在产品开发过程中，重新分解创新功能，广泛地邀请客户成为志愿者（付很少一部分费用）参与产品创新的众包过程，让客户在产品创新的每个阶段都起到重要作用，实现产品创新团队与客户的无缝合作。

（2）迭代创新快速推出新产品。

产品创新采用小团队完成从策划到发布的全过程，实现全流程无缝对接和管理，迭

代开发、循环往复,速度快、容错性较好、成本低。在快速迭代的每个阶段都"开放众包",让大量客户参与产品创新设计过程。

(3) 充分利用互联网生态环境。

充分利用最新的互联网工具和平台,让产品设计、制作、发布以致销售的过程都在互联网环境下完成。

3.2.3　产品研发与工艺设计系统

产品研发与工艺设计系统的核心或基础是工程设计系统(Engineering Design System,EDS),即确定产品设计项目目标及其实现,并在智能制造哲理的指导下更快地开发新产品、缩短产品设计周期的集成产品开发系统。现代制造企业的竞争优势不仅来自于出色的管理水平和营销策略,还来自于无与伦比的创新产品设计和出类拔萃的制造水平。从企业活动的基本价值链中可以看出,技术变革是企业获得竞争优势的主要驱动力之一,产品的开发设计能力以及其设计周期和上市时间直接决定其在市场上的同类产品间的竞争力和对市场的占有率,因此,产品研发与工艺设计系统在制造系统中的地位十分重要。

1. 产品研发与工艺设计系统的结构及组成

产品研发与工艺设计系统一般包括 CAD、CAPP、CAFD 和 CAM 4 个子系统。来自 CAD 的信息经 CAPP 子系统后得到有关零件加工工艺信息和工装夹具的设计信息,再分别传递给 CAFD 子系统和 CAM 子系统,最后得到各工序的工装夹具图纸信息和加工刀具文件、NC 代码等加工信息。

产品研发与工艺设计系统的系统结构如图 3.8 所示。

产品研发与工艺设计系统不仅要接收和处理大量的设计信息,而且还要实现从工程设计、工艺特征提取、工艺过程设计、夹具设计到制造与装配等大量信息和功能的集成与并行。因此,通常采用 PDM 作为并行设计的信息集成框架,并由网络和数据库提供有力的支持。工程设计自动化分系统的特点包括:

(1) 采用统一的数据标准,建立一个完整统一的产品数据模型,并将其存放在一个共享数据文档或数据库中。任一阶段的设计数据修改信息都能够直接反映到其他子系统的工作中,保证了产品数据的一致性和可跟踪性。

(2) 功能上具有层次性。一方面具有最基本的功能模块,如零件特征建模、可制造性评价及工艺生成等模块;另一方面,还具备上层模块对上述各基本模块在并行模式下的工作进行控制,实现对各功能活动的管理。

(3) 在结构上不是单一的流程形式,而是更复杂的具有反馈的双向嵌入式并行结构。制造过程中出现的问题可以直接反馈给工程设计模块进行评价和修改,缩短了产品的设计和制造周期。

(4) 在性能上则体现为更加灵活、开放的系统,表现为具有可扩展性,可以添加新的功能模块,如可装配性评价模块;同时,在不影响内部推理机制的情况下,系统数据库和知识库能够方便地扩充。

2. 产品研发与工艺设计系统功能分析

产品研发与工艺设计系统(图 3.8)有 3 个方面的需求：功能需求、信息需求与性能要求。

功能需求表现在：①实现产品开发项目的有效管理。对新产品开发的整个项目流程进行管理，从参与项目的人员分配、资源配置、项目进度安排等各环节合理地确定。各子任务能及时反馈完成进度和遇到的问题，项目负责人能随时掌握项目的开发进程，及时发现问题和调整子任务的时间和节奏。②实现产品二维 CAD/CAPP 集成，主要用于产品设计的确认、修改审核、产品工艺的编制、工装设计、包装设计等。借助于计算机辅助设计软件，将产品设计、绘图、工艺设计集成，减少工作环节的滞留时间，并且使工艺设计规范化、标准化。③实现产品信息管理。根据工程设计自动化系统内部信息需要，针对产品技术资料、零件图纸、零件工艺文

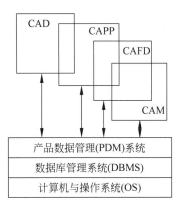

图 3.8 产品研发与工艺设计
系统的系统结构

件、产品物料清单、产品说明书等进行有效的统一管理。依据有关人员的权限分配，合理运用技术资料，防止技术资料的混乱、丢失，保证其安全性。④工程设计自动化系统在制造系统环境下与其他系统集成，以解决信息交互的问题。作为制造系统的一个分系统，工程设计自动化系统必须在计算机通信网络和数据库环境下实现与其他分系统(特别是经营决策分系统)中的经营决策、市场需求等信息的沟通；同时，本系统还将物料清单、工艺文件等信息传递给其他相关分系统。

信息需求表现在：①工程设计自动化系统内部信息共享，如 CAD/CAE/CAM 的三维信息与二维信息的相互转化与集成，CAD 与 CAE 之间接口文件的转化等。②信息模型一致性要求。针对众多产品类型不一，需要建立一致的信息模型。③外部信息接口要求。工程设计自动化系统需要向生产科、质保科、加工中心等部门传递有关产品设计信息、工艺信息等。此外，系统应与其他系统之间有统一的通信接口，同时还需要与分布在全国各地的厂商进行信息沟通。

性能要求表现在：①实用性：系统应能解决目前技术部门以及加工中心所需解决的问题。②可靠性：工程设计自动化系统中的产品信息数据是企业的重要信息资源，必须以可靠方式进行存储，所以选用和开发的软硬件都应具有很高的可靠性。③先进性：工程设计自动化系统的体系结构、网络类型、数据库结构的设计以及软硬件配置应符合技术发展的现状和潮流，具有先进性和合理性。④可扩展性：除了充分考虑现有的信息管理及接口要求，还应正确估计今后企业的发展和系统扩展的需要，在系统软硬件配置、网络选型、数据库容量等方面预留可发展的余地。⑤一致性：工程设计系统中的产品数据信息应具有一致的模型表达，在必要的环节提供各种信息转换来保证信息的一致性。

⑥易维护性：在充分考虑系统的信息分布特点，构造分布式数据库管理系统的同时，应充分考虑到系统的维护工作，建议采用具有较好的可操作性和方便性的集成式维护管理。

3. 产品研发与工艺设计系统的功能树和功能模型

根据功能需求建立的产品研发与工艺设计系统的功能树如图 3.9 所示。

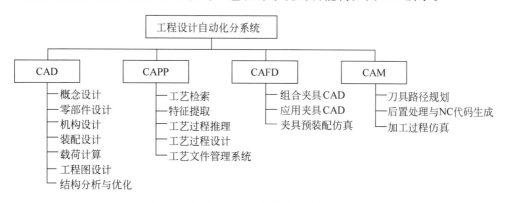

图 3.9　产品研发与工艺设计系统的功能树

CAD 子系统包括概念设计、零部件设计、机构设计、装配设计、载荷计算、工程图设计及结构分析与优化等功能；CAPP 子系统包括工艺检索、特征提取、工艺过程推理、工艺过程设计及工艺文件管理等功能；CAFD 子系统包括组合夹具 CAD、应用夹具 CAD 及夹具预装配仿真等功能；CAM 子系统包括刀具路径规划、后置处理与 NC 代码生成及加工过程仿真等功能。

IDEF0 方法表示的产品研发与工艺设计系统的功能模型如图 3.10 所示。

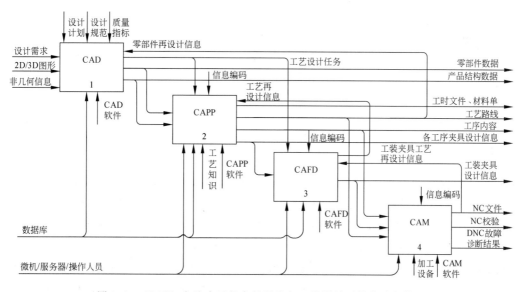

图 3.10　IDEF0 方法表示的产品研发与工艺设计系统的功能模型

4. 工程设计自动化系统与其他系统的信息接口

工程设计自动化系统的内部信息接口如图 3.11 所示。

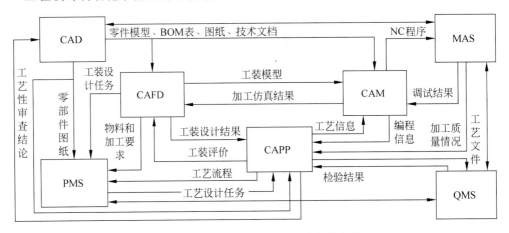

图 3.11　工程设计自动化系统的内部信息接口

从图 3.11 中可以清楚地看出系统内部数据信息的需求和流动。首先,将产品开发计划、生产经营计划管理等信息传到 CAD 子系统,由 CAD 子系统输出产品的零件模型、BOM 表、图纸、技术文档等信息,并将上述信息传给 CAFD 子系统;然后,CAFD 子系统将工装设计任务以及物料和加工要求等信息传递给生产管理系统(PMS),将工装模型和加工仿真结果传递给 CAM 子系统,同时将工装设计结果和工装评价等信息传递给 CAPP 子系统;CAPP 子系统在接收上述信息以及来自 CAD 子系统的 BOM 表和零部件图纸后,将产生的工艺信息和编程信息传递给 CAM 子系统,同时将产生的工艺文件和检验结果传递给质量管理系统(QMS),将工艺设计任务和工艺流程传递给生产管理系统(PMS)。CAM 子系统则输出 NC 程序和调试结果给制造自动化系统(MAS),后者将加工质量情况等信息反馈给 CAPP 子系统,CAPP 子系统也会将工艺性审查结论反馈给 CAD 子系统。

外部信息接口如图 3.12 所示。图中,a 表示传递给 CAD 子系统的设计信息,包括设计计划、设计周期、材料、产品零部件模型等;b 是 CAPP 子系统传递给 PMS 的信息,包括工艺规程、铸锻件明细表、标准件明细表、外协件和外购件明细表、产品配套明细表、材料消耗工艺定额明细表、部件配套明细表、工装设计申请表以及工额定时等;c 是 CAPP 子系统传递给 QMS 的技术文件(如产品技术条件、测试大纲等)、工艺规程和关键件的质量会签等信息;d 是 CAPP 子系统传递给 MAS 的信息,包括工艺规程、车间分配表、生产图纸、部件配套产品明细表以及材料消耗工艺定额明细表等;e 是 CAFD 子系统传递给 PMS 的信息,包括工装明细表、工装设计图纸、工装物料需求等;f 是 CAFD 子系统传递给 QMS 的工装设计信息;g 是 CAFD 子系统传递给 MAS 的工装明细表信息;h 是 PMS 传递给 CAM 子系统的与工艺有关的不合格产品信息;i 是 PMS 传递给 CAPP 子系统的材料信息和制造资源信息；j 是 QMS 传递给 CAFD 子系统的工装检验结果信息和产品质量信息；k 是 MAS 传递给 CAPP 子系统的工艺可行性报告；l 是 MAS 传递给 CAFD 子系统的工装试用反馈信息；m 是 MAS 传递给 CAM 子系统的加工能力反馈信息和 NC 文件。

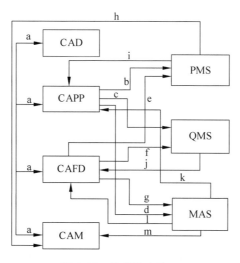

图 3.12　外部信息接口

5. 产品研发与工艺设计系统的发展趋势

1）智能化

把人工智能的思想、方法和技术引入传统的 CAD/CAPP/CAM 系统中，分析、归纳设计方法和工艺知识，模拟人脑的思维和推理提出设计和工艺方案，从而可以提高设计水平、工艺水平，缩短周期，降低成本。十多年来，以知识工程为基础的专家系统的出现给 CAD、CAPP、CAM 的研究带来新的启发，并且取得了显著的成效。它们使新的工程设计系统具有一定的智能能力，在一定程度上可以提出和选择设计方法与策略，使计算机能够辅助和支持包括概念设计与构形设计在内的设计过程的各个阶段。

2）虚拟化

在工程设计自动化系统中引入虚拟现实技术，通过基于自然方式的人机交互系统，利用计算机生成一个虚拟环境，并通过多种传感设备，使用户在身临其境的感觉中与可视化的设计参数进行交互，完成虚拟制样、工程分析、虚拟装配和虚拟加工。通过高度逼真的三维计算机虚拟模型来模拟和预测产品的功能、性能和可加工性等方面可能存在的问题，从而提高人们的预测和决策水平，降低企业的成本和投资风险。

3）网络化

CAD、CAM、CAPP 作为计算机应用的一个重要方面，离不开网络技术。只有通过网络互联，才能共享资源和协调合作，实现数据的共享和交换，减少中间数据的重复输入输出过程，加速新产品开发，提高企业在市场中的竞争能力。从某种意义上讲，网络化设计就是数字化设计的一种全球化实现。

4) 并行化

采用传统的串行开发模式开发产品,在设计的早期阶段不能很好地考虑产品生命周期中的各种因素,不可避免地造成较多次设计返工。并行工程则是集成的、并行地设计产品及其相关过程的系统化方法。在产品设计期间,并行地处理整个产品生命周期中的关系,消除了由串行过程引起的孤立、分散,最大程度地避免了设计错误。

5) 集成化

CAD/CAE/CAPP/CAM 信息集成技术是解决在现有商品化 CAD 系统下,通过特征技术实现 CAD 与下游 CAPP、CAM 等应用系统信息集成的有效方法。这一技术的研究与开发在一般企业应用计算机辅助设计提高产品开发和生产效率方面也有广泛的应用前景。另一方面,随着并行工程、敏捷制造和虚拟制造等概念和方法的出现,要求集成平台不但能够支持企业的信息集成,还能支持企业的功能集成和过程集成。集成平台应当提供开放的、面向应用领域的应用集成接口,实现应用间的功能集成。随着企业经营过程分析和使能技术的发展,过程集成已经逐渐付诸实施,其中基于工作流管理方式实现过程集成是一个可行途径。

3.2.4 基于产品定义模型的智能研发和设计方法

如图 3.13 所示,基于模型的设计(model based design)是一个用集成的三维实体模型来完整表达产品定义信息的方法,详细规定了三维实体模型中产品尺寸、公差的标注规则和工艺信息的表达方法。这不是一个软件,不是简单的一个工具,而是一个全新的管理思想,完全不同的业务模式,软件、工具等只是这个管理思想的实现方式。基于模型的设计在实现上主要有四个方面的关键技术:数字化设计、数字化工艺、数字化制造和单一数据源下的协同环境。

基于模型的设计开始于基于模型的定义(Model Based Definition,MBD),在此产品全生命周期重用该模型,继而在企业范围内形成基于模型的企业。图 3.14 给出了 MBD 驱动的产品全生命周期过程。

基于模型的企业(Model Based Enterprise,MBE)的关键问题在于"数据共享问题",数据不可能始终在一个 CAD 系统(如 CATIA、Creo、NX、Solid works、Inventor、AutoCAD、3DMAX、Solid Edge 等)中,必须实现产品数据传递和管理。现在,国际上存在一系列有代表性的数据交换格式,如美国的 IGES,德国的 VDAIS、VDAFS,法国的 SET 等。图 3.15 给出了基于 IGES 的产品模型转换过程。

通过转换,将数据转换成简化的通用格式(如 3D PDF 文件),MBD 不仅贯穿于整个制造过程,而且可以实现数据在企业经营的所有阶段(如图 3.16 所示的方案、概念设计、初步设计、详细设计、生产、维护与回收等阶段)的传递、重用和展示。

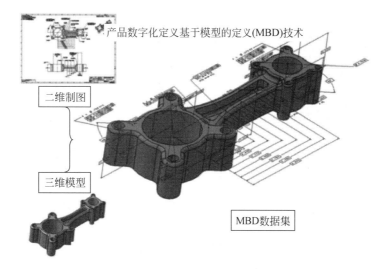

图 3.13　基于模型的设计技术

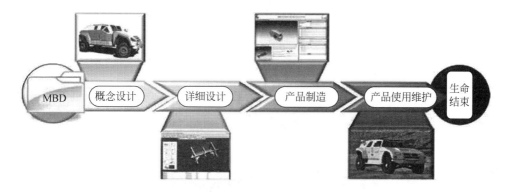

图 3.14　MBD 驱动的产品全生命周期过程

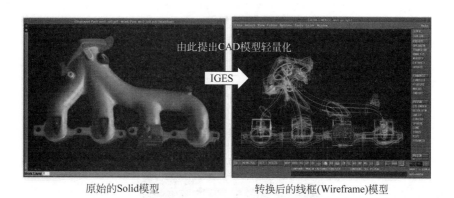

图 3.15　面向 MBE 的产品模型转换

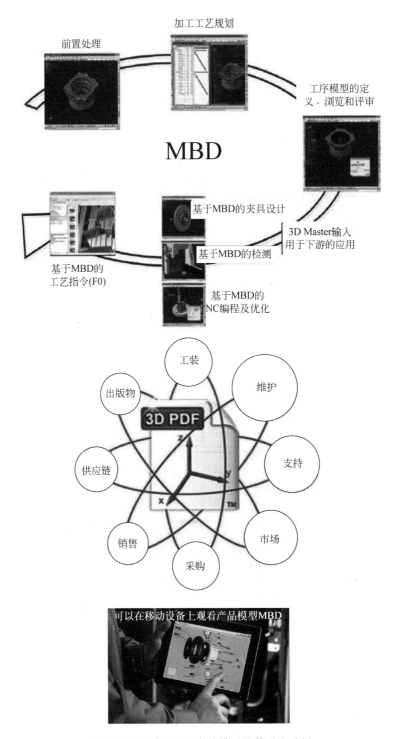

图 3.16 面向 MBE 产品模型的传递和重用

3.3　智能生产系统

智能生产系统的核心或基础是制造自动化系统(Manufacturing Automation System,MAS),根据产品工程技术信息、车间层加工指令,结合车间物流和刀具管理系统,完成对零件毛坯加工的作业调度及制造,使产品制造活动得以优化,具有周期短、成本低、柔性高的特点。

3.3.1　智能生产系统的组成

智能生产系统是工厂信息流和物料流的结合点。在现代企业中,智能生产系统由不同的生产车间组成,车间是智能生产系统的核心。智能生产系统由完成产品制造加工的设备、装置、工具、人员、相应信息、数据以及相应的体系结构和组织管理模式等组成,具体包括车间控制系统、加工系统、物料运输与存储系统、刀具准备与储运系统、检测和监控系统等。

1. 智能生产系统的组成及结构

1)车间控制系统

车间控制系统由车间控制器、单元控制器、工作站控制和自动化设备本身的控制器以及车间生产、管理人员组成。

根据美国国家标准技术研究所的自动化制造研究实验基地(Automated Manufacturing Facturing Research Facility,AMRF)提出的五层递阶控制结构参考模型,将车间控制系统分为车间层、单元层、工作站层和设备层(图 3.17)。

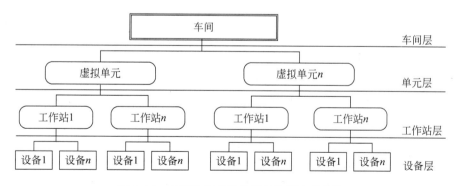

图 3.17　车间控制系统的递阶控制体系结构

车间层是车间控制系统的最高级,主要任务是根据工厂下达的生产计划进行车间作业分解和作业调度,并反馈车间有关的生产信息。车间控制器是车间层控制系统与外界交换信息的核心与枢纽,具有三大功能:①计划:根据 MIS 下达的主生产作业计划和 EDS(工程设计系统)提供的生产工艺信息制订车间某时期内的生产计划。②调度:根据各生产单元的计划完成情况对单元之间的生产任务和资源分配做适当的调整，保证车间任务按期完成。③监控：监视各单元在生产过程中出现的各种异常现象，并将异常信息及时反馈给调度模块，供其决策。

单元层同时兼有计划和调度的功能，其控制周期从几小时到几周，完成任务的实时分解、调度、资源需求分析，向工作站分配任务及监控任务的执行情况，并向车间控制器报告作业完成情况和单元状态。单元控制器在向单元内的各加工设备分配任务时，必须考虑各设备的加工能力和加工任务的均衡分配。单元控制器遇到无法解决的故障时，则向上一级的车间控制器实时反馈信息，进行单元间的任务调整。

工作站层负责指挥和协调车间中某个设备小组的活动，如加工工作站、毛坯工作站、刀具工作站、夹具工作站、测量工作站和物料存储工作站等。其控制周期可以从几分钟到几小时，其主要功能是根据单元控制器下达的命令完成各种加工准备、物料和刀具运送、加工过程监控和协调、加工检验等工作。

设备层包括机床、加工中心、机器人、坐标测量机、自动引导车等设备的控制器。控制周期一般从几毫秒到几分钟，是车间控制系统中实时性要求最高的一级。设备控制器的功能是将工作站控制器命令转换成可操作的、有顺序的简单任务运行各种设备，完成工作站层指定的各类加工、测量任务，并通过各种传感器监控这些任务的执行信息。

2）加工系统

加工系统是 MAS 的硬件核心。常见的加工系统类型有：刚性自动线、柔性制造单元（FMC）、柔性制造系统（FMS）、柔性制造线（FML）和柔性装配线（FAL）等。

刚性自动线一般由刚性自动化加工设备、工件输送装置、切削输送装置和控制系统等组成。加工设备有组合机床和专业机床，它们针对某一种或某一组零件的加工工艺而设计、制造，可以采用多面、多轴、多刀，对固定一种或少数几种相似的零件同时加工，所以自动化程度和生产效率均很高。应用传统的机械设计和制造工艺方法，采用刚性自动线可以进行大批量生产。但是，其刚性结构导致实现产品品种的改变十分困难，无法快速响应多变的市场需求。

柔性制造单元（FMC）由 1～3 台数控机床或加工中心、工件自动输送及更换系统、刀具存储、输送及更换系统、设备控制器和单元控制器等组成。单元内的机床在工艺能力上通常是相互补充的，可混合加工不同的零件。FMC 具有独立自动加工的功能，可实现某些零件的多品种和小批量的加工。FMC 具有单元层和设备层两级计算机控制，对外具有接口，可以组成柔性制造系统。

柔性制造系统（FMS）是在加工自动化的基础上实现物料流和信息流的自动化，其基本组成有：自动化加工设备（如数控机床、加工中心、车削中心、柔性制造单元等）、工件储运系统、刀具储运系统、多层计算机控制系统等。此外，FMS 的组成还可以扩展为：自动清洗工作站、自动去毛刺设备、自动测量设备、集中切削运输系统、集中冷却润滑系统等。FMS 能够根据制造任务或生产的变化迅速进行调整，具有柔性高、工艺互补性强、可混合加工不同的零件、系统易于局部调整和维护等特点，适合于多品种、中小批量零件的生产。

柔性制造线(FML)由自动化加工设备(如数控机床、可换主轴箱机床等)、工件储运系统和控制系统等组成。FML 同时具有刚性自动线和 FMS 的某些特征。在柔性上接近 FMS,在生产率方面则接近刚性自动线。

柔性装配线(FAL)通常由装配站、物料输送装置和控制系统等组成。装配站可以是可编程的装配机器人、不可编程的自动装配装置和人工装配工位。物料输送装置由传送带和换向机构组成。根据装配工艺流程,FAL 将不同的零件或已装配好的半成品输送到相应的装配站。

3) 物料运输与存储系统

物料运输与存储系统由运输设备和存储设备组成。物料运输与存储系统负责制造过程的各种物料(如工件、刀具、夹具、切屑、冷却液等)的流动,它将工件毛坯或半成品及时准确地送到指定的加工位置,并将加工好的成品送进仓库或装卸站。物料运输与存储系统为自动化加工设备服务,使自动化系统得以正常运行,以发挥其整体效益。

工件输送设备包括:①传送带:广泛用于 MAS 中工件或工件托盘的输送,传送带有步伐式、链式、辊道式、履带式等形式。②运输小车有:有轨小车、自动导向小车、牵引式小车和空中单轨小车四种。运输小车能运输各种轻重和各种型号的零件,具有控制简单、可靠性好、成本低等特点。③工业机器人:是一种可编程的多功能操作器,用于搬运物料、工件和工具,或者说是一种通过不同的编程,以完成各种不同任务的设备。工业机器人有焊接机器人、喷漆机器人、搬运机器人、装配机器人等几种。④托盘及托盘交换装置:在 MAS 中实现工件自动更换,缩短消耗在更换工件上的辅助时间。托盘是工件和夹具与输送设备和加工设备之间的接口,有箱式、板式等多种结构。

物料存储系统包括:工件进出站、托盘站和自动化立体仓库。自动化立体仓库主要由库房、货架、堆垛起重机、外围输送设备、自动控制装置等组成。自动化立体仓库是一种先进的仓储设备,目的是将物料存放在正确的位置,以便于随时向制造系统提供物料。自动化立体仓库的特点有:①利用计算机管理,物资库存账目清楚,物料存放的位置准确,对 MAS 系统物料需求响应速度快;②与搬运设备(如 AGV、有轨小车、传送带等)衔接,可靠及时地提供物料;③减少库存量,加速资金周转;④充分利用空间,减少厂房面积;⑤减少工件损伤和物料丢失;⑥可存放的物料范围广;⑦减少管理人员,降低管理费用;⑧耗资比较大,适用于具有一定规模的生产。

4) 刀具准备与储运系统

刀具准备与储运系统为加工设备及时提供所需的刀具,能按照要求在各个机床之间进行刀具交换,对刀具具有运输、管理和监控的能力。刀具准备与储运系统由刀具组装台、刀具预调仪、刀具进出站、中央刀具库、机床刀库、刀具输送装置和刀具交换机构、刀具计算机管理系统等组成。

在组合机床和加工中心上广泛使用模块化结构的组合刀具。组合刀具由标准化的刀具组件构成,在刀具组装台完成组装。组合刀具可以提供刀具的柔性,减少刀具组件的数量，降低刀具成本。刀具预调仪由刀柄定位机构、测量头、Z/X 轴测量机构、测量数据处等几部分组成。组装好一把完整的刀具后，上刀具预调仪按照刀具清单进行调整，使其几何参数与名义值一致。刀具经预调和编码后，送入刀具进出站，以便进入中央刀具库。中央刀具库用于存储 FMS 加工所需的各种刀具及备用刀具。中央刀具库通过刀具自动输送装置与机床刀库连接起来，构成自动刀库供给系统。机床刀库用来装载当前工件加工所需的刀具，刀具来源可以是刀具室、中央刀具库和其他机床刀库。刀具输送装置和刀具交换机构的任务是为各种机床刀库及时提供所需的刀具，并将磨损、破损的刀具送出系统。刀具的自动输送装置主要有带有刀具托盘的有轨或无轨小车、高架有轨小车、刀具搬运机器人等类型。

5）检测和监控系统

检测和监控系统的功能是保证 MAS 正常可靠运行及加工质量。检测和监控的对象有加工设备、工件储运系统、刀具及储运系统、工件质量、环境及安全参数等。在现代制造系统中，检测和监控的目的是要主动控制质量，防止产生废品，为质量保证体系提供反馈信息，构成闭环质量控制回路。

检测设备包括传统的工具（如卡尺、千分尺、百分表等）或者自动测量装置（如三坐标测量机、测量机器人等）。检测设备通过对零件加工精度的检测来保证加工质量。零件精度检测过程可分为工序间的循环检测和最终工序检测。采用的检测方法可以分为接触式检测（如采用三坐标测量机、循环内检测和机器人辅助测量技术等）和非接触式检测（如采用激光技术和光敏二极管阵列技术等）。

2. 智能生产系统的功能模型

生产系统的 IDEF0 功能模型如图 3.18 所示。其中，车间控制系统的主要功能有：车间生产作业计划的制订与调度、刀具管理、物料管理、制造与检验、质量控制、监控功能等。

图 3.19 是车间控制系统的数据流模型。车间控制系统功能的实现有赖于与其他分系统的配合，具体体现在以下几个方面。

（1）车间生产作业计划的制订必须以主生产作业计划为依据。生产作业计划的制订必然使用由 EDS 提供的许多工艺信息。而加工过程采用的控制规律以及精度检查方面的信息则由质量管理系统（QMS）提供。

（2）车间生产资源的管理均与 MIS、EDS、QMS 等系统密切相关。车间生产资源的状态是 MIS 制订生产计划的依据，CAPP 系统根据车间资源情况制订加工工艺，而车间量具、检验夹具的可用性取决于 QMS 的定检计划。

（3）车间制造所需的工艺规程、NC 代码都来自于 EDS，检验规程或检验 NC 代码则来自于 QMS，作为质量管理的依据。

（4）车间监控系统一方面保证车间生产计划顺利进行；另一方面，为 EDS、MIS、QMS 提供车间的实时运行状态，以便根据实际加工情况更改有关计划，检查、追踪出现质量事故的原因。

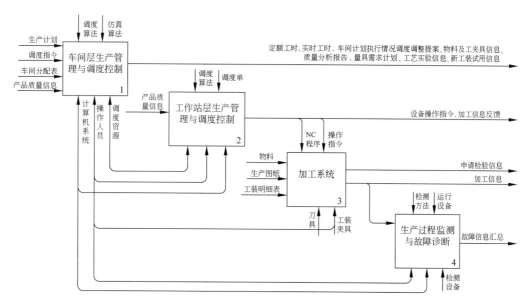

图 3.18　生产系统的 IDEF0 功能模型

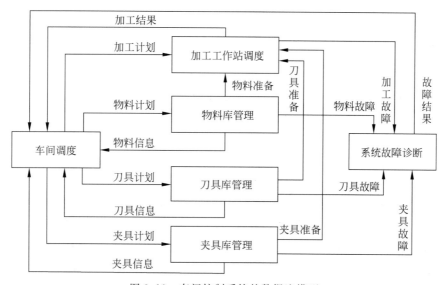

图 3.19　车间控制系统的数据流模型

（5）车间控制系统要实现上述功能，需要分布式数据库管理系统和计算机网络系统的支持。分布式数据库管理系统可以保证车间控制系统所需信息的一致性、完整性和安全性。计算机网络系统则是数据交换和共享的桥梁。

3. 智能生产系统与其他分系统的信息接口

MAS 与其他分系统的信息联系按照性质可分为静态信息和动态信息；按照信息的来源和去向可分为输入信息和输出信息（图 3.20）。MAS 信息的特点是在车间范围内具有局域实时性。信息类型包含文字、数据、图形等。根据不同企业的实际情况，从这些信息中可以分别抽象出以下不同的实体。

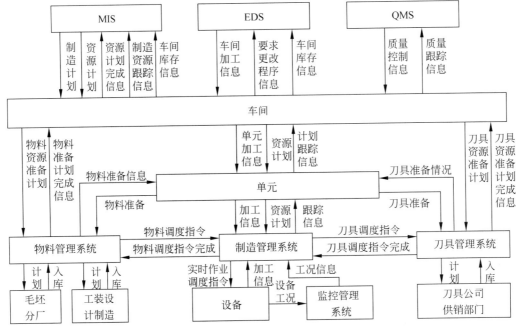

图 3.20　MAS 与其他分系统的信息接口

（1）车间作业计划类：包含的实体有生产调度计划、计划修改要求、车间工作指令要求、生产能力、工作令优先级因素、操作优先级、工作指令报告、车间工作令、物料申请、操作顺序、工作令卡等。

（2）生产准备类：包含的实体有生产准备数据、物料计划、产品批号、工位点文件、设备分组、负荷能力、质量综合考核信息等。

（3）生产控制类：包含的实体有最终计划修改要求、设备分配情况表、工作进程表、工具材料传送报告、生产制造活动报告、生产状态信息报告、车间作业调度、日产任务通知单、日产进度、产品制造工艺卡、工（量）卡信息、NC 文件、设备开动记录、质量分析信息、申请检验信息、工艺试验信息、新工装调用信息等。

（4）库存记录类：包含库存计划事项、库存调整、安全存储、库存查询、库存记录、成品入库报告、成品出库报告、库存报警、物料信息、废品信息、量具需求计划等实体。

（5）仿真数据类：包含生产计划仿真参数、生产过程仿真命令、仿真算法、仿真数据文件、仿真图形文件等实体。

4. 技术的发展趋势

1）智能化

智能制造将是未来制造自动化发展的重要方向。智能制造系统是一种由智能机器和人类专家共同组成的人机一体化智能系统,它在制造过程中能进行智能活动,诸如分析、推理、判断、构思和决策等。智能制造技术的宗旨在于通过人与智能机器的合作共事,去扩大、延伸和部分地取代人类专家在制造过程中的脑力劳动,以实现制造过程的优化。

2)制造虚拟化

虚拟制造(virtual manufacturing)是以制造技术和计算机技术支持的系统建模技术和仿真技术为基础,集现代制造工艺、计算机图形学、并行工程、人工智能、人工现实技术和多媒体技术等多种高新技术为一体,由多学科知识形成的一种综合系统技术。它将现实制造环境及其制造过程通过建立系统模型映射到计算机及其相关技术所支撑的虚拟环境中,在虚拟环境下模拟现实制造环境及其制造过程的一切活动和产品制造全过程,并对产品制造及制造系统的行为进行预测和评价。

3)敏捷化

随着数控技术的发展,为适应多品种、小批量生产的自动化,发展了若干台计算机数控机床和一台工业机器人协同工作,以便加工一组或几组结构形状和工艺特征相似的零件,从而构成柔性制造单元(FMC)。借助一个物流自动化系统,将若干个 FMC 连接起来,以实现更大规模的加工自动化,于是构成了柔性制造系统(FMS)。以数字化的方式实现加工过程的物料流、加工流和控制流的表征、存储与控制,这就形成了以控制为中心的数字化制造系统的一部分。

敏捷制造模式的出现,使可重构制造系统(Reconfigurable Manufacturing System,RMS)成为可能。RMS 是一种通过对制造系统结构及其组成单元进行快速重组或更新,及时调整制造系统的功能和生产能力,以迅速响应市场变化及其他需求的制造系统。其核心技术是系统的可重构性,即利用对制造设备及其模块或组件的重排、更替、剪裁、嵌套和革新等手段对系统进行重新组态、更新过程、变换功能或改变系统的输出(产品与产量)。

敏捷制造是一种面向 21 世纪的制造战略和现代制造模式,当前全球范围内敏捷制造的研究十分活跃。敏捷制造是对广义制造系统而言。制造环境和制造过程的敏捷性问题是敏捷制造的重要组成部分。敏捷化是制造环境和制造过程面向 21 世纪制造活动的必然趋势。

4)网络化

当前,网络技术(特别是 Internet/Intranet 技术)的迅速发展,正在给企业制造活动带来新的变革,其影响的深度、广度和发展速度远远超过人们的预测。基于 Internet 的生产经营活动出人意料地迅猛增长。其中,基于网络的制造包括以下几个方面:制造环境内部的网络化,实现制造过程的集成;制造环境与整个制造企业的网络化,实现制造环境与企业中工程设计、管理信息系统等各子系统的集成;企业与企业间的网络化,实现企业间的资源共享、组合与优化利用;通过网络,实现异地制造。总之,制造的网络化,特别是基于 Internet/Intranet 的制造已成为重要的发展趋势。

5）全球化

制造全球化的概念出于美、日、欧等发达国家的智能系统计划。近年来，随着 Internet 技术的发展，制造全球化的研究和应用发展迅速。制造全球化包括的内容非常广泛，主要有：市场的国际化，产品销售的全球网络正在形成；产品设计和开发的国际合作；产品制造的跨国化；制造企业在世界范围内的重组与集成，如动态联盟公司；制造资源的跨地区、跨国家的协调、共享和优化利用；全球制造的体系结构将要形成。

6）制造绿色化

环境、资源、人口是当今人类社会面临的三大主要问题。制造业量大、面广，对环境的总体影响很大。可以说，制造业一方面是创造人类财富的支柱产业，但同时又是当前环境污染的主要源头。鉴于此，如何使制造业尽可能少地产生环境污染是当前环境问题研究的一个重要方面。于是，一个新概念——绿色制造（green manufacturing）由此产生。

绿色制造是一个综合考虑环境影响和资源效率的现代制造模式，其目标是使得产品从设计、制造、包装、运输、使用到报废处理的整个产品生命周期中，对环境的影响（副作用）最小，资源效率最高。绿色制造是可持续发展战略在制造业中的体现，或者说，绿色制造是现代制造业的可持续发展模式。绿色制造涉及的面很广，涉及产品的整个生命周期和多生命周期。对制造环境和制造过程而言，绿色制造主要涉及资源的优化利用、清洁生产和废弃物的最少化及综合利用。绿色制造是目前和将来制造自动化系统应该予以充分考虑的一个重大问题。

3.3.2　面向智能生产过程的几个概念

1. 虚拟制造

数字化设计与数字化制造都属于数字制造的概念范畴。所谓数字制造，是指在虚拟现实、计算机网络、快速原型、数据库和多媒体等支撑技术的支持下，根据用户需求，迅速收集资源信息，对产品信息、工艺信息和资源信息进行分析、规划和重组，实现对产品设计和功能仿真以原型制造，进而快速生产出满足用户性能要求的产品的整个制造过程。也就是说，数字制造实际上是在对制造过程进行数字化的描述而建立的数字空间中完成产品的制造过程。

2. 数字孪生

数字孪生（digital twin：a physics-based digital modeling approach）一词由美国密歇根大学的 Michael Grieves 于 2003 年在他讲授的 PLM（产品全生命周期管理）课程上引入，并且于 2014 年在其撰写的 *Digital Twin：Manufacturing Excellence through Virtual Factory Replication* 白皮书中进行了详细阐述。美国国防部、PTC 公司、西门子公司、达索公司等在 2014 年接受了"Digital Twin"这个术语，并开始在市场宣传中使用。

数字孪生的定义参考图 2.8，是以数字化方式为物理对象创建的虚拟模型，模拟其在现实环境中的行为。通过搭建整合制造流程的数字孪生生产系统,能实现从产品设计、生产计划到制造执行的全过程数字化,将产品创新、制造效率和有效性水平提升至一个新的高度。

数字孪生从虚拟制造、数字样机等技术上发展而来,现在已经拓展到智能制造、设备故障预测以及产品改进等多个领域。建立数字孪生的初衷是为了描述产品设计者对一类产品的理想定义,用于指导产品的制造、功能分析、性能推测等。然而,产品在制造过程中由于加工、装配误差等因素,使得真实情况与数字孪生长时间不能保持完全一致,其有效性受到了明显限制。随着物联技术的发展,利用物理模型、传感器更新、运行历史等数据,集成多科学、多物理量、多尺度的仿真过程越来越精确。以飞行器为例,将物理世界的参数通过传感器重新反馈到数字世界,完成仿真验证和动态调整已经成为可能。

在工程设计和模拟过程中,产品的数字孪生(即产品研发阶段的数字定义模型MBD)可以帮助公司分析和优化产品在实际操作条件下的性能。

在工厂及生产线过程引入数字孪生,在没有建造之前可以进行仿真和模拟,并将真实参数传给实际的工厂建设,有效减少误差和风险;待工厂和生产线建成之后,日常的运行和维护通过数字孪生进行交互,能够迅速找出问题所在,改进操作监控及资产管理,提高工作效率。数字孪生成为"工业 4.0"成功的关键技术。

3. 智慧工厂

根据通用电器智慧工厂(brilliant factory)的理念,通过数字主线驱动智慧工厂,在产品设计阶段缩短开发周期、降低成本、提高产量,在产品生产阶段缩短生产周期、提高生产效率、减少设备死机时间,在供应链优化和服务阶段减少库存、提高市场的可预测性等。

智慧工厂的理念可以参考第 2.1.1 节的内容。

3.4　智能管理与服务系统

3.4.1　智能管理与服务技术体系

20 世纪以来,工业化的生产方式大致上经历了手工生产方式、大量生产方式、精良生产方式、大批量定制生产方式和敏捷生产方式等阶段,制造系统的管理技术也由传统管理、科学管理、系统管理发展到现代管理。

现代制造企业的管理技术在资源集成、信息集成、功能集成、过程集成和企业间集成的基础上,在集成化管理与决策信息系统的支持下,通过全面、合理、系统地管理企业和生产过程,最大限度地发挥企业内外部资源、技术和人员的作用,大幅度提高企业经济效益和市场竞争。智能管理与服务系统的技术体系如图 3.21 所示，主要包括：现代企业管理模式与组织理论、集成化管理与决策信息系统、现代企业管理优化方法与工具、集成化管理系统支撑平台等。

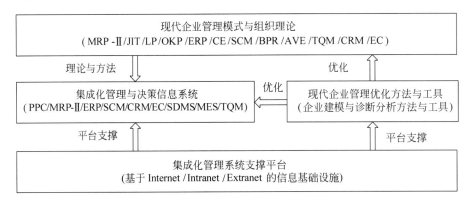

图 3.21　智能管理与服务系统的技术体系

现代企业管理模式是指企业为实现其经营目标，组织其资源和生产经营活动的基本框架和方式。典型的现代企业管理模式与方法有：MRP-Ⅱ、JIT、LP、按类个别生产(One of a Kind Production，OKP)、ERP、并行工程(Concurrent Engineering，CE)、供应链管理(Supply Chain Management，SCM)、BPR、敏捷虚拟企业(Agile Virtual Enterprise，AVE)、TQM、CRM 和电子商务(Electronic Commerce，EC)等。

智能管理与服务系统以先进的管理模式与方法为核心，研究管理与控制全企业生产经营活动的智能运营管理与服务系统、面向价值网络的智能物流和供应链管理系统以及面向客户的产品智能服务系统。前者主要包括生产计划与控制(Production Planning and Control，PPC)系统、MRP-Ⅱ、ERP、SCM、CRM、EC、基于企业信息系统(Enterprise Information System，EIS)的智能决策与服务系统(Smart Decision Making System，SDMS)、MES 和 TQM 等；智能物流与供应链服务系统主要指面向物流和供应链协作网络的敏捷供应链管理系统；产品智能服务系统面向制造的各阶段、各节点提供数据挖掘服务和知识推送服务，使制造过程围绕客户需求展开。

现代企业管理优化方法与工具涉及企业重组与优化方法、面向企业经营优化的决策支持系统、企业管理系统的建模方法与工具、电子商务与供应链系统的构建与优化方法、企业诊断与分析方法及工具、支持企业组织与过程优化的仿真工具等。现代企业管理优化方法与工具主要帮助人们对企业进行重组优化、建立最优的企业管理模式和集成化管理与决策信息系统。

集成化管理系统支撑平台主要指为企业集成化管理信息系统提供支撑的信息基础设施，如 Internet/Intranet/Extranet、计算机支持下的企业协同工作平台、企业应用服务器平台、电子商务平台、企业集成平台与集成框架等。

3.4.2　智能运营管理与服务系统

1. 企业资源管理计划

ERP 是在先进的企业管理思想的基础上,应用信息技术实现对整个企业资源的一体化管理。ERP 是一种可以提供跨地区、跨部门甚至跨公司整合实时信息的企业管理信息系统。它在企业资源最优化配置的前提下,整合企业内部主要或所有的经营活动,包括财务会计、管理会计、生产计划及管理、物料管理、销售与分销等主要功能模块,以达到效率化经营的目标。

ERP 使用 20 世纪 90 年代后先进的信息技术(如客户服务机结构、图形用户界面(GUI)等),以提供对组织人员、组织结构的适应性。ERP 在应用过程中,常伴随着企业流程再造的实施。ERP 有狭义、广义两种解释,狭义 ERP 仅指企业"内部"信息系统;广义 ERP 指代表整合企业"内、外部"信息的经营管理系统,有些人将其称为扩展 ERP(Extended ERP,EERP)。

ERP 的功能有基本功能、扩展功能两方面。基本功能是所有 ERP 系统软件必须提供的入门功能,强调将企业"内部"价值链上的所有功能活动加以整合;扩展功能则是将整合的触角由企业内部拓展到企业的后端厂商和前端顾客,与后端厂商信息系统加以整合的属于 SCM 方面的功能,加强整合前端顾客信息的则属于 CRM(客户关系管理)和销售自动化(Sales Force Automation,SFA)方面的功能,而最近最受瞩目的则是推出了电子商务(EC)方面的解决方案。

ERP 至少应提供如下五个基本功能:

(1) 生产规划系统:让企业以最优水平生产,并同时兼顾生产弹性,包括生产规划、物料需求计划、生产控制及制造能力计划、生产成本计划、生产现场信息系统。

(2) 能物料管理系统:协助企业有效地控制与管理材物料,以降低存货成本,包括采购、库存管理、仓储管理、发票验证、库存控制、采购信息系统等。

(3) 财务会计系统:为企业提供更精确的、跨国且实时的财务信息,包括间接成本管理、产品成本会计、利润分析、应收应付账款管理、固定资产管理、一般流水账、特殊流水账、作业成本、总公司汇总账。

(4) 销售、分销系统:协助企业迅速地掌握市场信息,以便对顾客需求做出最快速的反应,包括销售管理、订单管理、发货运输、发票管理、业务信息系统。

(5) 企业情报管理系统:提供决策者更实时有用的决策信息,包括决策支持系统、企业计划与预算系统、利润中心会计系统。

一般 ERP 软件提供的最重要的四个扩展功能块是:供应链管理(SCM)、顾客关系管理(CRM)、销售自动化系统(SFA)以及电子商务(EC)。

1) 供应链管理

供应链管理(SCM)是将从供应商的供应商到顾客的顾客中间的物流、信息流、资金流、程序流、服务和组织加以整合化、实时化、扁平化的系统。SCM 系统可细分为三个区隔：供应链规划与执行,运送管理系统,仓储管理系统。

2）顾客关系管理及销售自动化

这两者都用来管理与顾客有关的活动。顾客关系管理(CRM)系统指能从企业现存数据中挖掘所有关键的信息,以自动管理现有顾客和潜在顾客数据的系统。销售自动化系统(SFA)指能让销售人员跟踪记录顾客详细数据的系统;CRM 及 SFA 都是强化前端的数据仓库技术,其通过分析、整合企业的销售、营销及服务信息,以协助企业提供更客户化的服务及实现目标营销的理念,因此可以大幅改善企业与顾客间的关系、带来更好的销售机会。

3）电子商务

电子商务(EC)一般指具有共享企业信息、维护企业间关系,及产生企业交易行为等三大功能的远程通信网络系统。有学者进一步将电子商务分为企业与企业间、企业与个人(消费者)间的电子商务两大类。

2. 全面质量管理系统

随着知识经济的到来,质量将在全球经济中处于领导地位,21 世纪更是质量的世纪。在全球经济一体化的今天,市场竞争越来越激烈,高水平的产品质量和企业运营质量将成为企业生存和成长的第一要素。质量管理统计表明,造成质量问题的原因只有 10%～15%来自工人,而 85%～90%是企业内部管理系统上有问题。由此可见,质量不仅仅取决于加工环节,也不局限在加工产品的工人,而是涉及企业各部门的事。质量保证要通过全面管理来实现。

传统的质量管理追求的是"产品合格",许多企业花大量力气在检查、核对、审查及试验产品上,以保证他们的产品符合用户所要求的质量。这种"侦察"式的管理只是寻找出现问题的事物和对有关人员进行处罚,而不是寻找激励员工持续改进产品质量的方法。今天我们更有效的质量管理方法是要把侦察问题转化为防止问题的出现,这样我们就可以把力量转向系统地改善全企业的业务运作程序。这种新局面的出现必须由企业全体人员及有关提供产品及服务的人员的合力促成,才能满足用户的需要和期望,因此需要一套全新的运作哲理以及管理方法,这种新方法就是全面质量管理(TQM)。

全面质量管理开始于 20 世纪 60 年代前后,它是以顾客、社会、企业、职工、供方共同受益为目标的,以质量为经营管理核心的全公司的质量管理。它的主要特点是整体性和全面性。企业中的每个人都应该认识到高质量的产品是许多不同过程的综合产物,要依靠全体员工的努力、经验、知识和合作才能实现,质量管理不再仅仅是检验部门的事,而是每个人分内的事,因此全面质量管理是全员管理。而且,质量不仅是"产品合格",而是企业对产品整个生命周期内的承诺,包括使用、维修、报废和回收,是企业的一种社会责任,因此全面质量管理是全过程管理。

全面质量管理过程的全面性,决定了全面质量管理的内容应当包括设计过程、制造过程、辅助过程、使用过程这四个过程的质量。

1) 设计过程质量管理的内容

产品设计过程的质量管理是全面质量管理的首要环节。这里所指的设计过程,包括市场调查、产品设计、工艺准备、试制和鉴定等过程(即产品正式投产前的全部技术准备过程)。主要工作内容有:

- 通过市场调查研究,根据用户要求、科技情报与企业的经营目标,制定产品质量目标。产品质量的设计目标,应来自于市场的需要(包括潜在的需要),应同用户的要求保持一致,并应具有一定的先进性。在可能的条件下,尽量采用国际先进标准。
- 组织有销售、使用、科研、设计、工艺、制度和质管等部门参加的"三结合"审查和验证,确定适合的设计方案。不同的设计方案,反映着同一产品的不同的质量水平或设计等级。不同质量水平的产品,必将引起成本和价格上的不同。因此,选定一个适合的设计方案,从经济角度看,就有一个产品质量最佳水平的问题。
- 保证技术文件的质量。这里讲的技术文件包括设计图纸、产品配方、工艺规程和技术资料等,它们是设计过程的成果,是制造过程生产技术活动的依据,也是质量管理的依据。技术文件的质量要求正确、完整、统一、清晰。为了保证技术文件的质量,技术文件的登记、保管、复制、发放、收回、修改和注销等工作,都应按规定的程序和制度办理。
- 做好标准化的审查工作。产品设计的标准化、通用化、系列化不仅有利于减少零部件的种类、扩大生产批量、提高制造过程质量、保证产品质量,而且有利于设计工作量、大大简化生产技术准备工作。
- 督促遵守设计试制的工作程序。搞好新产品设计试制,应当按照科学的设计试制程序进行。一般这种工作程序是:研究、试验、产品设计、样品试制试验和有关工艺准备、样品鉴定、定型、小批试制和有关工艺准备、小批鉴定、定工艺。企业应当在确保前一段工作完成和确认的情况下,再进入下一阶段。

2) 制造过程质量管理的内容

这里的制造过程是指对产品直接进行加工的过程。它是产品质量形成的基础,是企业质量管理的基本环节。它的基本任务是保证产品的制造质量,建立一个能够稳定生产合格品和优质品的生产系统。主要工作内容有:

- 组织质量检验工作。要求严格把好各工序的质量关,保证按质量标准进行生产,防止不合格品转入下一道工序。一般有原材料进厂检验、工序间检验和产品出厂检验。
- 组织和促进文明生产。应按合理组织生产过程的客观规律,提高生产的节奏性,实现均衡生产;应有严明的工艺纪律,养成自觉遵守的习惯;在制品码放整齐,储运安全;设备整洁完好;工具存放井然有序;工作地布置合理、空气清新、照明良好、四周颜色明快和谐、噪声适度。
- 组织质量分析,掌握质量动态。分析应包括废品(或不合格品)分析和成品分析。

分析废品是为找出造成废品的原因和责任，发现和掌握产生废品的规律，以便采取措施，加以防止和消除。分析成品是为了全面掌握产品达到质量标准的动态，以便改进和提高产品质量。

- 组织工序的质量控制，建立管理点。工序质量控制是保证制造过程中产品质量稳定性的重要手段。它要求在不合格品发生之前，就能予以发现和预报，并能及时地加以处理和控制，有效地减少和防止不合格品的产生。组织工序质量控制应当建立管理点。管理点是指在生产过程各工序进行全面分析的基础上，把在一定时期内，一定条件下，需要特别加强和控制的重点工序或重点部位明确为质量管理的重点对象。对它应使用各种必要的手段和方法加强管理。建立管理点的目的，是为了使制造过程的质量控制工作明确重点、有的放矢，使生产处于一定的作业标准的管理状态中，保证工序质量的稳定良好。

3）辅助过程质量管理的内容

这里指的辅助过程是指为保证制造过程正常进行而提供各种物资技术条件的过程。它包括物资采购供应、动力生产、设备维修、工具制造、仓库保管、运输服务等。制造过程的许多质量问题，往往同这些部门的工作质量有关。辅助过程质量管理的基本任务是提供优质服务和良好的物质技术条件，以保证和提高产品质量。它的主要内容有：做好物资采购供应（包括外协准备）的质量管理，保证采购质量，严格入库物资的检查验收，按质、按量、按期地提供生产所需要的各种物资（包括原材料、辅助材料、燃料等）；组织好设备维修工作，保持设备良好的技术状态；做好工具制造和供应的质量管理工作等。

4）使用过程质量管理的内容

使用过程是考验产品实际质量的过程，它是企业内部质量管理的继续，也是全面质量管理的出发点和落脚点。这一过程质量管理的基本任务是提高服务质量（包括售前服务和售后服务），保证产品的实际使用效果，不断促使企业研究和改进产品质量。它的主要工作内容有：

- 开展技术服务工作。为了提高产品在市场上的竞争能力，国内外一些企业从过去的"货物出门，概不退换"变成了现在的"货物出门，服务到家"。为了突出服务质量，他们纷纷改变了一些说法，如过去说"我卖给你"，现在换成了"我为你生产"，甚至提出"一切为了用户""用户是上帝"的口号。这些说法虽然有些夸张，但也说明他们对用户的建议，特别是用户对质量方面的建议是十分重视的。企业把用户是否满意看作是自己生存发展的决定因素。

- 认真处理出厂产品的质量问题。当用户对本企业产品质量提出异议时，不少企业不是推托，而是认真及时地处理，这样既可以消除用户的不满情绪，又可以挽回由此产生的负面影响。

- 调查产品使用效果和用户要求。调查的目的在于了解和收集下列情况的资料：①出门的产品尽管经过检验已合格，但在实际使用中是否真正达到规定的质量标准。②产品在使用中虽然也达到质量标准，但是否实现了设计所预期的质量目标。③除了原先预期达到的质量目标外,使用中还有哪些要求是原先没有考虑到的。④随着生产的发展和人民生活质量的不断提高,预计用户今后可能提出哪些新的要求。

3. 客户关系管理系统

客户关系管理(CRM)的概念并不是一个新名词,自从有贸易开始,企业就必须面对客户,但传统的客户关系管理存在很大的局限,它主要强调市场因素的影响,如产品、价格等,客户在当时根本得不到重视。随着互联网技术的发展,企业间的竞争越来越激烈,产品间差异越来越小,竞争的焦点从以产品为中心转向了以顾客为中心。而且技术上的进步也使把整个企业的客户信息放入一个系统中进行管理成为可能,企业可以通过网络和 Internet 技术,建立一个集成的、跨功能的信息中心来处理客户需求,确保时间、资金和管理资源的合理分配。对于很多组织来说,CRM 正成为下一个主要的发展方向。

CRM 是通过对客户信息进行有效管理和应用,并通过适当的步骤来构造和维护有价值的客户关系的。目标是通过不断深入地分析客户需求、消费行为、经济状况,提供有价值和针对性的业务建议,将客户信息变为利润的支撑点。

CRM 不是一个产品或服务,而是一种商业策略,通过它来有效地管理企业客户关系,它为企业的每个客户提供了完整的集成视图。客户关系管理的主要功能范围包括销售、市场和服务,下面是 CRM 的一些基本功能。

1) 客户管理与分析

长期维持同客户的关系是一个组织最重要的资产,成功的客户所有权将产生竞争优势,提高客户的保持率和企业的获利能力。客户管理与分析模块作为各类自由形式交互的中心处理点,保证企业与客户交互处理流畅。这里,业务代表可以根据各类组合检索条件了解详细的客户信息及历史记录,同时受理客户的服务请求,并快速转至其他模块,以最佳完成客户要求,或将来自企业的信息个性化地传递给客户。业务代表仅需很少的键盘输入及鼠标点击便可完成客户交互处理操作,业务代表对全部客户历史记录及输入记录一目了然,并具备及时新客户登录及综合客户信息管理功能。

2) 营销管理与分析

制订企业的销售计划(包括公司、分公司、部门、销售员个人),并以此进行追踪确认,通过相关系统的资料汇总总结,可以及时调整销售政策、销售方向,最大可能地完成企业的销售计划。这是客户关系管理的基本功能,使销售人员的基本活动实现自动化。

3) 市场管理与分析

企业每年在各种市场活动中投入巨资,但是很难计算每次市场活动究竟为企业带来了多少销售成果。客户关系管理系统可以对市场活动从参与客户、销售机会、销售任务,直到销售订单进行全程跟踪。市场管理与分析通过对市场活动进行设计、执行和评估来帮助市场人员做出正确的抉择。

4) 客户服务管理与分析

完善的售后客户服务是留住客户的主要因素。它把客户服务组织从一个成本中心转换为赢利中心。该功能模块基于事件管理的思想，提供包括创建、解决、分配、反馈、跟踪、回访等节点在内的闭环处理模式。客户服务管理将可客户化的操作界面设计赋予用户，主要包括客户报修、服务历史记录查询、技术支持、投诉处理、预约维修、派工、维修信息反馈、费用结算及回复各项业务的广泛的业务功能。企业可以根据自己的需求简单定制衔接顺畅的工作流程。此外，通过与备件系统、财务系统、ERP 系统等的集成，形成更为强大、高效的企业售后服务、质量跟踪、人员考核体系。

4. 电子商务环境

电子商务最早产生于 20 世纪 60 年代，发展于 20 世纪 90 年代，其产生和发展的重要条件是：

（1）计算机的广泛应用：近 30 年来，计算机的处理速度越来越快，处理能力越来越强，价格越来越低，应用越来越广泛，这为电子商务的应用提供了基础。

（2）网络的普及和成熟：由于互联网逐渐成为全球通信与交易的媒体，全球上网用户呈级数增长趋势，快捷、安全、低成本的特点为电子商务的发展提供了应用条件。

（3）信用卡的普及应用：信用卡以其方便、快捷、安全等优点成为人们消费支付的重要手段，并由此形成了完善的全球性信用卡计算机网络支付与结算系统，使"一卡在手、走遍全球"成为可能，同时也为电子商务中的网上支付提供了重要的手段。

（4）电子安全交易协议的制定：1997 年 5 月 31 日，由美国 VISA 和 Mastercard 国际组织等联合制定的电子安全交易协议（Secure Electronic Transfer protocol，SET）的出台，以及该协议得到大多数厂商的认可和支持，为在开发网络上的电子商务提供了一个关键的安全环境。

（5）政府的支持与推动：自 1997 年欧盟发布了欧洲电子商务协议，美国随后发布"全球电子商务纲要"以后，电子商务受到世界各国政府的重视，许多国家的政府开始尝试"网上采购"，这为电子商务的发展提供了有力的支持。

电子商务是在技术、经济高度发达的现代社会里，人们利用信息技术，按照一定的商务规则，系统地运用电子工具，高效率、低成本地从事以商品交换为中心的各种活动的总称。它有广义和狭义之分。狭义的电子商务也称作电子交易（E-Commerce），主要指利用互联网提供的通信手段在网上进行电子交易。广义的电子商务也称作电子商业（E-Business），是指以信息技术为基础的商务活动，包括生产、流通、分配、交换和消费诸环节中连接生产和消费的所有活动的电子信息化处理。

电子商务的特点体现为：

（1）普遍性：电子商务作为一种新型的交易方式，将生产企业、流通企业以及消费者和政府带入了一个网络经济、数字化生存的新天地。

（2）方便性：在电子商务环境中，人们不再受地域的限制，客户能以非常简捷的方式完成过去较为繁杂的商务活动，如通过网络银行能够全天候地存取资金账户、查询信息等，同时使得企业对客户的服务质量大大提高。

（3）整体性：电子商务能够规范事务处理的工作流程，将人工操作和电子信息处理集成为一个不可分割的整体,这样不仅能提高人力和物力的利用,也可以提高系统运行的严密性。

(4) 安全性:在电子商务中,安全性是一个至关重要的核心问题,它要求网络能提供一种端到端的安全解决方案,如加密机制、签名机制、安全管理、存取控制、防火墙、防病毒保护等,这与传统的商务活动有很大的不同。

(5) 协调性:商务活动本身是一种协调过程,它需要客户与公司内部、生产商、批发商、零售商间的协调,在电子商务环境中,它要求银行、配送中心、通信部门、技术服务等多个部门通力协作。往往电子商务的全过程是一气呵成的。

电子商务综合运用计算机和电信网络技术,已成为传输、管理和运行商务事务的新方式。由于对全球性市场的上百万客户提供了成千上万种产品和服务的网络访问,所以电子商务在很大程度上简化了商务流程,提高了社会生产率,加强了企业参与商业竞争的能力。

在电子商务活动中,Internet 上流动着各种信息流、资金流和物流(如电子书籍),因此,它至少涉及客户、商家和金融机构三个方面。完整的电子商务运作环境的结构如图 3.22 所示。正是由于企业、银行、电信部门、ISP、消费者等的通力合作,才有效地推进了电子商务的发展。下面是对各个组成部分的说明。

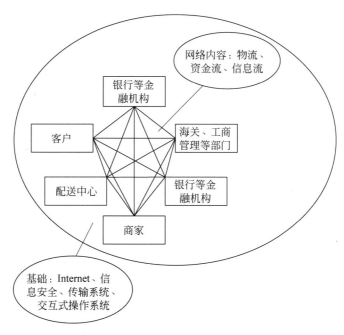

图 3.22　完整的电子商务运作环境的结构

1) 客户

客户通过智能手机、浏览器、电视机顶盒等方式接入 Internet,以获取信息、购买商品为主要目的。今天的上网客户已不再满足于单纯的信息浏览,而是希望获得全方位的、个性化的交互服务。

2）海关、工商管理等部门

他们是利用 Internet 作为信息载体进行日常商业活动的组织机构。这些用户通常和政府机构、商业伙伴保持高效、实时的交互联系和商务处理过程，进一步降低运营成本，提高运作效率。

3）商家

在全球电子商务环境中，商家（主要指网上商店）是指发布产品信息并且接收订单的站点。任何企业和个人都可以通过 Internet 建立一个跨越全世界没有营业时间限制的电子商务。因此，可以说，Internet 给中小型企业带来了商机。

4）银行等金融机构

一方面，银行等金融机构在 Internet 上完成一些传统的银行业务，并突破时间和地点的限制，使企业和个人用户不必进入银行营业厅，就能得到每周 7 天、每天 24 小时的实时服务，减少银行在修建和维护营业场所、保安、支付人员等方面的费用，大大提高了银行的办公效率；另一方面，网上银行与信用卡公司等通力合作，发放电子钱包和提供网上支付手段，为电子商务交易中的用户和商家提供资金流动服务。由于金融信息保密的重要性，网上银行与企业、个人用户之间的信息传输就更需要保证安全、完整、不可更改等措施。

5）认证中心

认证中心是那些不直接从电子商务交易中获利的、受法律承认的权威机构，负责发放和管理电子证书，使网上交易的各方能互相确认身份。电子证书的管理不仅要保证证书能有效存取，而且要保证证书不被非法获取。因此，认证中心是为了保证网上交易的安全而设置的，消费者和网上终端（如电子商店）要得到认证中心的认证后，才能进行网上交易。

6）配送中心

配送中心接受商家的送货请求，组织运送无法从网上直接得到的商品，并跟踪商品流向及提供物流服务。

电子商务是在 Internet 上进行的，因此 Internet 是电子商务最基本的架构。另外，电子商务涉及商家、消费者、银行或金融机构、信息公司或证券公司、企业、政府机构、认证机构、配送中心等诸多方面，由于参与电子商务中的各个方面在物理上互不了解，因此，整个电子商务过程并不是物理世界中商务运作的完全照搬，必须采用一些新技术、新手段（如数据加密、电子签名等），并在其中发挥重要的作用。

3.4.3　智能物流与供应链系统

供应链（supply chain）是跨越企业中多个职能部门活动的集合，最初起源于 ERP，是基于企业内部范围的管理。它将企业内部经营所有的业务单元（如订单、采购、库存、计划、生产、质量、运输、市场、销售、服务等）以及相应的财务活动、人事管理均纳入一条供应链内进行统筹管理。供应链管理中的基本决策内容包括位置(location)决策、生产(production)决策、库存(inventory)决策、运输(transportation)决策。当时企业重视的是物流和企业内部资源的管理,即如何更快、更好地生产出产品,并把其推向市场,这是一种"推式"的供应链管理,管理的出发点是从原材料推到产成品、市场,一直推至客户端。

随着竞争的加剧,生产出的产品必须转化成利润,企业才能得以生存和发展。为了赢得客户、赢得市场,企业管理进入了以客户及客户满意度为中心的管理,因而企业的供应链运营规则随即由"推式"转变为以客户需求为原动力的"推拉式"供应链管理。这种供应链管理将企业各个业务环节的信息化孤岛连接在一起,使得各种业务和信息能够实现集成和共享。

随着全球信息网络技术的发展,全球化市场的形成及技术变革的加快,新产品的竞争日益激烈,企业面临着不断缩短交货期、提高质量、降低成本和改进服务的压力。所有这些都要求企业能够做出快速反应,源源不断地开发出满足客户需求的、定制的"个性化产品"去占领市场,以赢得竞争。敏捷制造正是基于这样一个环境而提出的新思想。敏捷制造是企业在无法预测的持续、快速变化的竞争环境中生存、发展并扩大竞争优势的一种新的经营管理和生产组织的模式。它强调通过联合来赢得竞争;强调通过产品制造、信息处理和现代通信技术的集成,来实现人、知识、资金和设备的集中管理和优化利用。通过敏捷制造来达到敏捷竞争,是 21 世纪国际竞争的主要形式。敏捷制造概念的提出对供应链问题赋予了新的含义,提出了敏捷供应链的概念。

1. 敏捷供应链的概念与功能

敏捷供应链(Agile Supply Chain,ASC)是指在竞争、合作、动态的市场环境中由各实体组成的动态供应网络。"实体"是指参与供应链的企业或企业内部业务相对独立的部门,"动态"表现为适应市场变化而进行的供需关系的重构过程,"敏捷"用于表示供应链对市场变化和用户需求的快速适应能力。供应链管理的主要内容包括管理以各种形式的订单(或协议)为媒体的供应商与客户之间所进行的交易与协调、后勤与服务以及认证与支付等。在敏捷供应链中,计划和协调各实体之间的物流、资金流、信息流和增值流,增加动态联盟对外环境的敏捷性是敏捷供应链管理的主要任务。为了达到以最低成本、最短时间、最高质量满足客户个性化的需求,敏捷供应链管理系统必须以单个订单为单位,快速制订出订单的执行计划,并保证计划的可行性。

敏捷供应链区别于一般供应链系统的特点在于:①可以根据动态联盟的形成和解体(企业重组),进行快速的重构和调整;②要求能通过供应链管理促进企业间的联合,进而提高企业的敏捷性;③提出了供应链本身的敏捷性和可重构要求,以适应动态联盟的需要。敏捷供应链支持如下功能:

(1) 支持迅速结盟、结盟后动态联盟的优化运行和平稳解体。

(2) 支持动态联盟企业间敏捷供应链管理系统的功能。

(3) 结盟企业能根据敏捷化和动态联盟的要求进行组织、管理和生产计划的调整。

(4) 可以集成其他的供应链系统和管理信息系统。

敏捷供应链的实施,有助于促进企业间的合作和企业生产模式的转变,有助于提高大型企业集团的综合管理水平和经济效益。通过抓住商业流通这个龙头,协调、理顺每个企业的购销环节,来为企业提供直接的市场信息和广阔的销售渠道,并以此为契机促进企业间的联合,同时也为商家提供了无限商机。完整的全球供应链管理系统,可以帮助企业随时掌握各地、各网点的销售情况,全面掌握所有供应商的详细情况,合理规划异地库储的最佳效益,合理安排进货的批次、时间以及运输等,合理调整公司的广告策略和价格政策,向企业(供应商)提供有偿信息服务、网上订货和电子贸易,可随时把商店的动态告诉对此感兴趣的顾客。

2. 敏捷供应链的相关技术

敏捷供应链管理的研究与实现是一个复杂的系统工程,涉及众多思想和技术的应用。基于供应链管理的信息集成和系统的快速可重构是其中的两个关键技术,与之相关的关键技术包括:统一的动态联盟企业建模和管理技术、分布计算技术、对遗留系统的封装技术、软件系统的可重构技术,以及 Internet/Extranet 环境下动态联盟企业信息的安全保证技术。

1) 统一的动态联盟企业建模和管理技术

为了使敏捷供应链系统支持动态联盟的优化运行,支持对动态联盟企业 BPR(业务流程重组)过程进行验证和仿真,必须建立一个能描述企业经营过程及其和产品结构、资源领域、组织管理相互关系,并能通过对产品结构、资源领域和组织管理的控制和评价,来实现对企业经营过程的管理和优化的集成化企业模型。在这个模型中将实现对企业三流(信息流、物料流和资金流)、三要素(组织、技术、资源)的统一定义和管理。

2) 分布计算技术

由于分布、异构是动态联盟企业信息集成的基本特点,而 CORBA(公共对象请求代理体系结构)和 Web 技术是当前解决分布、异构问题的最重要的代表,因此,必须解决如何在 Web 和 CORBA 环境下开展供应链的管理和运行的问题。

Web 技术为分布在网络上各种信息资源的表示、发布、传输、定位、访问提供了一种简单的解决方案,它是现在 Internet 使用最多的网络服务,并正在被大量地用于构造企业内部信息网。Web 技术有很多突出的优点,如简单、维护方便,能够很容易地把不同类型的信息资源集成起来,构造出内容丰富、生动的用户界面。

CORBA 能够通过 ORB(对象请求代理)透明地向本地或远程对象发送请求,或从它们那里接收应答,由 ORB 负责完成寻找和激活对象,请求和应答消息的打包与传送,以及并发和异常的处理等工作。CORBA 的突出优点有开发容易、易于扩充、易于集成大量的现存软件,可实现复杂的分布式交互操作。

对比 Web 和 CORBA 技术可以看出,它们有很强的互补性。Web 适合于处理非结构化的数据,它能轻易地把大量不同类型的数据和信息资源组织起来,以简单统一的方式供给最终用户访问;CORBA 适合处理结构化的数据,适合处理逻辑复杂的分布式交互操作。把它们结合起来,能实现更好的分布式服务。

3) 软件系统的可重构技术

合理的可重构体系结构是实现敏捷供应链管理系统重构的关键。传统软件的系统设计方法强调把软件的功能分解(对象设计)以及功能(对象)之间的信息交互作为设计的重要任务。因此,系统是无法通过对这些功能体(对象)的替换来实现重构的。

为此,我们提出了一种称为软件代理的新型软件设计方法。在这个方法里,我们把传统的软件概念中的功能实体(功能实体是不可再分的最小单元,从软件的角度讲,功能实体可以是结构化编程语言中的函数或过程,也可以是面向对象编程方法中的一个方法或操作)和它的交互界面分离,使得界面的设计和功能实体的设计得以分别进行。系统的交互界面的设计通过不同中介代理对功能实体的封装来实现,它是在系统实施的时候才被设计和确定的。采用不同的中介代理对功能实体进行封装可以得到不同的软件代理。由于功能实体和软件代理之间是相互不可见的,因此,为了使它们之间能够进行协作,中介代理的作用是完成功能实体和软件代理之间的通信任务。软件代理的独立、自主特性对实现软件重构是非常重要的。软件代理具有一定的智能性,它可以响应环境的变化,进行自我调整,并对环境产生影响。

采用软件代理的思路和通过集成化产品模型来集成不同应用系统的思路,在许多方面是相似的,但区别是根本性的、革命性的:一是被集成的系统的粒度不同,前者是一个应用系统中众多功能单一的功能体,而后者是一个遗留应用系统,其粒度小,使得重用的可能性和重构的敏捷性大大增加;二是两者对环境变化的响应方式,前者是主动感知,而后者依赖被动的通知或调用,这也正是代理机制和客户服务器体系结构的本质区别。

4) 对遗留系统的封装技术

敏捷供应链的一项基本功能是能够集成遗留系统,因此,对遗留系统的封装是敏捷供应链的一项关键技术。无论是对国内自行开发 ERP 系统的封装还是对国外 ERP 系统的封装,无论是对一个复杂应用系统的封装还是对一个简单信息系统的封装,都有一个基本的要求,那就是要保证封装后的遗留系统继续正常运行。根据是否掌握遗留系统的原码和系统开放的程度,可以采用三种不同的方法进行封装。

- 内部函数(模块)调用:这种封装模式需要原系统开发者的支持,但可以获得最高的效率。它需要系统有足够可供调用的函数库和应用程序接口(API)(事实上,除了原开发者直接参与,这些条件是无法满足的)。

- 直接数据库访问:根据对数据库的分析,直接对数据实体及其属性进行访问,数据可以存放于多个不同的异构数据库中。采取这种方法的困难之处在于,需要分析清楚遗留系统数据库的结构。

- 用户仿真:通过向系统发送键盘、鼠标消息,模仿用户操作系统的方式向应用发出请求来完成相应的任务。采取用户仿真的方法一般比采取前两种封装方法更困难,效率也更低。它的优点是完全不依赖原开发者、适用面广。这种方法不影响原有系统的安全性,并具有和实际用户相同的控制能力。

5）Internet/Extranet 环境下动态联盟企业信息的安全保证技术

动态联盟中结盟的成员企业是不断变化的，为了保证联盟的平稳结合和解体，动态联盟企业网络安全技术框架要符合现有主流标准，遵循这些标准，保证系统的开放性与互操作性。

3.4.4 产品智能服务系统

智能服务系统是智能制造的重要服务支撑，是对智能制造的各阶段、各节点提供数据挖掘服务和知识推送服务，使智能制造过程围绕客户需求展开和延伸，可以更贴近客户需求。

参考如图 2.19 所示的智能制造技术体系的总体框架，产品智能服务系统通过基于云计算的大数据预测性分析技术，持续改进，建立高效、安全的产品智能服务系统，实现服务和产品的实时、有效、智能化互动，为企业创造新价值。产品智能服务系统通过采集设备运行数据，并上传至企业数据中心（企业云），系统软件对设备实时在线监测、控制，并经过大数据分析预测（图 1.6）提早进行设备的预测性维护（图 2.4），提升产品的性能指标。

丹麦风电巨头 Vestas 公司（维斯塔斯风力技术公司）通过在风机的机舱、轮毂、叶片、塔筒及地面控制箱内安装传感器、存储器、处理器以及 SCADA 系统，实现对风机运行的实时监控；通过在风力发电涡轮中内置微型控制器，可以在每次旋转中控制扇叶的角度，从而最大限度地捕捉风能；还可以控制每台涡轮，在能效最大化的同时，减少对邻近涡轮的影响；通过对实时数据进行处理预测风机部件可能产生的故障，以减少可能的风机不稳定现象，并使用不同的工具优化这些数据，达到风机性能的最优化。

美国高圣精密机电股份有限公司（Cosen）成立于 1976 年，主要生产以锯床为主的各种金属加工设备，从客户的价值端思考，认为"客户需要的不是机床，而是机床带来的切削能力，其核心是使用最少的费用实现最优的切削质量"，为客户提供了带锯机床智能服务系统。服务系统考虑了影响加工成本和质量的核心因素：①带锯寿命衰退造成切削质量难以控制、耗材成本上升；②带锯衰退需要通过人工检查的方式判断，导致人员成本和管理成本上升；③切削参数与带锯的衰退息息相关，但关系较为复杂，很难通过经验来控制；④切削过程中质量状态不透明，往往产生次品后才能被发现，导致材料浪费。因此，该服务系统解决了带锯衰退和机床关键部件健康状态的透明化，以及由于加工参数和带锯衰退造成的成本风险透明化等客户关注的核心问题。

日本日产（Nissan）公司提供了智能机器人健康服务系统。设备运行工况的复杂和设备多样性问题是设备健康评估的最大挑战，为了避免由于故障造成的停产损失，日产2010 年开始在数量庞大的工业机器人健康管理方面引入预测分析模型，使用控制器内的监控参数对其健康进行分析，每天生成健康报告，根据设备实时状态进行维护计划和生产计划调度。在机器人健康建模分析过程中，根据每个机械臂的动作循环提取固定的信号统计特征，如均方根值、方差、极值、峭度值和特定位置的负载值等，并采用同类对比的方法消除由于工况多样性造成的建模困难,通过直接对比相似设备在执行相似动作时信号特征的相似程度找到利群点,作为判断早期故障的依据(可提前 2 周确定故障)。分析流程:①选择关键部件(如机械臂驱动马达);②数据采集(如负载、扭矩、位置、周期时间、机器人型号等);③信号处理与特征提取;④健康建模(如相似性聚类、定位等);⑤故障诊断。在聚类分析过程中,根据设备型号和使用时间进行第一轮聚类,根据设备任务、环境和工况等进行第二轮聚类,如扭矩最大、最小和平均值等,形成机械臂虚拟社区(机械臂执行相似动作时,上述特征分布十分相似),然后比较个体与集群的差异性判断异常程度,使用的方法有 PCA(主成分分析)-T2(设备与集群的偏离程度,其分布符合 F 分布的特征,可以按 $90\%\sim95\%$ 的置信区间确定控制)模型、高斯混合模型、自组织映射图、统计模式分析等。

美国通用电气航空集团(GE Aviation)提供了波音 767 的 CF6-80 发动机、猎鹰 2000 喷气式飞机的 CFE738 发动机、军用 A-10 攻击机的 TF34 发动机、C-5 运输机的 TF39 发动机等航空发动机,及其控制系统和售后维修服务等业务,在航空公司不愿花钱对发动机进行大型常规保养或及时检修的前提下,向航空公司提供航空发动机"飞行使用时间服务"的产品智能服务的创新模式——"由公司承担航空发动机的购买、维修、调试、更新升级,向航空公司租航空发动机、卖发动机的飞行使用时间,不需航空公司另外付保养维修费用",公司逐渐发展成为提供智慧航空运营服务的杰出代表。

中国三一重工股份有限公司的产品包括混凝土机械、挖掘机械、起重机械、桩工机械、筑路机械,其中泵车、拖泵、挖掘机、履带起重机、旋挖钻机等主导产品已成为中国第一品牌,混凝土输送泵车、混凝土输送泵和全液压压路机市场占有率居国内首位,泵车产量居世界首位。三一重工股份公司从 2008 年开始实施物联(从数据的采集、通信、汇集到大数据平台)的实践,目前有 20 万台设备共 5000 多种参数连接在企业控制中心(Enterprise Control Center,ECC)系统,实时监控设备的运行数据,并进行故障报警、故障预测、配件预测、智能服务、辅助研发和信用管理等智能服务。三一重工产品智能服务系统对特定故障预测建模时,需要对采集的参数类型、采集频率、数据质量等进行针对性定义和部署,不完全依靠现有数据去挖掘和分析。而且,工业数据是有工程机理的,对数据的质量有明确的需求,数据分析需要与工业逻辑相结合。在此基础上,分析主要的问题清单,有针对性地考虑采集数据,以什么精度、用什么频率、跟哪些数据匹配等因素,并基于应用方向和目标区进行部署。

3.5　面向流程工业的智能制造系统

3.5.1　连续型制造业的特点

为了说明什么是连续型制造业,首先需要对工业进行分类。我们可以从不同角度提出许多分类方法,这里引用美国仪表学会在《过程工业中的 CIM》一书中提出的按操作性质来分类的观点。加工工业可以分成连续、不连续、间歇和离散操作四种类型。

(1) 连续操作：其原材料、半成品和产品通常是液体，加工过程是长时期连续不断地进行，如化工、石油、电力工业。

(2) 不连续操作：其加工方式与连续操作相同，但是其加工产品频频改变，因而它需要不断地开车或停车，或者要不断地改变操作条件，如造纸、特殊化工和轧钢工业。

(3) 间歇操作：其加工方式是不连续的，往往将多种原材料混合在一起，按事先规定的温度、压力等参数曲线进行加工操作，如化工、食品、冶炼、皮革纺织和木材工业。

(4) 离散操作：在同一时刻或同一地点按不同的加工步骤进行加工，工件一般是固体状态的原材料，通常利用生产装配线来进行最后的组装。属于这类操作的是汽车工业、机械制造业以及家电（如冰箱等）工业。

参照美国仪器学会的分类方法，从控制的角度出发，建议把工业分成三类：连续型、混合型和离散型。在连续型工业中，主要对系统的温度、压力、流量、液位、成分和物性六大参数进行控制，其基本控制采用比例积分微分(PID)定值控制系统，一般应用商品化的传感器、调节器、记录仪和气动或电动调节阀加以实施。近年来，数字调节器和分布式系统（又称集散系统）已经越来越多地用来代替模拟调节器。在离散型工业中，主要对系统中的位移、速度、加速度等参数进行控制，通常采用反馈原理实现随动控制，一般应用商品化的传感器和数控装置加以实现。至于混合型，则介于两者之间，往往是两种控制系统均被采用。

习惯上把连续型工业称为过程工业(process industry)，有时为突出其流动的性质而称之为流程工业(fluid process industry)。从操作性质来看，它包括连续、不连续和间歇三种操作形式。其生产特征是：呈液体状的各种原材料在连续流动过程中，经过传热、传质、生化物理反应等加工，发生了相变或分子结构等的变化，失去了原有性质而形成一种新的产品。连续型工业的生产特征决定了它在控制方面有如下特点。

- 连续型工业加工过程包括信息流、物质流和能量流，同时还伴随着物理化学反应、生化反应，以及物质和能量的转换和传递。因此，生产过程的复杂性决定了对它进行控制的艰难程度，例如过程工业的建模就是一个十分棘手的问题，同时也显示了流程工业有节省能源、降低消耗的巨大潜力。

- 流程工业往往处于十分苛刻的生产环境中，如高温、高压、真空，有时甚至是易燃或存在有毒气体、严重受到污染的环境，生产中的人身安全和设备安全都被放在最重要的位置，相应的故障预测预报和安全监控系统受到特别的重视。

- 流程工业的生产过程是连续的，因而强调生产控制和管理的整体性，应把各种装置和生产车间连接在一起作为一个整体来考虑，实现了个别设备或装置的优化不一定是最优的，应求取全厂的最优化。

与离散型制造业相比，连续型制造业有以下区别。

- 生产方式不同。离散制造业一般表现为小批量、多品种，甚至单件生产，而连续生产过程一般是大批或大量生产，因此，物流和能量流都表现为连续的。

- 工艺流程不同。离散工业是离散制造,各工序间的时间次序一般不是很紧凑的,允许有缓冲单元;而连续生产过程中,由于物流和能量流是不间断的,因此各工序先后次序紧密、严格,生产的连续性一般不允许生产中有缓冲单元,工艺流程基本保持不变。
- 生产环境不同。离散制造业一般是在常规环境下进行生产,而连续生产的环境一般是苛刻的,如高温、高压、低温、低压、易燃、易爆、有毒等。
- 已有的生产技术不同。离散制造业中主要有 NC、CAD/CAM、FMS、CAE、MRP-Ⅱ等;而连续生产过程中主要有 DCS(分布式控制系统)、生产流程模拟计算、操作优化、先进控制等,两种系统在数学模型、优化目标及优化策略等方面也有显著区别。

此外,与离散工业的调度问题比较,流程工业生产调度问题还具有如下特点:

- 流程工业生产过程包括了信息流、物质流、能量流,而且伴随着复杂的物理化学反应,以及突变性和不确定性等因素,是一个十分复杂的大系统。
- 生产装置间的连接有管道约束,物流连续,或者只有复杂而有限的中间存储策略。
- 流程工业的生产是连续的,因而强调生产过程的整体性,要求把不同装置和生产过程连接在一起作为一个整体,各个设备的优化不等于全厂处于最优,因而在求取全局最优的过程中有时会得到相互冲突结论。
- 流程工业中,离散决策变量与连续决策变量共存,系统内既包括连续过程变量,如生产过程,也包括离散过程变量,如生产方案的切换、调度指令的下达、随机事件的引入、生产装置的切换等,所以,连续过程的生产计划/调度系统是混杂系统,这种混杂既包括同层混杂,也包括递阶层次之间的混杂。
- 流程工业常常处于十分恶劣的生产环境,因而生产的安全性被放在最重要的位置。对一些关键设备和关键生产过程,必须有故障预报和非正常情况下的顺序自启停和连锁保护系统,以保证人身和设备的安全。

在流程工业企业中,还存在着许多亟待解决的关键问题:

- 企业中存在自动化孤岛,致使企业在决策时,缺乏准确、及时的企业资料和状况分析,导致决策失误。
- 企业管理信息冗余多、准确性差、信息不畅且不能共享、决策速度慢和管理混乱。
- 企业的计划混乱,生产能力无法正确估计,无法最大限度地挖掘企业的潜力。
- 企业的产品没有合理的库存安排,经常导致产品短缺或原料长期积压,以致停产,或者占用大量的资金。
- 企业街道设备利用率低,设备维修没有计划,造成资源浪费。
- 企业对产品销售和市场需求缺乏足够的信息和细致的分析,导致企业决策失误。

以上问题日益成为流程工业企业的生产运营瓶颈,其存在导致企业效益降低,甚至破产或倒闭。面对激烈的市场竞争,许多企业转而寻求新的管理制度和先进的管理手段,以取得企业的生存和发展。智能制造系统将企业中的各子系统有机地集成起来,形成现代化的企业综合管理自动化系统，它具有整体性、通用性、有效性和可行性，使企业能够在正确的时间将正确的信息以正确的方式送给正确的人，从而做出正确的决策。

3.5.2　流程工业的制造系统

1. 过程自动化系统的定义

一个过程是指一个系统中各个使物质、能量自发改变形态并受到传送或储存的、相互影响的分过程之和。一个技术过程是指一个过程，其物理量均可通过技术手段加以量测和影响。

一台过程计算机是指一台同一个技术过程相连工作的、可自由编程的数字计算机，用它既可测取结果变量并加以利用，又可对影响变量进行计算。如今，配置在一个技术过程中的过程计算机往往不只一台，而是多台，在一些大型成套技术设备（如核电站）中甚至可达上千台。它们通过通信系统互相连接，人们将这种过程计算机组成的连接称为过程计算机系统。

图 3.23 描述了过程自动化系统的基本组成。从借助于相应的信息处理装置使技术过程自动化的目的着眼，人们只需根据需要对运行结果提出要求，该系统称为"过程自动化系统"。一个技术过程中自动化运行的分过程越多，"过程自动化"的叫法就越确切。

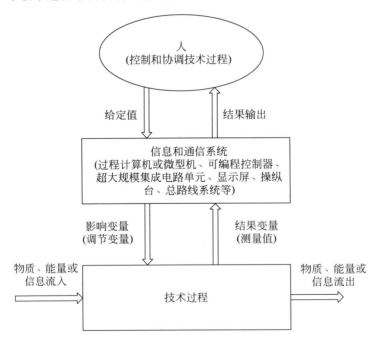

图 3.23　过程自动化系统的基本组成

2. 过程自动化系统的分类

由于技术过程和实现自动化功能的方式繁多复杂，因而有必要区分如下两类过程自动化系统：一是在单一器具或者机器(可能是大型成套设备的组成部分)中进行的技术过程自动化系统；二是由若干单一过程(分过程)组成,在规模与空间上延伸的成套设备中运行的技术过程自动化系统。

1) 器具与机器自动化的表征特点

表 3.2 左列所示产品都属于大量生产的产品。它们具备两方面特点：一方面,为节省成本和空间,通常采用单片微型机作为过程计算机。由于自动化任务比较单纯和简单,这种微型机已能胜任。另一方面,这些微机程序的开发费用经大量产品分摊后数额甚小,程序费用可一并计入必需的程序内存的成本内。因此,这类过程计算机通常都采用"较低级"的程序语言(尤其是汇编语言)来编制程序,编程时使用的工具为程序开发系统。

上述这类过程自动化系统由于执行专门的任务,故往往也称为"专用系统"。人们力求推广它们,使各种简单过程自动化,同时又要为器具或机器的使用者与操作者尽可能提供便利。图 3.24 显示出这类系统的信息死循环结构：过程的结果量被测取和处理,同时过程计算机算出给定值,以影响器具或机器中的过程与过程结果。

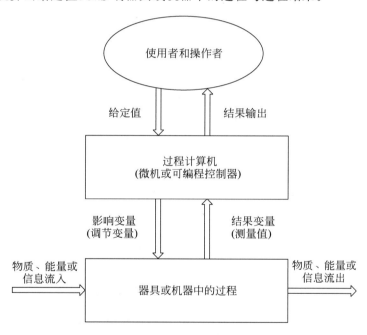

图 3.24　器具与机器自动化的过程自动化系统

2) 成套设备自动化的表征特点

表 3.2 右侧列举的示例都必须完成繁多复杂的自动化功能。这类成套设备自动化系统通常都按特殊要求开发、设计和制造(故称为"一次性系统")。虽然为了降低系统成本,人们尽量采用模块式结构的过程计算机系统,但它们毕竟又必须符合对成套设备本身的技术要求。

表 3.2　两类过程自动化系统示例

器具或机器自动化示例	成套设备自动化示例
供热系统	邮件分拣系统
洗衣机	核电装置（蒸汽炉、汽轮机、发电机）
缝纫机	高架仓库
炊具（如洗碟机、自动灶炉）	有轨交通系统（铁路、有轨电车、地铁）
电视机	化工中的流程工艺装置
警报器	试验台
摄像机	供电网
玩具	炼钢和轧纲设备
电话回答装置	煤气站
导航系统	建筑物和住宅技术装备
汽车及其子系统	实验室装置

图 3.25 为基于上述考虑而给出的这类过程自动化系统的结构图。图中，各种自动化功能分配给各个过程计算机来实施。过程计算机通过通信系统互相连接，并与用于过程监视、操作和文件打印的工作站计算机相连。

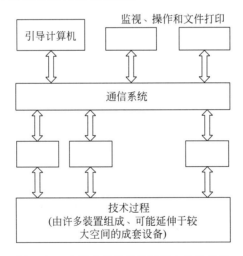

图 3.25　大型成套设备的过程自动化系统

在分配自动化功能时作如下考虑：为各机组配置专用的小过程计算机（往往用微机）或可编程控制器来实施那些"邻近"过程的各种功能（如监视、控制、简单调节等），同时把过程优化和整体运行方面的任务留给较大的"引导机"来承担。

这类系统的硬件系统通常均由适于不同配置和不同技术设备的通用单元组成，但其用于不同计算机的程序系统（即所谓软件系统）则大多要就每个设备专门开发。因此，这类过程自动化系统的软件费用很高。如果加上软件维护费用，则软件费用往往超出硬件费用很多。

3. 计算机集成生产系统

自 20 世纪 30 年代以来,自动化技术获得了惊人的成就,已在工业生产和科学发展中起着关键作用。当前,自动化装置已成为大型设备不可分割的重要组成部分。可以说,如果不配置合适的自动控制系统,大型生产过程根本无法运行。实际上,生产过程自动化程度已成为衡量工业企业现代化水平的一个重要标志。

自动化技术发展的历史与生产过程本身的发展存在着密切的联系,是一个从简单形式到复杂形式,从局部自动化到全局自动化,从低级智能到高级智能的发展过程。自动化在工业生产中的作用大致经历了如表 3.3 所示的三个阶段。

表 3.3　过程控制发展的三个阶段

阶段	一阶段(20 世纪 60 年代以前)	二阶段(20 世纪 70~80 年代)	三阶段(20 世纪 90 年代至今)
控制理论	经典控制理论	现代控制理论	控制论、信息论、系统论、人工智能等学科交叉
控制工具	常规仪表(液动、电动)	分布式控制系统(DCS)	计算机网络
控制要求	安全、平稳	优质、高产、低消耗	市场预测、快速响应、柔性生产、创新管理
控制水平	简单控制系统	先进控制系统	综合集成自动化系统(CIPS)

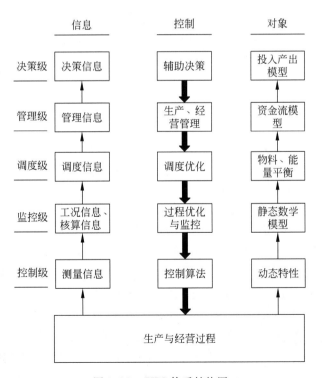

图 3.26　CIPS 体系结构图

从表 3.3 中可以看出，在过程控制发展的第三个阶段，控制理论强调多学科的交叉与融合，并随着以计算机网络为代表的控制工具的快速发展，工业自动化已突破局部控制的模式，进入全局控制，既包含了若干子系统的死循环控制，又有大系统的协调控制、最优控制以及决策管理，即管理控制一体化的新模式。它的出现将使工业自动化系统在大量获取生产过程和市场信息的基础上，科学地安排生产、调度生产，发挥设备的生产能力，最终达到优质、高产、低消耗的控制目标。人们习惯把 CIM 在离散型工业中的应用系统称为 CIMS，而把它在过程工业中的应用系统称为 CIPS（计算机集成生产系统）。多年的研究和实践表明：CIPS 是过程工业自动化发展的必然趋势。

由于连续制造业与离散制造业的不同，CIPS 的体系结构也有所不同，按照 CIM 的思想和流程工业的特点，CIPS 体系结构（图 3.26）一般分为五层，自下而上依次是控制级、监控级、调度级、管理级、决策级，各级功能概述如下。

控制级：实现直接对生产对象进行过程控制和生产设备工艺参数的检测，主要由分布式控制系统（DCS）及 PLC（可编程逻辑控制器）和一般 PC 完成，同时要完成装置工况异常的报警安全连锁，这一级现在大部分工厂已基本实现。

监控级：主要负责对生产状况进行监控、工艺参数的管理，还完成相应生产装置的先进控制（如预测控制、推断控制、解耦、自适应控制和不可预测输出的估计等）。这一级对各工序进行高一级的控制，它运行在上位计算机上，作用于 DCS。

调度级：以全厂各车间为对象，根据决策层、管理层及物料流、能量流的信息，确定生产负荷，完成生产状况的预测和计划工作并下达作业调度，组织日常均衡生产，对系统可能发生的故障进行预报和诊断，负责生产的指挥和处理异常的事件。

管理级：按部门落实综合计划的内容，负责以经营管理、生产管理、人文管理为内容的日常管理，主要涉及计划、统计、财务、人事、劳资、设备、质量、供应、销售、物质、能量、环保。

决策级：根据各种信息（自身经营状况、市场信息、国家政策）制订全厂的长远发展规划、新产品的开发规划、年度综合计划等宏观性的生产经营策略，以全厂为对象，寻求全厂的整体优化，以取得最大经济效益。

CIPS 的总体方案是在初步设计中应当解决的问题。设计时应根据具体系统的总体目标和功能需求，采用系统工程的思想和方法，有明确的设计原则。根据一个大型过程生产企业的总体方案设计原则，下面列出几点具有普遍意义的原则，供参考。

1）总体可行性原则

总体可行性包括实用性、可靠性、科学性、先进性、经济性、可扩充性，应综合考虑这些性能，但应将实用性、可靠性放在首位，这就要求在结构设计时要考虑现有的组织机构和人员配置特点，考虑各种状态因素和行为因素的影响，不能片面追求科学性和先进性，以使设计的系统确实能被使用，能解决问题。

为了满足先进性与科学性的要求，在设计体系结构时，应充分应用已有的科研成果，特别是参考 CIM-OSA、Purdue 和 GRAI-GIM 结构体系及近期国内外的开发研究成果。

2）大系统分解、协调，以求得系统集成和整体优化的原则

CIPS 是一个复杂的大系统，各种信息关系错综复杂，是一个立体网状结构，在进行结构设计时，必须应用大系统分解协调方法，实现信息和功能的集成，包括纵向集成、横向集成和时间轴集成，并且达到整体优化。

3）有限合理性原则

第一，CIPS 常是一个多目标、强约束的大系统，如常有资金及技术力量的约束，可将任务分期进行，其工程可围绕最紧迫的主生产线进行，并且应根据资金的限制对硬件及软件设置有所取舍。

第二，对于结构设计，有多种方法，如过程和资料类的实体分析法、BSP（企业信息系统规划）法、模型法、强子矩阵法等，考虑到因素太多，为获取精确资料及统计分析，需付出巨大代价，因而，对于总体设计工作也不能提出过高要求，应从实际需要出发。例如，可采取实体分析与专家知识相结合的方法。

4）全面集成原则

对 CIPS 的影响不但来自于各种技术、组织等状态因素，而且也来自各种人、组织、环境的行为因素，据有关统计，实现 CIPS 的企业有 75% 与各种行为因素有关。因此，结构设计从一开始就必须应用复合信息空间的理论和方法，并且贯穿到整个设计工作中，以达到人与信息、技术等全面集成的要求。为此要采用一些系统工程方法，如自上而下地设计、自下而上地分步实施，特别是复合信息空间的理论与方法。

5）开放原则

CIPS 是一个长期的"旅程"，是不断完善的过程，因而 CIPS 必须具有时间上和空间上的开放性，这主要表现在以下几方面：

- 充分利用现有资源。一般企业在全面开展 CIPS 建造工作前，已经在很多方面使用了计算机系统，特别是基础自动化、过程控制及部分生产控制和管理工作。在这种情况下，CIPS 的设计应尽量合理利用已有的资源和成果，当然，要根据整体优化的原则进行总体人力、物力的核算，不能把原有系统完全照搬过来。这就要求进行 CIPS 总体设计时要考虑已有机型及软件系统，如异型机兼容等。
- 可扩充性。由于 CIPS 的范围将不断有所扩展，故系统在设计时要充分考虑可扩充性。
- 系统应能适应计算机技术日新月异的发展，特别是多媒体技术的采用。
- 适应性。系统对不断发展变化的用户需求应有较好的适应能力，如采用模块化技术等。

4. 流程工业的智能制造技术

流程工业是一类高度复杂的工业系统，不仅伴随有物理、化学反应过程和生化反应过程，还有物质与能量的传递、转换过程，其过程特征多表现为大范围连续性和不确定性、高度非线性和强耦合性，加上流程工业的企业决策、经营销售、计划调度、物资供应、库存运输、产品开发的锁链关系，给流程工业实现企业综合管理、调度、优化和控制带来

了超大的难度,仅靠基于精确数学模型和解析数学方法的控制与优化理论或某种孤立的自动化技术是不能解决好问题的,应用智能制造技术和系统将是解决流程工业复杂综合自动化的一种途径。结合流程工业特点,我们认为设计 CIPS 应该遵循以下指导思想。

1) 内容与途径的研究要体现流程工业的特点并具有代表性和指导性

鉴于流程工业的特点,CIPS 的设计不仅要考虑现有的组织机构和人员配置的特点,而且要考虑各种状态因素和行为因素的影响,从流程工业企业实际需要出发,抓住生产"瓶颈",以经济效益为驱动,使其能够符合现代生产、管理、控制和技术等方面的需要,并不断推进 CIPS 工程的深入发展。因此,CIPS 的研究必须结合流程工业的特点,体现流程工业自身的工业生产特征。同时,基于流程工业在技术、管理、经济以及工程方面独特的特征,CIPS 具有其自身的关键技术、问题及理论,其研究指导思想、设计方法、体系结构与参考模型均与离散工业制造系统有差异,尤其表现在生产调度、监控及应用系统等方面。

同时,我们强调内容和途径的研究要具有代表性和指导性。例如,炼油企业作为典型的流程工业,它是以石油为原料,经过各种复杂的化工和物理过程(如反应、蒸馏、分离、传热、传质等),生产各种油品和石化产品的产业,技术与资金密集、规模大、流程长、过程复杂是其基本特征。它的横向生产过程是一个物流过程,包括原料进厂、存储、生产、运输,以及为之服务的公用工程与维护,广义上讲,包括了企业生产经营的各个环节和整个供应链。纵向业务过程又体现了从生产、调度、计划、管理到决策的整个过程。同时,从我国 CIPS 工程的研究与实施情况看,大部分是针对炼油与石化企业的。因此,以炼油企业为典型对象研究 CIPS 是具有代表性的,研究成果对其他流程工业企业同样具有指导性。

2) 实现体系结构向 ERP(企业资源计划)/MES(制造执行系统)/PCS(过程控制系统)过渡,强调 MES 的重要性

MES 将生产活动和管理活动的信息集成并集中于 MES,诸如汽车、半导体、电子、航空等行业。MES 是处于计划层和控制层之间的执行层,主要负责生产管理和调度执行。MES 注重知识的提取和相关信息的集成,目的是缩短生产周期、改善产品质量、缩短WIP(work-in-progress)、减少或消除移动中的纸上工作、缩短订货至交货的时间、提高操作人员能力,从而提高企业效益和竞争力。可以说,CIPS 发展的关键就是 MES。目前,ERP/MES/PCS 已成为国外 CIPS 理论和产品的主流框架,大有替代 Purdue 五层结构(决策—管理—调度—监控—直接控制)的趋势。CIPS 中,PCS 层的信息集成技术已相当成熟,ERP 层的理论与技术与离散工业大同小异,下层生产过程的实时信息和上层企业资源管理等的各类信息都在 MES 层中融合与贯通,并通过信息集成形成优化控制、优化调度和优化决策等的判断或指令。可以说,流程企业生产过程的安全、稳定、均衡、优质、高产、低耗和少污染目标的实现,企业内部物流的控制与管理、生产过程成本的控制与管理等生产管理活动都在 MES 层完成,因此 MES 层的信息集成至关重要,它是 CIPS 研究与发展的关键,而实施 MES 的关键又在于体系结构和关键技术的解决。另外,必须

强调知识的重要性,MES 应该以知识为主线,体现知识驱动。

3)体现生命周期和集成平台的设计思想

一个大型复杂的自动化系统由立项到建成,需要经历生命周期的各个阶段,如可行性论证、需求分析、初步设计、详细设计、开发实施、运行维护等。在各个阶段中,既要完成本阶段的特定任务,又要相互衔接,前一阶段为后一阶段准备必要的信息,后一阶段比前一阶段更为具体,考虑更多的现实条件。因此,应当把整个生命周期的各个阶段联系起来,建立全过程体系结构,而不是孤立地用最终实现的"应用系统"的结构来代替全过程的体系结构,这一思想近年来已被国内外研究体系结构的学术团体普遍接受。按照生命周期观点建立起来的系统体系结构比单纯的最终系统结构能更全面地指导系统的分析、设计、实施及运行的全过程。

系统集成的实现,对于各种不同的应用软件的接口,采用逐级支持的方式:计算机→网络→分布式数据库→应用集成→应用软件。为了减少集成的复杂程序,应付系统变更及扩充,促进标准化,人们已不再采用一个个应用软件及相互间接口的独立开发方法,而是引入 CIPS 体系结构的基本思想,提出软件开发平台的概念。"集成平台"某种意义上是一个软件平台,当然也离不开硬件平台的支撑,对下支持异构的信息环境,对上实现应用软件的集成,即各种应用软件可方便地引入,以有效地实现信息集成和功能集成。采用集成平台给 CIPS 的实现带来很大好处:一是可减少集成的复杂程度,作为应用系统,仅仅要求任务与平台发生联系,而不必知道任务与其他应用系统的联系;二是平台的适应性和通用性强,能适应用户不断变化的要求,将来自应用系统的结构关系、交互机制、信息形式、数据结构、通信协议的信息传送并放入集成基础设施中,使系统便于修改;三是可促进标准化,在平台与应用系统之间建立一个一致性接口,使之成为一个系统的标准模块。

4)强调基于模型的结构化设计方法

基于模型驱动的信息集成方法可用于建立企业重构信息集成模型,其主导思想是:在先进制造哲理思想的指导下,首先建立企业制造系统的体系结构模型,然后根据一般参考模型,并结合企业的具体情况,建立企业的各个域中的各个层次模型;再利用合适的集成平台,对各种可行方案进行仿真,并最终确定企业的集成方案。实现基于模型驱动的信息集成方法需要有一个工作平台,它不仅包括一系列工具,如建模工具(由实体到模型,由具体到抽象)和仿真工具,支持在不同层次上的仿真,从高层的战略计划到底层的详细设计与实施的模型仿真;而且包括评估准则,对每套方案进行仿真时,在不同层次上都应当有相应的评判标准,以考评系统的表现。因此,模型驱动的体系结构实质上就是在一个建造好的工作平台上进行以下几项工作。首先利用各种工具建造好现有系统的各个不同层次的模型,其次参照典型的企业概念模型在企业高层的参与下设计出理想的或者说是期望的企业模型,最后按各生命周期逐渐演化出各部分的经营模型、子系统模型、资源模型、集成模型、实时模型,并不断进行优化、仿真,指导设计者选取最优的解决方案,直至实现最终的物理系统。在这一过程中,建模方法极其重要,不仅要求保持模型在各阶段的一致性、准确性，而且要尽量减少工作量，同时应选取不同的解决方案。

5）强调人的作用

如果不充分考虑人的行为因素，不但 CIPS 的初级阶段，就是优化调度等局部系统也很难取得成功，必须从一开始就充分重视人、组织、环境等行为因素的影响；而且一个 CIPS 或其子系统必须包括计算机软硬件系统、人—机交互系统和工具以及用户三部分的集成。

6）融合生产全流程的大数据信息，提供智能决策

在原有自动化系统的基础上，充分融合人的知识，应用大数据、云计算、（移动）网络通信和人—机交互的知识型工作自动化以及虚拟制造等现代信息技术，从生产、管理以及营销全过程优化出发，推进以高效化、绿色化和智能化为目标的流程工业智能优化制造系统，不仅要实现制造过程的装备智能化，而且制造流程、操作方式、管理模式也实现自适应智能优化，使得企业经济效益和社会效益最大化。

参考文献

[1] 国家制造强国建设战略咨询委员会.智能制造[M].北京：电子工业出版社,2016.

[2] 谭建荣,刘振宇.智能制造关键技术与企业应用[M].北京：机械工业出版社,2017.

[3] 刘飞.CIMS 制造自动化[M].北京：机械工业出版社,1997.

[4] 魏生民.机械 CAD/CAM[M].武汉：武汉理工大学出版社,2001.

[5] 马永军,李荣彬,张曙.制造网络的发展状况[J].机械科学与技术,2000,19（3）：458-462.

[6] 薛劲松,等.CIMS 的总体设计[M].北京：机械工业出版社,1997.

[7] 金以慧,郭仲伟.过程系统控制与管理[M].北京：中国石化出版社,1998.

第4章
面向制造系统集成的支撑平台系统

4.1　企业整体解决方案的集成平台

以数字为基础的现代制造企业(digital model based enterprise)的核心是企业集成系统。企业集成系统是在企业单元技术和系统得到广泛应用的基础上,通过集成而形成的支持企业生产经营全过程的集成化系统。相对于企业单元技术,企业集成系统具有覆盖范围广、功能丰富、结构复杂等特点。实施企业集成系统是为了消除企业内各部门之间的"信息孤岛"和"自动化孤岛"给企业整体效益提高带来的障碍而采取的技术和组织方法。

企业集成系统在不同的应用场景具有不同的结构和功能。其按照覆盖范围可以分为企业局部集成、企业级集成和企业间集成;按照集成的耦合紧密程度可以分为松散集成和紧密集成;按照企业集成的方向可以分为横向集成和纵向集成;从集成的深度考虑,企业集成经历了信息集成、过程集成、知识集成的发展历程;同时,企业集成按照集成对象还可以分为物理集成、应用集成和业务集成。在这些众多分类方法中,信息集成、过程集成和知识集成最能体系企业集成系统的逐步演变过程和技术的不断更新。

信息集成是指利用通信技术和数据库技术,在共享信息模型的支持下,实现不同应用系统之间的信息共享和交互,实现"在正确的时刻将正确的信息以正确的方式传递给正确的人或设备",从而做出正确的决策。在企业实施制造系统的早期阶段,应用的集成首先是信息集成。信息集成解决了各部分之间由于信息化孤岛造成的信息不共享、信息反馈速度慢和信息不一致从而导致的决策困难、库存量大、产品生产周期长和资金积压等问题,提高了企业的现代化管理水平和整体经济效益。

过程集成是指高效、实时地实现应用间的数据、资源的共享和应用间的协同工作,将各种孤立的应用过程集成起来,形成一个协调的企业运行系统。过程集成涉及不同过程之间的交互和协同工作,是比信息集成具有更高的集成度和复杂度的集成方式。实现过程集成后，就可以方便地协调各种企业功能，将人、管理和技术合理地组织在一起。

知识集成是在知识经济时代提出的集成方式。它的主要目的是快速、高效地在企业内部共享企业的知识，并且通过知识的积累、组织和重用，提高企业的生产、经营、设计和管理水平。知识集成是在知识领域相关科学（如知识工程、人工智能等智能化方法）与技术的基础上发展起来的。

企业整体解决方案是指导企业正确设计、实施和运行企业集成系统的一组方法和工具集合，它主要包括指导思想、理论与方法、集成框架与集成平台、关键技术、软件工具与支持平台、实施途径、标准规范以及评价体系。企业整体解决方案的框架结构如图 4.1所示。

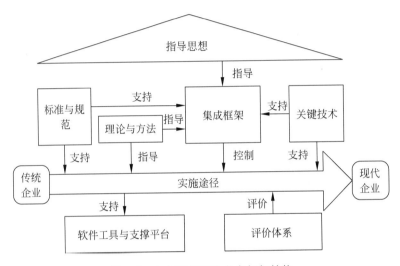

图 4.1　企业整体解决方案框架结构

指导思想对企业整体解决方案集成框架的设计、实施途径的规划、系统集成的策略具有指导作用。理论与方法指研究和实施企业实施现代集成制造系统这个复杂问题的系统化的理论与方法，它为企业实施制造系统提供理论和方法上的支持。集成框架与集成平台定义了企业制造系统支持范围、主要的功能、主要组成功能之间的关系、不同功能系统之间的集成策略和手段、主要采用的信息技术环境与支撑平台、企业信息与知识的管理策略、相关数据标准与安全策略等，良好定义的集成框架和集成平台是保证系统的开放性、可集成性、可重构性和安全性的重要基础。软件工具与支持平台为企业实施制造系统提供应用工具、使能工具和集成平台的支持。实施途径是指企业在实施制造系统实践经验基础上形成的有效组织、管理、评价制造系统工程的实施指南和参考模板。标准规范指制造系统技术标准规范、行业与企业管理标准与规范、企业建模规范、企业系统实施指南与规范。评价体系是指企业信息系统实施效果的评价体系、评价指标与评价方法。关键技术是指企业信息系统实施、组织、经营过程重组、集成框架与集成平台构建、系统集成、系统维护、信息安全等方面需要研究和攻关的关键技术问题。

在企业整体解决方案中，集成框架与集成平台是企业集成系统应用开发与运行环境,它提供了企业各应用系统之间的集成技术与方法。目前,企业集成技术为企业各分系统之间的集成通常提供了以下一些方法:①各分系统之间通过开发一对一的专用集成接口实现数据交互和集成,这种方法的缺点是开发量大、系统可维护性差,任何一个应用系统的修改都会导致一大批相关应用系统的修改;②采用独立于任何具体应用系统的共享信息库的方式实现信息共享,这种方式可以避免重复开发功能相同的集成接口;③采用集成平台支持的中间件的方式进行信息共享,这种方式可以实现应用对数据的透明访问,而不依赖于操作系统和数据存储方式,是当今先进的集成技术之一。

集成平台是一个支持复杂信息环境下企业集成系统应用开发和运行的软件平台,它是企业整体解决方案的重要组成部分。它基于制造业信息特征,在异构分布环境(包括网络、操作系统和数据库)下提供透明、一致的信息访问和交互手段,对其上运行的应用进行管理,为应用提供服务,并支持企业集成系统信息环境下各特定应用领域应用系统的集成。理想的集成平台应该具有如下性能:①实现全企业范围内的信息集成和功能集成;②适用于各种不同的计算机系统;③实现应用软件与制造系统内所有计算机系统的隔离,应用软件从一种计算机系统转换到新的计算机系统时不需要进行任务改变;④符合各种软件标准。

集成平台的产生一方面来自企业实际应用软件的发展和应用,另一方面也是计算机软件技术本身发展的结果。随着企业信息化进程的发展,企业使用的应用软件越来越多,这些软件分布在企业各个部门的异构环境中,如何实现应用软件的协同工作从而达到整体优化是企业日益关注的焦点问题。软件技术的发展使软件呈现规模庞大、内部组成模块粒度小、功能复杂和系统开放的特点,计算机应用软件的开发与应用正向着不依赖底层硬件和操作系统,强调高层可重用性的方向发展。这些因素促使集成平台的产生和发展。企业应用集成平台为企业实施集成系统提供了开放的、易维护的、可重构的应用开发与应用集成的支持工具。

集成平台的使用为企业实施信息系统提供了有效的技术手段和支持工具。它能有效缩短集成系统应用的开发周期,提高集成系统的运行效率,大大减少系统维护和升级费用,并且通过屏蔽特定的异构分布环境使应用具有高度的可移植性和重用性。它对实现信息系统的作用如下:①降低集成的复杂程度,即应用系统仅需要了解如何与平台发生联系,不必知道如何与其他多个应用系统联系,使复杂性大大降低;②支持改变,即通过将来自应用系统的结构关系、交互机制、信息形式及数据结构、通信协议等方面的知识传送并放到集成基础设施中,使系统便于修改;③促进标准化,即在平台与应用系统之间建立一个一致性接口,很容易将应用系统处理成开放系统,使之成为一个系统的标准模块。

由此可见,集成平台是使系统从“硬”集成、“封闭式”集成通向“软”集成、“开放式”集成的重要途径。

集成平台的诸多优点使其概念和产品从 20 世纪 80 年代中期以来在世界范围内得到推广应用。集成平台本身也是一个逐步发展的过程。图 4.2 描述了集成平台体系结构的三个发展阶段。

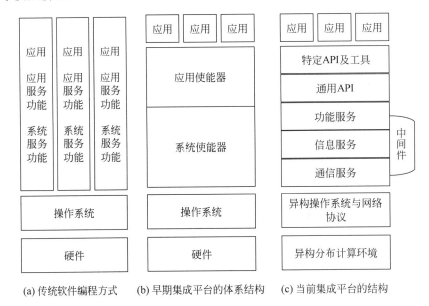

(a) 传统软件编程方式　　(b) 早期集成平台的体系结构　　(c) 当前集成平台的结构

图 4.2　集成平台体系结构的三个发展阶段

图 4.2(a)描述的是传统软件编程方式,它强调应用系统开发从底层操作系统逐层向上进行。图 4.2(b)是早期集成平台的体系结构。它对集成平台概念的理解是:平台就是支持应用编程的基础,即通过应用编程接口(API)的方式给应用编程提供通用的服务。这种结构的优点是将底层的操作系统与上层的应用分隔开,缺点是平台与特定的硬件和操作系统关联,支持异构分布环境能力差,每个平台都是针对某个特定应用领域开发,集成其他应用能力不足。因此,这种早期集成平台的体系结构本质上都是应用软件开发平台,不具有真正意义上的集成能力。当今集成平台的结构如图 4.2(c)所示。该平台采用中间层(包含通信服务、信息服务和功能服务)提供的通用的系统服务功能使应用软件的开发和运行完全不依赖于底层异构分布环境,实现了真正意义上的系统集成的概念。这种平台支持更广范围的系统应用,因此,API 从功能上分为通用 API 和一组专用的、面向特定领域应用的 API 及工具。

当今集成平台各层提供的主要功能为:

(1) 通信服务层提供分布环境下透明的通信服务功能,它能屏蔽底层的异构操作系统和硬件配置,为平台实现异构网络协议转换和应用协议之间的透明访问。

(2) 信息服务层建立在通信服务层之上,维护整个信息的完整性和一致性,使应用以一种一致的语义和接口实现对数据的透明访问和操作。

(3) 功能服务层是集成平台的运行管理和控制模块,负责平台的静态和动态配置,控制和管理平台上各节点的运行情况,管理系统重要资源,维护系统的安全性、可靠性和完整性。

（4）通用 API 和特定 API 及工具层提供一组集成接口,以函数或对象服务的方式为用户提供更为专业化的服务,使用户可以方便地集成现有应用和开发新的应用。

4.2　网络化制造服务平台

网络化制造是在计算机通信技术和先进制造技术得到广泛应用的情况下出现的先进制造模式。其概念的形成和初步的应用是在 20 世纪 90 年代中期。在随后的几年,随着网络化技术的迅速发展,其应用也取得了显著的成果。世界各国相继实施了面向网络化制造的科技计划和重大项目,提出了众多的网络化实施模式和应用模式。"区域网络化制造"是我国提出的符合我国国情的先进制造模式。它吸取了敏捷制造的思想和哲理,并根据中国国情进行了创新,可以很快地进入工业化实用阶段。区域网络化制造是先进制造技术和网络技术结合的产物,是一种用高新技术改造传统产业、用信息化带动工业化的先进模式。

网络化制造从概念上是指制造企业利用网络技术整合社会资源进行产品设计、制造销售、采购和管理等产品开发全过程的活动的总称。网络化制造的核心是利用计算机网络,特别是 Internet,跨越不同企业之间存在的空间差距,通过企业之间的信息集成、业务过程集成和资源共享,对企业开展异地协同设计制造、网上营销、供应链管理等提供技术支撑环境和手段,实现产品商务的协同、产品设计的协同、产品制造的协同和供应链的协同,从而缩短产品的研制周期,减少研制费用,提高整个产业链和制造群体的竞争力。网络化制造的目的是整合社会各方资源形成一个功能强大的、开放性的集成制造系统,该系统提供产品研制各个阶段的有机协同工作平台。系统包括:网络化制造信息系统、网络化资源管理系统、虚拟仓库及网络化销售系统、网络化产品协同开发系统、虚拟供应链及网络化供应系统、网络化技术支持中心。

网络化制造系统在不同的应用场景有不同的形态和应用功能。在网络化制造系统具有相当规模和应用效益的基础上,通过系统间的互联,实现系统的有效集成和协同工作,从而在更大范围和更广的深度上支持产品全生命周期的协同开发。由此形成的系统称为网络化制造服务平台。

网络化制造服务平台作为企业实施网络化制造的重要支撑平台,具有显著的经济意义和应用价值。具体反映在以下几个方面。

（1）整合社会资源,实现资源的优化配置。网络化制造服务平台是实现整合和优化利用社会乃至全球化资源的重要手段。通过平台提供的网络化协同产品开发环境,利用遍布全球的信息网络,企业可以在广泛的地域范围内寻求合作伙伴,构成网上企业联盟。该联盟以市场为驱动,以共同利益为纽带,将不同企业和机构的制造资源动态连接起来,进而实现资源的整合和优化重组,从而提高资源的利用率。

（2）提高企业整体创新能力,实现产业升级和结构调整。服务平台为企业传统制造模式的改造提供了网络化技术和先进制造技术,通过这些技术,可以提高企业劳动生产率,推进技术创新体系的建设,提高企业的产品创新能力。

(3) 建立基于信息技术的全球化竞争环境。采用网络化制造服务平台提供的网络化制造技术和企业电子商务,可以帮助企业跨越地域限制,将原本分散的、隔离的企业纳入到国际竞争的合作环境中,以成为国际制造业供应链中重要的一环,缩短与国际先进水平的差距。

(4) 建立信息技术服务体系,推广网络化制造技术的应用。技术力量薄弱是限制我国或其他发展中国家实施网络化制造的关键因素。通过在各地区建立网络化制造服务平台,可以为企业,尤其是技术相对落后的中小型企业,提供网络化技术培训、网络化技术咨询等技术服务功能,有利于推广网络化制造技术的应用。

1. 网络化制造服务平台体系结构

网络化制造服务平台的典型体系结构如图 4.3 所示。

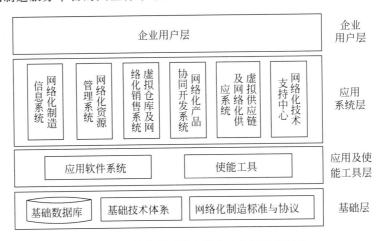

图 4.3　网络化制造服务平台的典型体系结构

网络化制造服务平台体系结构包含四个层次,由下至上依次为基础层、应用与使能工具层、应用系统层、企业用户层。基础层主要为实施网络化制造提供基础的支持,包括基础数据库(如产品资源库、制造资源库等)、相关的技术基础(如标准、规范、系统体系结构、网络化制造系统实施指南等)、网络化制造相关标准与协议等;应用与使能工具层包括各种实施网络化制造所需要的应用软件系统(如 CAD、CAPP、CAE、CAD、ERP、PDM等)和使能工具(如项目管理、企业建模与诊断、设备互连等),这些工具为实施网络化制造提供技术支持;应用系统层是企业实施网络化制造最主要的功能,主要包括网络化制造信息系统、网络化资源管理系统、虚拟仓库及网络化销售系统、网络化产品协同开发系统、虚拟供应链及网络化供应系统、网络化技术支持中心;企业用户层通过 Internet 实现企业互联,在项目管理和过程管理系统的支持下开展企业网络化制造实际应用。

2. 国内外网络化制造服务平台研究与应用现状

网络化制造策略及服务平台支撑手段使全球制造业的格局、企业间的关系、企业的内部管理都发生了巨大的变化。国内外研究机构和企业界纷纷展开了网络化制造服务平台相关理论的研究和原型系统的开发及应用，大大促进了网络化技术在全球的普遍推广。

在国外，美国国家科学基金研究项目开发了一个跨国虚拟企业网的原型，从而使美国制造业能够利用俄罗斯制造业的能力，从更大意义上讲，项目的目的是希望通过作为全球制造基础框架一部分的美俄虚拟企业的建立与发展，为实现更广泛的全球制造起到示范作用。美国政府帮助中小企业建立了信息网络，以提高中小企业技术创新能力和生产运营效率。例如，美国中小企业局建立了商业信息中心，为中小企业免费提供广泛的信息服务；1999 年，美国投入 100 亿美元用于实施中小企业电子商务计划。日本提出了社会信息化系统的构思，其目的在于实现日本社会真正向 IT 社会转型，它不再追求工业化时代局部（部分企业、社会部门）的高效率，而是追求整个日本社会在未来保持最佳发展状态。韩国于 1999 年 3 月开始实施"网络化韩国 21 世纪"计划，旨在构筑知识经济时代的基本框架，提高国家竞争力和人民生活水平。

在国内，国家 863/CIMS 主题在 1999 年年底基本建成了继 CHINANET、CERNET、CSTNET 三大主干网之后的虚拟网 CIMSNET。该网连接着国家有关部门、CIMS 主题，以及实施和研究 CIMS 及其他先进制造技术的制造企业和科研机构，实现了信息共享、远程资源共享、远程咨询和培训。在 CIMSNET 的基础上，针对中国企业在产品协作开发方面的落后状态，CIMS 主题组织实施"基于 CIMSNET 的敏捷化工程"，即利用CIMSNET 实现网络环境下的异地设计、异地制造，实现远程资源共享。由广东省科技厅、广东工业大学、东莞市人民政府联合共建，香港理工大学、广东工业大学、东莞市科委共同主持的虚拟制造协作（CMC）网是一个基于 Internet、面向中小制造企业的网络协作环境，为中小企业提供制造技术，尤其是产品设计技术的支持和协作平台，促进中小企业间的商务合作，帮助中小企业建立动态联盟等。由机械科学研究院与同济大学、西安交通大学、深圳生产力促进中心、广东省机械研究所共同开发的制造资源网 MRNET 是国家科技部"九五"重点科技攻关项目，目的是通过分散网络化制造生产模式，实现各企业现有制造资源的优势互补，快速响应市场，提高企业经济效益，并加强国内外企业间的合作，促进我国企业逐步适应制造业全球化的发展趋势。

4.3　集成化企业建模与诊断系统

1. 集成化企业建模与诊断的提出与发展

随着计算机技术、现代管理技术和先进制造技术的发展，制造企业生产经营管理系统表现出一些新的特征：产品研制创新能力要求越来越高，企业管理过程越来越复杂，决策所需处理的信息越来越多样化，对信息处理速度提出较高的实时性和精确性，企业集成的广度和深度不断扩大和提高。所有这些特征共同决定了现代企业是一个综合了社会、经济、物理等领域因素的快速变化的高度复杂的系统。因此，在对企业采用计算机技术、现代管理技术和先进制造技术进行改造的同时，为了减少改造过程风险和降低改造过程复杂性，必须以企业建模为前提和基础展开企业的整个设计和改造工程。

企业建模的结果为企业模型。企业模型是人们为了了解企业而经过抽象得到的对于企业某个或者某些方面进行的描述。由于企业是非常复杂的系统，一般不可能用一个模型描述清楚，因此，企业模型的一个显著特点是通常由一组模型组成，每个模型完成企业某一个局部特性的描述，按照一定的约束和联接关系将所有的子模型组成在一起构成整个企业模型；企业模型的另外一个显著的特点是企业模型的多视图特性，即需要采用多个视图从不同的侧面描述企业。每一视图从一个侧面描述企业的一部分特性，不同的视图之间相互补充，共同完成企业的任务。

集成化企业建模与诊断是企业集成与优化对企业建模提出的需求。

制造系统的核心是集成。一般来说，企业集成的程度越高，各种功能就越协调，竞争取胜的机会就越大。因为只有各种功能有机地集成在一起，才能共享信息，才能在较短的时间里做出高质量的经营决策，才能提高产品的质量、降低成本、缩短交货期。单纯地使用计算机提高自动化程度而不考虑各种功能的集成，不可能使企业整体优化，也不可能有效地提高企业对市场的快速响应能力。只有集成，才能使"正确的信息在正确的时刻以正确的方式传到正确的地方"，即系统理想运行状态。因此，集成是构成整体、构成系统的主要手段和途径，是导致整个企业成功的关键因素。集成是手段，优化是目的。优化是在企业模型集成的基础上进行的一系列分析和决策方法，优化的结果使企业各个功能的整体协调运行，产生最大经济效益。

企业集成对企业模型提出实现企业不同侧面不同视图模型的集成，即形成集成化企业模型。集成化企业模型强调多视图间集成。多视图从多个侧面描述了企业经营生产涉及的各个要素实体，包括信息、人、设备、组织和技术。企业集成就是通过整合这些要素实体，使企业组成一个协调的整体。集成化企业模型通过多视图集成，即以某一视图（通常为用于流程控制的视图）为核心通过模型实体及其属性的关联集成其他视图的相关内容，从而实现描述企业各个要素实体之间协调运作的系统特性。构建集成化企业模型可以显著提高模型的一致性。通过建立模型之间的有机关联还可以显著提高企业模型的描述能力。同时，集成化企业模型为企业不同系统之间交换信息提供公共的语法和语义模型，从而使完成不同任务的人员和系统对同一个问题有相同的理解，并在此基础上设计开发系统集成接口或者共享数据库。

从发展多个独立的视图到发展集成化企业建模阶段，即虽然可以使用多个视图表示企业的不同侧面，但是这些视图之间是一个有机结合的整体，必须通过某种集成机制实现企业整体的描述。目前出现的众多的企业建模体系结构或建模方法都不同程度、从不同角度支持企业建模过程，但是都不能完全满足企业建模的需要，因为企业建模应能满足对企业现状分析、设计企业重组方案，直到实施的全生命周期的支持，但是现在没有一种建模方法能够满足上述要求。当然，可以分别采用几种建模方法对企业建模过程的各个侧面、各个阶段的工作进行支持，但是，由于各种方法的语法规则和建模思想的差异，很难保持这些方法之间的一致性,因此需要一种集成的、以企业建模过程的某一建模视图为主,其他视图为补充的对企业进行全面建模方法,并开发支持该方法的建模工具,保证建模过程的一致性和建模结果的重用,保证对企业建模全生命周期的支持。构建集成化企业建模体系结构及开发集成化企业建模系统成为企业建模领域的发展方向。

目前,企业建模技术研究领域出现了众多有代表性的企业建模体系结构和建模工具系统,包括国外提出的 CIM-OSA、ARIS、PERA、RAMI 等方法,如国内清华大学提出的集成化企业建模体系 IEM 及工具 IEM-Tools、同济大学提出的构件化企业建模体系 CEM 及工具。各个方法的简单描述见本书第 3.2 节。这些建模体系及工具系统都不同程度地支持集成化企业建模,通过提供有效的方法和建模手段建立企业各个视图模型,并保证各个视图之间的集成特性。

企业诊断是运用一系列分析技术和判断方法对企业生产经营管理做出的评定和咨询,是促进企业不断改善生产经营管理的重要措施,是防止企业衰败的自我治理手段。在建模领域中,诊断以模型为依据,通过模型分析企业生产经营管理的症结所在,并提出优化方法,因此,这种诊断又可以称为模型诊断。

根据覆盖范围,模型诊断分为:①全局诊断,即诊断范围覆盖企业的各个部门和生产经营环节,从企业整体角度进行诊断分析;②单元性诊断,即从各个企业部分和生产经营环节出发,进行企业局部或单元范围的诊断分析,如企业营销管理诊断、企业产品开发设计诊断、企业财务管理诊断等。按照诊断内容,模型诊断可以分为:①静态诊断,即对企业各个模型视图进行逻辑结构的合理化分析,目的是发现影响企业性能的不良结构,如对于不存在信息依赖关系的企业行为单元,在时序上应为串行控制结构;②动态诊断,即根据模型的动态行为发现模型结构和属性的不良设置,如对关键环节由于资源分配不足引起的过程瓶颈。

模型诊断在集成化企业建模实施过程中是首要并且是极其重要的环节。它是企业实施制造系统工程需求分析阶段的基础。它从企业的现状出发,分析存在的问题,判断未来的发展趋势,提出相应的整治措施与方法,并指导实施。企业实施信息系统是否能达到预期目标,很大程度上依赖于诊断的科学性和合理性。因此,诊断在集成化企业建模方法中的重要性以及它所包含的一系列分析方法使其在此被重点提出。

2. 集成化企业建模与诊断系统体系结构

国内外研究机构及相关企业纷纷展开集成化企业建模与诊断系统的研究与应用,获得了众多的研究成果。基于不同的集成化企业建模体系结构有不同的建模与诊断系统,但都具备集成化企业建模手段和一系列诊断分析方法。图 4.4 为一个典型的集成化企业建模与诊断系统的体系结构,在此以该体系结构为基础描述集成化企业建模与诊断系统的基本模块结构及其基本功能。图 4.4 中主要包含的功能模块为建模工具、模型诊断工具、模型实施工具、文档模板与报告生成工具、建模与诊断集成环境、网络数据库及相关软件支撑环境。

建模工具提供企业各个模视图,包括工作流视图、功能视图、组织视图、信息视图、资

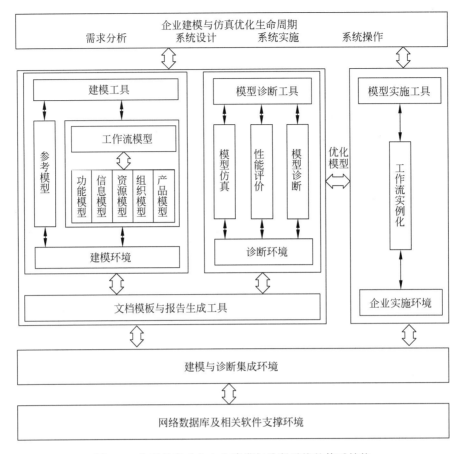

图 4.4 典型的集成化企业建模与诊断系统的体系结构

源视图和产品视图的建模环境,通过模型映射转化功能,实现各个视图以工作流视图为核心的集成化特性,同时还提供基于参考模型建模的方法和基本的建模环境,包括参考模型的管理、参考模型的使用、建模工具条和菜单。建模工具输出企业现状模型。

模型诊断工具根据建模工具输出的企业现状模型,采用模型仿真、性能评价和模型诊断等一系列分析方法进行企业诊断,最后提出优化模型。模型仿真是对企业动态行为的描述,它根据工作流视图中描述的建模实体及其属性进行企业实际生产经营活动的模拟,并通过得到的一系列仿真指标(如时间、成本、队列)分析企业的性能。性能评价根据模型仿真产生的指标数据进行企业性能的评估,确定企业性能的优劣等级。模型诊断根据仿真和评价结果确定企业性能的瓶颈和症结所在,并采用优化方法(包括结构优化和属性优化)提出优化策略,产生优化模型。

建模工具和模型诊断工具主要运用在企业建模与仿真优化生命周期的需求分析、系统设计与系统实施阶段。模型实施工具以工作流管理系统为平台提供了系统操作及运行环境。它依据模型诊断工具生成的优化模型重构企业软硬件设施,建立企业实施环境,通过工作流引擎调用相关的应用系统,生成工作流实例化。

文档模板与报告生成工具提供建模工具和模型诊断工具相关报告的生成和管理工作。这些报告包括建模工具生成的各个视图模型、参考模型,以及模型诊断工具生成的仿真结果报告、性能评价结果报告和模型诊断结果报告。这些报告按照规定的数据结构生成并存储,为各个模块之间的信息共享和交互提供了规范标准。

建模与诊断集成环境提供了上述企业建模与仿真优化生命周期各个阶段建模与诊断工具模块之间的集成接口。通过该接口,各个工具模块之间可以基于信息共享实现协同工作,并保持信息的一致性和完整性。

网络数据库及相关软件支撑环境是集成化企业建模与诊断系统的底层基础设施,它提供底层硬件、数据库和操作系统平台。

3. 集成化企业建模与诊断系统的发展趋势

随着集成化企业建模技术的发展,相应地出现了基于不同集成化企业建模体系结构的集成化企业建模与诊断系统,如 CIMOSA 的 CIMTool,ARIS 的 ARIS Toolset,GIM 的 PC-CACIM、Sun-CAGIM,DEM 的 BAANIV,以及国内开发的 IEM-Tools、CEM 等。这些集成化企业建模与诊断系统部分已经应用到商业领域中,为企业制造系统的应用提供有力的支持和重要的促进作用。然而,随着计算机网络技术、虚拟企业为代表的敏捷制造理念及技术的出现,上述各种建模与诊断系统在支持异地系统建模、动态的模型管理和多视图集成等方面存在不同程度的缺陷。虽然 ARIS Toolset 已升级为网络化版本,支持多客户端的协同建模方式,但其建模理论仍基于企业内部集成体系,并且网络化范围只限于局域网。此外,新近出现的 DEM 的 BAANIV 系统提出的动态建模概念及支持系统框架实现了企业应用系统随着业务流程改变的重用和重构,但其建模工具仍停留在企业内部集成建模上。

根据各种现代管理技术和先进制造技术对企业发展提出的要求以及分析当前国内外企业建模与分析技术的现状,可以将集成化企业建模与诊断系统的主要发展趋势总结如下:

1) 对企业全范围和全生命周期的支持

企业建模工作是企业整体解决方案中不可缺少的重要组成部分。因此,必须从全企业和全生命周期的角度,系统地研究企业建模对企业各个侧面及其整体性关联的描述与分析,以及对实施信息系统的全生命周期(包括需求分析、设计、实施、运行与维护)的支持。

2) 与集成平台的结合

集成化企业建模与诊断系统、集成平台技术的结合是观测和推进企业整体解决方案的理想技术路线。这种结合一方面能有效支持企业全范围和全生命周期的分析与设计,另一方面便于开发新的企业建模与分析方法和充分利用已有的研究成果。集成化企业建模与诊断系统与集成平台的结合必须遵循标准规范,采用模块化、层次化和可重用的软件系统开发技术。

3) 异地化与网络化

企业集成从最初的信息集成,经历过程集成,发展到当今的企业间集成,集成的广度和深度不断扩大，相应的，对企业建模方法及工具提出了新的需求。支持异地化和网络化建模成为企业建模与分析工具的发展趋势，特别是建模与 Internet 的有效结合能支持全球化网络制造或虚拟企业的建模需求。

4）注重知识的重用和管理

企业建模知识的重用和管理成为企业建模系统可持续发展的重要研究内容，同时也为企业知识的管理提供了重要途径。企业建模知识包括在企业实施信息系统中获得的具有一定参考价值的经验与信息，如参考模型、企业诊断经验知识、优化方法等。这些知识一方面能为同行业或具有相似背景的企业实施信息系统提供参考和依据，另一方面也可以作为企业生产经营管理的重要知识来源，提供合理决策。

5）基于知识的建模与分析智能化

企业建模与分析是一个覆盖企业全范围和全生命周期的分析与设计过程，包含分析、决策、再分析、再决策的行为。引入智能化方法，开发基于知识的企业建模与分析智能化系统，是集成化企业建模与诊断技术的主要研究方向。

集成化企业建模与诊断方法及其系统的研究与开发还有许多问题有待研究，如各个视图之间的集成机制、不同生命周期之间模型的一致性、企业模型诊断等。这些问题必将随着建模方法与计算机开发技术的深入发展而逐步被解决。

参考文献

[1] Manupati V K，Putnik G D，Tiwari M K. Integration of process planning and scheduling using mobile-agent based approach in a networked manufacturing environment［J］. Computers & Industrial Engineering，2016，94（2）：63-73.

[2] Zayati A，Biennier F，Moalla M，et al. Towards lean service bus architecture for industrial integration infrastructure and pull manufacturing strategies［J］. Journal of Intelligent Manufacturing，2012，23（1）：125-139.

[3] 刘连臣，张霖，杨吉江，等. CIMSNET——基于 Internet 的现代集成制造支撑平台[J].计算机集成制造系统-CIMS，2001，7(5)：6-9，18.

[4] 戴毅如，严隽薇.面向敏捷制造的企业建模体系及支持工具研究[C].WCICA02，上海，2002.

第 5 章
制造系统的建模方法体系

制造系统的设计、分析和实施所需的一组方法的集合,称为"制造系统的方法体系"。更具体地说,方法体系包含三个组成部分:参考模型、建模方法和实施指南。三者相结合,才能形成一组完整的工作指导文件。这些指导性文件体现出系统科学的特征。随着制造系统理念、方法与技术的发展以及应用的不断广泛和深入,制造系统的系统性、整体性与一致性进一步凸显。于是,如何完善制造系统的方法体系,并为企业的信息化和整体集成优化提供有效、实用的分析、设计制造系统的一整套理论、方法和使能工具已经备受关注。本章将对制造系统的方法体系进行详细阐述,主要内容有制造系统的参考体系结构及其建模方法和工具。

5.1 信息系统的建模方法论

在信息化项目管理过程中,对信息系统的认识和构建是阶梯上升的,在概念定义阶段需要明确企业的战略目标,并据此形成集成系统的目标,然后围绕系统目标,参考行业内通用的参考体系结构模型,从组织、资源、信息、产品、功能和经营过程等角度描述企业的现状,形成对企业基本框架和运行机制的完整描述(体系结构)。在这些描述的约束下,采用合适的模型分析手段进行分析,找出现有系统中的问题进行改进,然后构建目标系统,形成多视图的目标系统的描述。在形成目标系统描述时,除了使用各个视图的描述方法外,还可以应用其他建模方法,以便提供对系统更完整的描述(系统建模)。完成基于模型的设计后,就是在构建工具集的帮助下,将设计转化为实际系统构建的技术说明,并构建实际系统。系统描述对系统的运行仍然能够发挥作用,可以作为实际系统运行的参考,并据此进行系统的优化与调整。

一方面,由于信息化项目的多专业性,为了解决沟通和分析设计的问题,需要借助建模的手段实现对被处理对象系统的描述;另一方面,由于信息化处理对象的复杂性,依据"化繁为简、分而治之"的原则,使用多层次、多视图的模型来描述目标系统。视图的划分包括反映结构信息的信息视图、资源视图、组织视图、产品视图，反映系统时间和逻辑特征的过程视图，结合反映系统功能结构和功能关系的功能视图，以及反映企业经济性和目的性的经济视图。静态结构反映了系统的存在，行为结构给出了系统的属性和运行方式，而评价结构则将系统和它的目的性关联在一起。通过多视图，为集成的定义方法（integrated computer aided manufacturing DEFinition method，IDEF）、ARIS 等建模方法和工具的集成，以及制造企业原模型和企业本体的开发提供了技术框架。

5.2 制造系统的参考体系结构

参考体系结构模型为信息技术项目的管理提供了体系参考和方法论，经过各国专家的努力，已经形成了一批相当有代表性和广泛影响力的参考体系结构及建模方法，并进行了大量的工业实践，如面向智能制造的"工业4.0"参考架构模型（Reference Architecture Model for Industrie 4.0，RAMI 4.0）、工业互联网参考架构（Industrial Internet Reference Architecture，IIRA），以及面向现代集成制造的 CIM 开放系统体系结构（Open System Architecture for Computer-Integrated Manufacturing，CIM-OSA）、GRAI 集成方法论（GRAI Integrated Methodology，GIM）、欧共体集成制造计划和控制系统（Integrated Manufacturing Plan And Control System，IMPACS）、普渡企业参考体系结构（Purdue Enterprise Reference Architecture，PERA）、集成的信息系统体系结构（Architecture of Integrated Information Systems，ARIS）、通用企业参考体系结构与方法论（Generalized Enterprise Reference Architecture and Methodology，GERAM）、阶梯形 CIM 系统体系结构（Stair-Like CIM System Architecture，SLA）等。

5.2.1 面向集成制造的参考体系结构

CIM 的另一种定义是："CIM 是一种组织、管理与运行企业生产的哲理。它借助计算机硬件、软件，综合运用现代管理技术、制造技术、信息技术、自动化技术、系统工程技术，将企业生产经营全部过程中有关人、技术、经营管理三要素及其信息流、物料流和资金流有机地集成并优化运行，以实现产品质量高、生产制造消耗低、上市快，从而使企业赢得竞争。"在 CIM 中非常强调系统的观点和信息的观点。系统的观点是指整个企业的各个部分是有机结合的总体；信息的观点是指整个制造生产过程实质上是信息的采集、传递和加工处理的过程。CIMS 在企业应用的最终目标是实现企业的优化运行，而集成是为最终企业的优化运行服务的，是企业优化的基础。

CIMS 是一个复杂的大系统，企业实施 CIMS 是一个复杂的系统工程。为了保证 CIMS 的实施能够得到良好的效果，除了需要实施者有良好的理论、技术和丰富的实施经验外，还需要有先进实用的 CIMS 实施方法论的指导和工具系统的支持。CIM 体系结构是 CIMS 方法和工具系统的基础。所谓体系结构，就是反映描述系统的各组成部分及其相互关系的一组模型。

为了能完成希望的任务,计划实行计算机集成制造(更广义的企业集成)的任何组织都会有一些非常特殊的要求。因此,对于 CIMS 体系结构,会遇到以下问题:

(1) 不可能完整地买到一个集成制造系统;每个公司都要对自己的系统进行设计,这就说明了为什么需要方法论来帮助建立集成企业。

(2) 设计一个集成企业面临很多困难,主要表现为:系统极其复杂,因此,必须靠一些特殊的技术来了解这种复杂性,从而能够使集成有效地进行下去;不能只从技术的角度考虑系统,还应该用集成的方式从经济、社会和人的角度来考虑;设计系统所需的知识不是一个人所能具有的,设计时需要协同工作;系统的初始状况是很重要的。为了更好地了解系统运行的详细约束条件,以及避免对系统中符合要求的部分进行再设计,必须考虑系统的初始状况。

(3) 体系结构必须包括以下几部分:广义的参考模型,全局显示集成企业项目的结构;至少一种建模形式化方法,用于建立研究和评价所需的模型;用于总体方案的一种结构化方法,根据企业目标和约束条件逐渐将现有的系统引向未来系统结构化法是解决问题时所需遵循的一组步骤。在集成制造系统设计方法论的框架中,结构化方法必须覆盖集成项目的全部生命周期(分析、设计、开发、实现、运行);性能评价标准,从各方面(如经济性、可靠性等)对系统进行评价。

综上所述,在评价制造集成体系结构时不能只考虑集成的 what 问题,还需要考虑集成的 how 问题。也就是说,应该从包括企业提供的服务、人际关系以及信息技术在内的完整企业系统的开发方面来考虑如何实现。虽然各种文献中提出了许多企业参考体系结构,都对集成制造企业的任务进行了说明、解释和指导,但是,只有很少文献既考虑了企业集成中的 what 问题,又考虑了 how 问题。大部分文献只是把注意力放在对计算机控制系统及其各种功能的互联结构描述上,即只考虑了 what 问题。由此可以将体系结构分成两类:第一类描述了诸如计算机系统、通信系统等组成集成企业系统的某些组件或部分体系结构,或物理结构;第二类给出了所要开发的集成项目自身的体系结构,即表明了开发集成项目的生命周期。

由于集成项目开发的主要步骤是设计和构造一个包括计算机系统、通信系统等子系统的完整系统,所以第一类系统结构应该作为重要工具包含在第二类体系结构中。在众多体系结构中,第二类体系结构模型有 CIM-OSA、PERA、GIM、ARIS 等。

1. CIM 体系结构的分类

前面已经把 CIM 体系结构定义为一组不同层次的各种视图模型的集合。又因为 CIM 系统在内容、范围、时间进程上都不是封闭的,故对所述体系结构还特别强调其开放性,也称为开放系统体系结构。

正如对 CIM 的认识随着研究和实施的深入而不断深入一样,对 CIM 体系结构的认识也有一个发展过程。经世界各国研究人员多年的研究,已经提出了多种 CIM 体系结构和相应的 CIMS 实施方法论。比较著名的体系结构有最早提出的 ARMF 的五层递阶结构、SME 轮式模型、CIMOSA、ARIS、PERA、GRAI 等。总体来说,这些体系结构共分为三类,即面向 CIM 系统生命周期的体系结构、面向 CIM 系统功能和控制结构的体系结构、面向 CIM 系统集成平台的体系结构。下面简要介绍一下这三类 CIM 的体系结构的特点和典型代表。

1）面向 CIM 系统生命周期的体系结构

面向 CIM 系统生命周期的体系结构具有如下特点：

（1）系统生命周期包括需求分析与定义、系统设计、系统实施和系统运行四个阶段。

（2）面向 CIM 系统生命周期的体系结构使新系统的规划设计与当前系统分离,它具有一整套结构化方法和平台来帮助和支持需求分析与定义、系统设计、系统实施,直至系统运行的全生命周期。

（3）体系结构能尽可能多地利用原有系统中的组成部分,因而具有时空开放性。

（4）这类结构的典型代表主要有欧共体 ESPRIT 计划中的 CIM-OSA 体系结构和美国普渡大学的普渡体系结构。后文会有关于这两个体系结构的介绍。

2）面向 CIM 系统功能和控制结构的体系结构

为了控制 CIMS 控制系统的复杂性和简化实施,采用横向或纵向的分解与集成,形成多层递阶控制结构或由“核”和若干层外围组成的轮式结构,这就是面向系统功能构成和控制结构的体系结构。它的好处是把制造系统分解成几个分系统,减少全局控制和降低开发的难度。这类体系结构是最早提出的一类 CIM 体系结构,结构比较成熟,在国际上已经得到广泛应用。美国国家标准局（National Bureau of Standards,NBS；现为美国国家标准技术研究所（NIST））的五层递阶控制结构（图 5.1）和国际标准化组织（ISO）的六层递阶控制结构（图 5.2）以及美国制造工程师学会（Society of Manufacturing Engineers,SME)提出的轮式结构(图 5.3)是这类体系结构的典型代表。

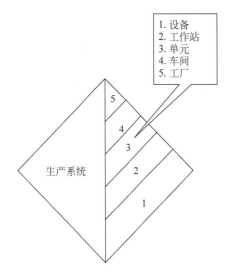

图 5.1　NBS 的五层递阶控制结构

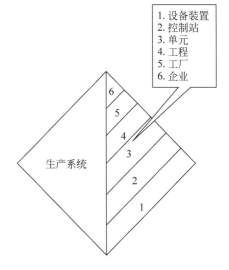

图 5.2　ISO 的六层递阶控制结构

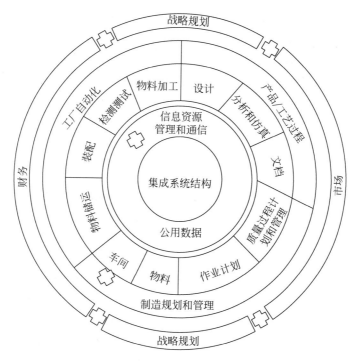

图 5.3　SME 的轮式结构

　　NBS 的五层递阶控制结构是最早提出的 CIM 体系结构,这个结构后来又进一步发展成为 ISO 的六层递阶控制结构。这两个结构与企业的递阶组织结构非常接近,而且结构中将信息交换严格限制在相邻的上下层之间,从而大大减少了系统中信息交换的数量和范围,比较符合当时计算机的发展水平。从现代计算机水平来看,这种结构存在结构比较简单、僵化、信息反馈速度慢、系统柔性较差等缺点。

　　20 世纪 80 年代,SME 定义的 CIM 轮式结构中,整个体系分为三层。最外层表示企业的发展战略管理、市场管理、企业财务管理、人力资源管理等一般的业务管理功能。中间层分别定义了制造规划和管理、产品/工艺过程、制造自动化三个部分,每个部分又分成不同的组成元素,如制造规划和管理部分包括车间、物料、作业计划、质量过程计划和管理等组成元素。最里层是在集成技术结构支持下的企业的信息资源管理和公用数据管理。

　　SME 的轮式结构以共享数据库和通信网络为中心把各项单元技术连接成一个整体,可以清楚地看出系统的组成部分以及它们相互之间的关系。但是,SME 轮式结构只强调 CIM 的技术方面,而忽视人的因素。基于这一缺陷,20 世纪 90 年代 SME 又提出了新的轮式结构,该结构强调以用户为核心,重视人、技术、组织的集成和知识的共享,并且覆盖了产品的全生命周期,明确了企业与社会环境(雇员、社区、环境、供应商、投资者)之间的关系。

　　我国技术人员在"国家高技术研究发展计划(863 计划)"十多年的实践基础上,提出了现代集成制造系统(Contemporary Integrated Manufacturing System，CIMS)的概念。现代集成制造系统概念是对计算机集成制造系统(computer integrated manufacturing system)概念和方法的发展。如果说计算机集成制造系统的特征是集成，其使能技术主要是计算机技术，那么现代集成制造系统的特征就是集成和优化，其使能技术是计算机技术和系统技术。

国内由 863/CIMS 主题进行了面向控制结构的体系结构的研究，得出六层递阶结构的 CIM 全局层次模型(图 5.4)，同时提出了面向功能构成的"横"分解结构(图 5.5)。这种模型也是面向 CIM 系统功能和控制结构的体系结构。

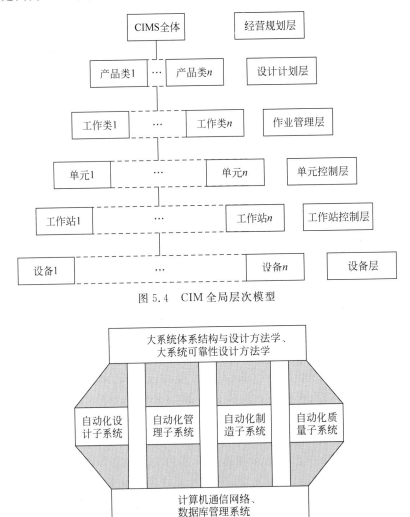

图 5.4　CIM 全局层次模型

图 5.5　CIM 体系功能结构

3) 面向 CIM 系统集成平台的体系结构

面向 CIM 系统集成平台的体系结构是一些计算机公司为了解决 CIM 系统中众多软

件的支持和联接问题所推出的标准化平台,如 Digital 公司的 CIMS 体系结构(图 5.6)和 IBM 公司的 CIMS 体系结构(图 5.7)。这类结构相当于 CIM-OSA 中的集成基础结构。需要指出的是,由于 CIM-OSA 的研究尚未完全实用化,因此这类由计算机厂商为对付市场迫切需要而开发的工具平台必然会存在着支持面不宽的可能性和危险性。

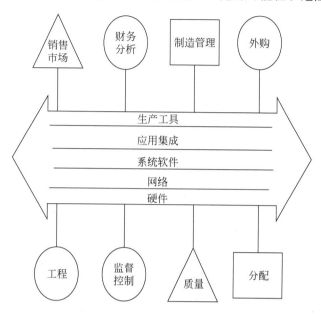

图 5.6　Digital 公司的 CIMS 体系结构

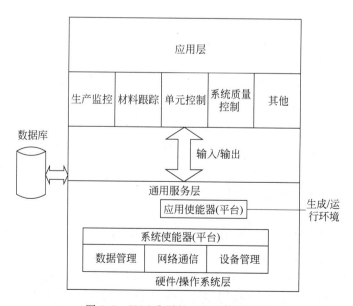

图 5.7　IBM 公司的 CIMS 体系结构

2. CIM-OSA

计算机集成制造系统开放式体系结构(Computer Integrated Manufacturing-Open System Architecture，CIM-OSA)是由欧洲共同体(European Strategic Program on Research in Information Technology，ESPRIT)计划 688、2422 和 5288 项目下的欧洲 CIM 体系结构委员会(AMICE)开发的一个开放体系结构。其目的是提供一个面向 CIM 系统生命周期的、开放式的 CIM 参考体系结构，该体系结构从多个层次和多个角度反映了 CIM 企业的建模、设计、实施、运行和维护等各个阶段，提供了 CIM 系统描述、实施方法和支持工具，并形成了一整套形式化体系。

CIM-OSA 体系结构开发工作开始于 1984 年。它是一种面向企业 CIMS 生命周期的体系结构。在结构上，CIM-OSA 由两部分构成：一是模型框架；二是集成基础结构。前者从不同企业的角度、建模的不同层次和实施的不同阶段出发给出 CIM 企业参考模型的结构以及实施 CIMS 的方法体系，从而对 CIM 企业的优化设计、建立和最佳运行企业提供指导与支持；后者旨在为 CIM 系统提供一组公共服务集合，实现企业信息集成、功能集成所需的基本处理和通信功能，支持企业模型的建立、CIM 企业的设计、实施、运行与扩充，为 CIM 体系结构的实现提供基础支持环境。

此外，CIM-OSA 还定义了两个应用环境：集成的企业工程环境(Integrated Enterprise Engineering Environment，IEE)和集成的企业运行环境(Integrated Enterprise Operation Environment，IEO)。前者支持企业的建模、分析过程，后者支持企业模型的仿真、运行过程。下面从建模框架、建模方法、集成基础设施、建模过程和概念等方面对 CIM-OSA 作简要介绍。CIM-OSA 的主要特征有两个：一个是它有一个称为 CIM-OSA"魔方"的体系结构框架，用于把所需的模型分类；另一个是通过它的 CIM-OSA 集成基础设施可协调企业工程环境和企业运行环境的概念。

1) CIM-OSA 建模框架

CIM-OSA 建模框架是一个由通用性维、系统生命周期建模维和视图维组成的三维框架，又称为 CIM-OSA"魔方"，如图 5.8 所示。这种完美的企业模型框架结构为企业描述和集成提供了结构化语言，它贯穿企业建模生命周期中的各个阶段(需求分析、详细设计和实施阶段)，以四个视图(功能视图、信息视图、资源视图和组织视图)表述企业的各个方面，并根据其通用性将模型分为三个层次(通用层、部分通用层和专用层)。通过这个框架，能对企业的不同方面进行建模。下面分别对组成体系结构的各个维进行描述。

(1) 通用性维。

通用性维描述模型的特殊化程度。可以通过实例化过程，将通用的构件实例化到一个特殊的企业模型中。这一维分为通用层、部分通用层和专用层三个层次。

- 通用层由一些可重用的基本构件组成，是 CIM-OSA 模型的基础。它包括通用构件以及针对功能、目标、约束条件、设施和协议等的各类构件。这些构件可以广泛应用于各类企业集成中。
- 部分通用层提供企业参考模型。这些参考模型是企业的不完整骨架，而且可以应

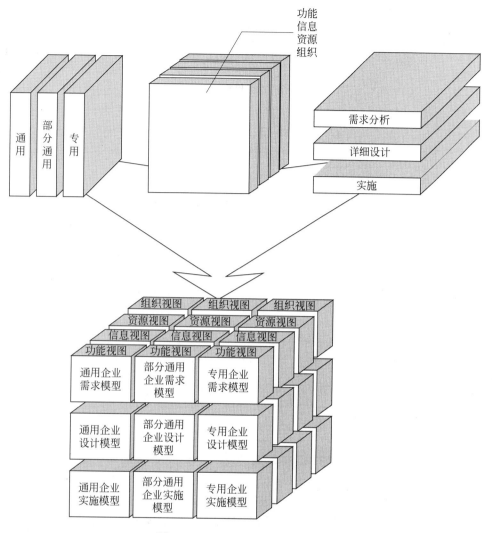

图 5.8　CIM-OSA 建模框架结构

用于工业部门、公司以及制造战略等广泛领域。CIM-OSA 主要通过部分通用层模型来封装工业需求,并为企业提供一个现实的、可用的工具。部分通用层提供的企业参考模型是一组适应于某一行业的部分通用模型,包括不同工业类型,如汽车、机床、电子、航宇等的典型结构。针对工业类型的部分通用层模型还可以按照企业的规模和类别继续划分。图 5.9 描述了汽车、机床、电子、宇航等各种制造行业的部分通用模型。从图 5.9 中还可以看出,行业内部还可以不断细化。

- 专用层涉及一个具体企业的全部或者一部分。专用模型是所有关于企业的必需知识的具体化,能够用来直接描述集成的制造单元与信息单元(如机床、应用程序和人力资源等)。

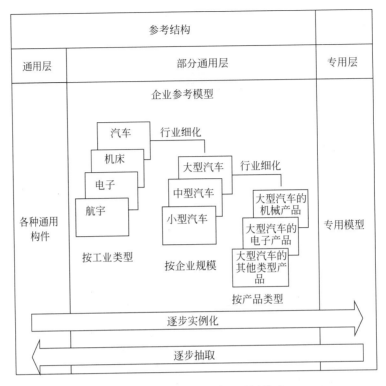

图 5.9　CIM-OSA 部分通用层模型

（2）系统生命周期建模维。

系统生命周期建模维提供对系统生命周期的建模支持，由与企业模型开发生命周期中的主要阶段对应的三个建模层次组成。这三个建模层次是需求定义（requirement definition）层、设计说明（design specification）层和实现描述（implementation description）层。

- 需求定义层使用简单的语言，根据企业的目标来确定企业的事务需求。企业的事务需求是在不考虑技术问题的情况下，确定为实现企业的目标应该做什么，即进行过程确认。
- 设计说明层用一种计算机可处理的语言来确定完成经需求定义层确认的过程所需的技术。该层根据企业的所有约束条件以及所选择的技术来对过程进行构造和优化，得出的模型能够通过仿真技术进行评价。
- 实现描述层确定计算机可执行的过程运行方式，即选择实际的提供信息技术和制造技术单元的供应商的产品。该层将设计说明层的内容转变成 CIM 系统实施的制造元件和信息元件，以满足在需求分析层中描述的系统功能需求。

（3）视图维。

视图维由功能、信息、资源、组织四个从不同视角描述企业的视图组成，是观察和控制企业的不同方面的"窗口"。

- 功能视图（function view）：描述企业的行为和功能。

- 信息视图(information view)：采集企业中的所有信息，描述企业运作过程中使用的事务信息的结构。
- 资源视图(resources view)：对执行企业构成所需的企业资产(如物理系统和人员方面等)进行描述。
- 组织视图(organization view)：考虑企业组织方面的问题，如企业中对于功能对象、信息对象、资源等的职责的分配，以及对于特殊情况和决策的管理职责的分配等。

在这一维上，建模过程是一个从功能收集开始的，以相互迭代的方式逐步生成各个视图(功能、信息、组织、资源)的过程。

2) CIM-OSA 建模方法

CIM-OSA 建模方法是一种基于过程的企业建模方法，它按照 CIM-OSA 建模框架来构造特殊的企业域。CIM-OSA 认为，一个企业是一些互相关联但又互不重叠的域(domain,DM)的集合。这些域可以分为 CIM-OSA 域和非 CIM-OSA 域两种。CIM-OSA 域的集合组成了企业中需要进行研究(建模和集成)的部分。一个 CIM-OSA 域包括一个或多个域过程(Domain Process,DP)，每个域过程提供满足某些企业经营目标所需的功能。非 CIM-OSA 域是企业中暂时不需要进行研究的部分，用来描述 CIM-OSA 域与企业其他部分的关系。

CIM-OSA 建模方法是对企业的功能和行为进行递阶分解，如图 5.10 所示。分解树的根是域，中间节点是表示较低层行为的域过程和事务过程(Business Process,BP)，叶节点是表示基本功能的企业活动(Enterprise Activity,EA)。域过程的父节点是域，事务过程的父节点是域过程，而企业活动的父节点则可以是域过程或事务过程。一个 CIM-OSA 域的功能和动态行为可以表示成一个由企业活动组成的网络。

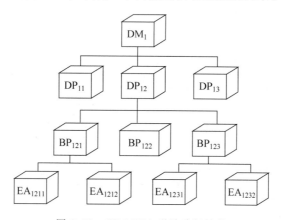

图 5.10　CIM-OSA 递阶分解结构

以上建模方法适用于需求定义层。如果进入了系统设计层，则企业活动要进一步分解为功能操作(functional operation)，还要确定执行每个功能操作的资源，即功能实体(functional entity)。CIM-OSA 中的功能实体是能够接收、发送、处理和存储信息的资源。每个功能操作必须由一个功能实体完成，但一个功能实体可以执行多种功能操作。

3）CIM-OSA 集成基础设施

CIM-OSA 集成基础设施（integrating infrastructure）提供一组在异构环境中用于模型工程和模型驱动的企业运作监控的通用信息技术设施实体。它给 CIM-OSA 模型提供了运行环境，允许像模型中描述的那样对企业的运作进行控制和监督，并且还提供了一致的软件平台来实现异构的软硬件集成。

CIM-OSA 的集成环境如图 5.11 所示。事务实体（business entity）用来根据实现描述模型对企业运作进行控制，包括过程控制（process control）、资源控制（resource management）和活动控制（activity control）等部分。上述事务实体的各部分分别负责分析模型内容、分配资源、确认所需信息，并通过普通实体（common entity）、信息实体（information entity）和存在实体（presentation entity）与必要的 IT 资源和制造资源相连接。其中，普通实体通过网络控制通信，信息实体提供对数据的操作、集成和管理，存在实体是与人、机床以及应用程序等进行通信的标准接口。管理实体（management entity）则提供配置和管理集成基础设施自身所需的系统设施。

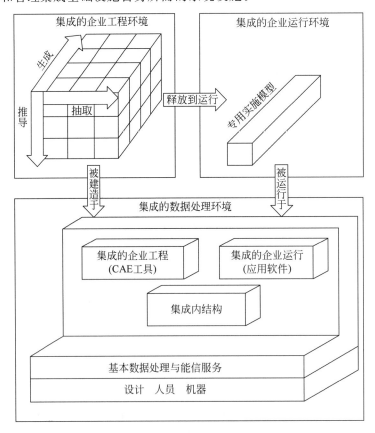

图 5.11　CIM-OSA 的集成环境

4）CIM-OSA 建模过程

CIM 系统生命周期内各模型与真实系统的关系如图 5.12 所示。首先根据相关的企业目标和约束条件，并且采用 CIM-OSA 参考体系结构提供的建模构件来确定要建模的系统的需求，产生专用的需求定义模型，模型中包含至少一个 CIM-OSA 域及其与相关非 CIM-OSA 域之间的关系。然后以专用需求定义模型为基础进行系统设计说明，确认系统运作所需的资源（功能实体）。在设计说明阶段，要对需求定义模型中的信息进行修正。这一修正过程可以使用需求定义建模阶段已经采用的建模构件的附加属性，也可以采用 CIM-OSA 参考体系结构中的新构件。设计说明阶段产生的设计说明模型以及具体的功能实体是系统实现阶段（系统建造与释放）的指导。

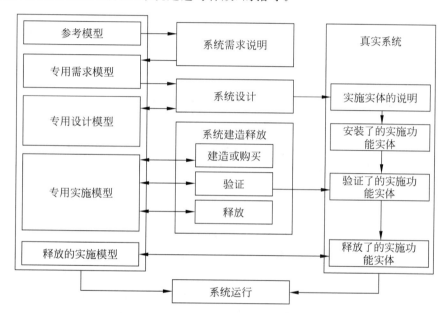

图 5.12　CIM 系统生命周期内各模型与真实系统的关系

系统的实现可以通过两种途径来实现：一种是重用现有的资源；另一种是购买或建造新的资源。系统实现阶段的主要部分是根据设计说明对资源进行安装和检验。专用实现描述模型记录了对设计说明的所有修改，是模型的进一步深入，并且将设计模型转换成可以由集成基础设施运行的形式。

经过检验后，要进行模型释放，释放的实现描述模型可以投入系统运作。在系统维护过程中，也要对经过修改的模型重新进行释放。

5）CIM-OSA 体系结构的特点

综上所述，CIM-OSA 是一个面向 CIM 系统生命周期的、开放式的 CIM 参考体系结构。目前许多建模方法都是基于 CIM-OSA 衍生出来的，或在很大程度上借鉴了 CIM-OSA 的思想。CIM-OSA 的主要特点概括如下，其中包含了体系结构本身仍存在的一些局限性，限制了体系结构的应用和推广。

（1）CIM-OSA 的开发者从一开始就决定使对体系结构各方面的定义和描述尽可能地形式化，以获得与体系结构相关的结构、模型、工具、技术等完全的计算机可执行性，其结果是 CIM-OSA 是各体系结构中描述最形式化的，但同时也影响了它对于没有计算机基础的潜在用户的可读性和可理解性。

（2）CIM-OSA 的应用范围限制在离散制造系统领域，而且进一步又局限于那些每个车间生产单元都有本地控制系统的工厂。也就是说，CIM-OSA 只研究被其他研究小组称为监督控制和生产管理的部分。车间生产单元的动态直接控制由生产单元内建立的本地控制器来处理，而 CIM-OSA 系统则负责这些控制器的总体运行。

（3）虽然 CIM-OSA 描述了 CIM 系统的"生命历程"，但是它没有将此描述发展成为用于指导用户利用该体系结构实现工厂集成的真正的方法论。

（4）虽然 CIM-OSA 的可执行性比较好，也有一些进行建模和模型运行的工具，但目前这些工具还处于试验阶段，还没有投入市场的产品。

3. PERA

普渡企业参考体系结构（PERA）是普渡大学应用工业控制普渡实验室自 1990 年 11 月开始为一个 CIM 工厂进行企业建模而开发的。PERA 面向系统的整个生命周期，划分了概念、需求定义、设计、构造与安装、运行共五个阶段。它将任务视为企业功能分解的最底层，是基于任务建模的参考模型。它是对包括信息系统任务、制造任务和人的任务，以及这三者之间的关系的建模。

1) PERA

PERA 包含了集成企业系统的完整生命周期，即概念、需求定义、设计（初步设计和详细设计）、建造与安装、运行与维护五个阶段。PERA 将模型按照系统生命周期分为两个视图：需求定义阶段为功能视图（functional view），从设计阶段到运行阶段组成实现视图（implementation view）。图 5.13 是 PERA 的框图，它是按照系统生命周期的各个阶段来划分的，该图清楚地显示了 PERA 的 CIM 项目的开发过程。

PERA 的第一个阶段是概念阶段。在概念阶段，首先要辨识 CIM 事务实体对象（CIM Business Entity，CBE）。CBE 是包括集成系统在内的完整的企业对象。这个辨识工作包括对实体的任务、管理范围、一些相关数值以及运作（如过程的选择、供应商的挑选等）哲理进行描述。然后根据上述任务产生所有要考虑的领域（如制造、人员和信息等）的运作策略，以及确定包括产品和运作要求在内的概念化的生产实体。

在需求定义阶段分为三步。首先要建立企业的运作需求。从管理的角度看，只存在两种需求：一种是定义了信息类任务（如计划、调度、控制、数据管理等需求）；另一种是定义了物理的制造任务（物理的生产需求）。这些需求可以根据在概念阶段获得的运作策略和生产实体来确定。然后对需求进行分析，把它们合成功能模块（如任务与功能模块、制造模块等）。接着再把它们分别与信息网络和物流、能源流网络连接起来，形成信息功能网络和制造功能网络，即信息和制造两个功能体系结构。

到目前为止，PERA 还没有涉及人在系统中的地位。但是，一旦进入实现视图，

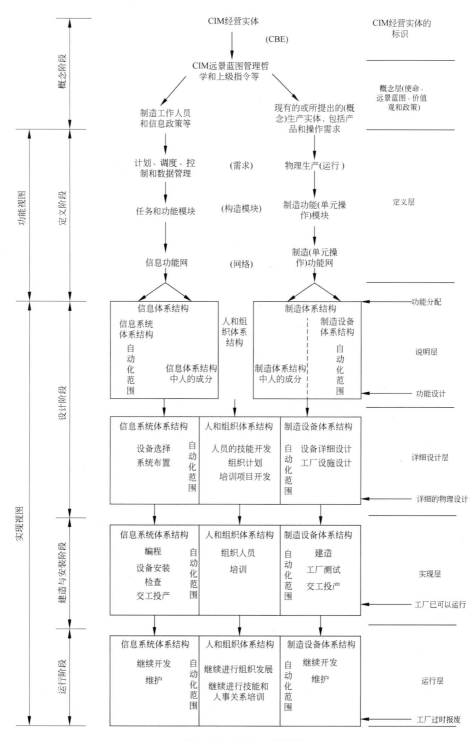

图 5.13　PERA 的框图

PERA 首先要确定人在系统中的地位，即在信息和制造两个功能体系结构中的哪些任务是由人来完成的。这些由人来完成的部分形成了人与组织体系结构。而信息体系结构的其余部分（由计算机、软件、数据库等完成的任务）称为信息系统体系结构，制造体系结构中的其余部分（由自动化制造装置完成的任务）称为制造设备体系结构。这样，功能视图中的信息和制造两个功能体系结构就转变成实现视图中的信息系统、人与组织、制造设备三个实现体系结构。这些体系结构都是 PERA 的子体系结构。在确定了人的地位之后，就可以继续进行系统生命周期中的其他步骤（如设计、建立与安装、运行与维护等）了。

2）人与组织体系结构的确定

PERA 中通过人与组织体系结构明确表示了人在企业中的地位。人与组织体系结构和信息系统体系结构以及制造设备体系结构之间的界线如图 5.13 所示。确定人与组织体系结构时涉及三条线：可自动化度（automatability）线、可人工化度（humanizability）线和自动化范围（extent of automation）线。

可自动化度线表示在技术上能够实现自动化的企业任务和功能的范围。根据受当前技术所限不能进行自动化的任务以及必须靠人工执行的任务，可以确定这条线的位置。

可人工化度线表示系统中能够由人来完成的任务和功能的范围。这条线的位置可以根据人的能力确定。

自动化范围线是人与组织体系结构和信息系统体系结构以及制造设备体系结构之间的实际界线。它显示了系统实际的或计划达到的自动化程度，可以根据经济的、社会的和技术的因素来确定。

可自动化度线一般总是在自动化范围的外面。也就是说，由于种种原因，并不是所有能够实现自动化的技术能力在现实中都被采用。对于一个完全自动化的工厂来说，这两条线将合二为一，人与组织体系结构将不复存在。

3）PERA 的特点

与其他参考模型相比，PERA 覆盖了 CIM 系统实施的最完整的生命周期。在系统分解方面突出阐明了人和组织因素的作用，划分的自动化范围线分清了人和机器、人和计算机之间的分工及其职责。下面概括了 PERA 的主要特点，其中包含了体系结构的不足之处。

- PERA 及其相关方法论是一种引导用户经历企业集成的所有阶段（从最初的概念设计到最终的投入运行）的非形式化描述方法。
- 作为一种非形式化描述方法，PERA 最容易被没有计算机知识的用户理解。尤其是对其完整结构易于掌握的图形表达，以及对程序开发阶段的分层。其相关方法论，特别是它对集成项目计划阶段的讨论是完备的。此外，PERA 方法论较为文档化。
- 由于描述的非形式化，PERA 的可执行性非常差。

- PERA 的实现视图分为信息系统、人员与组织以及制造设备（或顾客服务）三部分，这就使 PERA 方法论及以后的企业集成项目能对企业集成中人在各方面的影响进行讨论。
- 目前，PERA 缺乏对体系结构进行计算机建模所需的数学建模技术。

4. GIM

GRAI 集成方法论（GRAI Integrating Methodology，GIM）由法国波尔多大学的 GRAI 实验室开发。该项工作起源于 GRAI 实验室法籍华人潘旅家教授在 20 世纪 70 年代提出的一种控制过程的分析方法 GRAI，经过扩展、演变并与欧洲共同体"欧洲信息技术研究战略计划"（ESPRIT 计划）的另一个课题 IMPACS 相结合，形成一种对 CIM 系统的全面描述，自 1984 年起被称为 GIM。GIM 有两个主要特点：一是用 GRAI 模型来定义四个相互协调的系统（决策、信息、操作和物理系统）的使用；二是强调 CIM 项目生命周期的 GIM 结构化方法。

GIM 主要由概念模型、建模框架与参考体系结构、结构化方法、建模形式化方法和 CASE 工具几部分组成。

1）GIM 概念模型

GIM 概念模型如图 5.14 所示，是用来表示对制造系统进行建模和设计的一些通用的概念。它将一个制造系统分解成四个子系统。

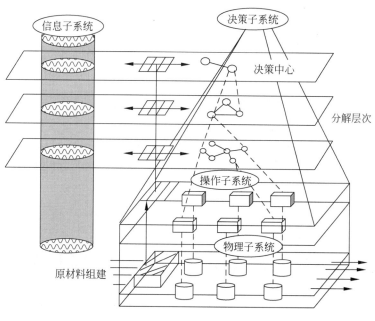

图 5.14　GIM 概念模型

- 物理子系统：用于物料流的转变。采用人、机床和技术等资源将原料转变成产品。它由工作站和工作单元组成（包括机器、工人、零件）。在系统的输入和输出之间，形成物料流。物料流在时间上有多种状态，如存储、加工、运输和检测等。

- 决策子系统：用于整个企业的决策。在考虑约束条件的情况下对物理子系统进行控制，以实现经济和社会的目标。它具有一个递阶的系统结构。
- 信息子系统：向决策系统提供所需信息，负责物理子系统、决策子系统和整个企业环境之间的连接，传递并存储信息。
- 操作子系统：连接决策和物理两个子系统，用于物理系统的实时控制。

2）GIM 建模框架与参考体系结构

GIM 建模框架的特色是通用性和开放性。它提供了在同一框架内定义多种参考体系结构的可能性。它不是 GIM 或其他体系结构专用的，GIM 参考体系结构只是这个框架的一部分。GIM 建模框架及其体系结构如图 5.15 所示，框架由视图、生命周期和抽象层次三维组成。其中，抽象层次维包括概念、结构和实现三个层次，生命周期维分为分析、面向用户的设计和面向技术的设计三个阶段。这两个维是相互独立的，根据要求进行集成的企业类型可以在生命周期的任一阶段建立任一抽象层次上的模型。

视图维则比较特别，随着抽象层次的不同而变化。在概念层，此维由功能、信息、决策和物理四个视图组成，到了实现层则变成信息技术、制造技术和组织三个域。视图和域之间的转换在结构层进行。这样做是因为视图是面向用户的和概念化的，而系统组成（域）则是面向技术的，并且与具体实现相关。

GIM 体系结构（图 5.15 中的阴影部分）是 GIM 建模框架的一部分。它允许从抽象层次和视图/域两方面来详细描述企业生命周期中要建立的各种模型。在概念层进行分析和面向用户的设计，在结构层把四个视图模型转换成三个域模型。

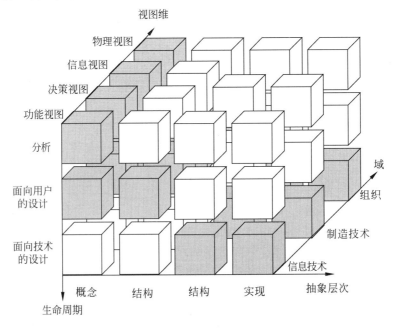

图 5.15　GIM 建模框架及其体系结构

3）GIM 结构化方法

GIM 结构化方法(图 5.16)用来指导如何对制造系统进行分析和设计,主要由初始化、分析、面向用户的设计和面向技术的设计四个阶段组成。

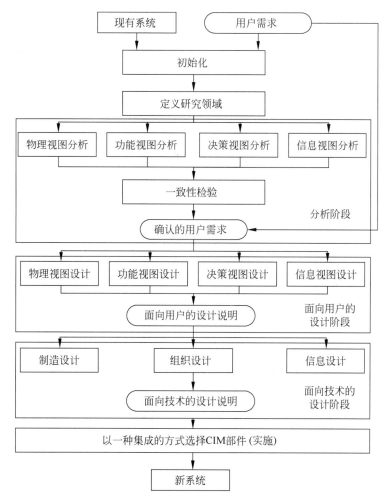

图 5.16　GIM 结构化方法

GIM 结构化方法的开始是一个初始化阶段,对现有系统进行研究,定义要解决的问题、项目的范围和目标。GIM 方法中假设存在现有系统,因为它的开发者认为:即使是要开发一个全新的系统,也总是存在一个关于技术、组织和产品等的知识的现有状况。这一步通过建立现有系统的模型来清楚地描述问题。

分析阶段对制造系统中的每个子系统(包括物理、功能、决策和信息四个子系统)进行建模与分析。通过分析企业中不同的流程并对制造系统进行定位,对原先比较模糊的用户需求和系统目标进行提炼并使之精确化。分析阶段由自顶向下的分析和自底向上的分析组成。自顶向下的分析用来建立宏观模型(采用 IDEF0 建立功能和物理模型,采用 GRAI 栅格建立决策模型以及采用 MERISE 建立信息模型)。自底向上的分析用来建立微观模型(采用 GRAI 网建立决策模型,采用 IDEF0 建立物理模型)。接下来要对四个子系统的不一致性进行检测,识别未来的系统目标和获得精确的用户需求。在 GIM 中采用了由 GRAI 方法定义的一些形式规则、一致化工具以及参考模型。分析阶段的结果是精确的用户需求(即由物理、功能、决策和信息四个视图组成的概念模型)。

　　然后进行面向用户的设计,得到面向用户的设计说明。在面向技术的设计阶段,四个视图模型被转换成制造、组织和信息三个域模型,产生面向技术的设计说明(结构模型)。最后,根据面向技术的设计说明选择系统的组件进行集成,得到一个满足要求的新系统。

　　4) GIM 建模形式化方法

　　在 GIM 建模形式化方法中,功能模型和决策模型中产生的所有信息都在信息视图中用一个统一的数据模型表示。IDEF0 中的物理资源输入和 GRAI 网中使用的物理资源支持都在物理视图中抽象地表示为每次基本操作(如车、钻、铣等)的容量。

　　图 5.17 是 GIM 建模形式化方法概览,其中决策模型采用 GRAI 栅格和 GRAI 网方法建立,信息模型采用实体/关系方法建立,物理模型采用 IDEF0 方法建立。IDEF0 还用于企业的功能建模。采用不同方法建立的模型之间以及这些模型在概念、结构等不同抽象层次之间的相关性检验(图 5.17 中用 C 来表示)由 CASE 工具自动完成。

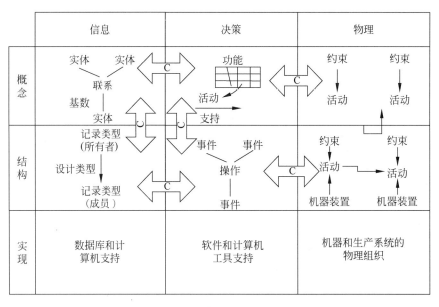

图 5.17　GIM 建模形式化方法概览

　　5) GIM 体系结构的特点

　　GIM 体系结构具有一套应用体系结构的良好方法体系,以及开发集成程序的有关工具和技术。它描述的文件一般限于讨论实现所期望的工厂集成而进行的计算机系统及其相关软硬件的开发。

6）GIM 体系结构的主要特点

- GIM 有很好的关于 CIM 以及实施 CIM 开发项目的哲理。
- 在研究 GIM 的过程中，GRAI 实验室开发了几个可能在企业集成研究领域有广泛应用价值的工具和技术，包括 GRAI 栅格、GRAI 网、工具 PROGRAI、GRAI 模型等。目前正在开发一个 Windows 环境下的工具 IMAGIM。
- GIM 只讨论通过计算机系统及相关软硬件的开发实现工厂集成。
- GIM 的讨论、描述、实例研究等目前都局限于离散制造领域并具有可扩展性，较易被不太懂计算机知识的用户理解。
- 与 CIM-OSA 一样，GIM 把工人看作是具有所需技能的资源，并且没有就人员关系、所需培训教程、工会要求、人员组织细节等进行讨论。

5. ARIS

集成信息系统的体系结构（ARIS）是德国 Saarland 大学的 A. W. Scheer 教授领导下开发的一种面向过程的模型。ARIS 的主要目的是构筑系统开发方法学的框架体系，为企业开发和企业改造提供模型基础及方法工具。ARIS 通过对现有各种不同建模方法与模型的分析、总结，寻找它们彼此的关联关系及可能的结合点，试图从概念上构造一个统一的框架，使得各类建模方法无论是否具有一致性，均能在某种程度上达到相互的理解与沟通。在 ARIS 框架体系中，集成化的应用系统可以在一个统一环境下被加以开发、优化，并转化为实施方案。同时，它也可指导经营管理者对信息系统进行检验与分析。因此，它不仅是系统开发的有效模型，而且也是系统改造的有力工具。

1）ARIS 简介

ARIS 是一个分阶段、分视图的集成化信息系统结构框架（图 5.18），由视图维和生命周期维组成。视图维由功能视图、数据视图、组织视图和控制视图四大块构成，每个块内依据生命周期维的组成依次划分为需求定义、详细设计和技术实施三个层次。

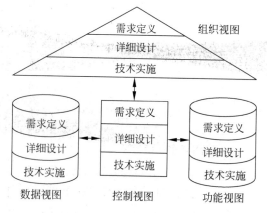

图 5.18　ARIS 体系结构

（1）视图维。

① 数据视图（data view）："事件"定义了信息对象的状态的变化，而状态（包括"条件"的状态）可以用数据来表达，所以可以将事件和环境条件合并为一体，统一用数据视图来表达。

② 功能视图（function view）：由过程规则和过程结构共同构成，既包含了对功能本身的描述，也包含了对所有功能与子功能之间的全局关系与隶属关系的描述。这里，"功能"与"过程""过程链"是一致的。

③ 组织视图（organization view）：由"用户""组织单元"以及它们之间的对应关系与结构关系构成。

④ 控制视图（control view）：在划分视图的同时，由于只考虑突出系统某方面的特征，因而损失了对各视图间联系的考察，因此需要开辟一个专门的视图来刻画各视图间的关系，于是形成了所谓的控制视图。

事实上，资源并非独立的内容。相反，它在任何其他视图中都不可避免地会涉及，确切地说，资源与其他视图的实现方式密切相关。而各视图的实现过程是分阶段的，在概念设计阶段并不需要考虑资源的约束，只有到了具体的物理实现阶段，资源才起作用，因此，资源视图可以在纵向分层细化到一定阶段时，被分解后汇入其他视图。

在 ARIS 结构中，组织、数据和功能视图的发展过程是相对独立的。也就是说，发展其中的任一视图，并不需要利用其他视图的信息，这样大大减少了描述的复杂性和冗余。它们之间的关系由控制视图来描述。控制视图是 ARIS 区别于其他视图的重要特征，用来记录和维护组织视图、数据视图和功能视图之间的关系。

（2）生命周期维。

从纯实践性的企业应用到纯技术性的 IT，通常需要经历若干个不同层次的模型阶段。

① 企业问题的提出：系统开发的概念初始化。通过对实际流程链模型的分析，用非常接近于用户目标及用户语言的半形式化描述方法表达所面临的企业问题。因此，在此阶段中，各视图是统筹考虑在一起的。

② 需求定义：在不考虑具体实现的情况下，对应用系统的各个视图分别加以定义，用形式化的描述语言来描述企业应用，因而可以作为由需求定义向 IT 一致化转变的一个起点，该过程又可以称为语义建模。

③ 详细设计：兼顾概念层的需求定义和实现工具及用户界面的可实现能力，设计二者的沟通方式与形式，即对执行功能的模块或用户干预进行设计。

④ 技术实施：具体完成由概念需求定义及逻辑设计方案到由数据结构、硬件部分及软件程序等组成的物理系统的改变。

⑤ 运行维护：对可运行的生产物理系统进行实时更新。

其中，前四个阶段已构成了完整的信息系统描述与创建任务，称为信息系统建造期，而第五个阶段只是对建造期产品的运用，称为信息系统运行期。ARIS 的研究工作一般只针对建造期进行,所以第五阶段不纳入 ARIS 体系。而第一阶段对流程链的分析由于只是作为一个企业应用的概念上的初始准备,因而也不能作为 ARIS 的一个部分。于是,在 ARIS 体系中,可将建模阶段划分为三个部分:需求定义、详细设计及技术实施。

2) ARIS 建模方法

ARIS 体系结构分为一个三层四块体系,共有 $3 \times 4 = 12$ 个组成部分,如何为每个结构块选择、设计合适的描述方法是 ARIS 理论的一个重要组成部分。ARIS 各种描述方法映射到 ARIS 体系结构中后,形成了如图 5.19 所示的 ARIS 描述方法体系。

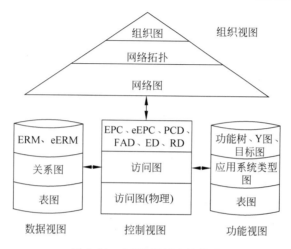

图 5.19　ARIS 描述方法体系

(1) 功能视图描述方法。

① 需求定义。功能是企业为实现一定目标而对某对象进行的操作。功能这个概念可以用于不同的层次级别,将企业功能逐级分解的过程用图形表达出来就形成了功能树 (function tree)。在功能分解时可以采用不同的标准组织功能。

② 详细设计。应用系统类型(application system type)是功能视图设计说明阶段的核心对象类型,它表示一类具有相同技术属性的应用系统。应用系统类型一般基于模块设计,用模块类型(modul type)表示应用系统类型的详细组成。在最底层,模块类型被分为 IT 功能类型(IT function type)。应用系统类型图(Application System Type Diagram,ASTD)中将应用系统类型、模块类型、IT 功能类型与功能树中的各级功能用"支持"关系类型相连,形成功能视图的需求定义与设计说明两阶段最重要的联系。

③ 实现描述。应用系统类型图中的概念处于类型级别,实现描述阶段将具体的应用系统、模块分配给设计说明阶段的应用系统类型、模块类型。应用系统/模块(application system/module)是应用系统类型/模块类型的一个可清晰标识(如许可证号)的样本。

(2) 数据视图描述方法。

① 需求定义。实体联系模型(Entity Relationship Model,ERM)是语义数据模型最常用的设计方法,基本实体联系模型涉及以下三个基本概念:实体、属性和联系。实体

(entity)是具体的或抽象的对企业有意义的事物。同类实体的集合构成实体类型(entity type)，每个实体类型需要用某些属性精确地描述。属性(attribute)描述实体类型的特征，属性的取值范围为值域。当实体类型的属性取其值域内的具体值时，就是一个实体。联系(relationship)是实体之间的逻辑联接(link)，联系的存在直接依赖于相关实体的存在。同类联系的集合形成联系类型(relationship type)，它表示两个或多个实体类型之间的逻辑联接。联系的复杂度或基数(cardinality)表示有多少个其他实体与某一实体类型中的一个实体相对应。

通过在 ERM 基础上引入分类、一般化、聚合、成组这些操作符概念，形成扩展的实体联系模型(extended Entity Relationship Model，eERM)。分类(classification)就是辨识同类元素，并把它们归集于某一概念之下。同类指可用相同的特征(但特征值不同)来描述。一般化(generalization)是把近似的实体类型合并成高一层次的实体类型，聚合(aggregation)指通过组合已有的不同实体类型而形成新的概念，新的概念可能是新的特征的载体。成组(grouping)就是使一个实体类型集合中的元素(即同类元素)形成组。

② 详细设计。关系(relation)用其属性描述实体类型或联系类型，它是多个属性值域所有可能组合的子集。每个关系用某些属性详细描述，每个属性的取值范围为其值域，关系图(relation diagram)定义存在的关系及其属性，以及它们与需求定义阶段定义的各信息对象(即 eERM 中的各对象类型)的联系。

③ 实现描述。表图(table diagram)描述数据库系统怎样物理地表示语义数据模型(即 eERM)或关系图，用表(table)描述关系图中的关系，表具有若干域(field)，域有值域。表图可以反映表、域、物理值域与需求定义阶段的实体类型或联系类型、eERM 属性、eERM 值域的实现关系，也可反映与设计说明阶段的关系、关系属性、关系值域的实现关系。

(3) 组织视图描述方法。

① 需求定义。描述组织结构最常用的方法是组织图(organization chart)，它根据不同标准反映企业的各组织单元及其相互关系。组织单元(organization unit)是企业为取得一定商业目标而执行某任务的人员。企业的组织结构建模(即组织图)是组织视图的设计说明阶段定义网络拓扑的基础，定义网络拓扑需用网络连接位于企业不同位置的网络节点，因此组织图引入对象类型"位置(Location)"作为组织视图的需求定义与设计说明的最重要的联系。

② 详细设计。网络拓扑(network topology)说明组织图中各元件的联接以及硬件元件类/类型、网络类/类型、网络节点类型、网络连接类型的拓扑分布。网络拓扑通过两种方法与需求定义阶段的对象类型相连：一种方法是说明每个硬件元件类型由哪个组织单元或职位负责；另一种方法是说明每一网络节点类型、网络连接类型和硬件元件类型在企业中的位置，这样，位置就是组织视图的需求定义阶段与设计说明阶段最重要的联系。

③ 实现描述。网络图(network diagram)表示网络拓扑的具体实现，它说明具体的网络、网络节点、网络连接、硬件元件及它们之间的关系。网络图与需求定义、设计说明

阶段的联系有：具体网络元件(包括网络、网络节点、网络连接、硬件元件)对应相应的网络元件类型；各网络元件位于某位置；各硬件元件由某一组织单元、人或职位负责。

(4) 控制视图描述方法。

① 需求定义。事件的描述包括信息对象本身和它的状态变化,信息对象的状态变化可以是该信息对象的首次出现,也可以是用不同属性表示的状态变化。事件可以触发功能,也可能是功能的结果。将事件和功能按一定顺序排放在一起,就产生了所谓的事件驱动过程链(Event-driven Process Chain,EPC)。利用EPC,业务流程可描述为事件的逻辑链。连接器或规则表示与之相连的多个对象(事件和功能)间的逻辑联接(link)。

EPC中的事件描述信息对象及其状态变化,信息对象属于数据视图,功能则属于功能视图,即EPC仅描述了功能视图和数据视图的部分联系,为表达功能视图、数据视图和组织视图之间的联系,引入这三个视图中的对象类型作为对EPC的扩展形成扩展的事件驱动过程链(extended Event-driven Process Chain,eEPC)。

在eEPC中,各对象类型的排放可以是任意的,而在过程链图(Process Chain Diagram,PCD)中,各对象类型按栏排放,它的优点是看起来一目了然,缺点是PCD很难表示有分支或循环的过程链,因此,在表示线性过程链时可优先选用PCD,而在过程链含有分支或循环时则采用eEPC。

如果以上内容都用eEPC表示,即使一个不太复杂的过程链,其eEPC中的各对象类型也往往很多,从而使eEPC很混乱。为使eEPC更清晰,常采用功能分配图(function allocation diagram)、事件图(event diagram)、规则图(rule diagram)表示eEPC中的部分内容,而在eEPC中主要描述企业流程。

② 详细设计。为清晰地说明三个视图之间的联系,下面分别介绍每两个视图间的联系,将它们综合起来,就得到完整的访问图(access diagram)。

- 功能和数据。首先定义应用系统类型、模块类型或IT功能类型间的数据流,然后定义每个应用系统类型、模块类型和IT功能类型的输入/输出数据,数据可以是关系图和ERM中的信息对象。
- 组织和数据。在设计说明阶段,组织视图与数据视图的主要联系有：企业的每个数据对象由哪个组织负责；企业的某数据对象允许哪些组织访问,组织可以是组织单元、人、人员类型或职位等,数据对象可以是视图、关系或关系属性。
- 组织和功能。组织和功能间的主要联系有：谁负责功能视图的设计说明阶段定义的应用系统类型和模块类型,以及谁应用这些系统；应用系统类型或模块类型应用于企业类的哪些地方；应用系统类型适合于在企业中已有的哪些平台(即组织视图中的硬件元件类型、数据库管理系统类型)上运行。

③ 实现描述。同上面一样,这里分别介绍每两个视图之间的联系,将它们综合起来可得到完整的物理访问图。

- 功能和数据。在本阶段中,功能与数据的主要联系有：具体应用系统、模块、程序元件类型间的数据流。应用系统、模块、程序元件类型的输入/输出数据。数据主要是表图中的物理视图、表或域，也可以是 eERM 或关系图中的信息对象。

- 组织和数据。组织和数据的主要联系有：数据对象由哪些组织负责；数据对象允许哪些组织访问；数据对象存放在哪些硬件元件上。

- 组织和功能。组织和功能的主要联系有：应用系统已在哪些硬件元件上允许，以及哪些应用系统类型可以在这些硬件上运行；具体应用系统有哪些组织应用；应用系统安装在企业的哪些地方。

3）ARIS 的特点

综上所述，ARIS 是一种面向过程的信息系统结构，与其他参考体系结构相比，ARIS 由于其较完善的体系结构以及其产品较为成熟，是目前情况下较好的一种体系结构。以 ARIS 为基础，吸收其他体系结构的长处，可以形成一个更完善的体系结构。ARIS 的特点可以从以下四个方面加以概括。

系统性：建立涉及功能、组织、数据、控制等多方面因素及概念、逻辑、物理等多种抽象层次的方法体系结构，为进一步实现企业信息系统开发过程的标准化、统一化，甚至自动化创造条件。尤其是 ARIS 中的控制视图打破了相对孤立地从各方面描述企业的各个试图之间的界限，使它们连接成一个整体。

包容性：将众多信息系统开发方法和工具统一在 ARIS 整体框架中，使这些方法和工具能够彼此联系，相互沟通，不仅实现了多种方法在实用中的有效结合，也有利于使用不同方法的不同开发人员的协调合作。

实用性：以 ARIS 理论为指导，在 Windows 环境下开发的软件工具集合 ARIS Toolset 能够为企业业务流程的建模、分析和评价提供计算机辅助支持环境。

面向应用：ARIS 参考模型可作为建立客户化企业应用结构的基础。并且，ARIS 虽然主要针对信息系统，但是它可以应用于整个企业建模领域。

6. 国内的企业建模体系结构

在国外企业建模理论、方法与工具研究和开发的基础上，针对企业建模领域存在的不足，国内研究机构提出了一些具有特色的企业建模体系及工具。例如，清华大学为主联合其他单位开发的集成化企业建模体系（Integration Enterprise Modeling，IEM）及其工具 IEM-Tools（Integration Enterprise Modeling-Tools）；同济大学自主开发的构件化企业建模体系结构（Constructed Based Enterprise Modeling System，CMES）和虚拟企业建模支持系统（Virtual Enterprise Modeling System，VEMS）；清华大学陈禹六教授根据我国实施 CIMS 的经验并吸取了国外各种 CIM 企业建模体系结构的优点，于 1994 年提出的六视图阶梯形企业建模体系结构（Stair-Like CIM system Architecture，SLA）。下面以 CEMS 和 VEMS 为例，重点介绍我国在企业建模领域获得的研究成果。

1）构件化企业模型（CEM）体系结构

（1）CEM 建模体系结构。

随着企业建模体系的不断发展，现有企业建模方法在建模体系所应具有的模型表达能力，语义与表示方法、形式化程度、方法论、可读性以及模型支持能力等诸方面均已有所突破。但是,现有企业建模方法还不能为企业提供一套快速有效的方法,以提高建立企业模型体系的速度。基于上述原因,同济大学 CIMS 研究中心结合其他建模体系优点,提出了构建化企业建模体系 CEM。CEM 企业建模体系是基于 ARIS 的视图维(功能视图、数据视图、组织视图和控制视图)和生命周期维(需求、设计和实施),以及结合 CIM-OSA 企业体系结构中的通用性维所形成的三维体系框架(图 5.20)。通过 CEM 三维框架的引导,可以快速有效地对企业的各个方面进行建模。按 CEM 建模方法得到的企业模型包括了企业在功能、信息、组织和流程方面的具体知识,成为企业的一种重要资源。

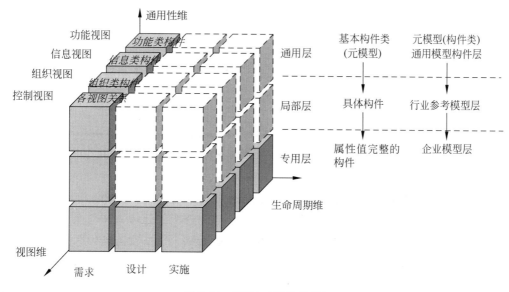

图 5.20　CEM 三维体系框架

① 通用性维。该维描述模型的特殊化程度,根据特殊化程度的级别分为以下三个层次。

通用(generic)层由一些可重用的基本构件类组成。这些构件类实例化的构件可以广泛用于企业集成。

局部(partial)层将通用层的构件类部分实例化,提供适用于某种行业的、具有参考意义的构件及构件库。这些构件及构件库可以用来搭建企业模型的骨架,提供行业参考模型。

专用(particular)层描述个别企业的全部或者一部分,其构件已经在局部层的基础上对通用层提供的构件类实现了完全实例化。专用层企业模型包括企业所必需的具体知识。

② 生命周期维。CEM 参考体系的生命周期维提供对系统生命周期的建模支持。它由和企业模型开发生命周期中的主要阶段相对应的三个建模层次组成。它与 ARIS 结构的生命周期维类似,包括需求定义层、设计说明层和实现描述层三部分。

需求定义(requirement definition)层采用 ARIS 的方法,根据企业的目标,通过简单明了的图形系统描述企业的事务需求。

设计说明（design specification）层兼顾概念层的需求定义和实现工具及用户界面的可实现能力，设计二者的沟通方式与形式，即对执行功能的模块或用户干预进行设计。

实现描述（implementation description）层具体完成由概念需求定义及逻辑设计方案到由数据结构、硬件部件及软件程序等组成的物理系统的转变。

③ 视图维。视图维是观察和控制企业的不同方面的"窗口"，由控制、功能、信息、组织四个视图组成。

控制视图用于刻画功能视图、信息视图和功能视图中的对象间的相互关系，包括两两视图间的关系及所有三个视图的总体关系。

功能视图描述企业所有功能和子功能，以及它们之间的全局关系与隶属关系。

信息视图采集企业中的所有信息，描述企业运作过程中使用的事务信息结构。

组织视图考虑企业组织方面的问题，描述各组织之间的对应关系和结构关系。

（2）CEM 建模方法。

所谓构件化的企业建模方法，实际上是建立在 ARIS 建模理论和方法的基础上的。CEM 同 ARIS 一样，也分别要求从功能视图、组织视图、信息视图和控制视图等几个方面来描述一个企业。CEM 的创新点在控制视图的描述上。CEM 吸收了 CIM-OSA 的思想，从一种分层次的角度来描述企业模型中的控制视图。

CEM 建模方法中的控制视图借鉴 CIM-OSA 功能视图的建模方法对企业的功能和行为进行了递阶分解。CEM 建模框架认为，一个企业是一些互相关联但又互不重叠的域（DM）的集合。域的集合组成了企业中需要进行研究（建模和集成）的部分。一个域包括一个或多个域过程（DP），每个域过程提供满足某些企业经营目标所需的事务过程（BP）。每个事务过程由一系列符合企业实际的企业活动（EA），并按照 ARIS 建模中控制视图的方式构成。因此，CEM 从理论上可以分别在域、域过程、事务过程和企业行为四个层次上对企业进行描述和建模。但是，CEM 不直接采用具体企业行为进行建模活动，而是将事务过程（BP）作为单元构件进行封装，企业的具体行为封装在 BP 内部，BP 之间的连接通过接口事件进行。BP 构件内部企业具体行为的封装正体现了 CEM 构件化的思想，这种思想大大简化了建模过程。BP 构件封装示意图如图 5.21 所示。图中，BP 构件内部为模型执行体，描述了企业的具体行为，其建模方法采用扩展的事件驱动过程链 eEPC。BP 构件分别通过若干输入事件与上游 BP 构件以及若干输出事件与下游 BP 构件相连。

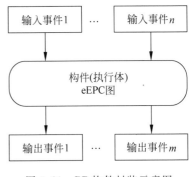

图 5.21　BP 构件封装示意图

（3）CEM 参考模型。

CEM 更为突出的特点是：建模一般不是直接用基本的建模元素进行建模活动，而是在行业参考模型库的基础上，用户从构件库中选出合适的构件，搭建自己企业的参考模型。由于构件都有很好的通用性,所以通常只进行很小的修改,便可以完善企业模型。这是 CEM 企业建模系统的精华之处。这种建模方法充分利用了行业参考模型的参考作用,体现出 CEM 建模系统快速、高效的优点。CEM 定制客户企业模型的建模过程如图 5.22 所示,该过程分为三步:第一,定义客户模型结构框架;第二,进行客户模型体系结构调整;第三,进行参数/性能调整。

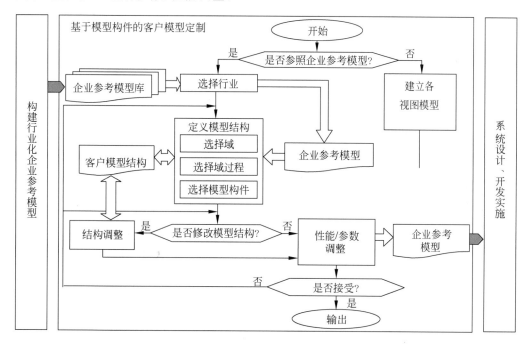

图 5.22   CEM 定制客户企业模型的建模过程

CEM 充分利用特定行业类型的行业参考模型,使得建模过程速度提高,难度降低,思路更加清晰,所建模型也更标准化。CEM 参考模型具有两个重要特点:①支持构件化建模,以构件为模型单元,构件可重用;②模型表达规范、准确。

CEM 参考模型创建过程包括四个方面,即划分构件、确定构件接口、建立构件级模型、建立构件内部模型。其中,划分构件最重要。模型构件的划分原则为:

- 每个构件是一个较为完整、典型的企业过程。
- 构件表示的企业过程的大小应适中,该过程既不过分复杂,也不过分简单,所包含的企业活动(EA)的个数以 2~10 个为宜。
- 对于不同的企业,每个构件与其他构件的关联是基本确定的。
- 构件之间应尽可能独立,每个构件与其他构件的关联越简单越好。

综合 CEM 参考模型的特点和创建过程,经过多个特定企业的调查分析,同济大学 CIMS 研究中心建立了单件生产方式机械制造行业的参考模型。

(4) CEM 工具系统 CEMS。

基于 CEM 建模体系及建模方法,同济大学 CIMS 研究中心研制开发了构件化企业建模支持系统软件(CEMS)v1.0，该软件已获著作权登记(软著登字第 0007539 号)，获2001 年度上海科技进步三等奖。软件升级版本 CEMS v1.1 已获著作权登记(软著登字第 0013876 号)。CEMS 的体系结构及模块组成如图 5.23 所示。CEMS 的特点如下。

- 综合了 CIM-OSA 和 ARIS 的优点：CEMS 模型描述能力强，有计算机可执行性，支持大量的建模方法，并且实现了与 ARIS Toolset 的集成。
- 克服了 CIM-OSA 和 ARIS 的缺点：CEMS 基于参考模型的构件化建模方法，使CEMS 有了能指导用户快速、高效建模的方法与手段。
- 具有建模、仿真、分析评价支持的软件环境。

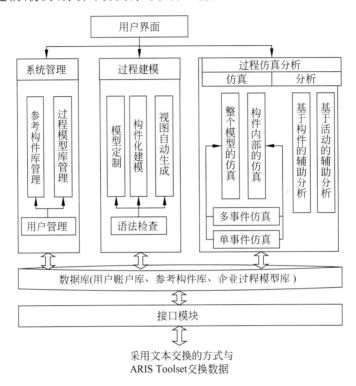

图 5.23　CEMS 的体系结构及模块组成

2) 虚拟企业建模支持系统(VEMS)

虚拟企业是敏捷制造的组织模式，从企业运行方式的角度，美国肯尼斯·普瑞斯将虚拟企业定义为：虚拟组织是为了迎合明确的时间机遇或预期的时间机遇而产生的由各种企业单位(传统意义上的企业个体在此称为实体企业)形成的一种集团，它们彼此紧密联系、相互影响和相互作用，为共同的利益而奋斗。不同于其他合作形式的是，所有企业的工作过程仍然保持相互独立、互不影响。

随着以虚拟企业为代表的敏捷制造理念及技术的出现，各种建模支持系统在支持异地建模、动态的模型管理和多视图集成等方面存在明显不足，虽然 ARIS Toolset 已升级为网络化版本，支持多客户端的协同建模方式，但其建模理论仍基于企业内部集成体系，并且网络化范围只限于局域网。

　　基于目前企业建模软件产业的发展现状,结合当今企业对实施以虚拟企业为代表的敏捷制造企业的建模与辅助分析支持系统的需求,以同济大学 CIMS 研究中心提出的面向敏捷制造的企业建模体系及其建模方法论(Agile Virtual Enterprise Modeling architecture, AVEM),并以此为理论基础,研制了虚拟企业建模支持系统软件(VEMS)。VEMS 为敏捷制造中动态企业联盟的组建和管理提供功能全面的技术支持。系统通过图形用户界面为敏捷制造企业提供统一的建模平台,支持过程、功能、信息、资源和组织视图的描述;系统提供仿真、分析、评价、优化、诊断等模型辅助分析功能,为企业模型的优化提供决策依据;待开发的软件为敏捷制造企业的具体实施和运行提供辅助支持。VEMS 的研制得到国家高技术研究发展计划(863 计划)项目"面向敏捷制造的企业建模体系及支持工具的研究"的资助。

　　AVEM 的系统特点可以概括为以下几个方面:

　　① 支持虚拟企业从视图维的不同侧面、敏捷性维的不同层次和生命周期维的不同阶段建立企业模型,并提供一套标准的建模过程规范指导模型的建立。

　　② 提供丰富完备的企业分析工具集,支持虚拟企业局部和全局模型的仿真、分析、评价、优化和诊断功能,从而为虚拟企业的组建和实施提供辅助决策。

　　③ 系统框架建立在基于 TCP/IP 的 Internet 基础架构上,支持虚拟企业网络化异地建模方式,为虚拟企业提供广泛建模的实现手段。

　　④ 采用面向对象的软件开发方法与软构件技术实现系统模块化设计与开发,保证系统具有良好的柔性、可扩展性和开放性,同时提高系统模块的重用性和重构性。

　　⑤ 采用 GUI 开发技术为用户提供友好人机交互建模环境,通过可视化的图形界面支持模型的图形操作功能。

　　⑥ 系统体系结构基于 C/S 结构,为虚拟企业建模提供了集成化的分权运作方式。

　　(1) 面向敏捷制造的企业建模体系及其建模方法论(AVEM)。

　　AVEM 是在 CEM 建模体系基础上发展起来的面向敏捷制造的企业建模体系。它包含视图维、生命周期维、敏捷性维和通用性维,体现了从不同的企业角度、建模的不同层次和实施的不同阶段出发对虚拟企业的优化设计、建立和最佳运行提供指导与支持。由于图形的复杂性,图 5.24 只体现了前三维的结构。

　　① 视图维描述企业各个侧面,包含功能视图、信息视图、组织视图、资源视图和过程视图。

　　② 生命周期维提供对系统生命周期的建模支持,由需求定义、设计说明、实施描述、运行维护和联盟解体五个建模阶段组成。

　　③ 敏捷性维是 AVEM 的创新之处和精华部分,其引入的目的是为了揭示虚拟企业敏捷性的本质及其内涵,即重用性、重构性和规模可调性,简称 RRS(重用、重构和扩展性)特征,该特征体现了虚拟企业系统部分与整体的层次性、系统结构的静动态性和系统生命周期的循环性等内在含义。敏捷性维由重用层、重构层和规模可调层组成,反映了

虚拟企业模型由局部到全局,再到全局可调的递阶建模层次结构。各个层次的描述如下。

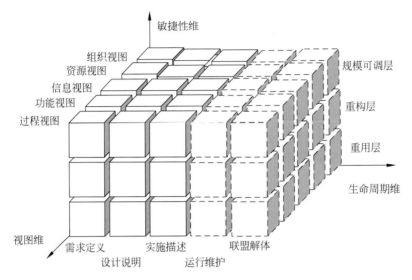

图 5.24　AVEM 中视图维、生命周期维和敏捷性维的结构

重用层:由各成员企业(组成虚拟企业的实体企业)的局部视图组成,其内容描述了成员企业为响应项目任务要求参与到联盟中的部分,代表了各成员企业的核心能力和资源优势。该层刻画的是虚拟企业系统的局部结构。

重构层:体现了来自重用层的各个局部视图集成为面向整个产品生命周期开发活动的全局视图的过程。该层刻画的是虚拟企业系统的全局结构。

规模可调层:在重构层产生的全局视图的基础上对虚拟企业目标(产品需求能力集)及外界环境的改变所做的响应,响应结果为对全局视图的规模边界及结构框架进行调整。规模可调消除了虚拟企业模型结构存在的大小限制,允许任意数量的可重用模块根据需求加入到结构中或从结构中删除,这种规模可调性使虚拟企业的变化精通性达到最大。

④ 通用性维的引入借鉴了 CEM(用户体验模型)建模的优势。CEM 以实体企业为建模对象,提供了一种快速有效的集成化企业建模框架及方法。利用 CEM 的建模优势,考虑到 AVEM 的敏捷性维的重用层针对的是各成员企业的建模层,即实体企业的建模层,因此将该层从图 5.25(a)所示的体系中抽出,引入通用性维,其结果为图 5.25(b)所示的 CEM 体系。AVEM 中通用性维的引入过程如图 5.25 所示。

AVEM 建模方法引入了面向对象的建模思想,采用了统一建模语言(Unified Modeling Language,UML)的语义和语法结构进行建模语言的定义。

(2) VEMS 网络化建模框架。

虚拟企业是处于不同地域的各个子系统(各实体企业对应的生产系统)的集合,其建模过程体现了网络化异地建模特点,主要表现为虚拟企业的集成化分权运作模式:一方

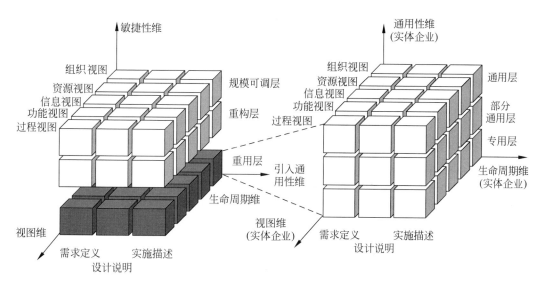

(a) AVEM中视图维、生命周期维和敏捷性维的结构　　　　　　(b) CEM体系

图 5.25　AVEM 中通用性维的引入过程

面,处于分散地域的各个实体企业负责本地经营活动和行为,并具有相对独立性和自主性,体现了虚拟企业中经营行为的分权化;另一方面,作为虚拟企业管理者和组织者的实体企业是虚拟企业的盟主,它不仅负责自身经营任务,而且还协调各个实体企业之间的经营行为,使之协同开发出高质量满足市场需求的产品,盟主的这种协调性体现了虚拟企业的集成化管理和调度理念。

　　VEMS 网络化建模框架设计结构如图 5.26 所示,框架基于三层架构,包括服务器端、客户端和数据访问中间件。该框架支持用户通过 Internet 进行异地建模,主要功能有:

　　① 客户端作为各个实体企业(即成员企业)的建模及分析平台,支持虚拟企业各个视图局部模型在不同建模阶段中的建模,同时提供局部模型的仿真、分析、评价、优化和诊断功能。

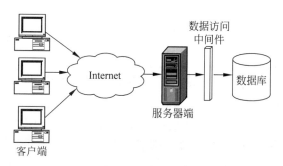

图 5.26　VEMS 网络化建模框架设计结构

② 服务器端作为盟主的建模及分析平台,负责虚拟企业各个视图全局模型的集成、仿真、分析、评价、优化和诊断,并提供模型数据的集中化管理和一致性维护。服务器作为虚拟企业建模系统的核心部分,对各个客户端的建模进行协调。

③ 客户端建立的虚拟企业局部模型通过网络上传至服务器端,在服务器端集成为虚拟企业全局模型。此外,客户端可以从服务器端申请应用服务,如参考模型库的资源共享。这些参考模型集中在服务器端统一管理,并且具有较好的可重用性,从而可利用这些已有的资源来加快建模速度和保证模型的正确性。

(3) VEMS 的功能模块组成。

图 5.27 和图 5.28 分别描述了 VEMS 客户端和 VEMS 服务器端的功能模块组成。图 5.28 同时包含了数据访问中间件的组成结构。

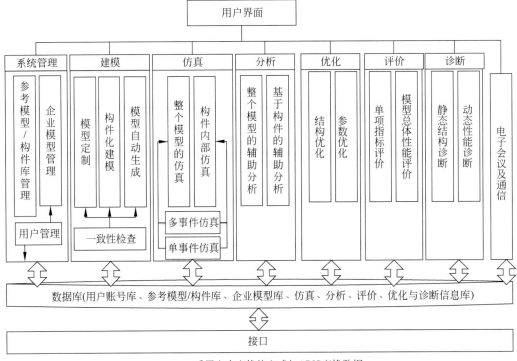

图 5.27　VEMS 客户端的功能模块组成

VEMS 客户端主要包括系统管理、建模、仿真、分析、优化、诊断、电子会议及通信、评价、接口和数据库等基本功能模块。除此之外,VEMS 服务器端在此基础上还包括项目组管理、任务分配、伙伴选择和模型集成等功能模块;数据访问中间件包含一些访问数据库前用于特殊业务逻辑处理的组件,如并发控制与冲突解决组件。

由于 VEMS 基于的建模体系及建模方法 AVEM 是在 CEM 建模体系及建模方法上扩展得到的,因此 VEMS 的设计与开发在原有 CEMS 架构上进行。VEMS 客户端的功

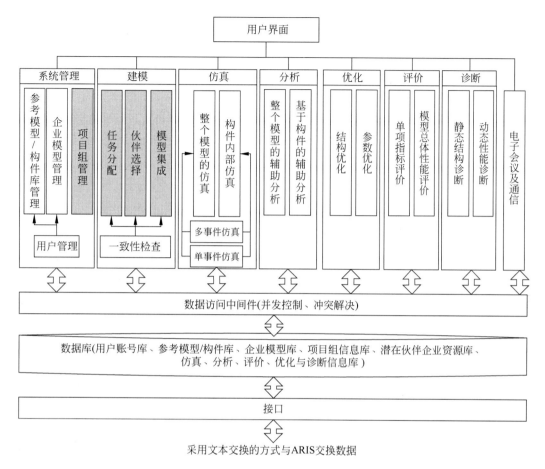

图 5.28　VEMS 服务器端的功能模块组成

能基本与 CEMS 一致,VEMS 服务器端除了具有 VEMS 客户端的基本建模和分析功能外,还具有协调各个客户端运行和进行项目整体管理的功能。

7. 各种体系比较

以上各种企业建模体系及方法由于面向的是不同的应用领域,因此在模型描述能力、语义与语法表达、方法可操作性等方面存在差异和不同。下面是对某些通用企业建模参考体系结构特点的归纳描述,从中可见这些参考体系结构的不同之处。

1) CIM-OSA

- 对体系结构各方面的定义和描述尽可能地形式化,因此在结构、模型、工具、技术等方面有计算机可执行性。
- 没有将此描述发展成为指导用户利用该体系结构实现工厂集成的真正的方法论。
- 对于没有计算机基础的潜在用户,缺少可读性和可理解性。
- 相应的建模工具还处于实验阶段,还没有投入市场的商用产品。

2）PERA

- 是一种引导用户经历企业集成的所有阶段（从最初的概念设计到最终的投入运行）的非形式化描述方法。
- 容易被没有计算机知识的用户理解。其相关方法论，特别是它对集成项目计划阶段的讨论是完备的，并较为文档化。
- 缺乏对体系结构进行计算机建模所需的数学建模技术，可执行性非常差。
- 方法论及以后的企业集成项目能对企业集成中人在各方面的影响进行讨论。

3）GIM

- 方法论可以帮助用户通过一些规范的步骤来应用其体系结构及相关工具和技术开发集成程序。
- 具有几种可能有广泛应用价值的工具和技术。
- 具有关于 CIM 以及实施 CIM 开发项目的哲理。
- 只讨论通过计算机系统及相关软硬件的开发来实现工厂集成。
- 没有就人员、培训、组织细节等进行讨论。

4）ARIS

- 已应用于许多企业重建的项目，是企业建模领域的领导者。
- 控制视图打破了相对孤立的各个视图之间的界限，使它们联接成一个整体。
- 提供了许多企业参考模型，可通过继承等手段在这些参考模型的基础上开发个别企业模型。
- 支持大量的建模方法，企业建模者可以在不同视图的不同阶段选用多种建模方法。
- ARIS Tool Set 是一个有较大影响的商业化的产品，能辅助企业建模与分析，并帮助企业选择合适的软件产品。ARIS Tool Set 的成功，表明 ARIS 的可执行性是非常好的。
- ARIS 虽然主要针对信息系统，但是它可应用于整个企业建模领域。

表 5.1 对目前流行和通用的几种建模体系及方法从多角度（如应用领域、模型描述能力、方法论的完备、语义与表示方法、模型可操作性和特征等）进行了优劣对比。通过对上述各个建模体系及方法的论述，可以得出下列结论。

以上介绍的各种体系结构都有自己独特的视图划分、建模方法、开发过程定义和结构框架描述，每种体系结构都有自己的长处和短处。

描述企业集成及其参考体系结构是一项非常复杂与烦琐的工作。在企业模型建立之后，如何评价其质量是企业和建模者都十分关心的问题。定义一组可操作的能够反映模型优劣程度的评价准则有十分重要的意义。而目前这方面的工作并没有体现在现有的参考体系结构中。

还没有一个现有的体系结构及其相关方法论的开发、描述以及文档化是完善的，但基本都具备发展成一个完善体系结构及方法论的基础。

表 5.1　各种建模体系及建模方法的比较

		CIMOSA	ARIS	GIM	DEM	PERA	IDEF	OOM
应用领域		企业工程	企业工程	企业工程	企业工程	企业工程	企业工程	软件工程、企业工程
模型描述能力								
静态建模	功能	强	强	弱	强	弱	强	强
	组织	较强	强	强	较强	强	弱	较强
	信息	强	强	较强	强	弱	强	强
	资源	强	弱	弱	弱	强（人力资源部分）	有限	有限
	决策	有限	有限	强	弱	弱	有限	有限
动态建模	过程（活动序列）	较强	强	有限	强	有限	强	强
	状态转移	弱	弱	弱	弱	弱	较强（OSTN）	强
	交互行为	弱	弱	弱	弱	弱	弱	强
方法论的完备性		不完备	完备	较完备	不完备	较完备	完备	完备
语义与表示方法								
提供正式的语义语法		提供	提供	提供	提供	不提供	提供	提供
提供形式化表示方法		提供	提供	不提供	不提供	不提供	提供	提供
提供可视化表示方法		提供	提供	提供	提供	不提供	提供	提供
是否面向模块化		是（构件）	否	否	是	否	部分（IDEF4）	是
是否标准化		否	否	否	否	否	否	是
模型是否支持								
仿真		支持	支持	否	支持	否	否	支持
模型执行		否	否	否	支持	否	否	支持
自顶向下的分解		支持	支持	部分支持	部分支持	支持	支持	支持
自底向上的归纳		支持	支持	部分支持	部分支持	支持	支持	支持
模型特征								
重用性		较强	弱	弱	强	弱	弱	强
易维护性		较强	弱	弱	强	弱	弱	强
模块化程度		强	弱	弱	强	弱	弱	强
可读性		弱	较强	较强	弱	强	强	强
建模支持工具		CIMTool	ARIS（商业化）	PC-CACIM、Sun-CAGIM	BAAN Ⅳ	无	无	众多（商业化）

　　CIM-OSA 和 GIM 都把自身局限于离散型机器制造业,而 PERA 则自认为是适用于各种工业的,包括连续工业和离散工业。实际上,我们对 CIM 定义时,强调其制造业的含义是广义的,不受行业的局限性。CIM-OSA 和 GIM 的基本形式也完全可以用于各种不同行业,只是在底层控制系统的描述会因具体行业不同而有所差别,但总体多视图、多

层次的框架是共同的,具有普遍性。

CIM-OSA 有相对最完整的文档,有一部分模型给出了明确的定义和建模方法;PERA 虽已有文档,但具体建模方法定义的比较少;GIM 的成熟性则介于这两者之间,GIM 已有 3 种比较成熟的建模方法,即决策、功能和信息模型建模。IDEF 方法及其文档最为丰富,但缺乏各个方法之间的有效集成。ARIS 以其比较成熟的方法体系和较好的可执行性成为目前普遍使用的建模体系及方法。我们既希望建模体系具有较为完备的方法和文档,又要有"计算机可执行"的特点,并且要简单易行,这是我们今后的研究方向。

大部分建模体系把人仅作为有一定技能和体能的资源,而没有涉及人际关系、所需培训项目、工会需求、人员组织以及影响人支持或抵触 CIM 实施的各种因素等。PERA 则加上了人和组织体系结构,可以包括所有影响企业集成的各种人的因素,但是具体到明确的分析和建模手段,也还需要进行大量研究。

基础结构和运行环境是保证"体系结构"在企业集成中起到实际作用的基本条件,CIM-OSA 提出的 IIS 集成基础结构以及企业工程环境和企业运行环境描述了各种硬件、软件和人员如何集成为一个整体,为其计算机实现创造了条件。其他体系都没有对此提出具体方案。

相比较而言,ARIS 由于其较完善的体系结构以及其产品较为成熟,是目前情况下较好的一种体系结构。以 ARIS 为基础,吸收其他体系结构的长处,可以形成一个更完善的体系结构。

面向对象建模方法 OOM 是软件工程领域发展起来的一门学科技术。其强大的建模和分析能力与实施手段开辟了企业建模领域新的发展方向。尤其是 UML 在企业建模技术中的引入,使面向对象的分析与设计思想的优势在企业模型分析与设计中得到了充分的发挥。

企业集成是一项非常复杂和烦琐的工作,描述这项工作的企业建模参考体系结构也是一个非常复杂和烦琐的对象。作为 CIM 的核心技术,企业建模得到了学术界和企业界的广泛重视和关注,并成为企业工程研究的热点领域。纵观企业建模的发展阶段和研究成果,可以发现,不同学者和工程人员从不同角度开发了具有解决不同问题域的企业建模体系及方法,这些建模体系及方法反映了企业建模的不同出发点,并给出了相应的建模工具。如何完善这些建模体系及方法的定义和开发可操作性工具是企业建模领域今后研究的内容,也是企业界实施 CIMS 的关注焦点。

5.2.2 面向智能制造的参考体系结构

工业 4.0 已上升为德国的国家战略。工业 4.0 的目标是通过充分利用信息通信技术和网络空间虚拟系统、信息物理系统相结合的手段,推动制造业向智能化转型,将实体物理世界与虚拟网络世界融合,将产品全生命周期、全制造流程数字化以及基于信息通信技术的模块集成,形成一种高度灵活、个性化、数字化的产品与服务新生产模式。

　　美国的互联网以及 ICT(信息和通信技术)巨头与传统制造业领导厂商携手推出"工业互联网"概念,GE、思科、IBM、AT&T、英特尔等 80 多家企业成立了工业互联网联盟(IIC)。"工业互联网"希望借助网络和数据的力量提升整个工业的价值创造能力。"工业互联网"旨在通过制定通用标准,打破技术壁垒,利用互联网激活传统工业过程,更好地促进物理世界和数字世界的融合。

　　2016 年 3 月,"工业 4.0"平台和工业互联网联盟双方代表开始探讨合作事宜。双方就各自推出的参考架构 RAMI 4.0 和 IIRA 的互补性达成共识,形成了初始映射图,以显示两种模型元素之间的直接关系;制定了未来确保互操作性的一个清晰路线图,还包括在 IIC 试验台和"工业 4.0"试验设施方面合作,以及在工业互联网中标准化、架构和业务成果方面合作。

1. "工业 4.0"参考架构

　　德国电工电子与信息技术标准化委员会(DKE)于 2014 年发布了第 1 版德国"工业 4.0"标准化路线图,对德国的"工业 4.0"标准化工作进行顶层设计,并于 2015 年公布了"工业 4.0"参考架构模型 RAMI 4.0[1],如图 5.29 所示。

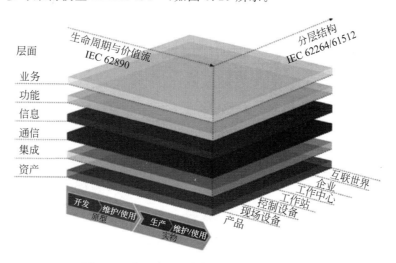

图 5.29　"工业 4.0"参考架构模型 RAMI 4.0

　　"工业 4.0"参考架构模型(RAMI 4.0)描述一个基于三维结构化的层模型对象/资产关键要素。"工业 4.0"集中于产品开发和生产全过程。这种结构使得相关资产在其生命周期的每个节点都能够得以展现,因此它的复杂相互关系可以被分解成更小的、更明确的部分。

　　RAMI 4.0 模型的第一个维度(垂直轴)层(layers)借用了信息和通信技术常用的分层概念。类似于著名的 ISO OSI 七层模型,由 6 个不同的层表示不同的资产信息,各层实现相对独立的功能,同时下层为上层提供接口,上层使用下层的服务。从下到上各层代表的主要功能如下。

资产层：数字化(虚拟)表示现实世界的资产(物理部件/硬件/软件/文件等)，如传感器、制动器、机械零件、文件、IP 等。

集成层：现实世界与信息技术表征间的接口，资产的人机接口。

通信层：信息层通信，实现标准化的通信协议，以及数据和文件的传输；必要时(如开展对时间敏感的应用时)，通过实时网络直接通信。

信息层：兼容"工业 4.0"的数据表示与数据访问。

功能层：形式化定义必要的功能，为业务流程提供基本服务。

业务层：映射和实现相关的业务流程。

因而，可以各层次为不同视角来实现"工业 4.0"的建模和实施。

RAMI 4.0 模型的第二个维度(左侧水平轴)描述如图 5.30 所示的全生命周期及其相关价值流：描绘资产在整个生命周期中各个阶段，以及基于产品生命周期管理标准 IEC 62890 的价值创造过程。这一维度的参考标准是 IEC 62890《工业过程测量控制和自动化系统和产品生命周期管理》。此处的过程指的是生产过程，完整的生命周期从规划开始，到设计、仿真、制造，直至销售和服务。

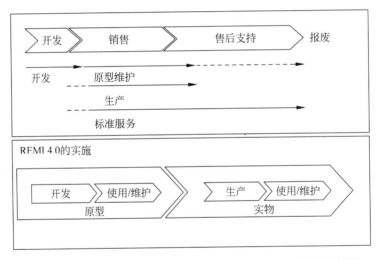

图 5.30　生命周期与价值链：根据 IEC/CD 62890 标准的生命周期

RAMI 4.0 模型进一步将生命周期划分为原型(type)开发和实物(instance)生产两个阶段，以强调不同阶段考虑的重点不同。Type 阶段从初始设计至定型，还包括各种测试和验证。Instance 阶段进行产品的规模化、工业化生产、维护服务，每个产品是原型的一个实例。"工业 4.0"中，type 阶段与 instance 阶段形成闭环。例如，在销售阶段将产品的改进信息反馈给制造商，以改正原型样机，然后发布新的型号和生产新的产品。这为产品的升级改进带来巨大的好处。

另外，RAMI 4.0 模型将采购、订单、装配、物流、维护、供应商以及客户等紧密关联。例如，在装配工序使用物流数据，根据未完成订单组织内部物流，采购部实时查看库存并在任意时刻了解零部件供货情况，客户知晓所订购产品的整个生产过程。这也将为改进提供巨大的潜能。因此,必须将生命周期与其包含的增值过程一起考虑,不仅限于单个工厂内部,而是扩展到涉及的所有工厂与合作伙伴,从工程设计,到零部件供应商,直至到最终客户。

　　RAMI 4.0 模型的第三个维度(右侧水平轴层级(hierarchy levels))描述"工业 4.0"不同生产环境下的功能分类,与 IEC 62264《企业控制系统集成》(即 ISA S95)和 IEC 61512《批控制》(即 ISA S88)规定的层次一致(图 5.31)。更进一步,由于"工业 4.0"不仅关注生产产品的工厂、车间和机器,还关注产品本身以及工厂外部的跨企业协同关系,因此在底层增加了"产品"层,在工厂顶层增加了"互联世界"层(图 5.32)。

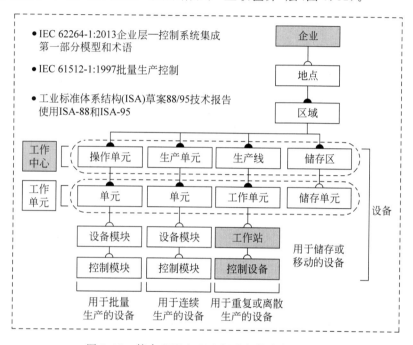

图 5.31　符合 IEC 和 ISA 标准的技术资产层次

　　RAMI 4.0 模型将全生命周期及价值链与"工业 4.0"分层结构相结合,为描述和实现"工业 4.0"提供了最大的灵活性。

2. 工业互联网参考架构

　　工业互联网要实现技术创新、互联互通、系统安全和产业提升均离不开标准化的引领。2015 年 6 月,IIC 发布工业互联网参考架构(IIRA)。在工业领域建立新物联网能力的过程中,IIRA 是重要的第一步,将帮助开发者更快地反应。借助 IIRA 可以创造新方法来组织工业应用,从设计主导向实用主导转变。IIRA 为工业互联网系统的各要素及相互关系提供了通用语言,在通用语言的帮助下,开发者可为系统选取所需要素,从而更快地交付系统实现。

　　工业互联网参考体系结构中的功能实体的识别和功能设计,是设计和实现工业互联网实际系统的关键。工业互联网的参考体系结构中功能实体的识别和功能设计源于工

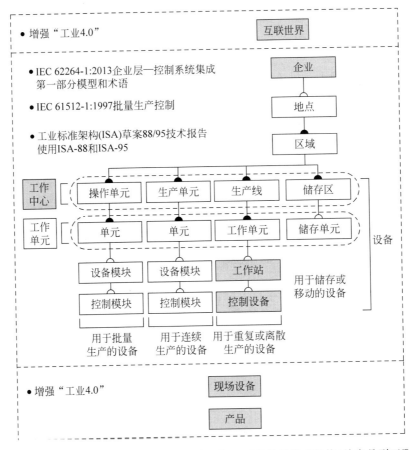

图 5.32 "工业 4.0"功能组件的层次架构："工业 4.0"组件的集成架构(从产品到互联世界)

业互联网的需求模型和用例模型,工业互联网采用了
复杂系统建模中通常采用的多个视图(views)的建模
方法,该方法也称为多个视角(viewpoints)的建模方
法。IIRA[2]采用复杂系统建模方法,分别从商业视角、
用法视角、功能视角、实现视角构建工业互联网的需求
模型、用例模型、功能模型、实现模型和部署模型,如
图 5.33 所示。

　商业视角侧重于需求分析,与欧洲联盟主导的"物
联网体系结构"项目公开发布的技术报告中的"需求模
型"对应;用法视角侧重于典型使用过程的描述,与
"用例模型"对应;功能视角侧重于功能的分类和设
计,与"功能模型"对应;实现视角侧重于功能的实现
和部署,与"实现模型"和"部署模型"对应。

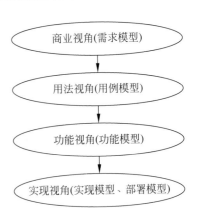

图 5.33 工业互联网参考架构

1) IIRA 的商业视角建模

商业视角建模的目标主要是识别工业互联网系统的利益相关方,明确系统的愿景、商业价值,在此基础上设定较高层次的技术产品和商业产出。基于设定的技术产品和商业产出,可以明确需要设计和实现的、实现这些技术和商业目标要求系统具有的基本能力,而这种能力是独立于具体实现技术的。这是工业界决定是否要投入一项新技术通常采用的方式。

从商业视角(图 5.34)看,在企业中建立工业互联网系统之后,利益相关者的企业愿景、价值观和企业目标被更多聚焦。它进一步明确了工业互联网系统如何通过映射基本的系统功能去达到既定目标。这些问题都是以企业为主体,特定的企业决策者、产品经理和系统工程师会对此产生兴趣,如果将商业实现与复杂系统流程对接。

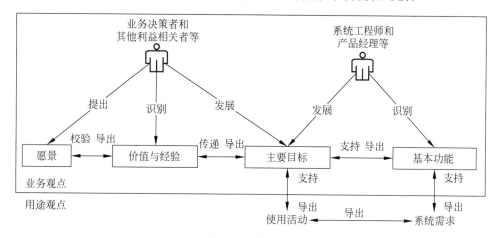

图 5.34　商业视角

在目前发布的从商业视角对工业互联网系统建模的技术报告中,只是明确了信息安全的商业价值,并且将信息安全特性与设计、实现功能部件和系统的质量关联,进一步明确工业互联网系统的开发必须采用安全开发生命周期的管理方式。

2) IIRA 的用法(使用)视角建模

用法视角(图 5.35)建模的目标主要是基于商业视角建模中得出的工业互联网系统的基本能力,将其映射成为基本的操作单元,同时考虑到工业互联网系统的参与方以及这些参与方在系统中可能扮演的角色,得出工业互联网系统通过"活动"对于这些基本能力的使用。

用法视角指出系统预期使用的一些问题,它通常表示为涉及在最终实现其基本系统功能的人或逻辑用户活动序列。这些问题通常牵涉系统工程师、产品经理和其他利益相关者,包括参与到工业互联网系统规范制定和代表最终使用用户的人。

在目前已经发布的从用法视角对于工业互联网建模的技术报告中,也仅仅局限在信息安全方面,归纳出通用安全活动,包括安全检测、安全审计、安全策略管理以及密码支撑管理。

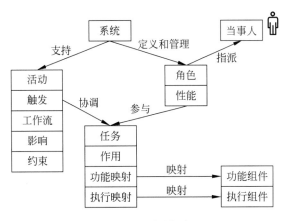

图 5.35　用法视角

3）IIRA 的功能视角建模

功能视角建模的目标是基于用法视角建模输出的"活动"，分解工业互联网系统的功能，构建工业互联网系统的功能架构。为了使工业互联网系统的功能架构能够适用于单个工业领域的工业互联网，功能视角（图 5.36）聚焦工业互联网系统里的功能元件，包括它们的相互关系、结构，相互之间的接口与交互，以及与环境外部的相互作用，来支撑整个系统的使用活动。IIRA 的功能视角建模采用了功能域模型，将工业互联网系统在功能上划分成控制域、操作域、信息域、应用域、商业域，对系统组件建筑师、开发商和集成商有强大的吸引力。

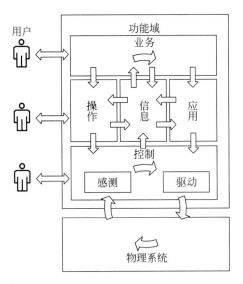

图 5.36　功能视角

控制域（图 5.37）表示由工业控制系统执行的功能集合，包括感知和传递工业控制系统的数据、反馈对工业控制系统的控制等功能。

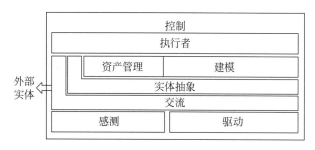

图 5.37　控制域

操作域(图 5.38)表示负责控制域内系统的功能提供、管理、监测以及优化的功能集合,包括对工业控制系统的检测与诊断、预测和优化等功能。

信息域(图 5.39)表示从多个不同功能域收集数据、转换和分析数据的功能集合。信息域主要从其他域获取数据进行分析和处理,来获取整个系统的智能信息。

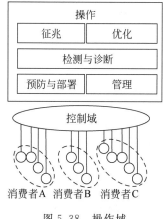

图 5.38　操作域

图 5.39　信息域

应用域表示实现特定商业功能的应用逻辑的功能集合。

商业域功能通过集成工业互联网系统与具体的商业功能、支持商业过程和商业流程活动,提供工业互联网系统的端到端操作。

目前发布的功能视角建模的技术报告仅描述了通用安全功能,包括安全审计、标识验证、密码支持、数据和隐私保护、真实性验证和标识管理以及物理保护。这些安全功能与多种系统安全能力相关,包括安全启动、增强型信任、增强型隐私保护、早期攻击检测、安全管理等。

4) IIRA 的实现视角建模

实现视角建模的目标是描述一个工业互联网系统的技术和功能部件的技术规范,以实现用法视角模型和功能视角模型导出的活动和功能。实现视角模型包括描述工业互联网系统的通用体系结构、功能部件、"活动"到"功能部件"到"实现部件"的实现映射、关键系统特性的实现映射。

实现视角主要关注功能部件之间通信方案与生命周期所需要的技术问题。这些功能部件通过活动来实现协调并支持系统能力。此视角关注的问题与系统组件工程师、开发商、集成商和系统运营商有密切联系。

实现视角模型包括多个体系结构模式,其中三层体系结构是工业互联网实现视角模型中的一个简化的抽象模型,根据对数据流和控制流处理的功能不同,该体系结构模式可以分成边缘层、平台层、企业层。

边缘层从工业控制系统收集数据,传送给平台层;从平台层接收对于工业控制系统的控制命令。平台层从企业层接收、处理,并且向边缘层转发控制命令;从边缘层汇聚、处理,并且向企业层转发数据。企业层实现特定领域的应用、决策支持系统,并且向端用户提供应用接口。图 5.40 是工业互联网的三层体系结构与功能域对应关系。

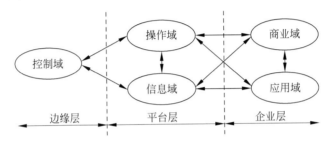

图 5.40　工业互联网的三层体系结构与功能域对应关系

总体来说,工业互联网参考架构将现存的和新兴的标准统一在相同的结构中,同时,IIC 正建立垂直领域应用案例分类表,在参考架构下体系化推进应用。IIRA 的系统特性包括:

- 系统安全。系统安全是系统运转的主要核心问题,单个组件的安全不能保证整个系统的安全,在缺乏系统行为预测的前提下很难预警系统安全问题。
- 信息安全。为了解决工业互联网中的安全、信任与隐私问题,必须保障系统端到端信息安全。
- 弹性。弹性系统需要有容错、自我配置、自我修复、自我组织与计算的自主计算概念。
- 互操作性。工业互联网系统由不同厂商和组织的不同组件装配而成,这些组件需确保基于兼容通信协议的相互通信功能、基于共同概念模型互相交换与解释信息、基于交互方期望在重组方式下相互作用。
- 连接性。无处不在的连接是工业互联网系统运行的关键基础技术之一,针对系统内的分布式工业传感器、控制器、设备、网关和其他子系统,有必要定义新的连接性功能层模型。
- 数据管理。工业互联网系统数据管理包含涉及从使用角度考虑的任务角色和从功能角度看的功能组件的具体协调活动,如数据分析、发布与订阅、查询、存储与检索、集成、描述和呈现、数据框架和权限管理。

- 高级数据分析。分析与先进的数据处理过程将来自传感器的数据进行转换与分析,从而提取能提供特定功能的有效信息,给运营商有见地的建议,支持实时业务与运营决策。
- 智能控制。智能控制提出相关的概念模型,并就如何建立智能弹性控制提出关键的概念。
- 动态组合。工业互联网系统需要对各种来源的分散组件进行安全、稳定和可扩展组合。这些组合通常基于不同协议,提供可靠的端到端服务。

从目前发布的 IIRA 的技术文档中可以看出,工业互联网技术体系尚未形成,目前仅针对工业互联网的信息安全进行了较为高层的技术体系的构建,这方面工作也仅是一个开始,还没有提供对于物理安全、信息安全、系统自愈三个系统特性完整支撑的技术体系。

3. 两种参考架构模型的比较

参考架构模型的描述和定义可将功能、服务和流程分解为更易操作的子过程,同时支持解决方案的实践过程。创建模型时经常面临一个困境,即模型必须既要基于技术规范和标准提供一个广泛接受的描述,又要满足大量应用实例的特殊要求。所以,模型是针对定义的目标参数而高度一般化的描述。这些目标参数的来源包括所要描述领域的能力范围、模型对实践的影响、系统界限及与其他模型的接口。

国际上一些联盟从不同的角度和着眼点起草了不同的参考模型。例如,德国“工业4.0”平台建立的“工业 4.0”参考架构模型(RAMI 4.0)、美国工业互联网联盟建立的工业互联网参考架构(IIRA)模型。数字化和物、服务、机器等形成的网络是两个模型核心的成分。两个模型既有互补的部分,也有一致的部分,同时也有需要共同改进的地方,问题的关键在于整体结构的系统实施。而实施的基础是互联网机制和端到端数字化,这对于全球的目标用户和产品是至关重要的。

1) RAMI 4.0:生命周期、价值流、分层结构的融合

“工业 4.0”是物联网(IoT)和服务互联网(Internet of Services)在“生产与产品”领域的应用,是融合了生产工具、产品和服务的工程。“工业 4.0”空间可以采用三维的 RAMI 4.0 模型来描述。第一个轴向为垂直轴向,是分层结构,代表了各种不同的角度,包括数据映射、功能描述、通信行为、硬件(资源)和商业过程,这类似于 IT 技术的实践方法:将复杂工程分组并形成易操作的子单元。第二个轴向表示的关键指标包括产品和生产系统的生命周期和使用寿命以及价值流。RAMI 4.0 模型可以描述所有价值流中不同数据的相关性。第三个轴向描述不同功能类型在工厂/车间的分配情况,这个功能层级并不是经典的自动化金字塔结构描述的设备分类。RAMI 4.0 模型通过在底层增加产品或工件层、在工厂级顶层增加互联世界层扩展了 IEC 62264 的分层结构,如图 5.29 所示。

RAMI 4.0 定义了“工业 4.0”组件具有的生命周期、价值流和分层结构,描述了不同功能逻辑分组以及界面与标准的映射,同时可用于描述和实践高度柔性的解决方案。在已有的国际标准涉及的领域,可以整合兼容的标准。在没有标准的领域,则需要国际组

织开展编制工作，以扫清 RAMI 4.0 模型应用的障碍。其中，数据交换的语义和语法标准是不同方通信的基础。虽然并不是所有的领域都采用同一种语言，但是标准化的规则可解释不同语言之间的差异（如同人类语言一样），从而重新建立顺畅的通信。

2）IIRA：考虑不同利益群体的视角

美国的工业互联网联盟基于 ISO/IEC/IEEE 42010：2011 标准提出了 IIRA 模型。ISO/IEC/IEEE 42010 标准概述了系统、软件和企业结构的相关必要条件，提出应鉴别系统用户、供应商、开发商及技术人员等不同利益相关者的视角，目标是从他们的角度来描述系统特性，包括概念的预期用途和适用性、实施过程、潜在风险、系统在整个生命周期的可维护性等，如图 5.33 所示。

IIRA 是一个分层模型，描述了 4 种不同的视角，包括商业、使用、功能、实践。它着眼于软件和商业过程所涉及的能力。每个视角都可以与 RAMI 4.0 的纵轴层级比较，而RAMI 4.0 在生命周期和分层结构两个水平轴方向扩充了 IIRA 模型，如图 5.41 所示。另外，基于 RAMI 4.0 的"工业 4.0"组件具有的管理可描述语法和语义通信，从而建立不同机器、系统、软件等之间的联系。

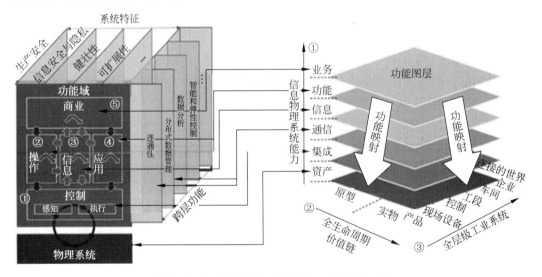

图 5.41　IIRA 功能视角与 RAMI 4.0 的比较

德国的"工业 4.0"平台采用 RAMI 4.0 和"工业 4.0"组件从工业角度定义了一个参考架构，在生产、产品和服务方面具有适用性，目标是在实践物、服务、人、机器的互联网时减少界面数量，并标准化工程语言。因此，"工业 4.0"组件的管理可在生产现场和管理部门之间、不同模型之间、不同利益相关者之间建立连接。不同联盟之间要建立合作关系，鉴别不同的模型，促进模型在产品、系统、数据、服务方面的实践。但是，由于互操作性是实现"工业 4.0"的必要条件，所以只有形成统一的模型，最终的解决方案才能给用户带来最优的利益。

5.2.3 "中国制造 2025"的智能制造参考架构

2015 年 12 月,中华人民共和国工业和信息化部、国家标准化管理委员会根据"中国制造 2025"的战略部署,联合发布了《国家智能制造标准体系建设指南(2015 版)》,提出从生命周期、系统层级、智能功能三个维度建立中国智能制造系统架构(图 5.42)。系统架构是对智能制造的核心特征和要素的总结,其中,生命周期是由设计、生产、物流、销售、服务等一系列相互联系的价值创造活动组成的链式集合;系统层级包括设备层、控制层、车间层、企业层和协同层共五层,体现了装备的智能化和互联网协议(IP)化,以及网络的扁平化趋势;智能功能包括资源要素、系统集成、互联互通、信息融合和新兴业态五个层次。

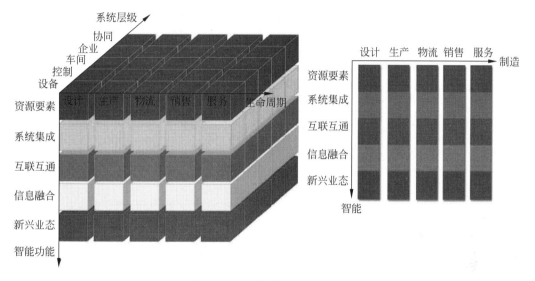

图 5.42　中国智能制造系统架构

5.2.4 虚实结合的智能制造参考架构

随着企业建模体系的不断发展,现有的建模方法在智能制造建模体系应具有的模型表达能力,语义与表示方法、形式化程度、方法论、可读性以及模型支持能力等方面均已有所突破。因此,在国外企业建模理论、方法与工具研究及开发的基础上,结合"工业 4.0"参考架构 RAMI 4.0、工业互联网参考架构 IIRA 以及"中国制造 2025"的智能制造系统架构等各种智能制造企业建模参考体系结构的优点,提出从生命周期(Life Cycle)、视图(View)、物理世界(Physical System)、虚拟世界(Cyber System)四个维度建立智能制造系统的参考架构(图 5.43)对智能制造的核心特征和要素进行总结。其中,生命周期是由原型开发(研发/设计/使用/维护)、产品生产(生产/销售/使用/维护)、回收(回收/再制造)等一系列相互联系的价值创造活动组成的链式集合;视图维包括资源、物联(集成/通信）、信息（数据/信息/知识）、服务（功能/业务/组织/新业态）四个层次；物理世界维包括产品层、设备层、工作中心层、车间（工厂）层、企业层和互联世界层共六层，体现了装备和工厂的互联化和智能化，以及网络的扁平化趋势；虚拟世界维与物理世界维对应，包括虚拟产品层、虚拟设备层、虚拟工作中心层、虚拟车间（工厂）层、虚拟企业层和虚拟互联世界层共六层，体现了装备和工厂从物理世界向虚拟世界的映射，以及制造过程的虚拟化趋势。

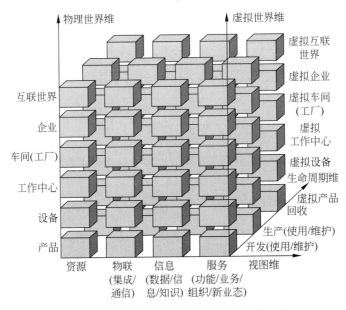

图 5.43　虚实结合的智能制造参考体系架构

1. 生命周期维

生命周期维提供对系统生命周期的建模支持，由和企业模型开发生命周期中的主要阶段相对应的三个建模层次组成。与 RAMI 4.0 参考体系结构的生命周期维类似，包括原型开发、产品生产、回收三部分。

原型开发（type）采用 RAMI 4.0 的方法，根据企业的目标，通过简单明了的图形系统描述企业原型产品从初始设计至定型，还包括各种测试和验证。

产品生产（instance）兼顾原型开发层的需求定义和实现工具及用户界面的可实现能力，设计二者的沟通方式与形式，进行产品的设计、仿真、制造等规模化和工业化生产，以及销售、使用和维护服务，每个产品是原型（type）的一个实例（instance）。

回收（recycle）具体完成产品的报废和回收再利用。

2. 视图维

视图维是观察和控制企业的不同方面的"窗口"，由资源、物联、信息和服务四个视图组成。

资源包括设计施工图纸、产品工艺文件、原材料、制造设备、生产车间和工厂等物理实体,也包括电力、燃气等能源。此外,人员也可视为资源的一个组成部分。

　　物联是指在通过二维码、射频识别、软件等信息技术集成原材料、零部件、能源、设备等各种制造资源(由小到大实现从智能装备到智能生产单元、智能生产线、数字化车间、智能工厂,乃至智能制造系统的集成)的基础上,通过有线、无线等通信技术,实现机器之间、机器与控制系统之间、企业之间的互联互通。

　　信息是指在物联的基础上,利用大数据、物联网和云计算等新一代信息技术,采集企业中的所有信息,描述企业运作过程中使用的事务信息结构,并在保障信息安全的前提下,实现数据/信息/知识的协同共享。

　　服务由功能、业务、组织和新业态等子视图构成。

　　功能描述企业所有功能和子功能,以及它们之间的全局关系与隶属关系;业务映射和实现相关的业务流程;组织考虑企业组织方面的问题,描述各组织之间的对应关系和结构关系;新兴业态包括个性化定制、远程运维和工业云等服务型制造模式。

3. 物理世界维

　　物理世界维 RAMI 4.0 参考体系结构的分层结构维,包括产品层、设备层、工作中心层、车间(工厂)层、企业层和互联世界层六个层次。

4. 虚拟世界维

　　虚拟世界维与物理世界维对应。

5.3　制造系统的建模方法及工具

5.3.1　IDEF 系列方法

　　IDEF 的基本概念是在 20 世纪 70 年代提出的结构化分析方法基础上发展起来的。结构化分析方法在许多应用问题中起了很好的作用,在降低开发费用、减少系统中的错误、促进交流的一致性及加强管理等方面都产生了效益。1981 年,美国空军公布的综合计算机辅助制造(Integrated Computer Aided Manufacturing,ICAM)工程中用了名为 IDEF 的方法。IDEF 是 ICAM DEFinition method 的缩写,后来称为 integration definition method。IDEF 方法最初由以下三种模型组成。

　　IDEF0(功能模型):描述系统的功能活动及其联系,在 ICAM 中建立加工制造业的体系结构模型,其基本内容是系统分析和设计技术(System Analysis and Design Technology,SADT)的活动模型方法。在 IDEF0 中,一个盒子表示一个整体功能,该功能是相关功能的一个集合,而不只是一个单独的活动。

　　IDEF1x(信息模型):IDEF1x 用于生成一个信息模型,描述在该环境(或系统)中的信息的结构和语义。IDEF1x 模型的构件是实体、联系和属性。

　　IDEF2(动态模型):IDEF2 用于产生制造系统随时间变化的各种行为的一个描述,

分析 IDEF2 描述可以获得制造系统用计算机仿真的系统执行情况。

后经美国 KBSI 公司的发展，IDEF 已逐渐形成一整套从各个方面分析设计复杂系统的方法家族，包括 IDEF0 至 IDEF14。

IDEF3 用于过程描述(process description capture)，为收集和记录过程提供了一种机制。IDEF3 以自然的方式记录状态和事件之间的优先和因果关系，办法是为表达一个系统、过程或组织如何工作的知识提供一种结构化的方法。

IDEF4 用于面向对象设计(object-oriented design)，可应用于使用面向对象技术的应用。IDEF4 是由专业的面向对象的设计人员和编程人员开发的，选择 IDEF4 方法最重要的原因是它把面向对象的设计看作是大系统开发框架的一部分，而不是把面向对象的设计和分析相隔离。IDEF4 强调在面向对象的设计过程中的图形化语法，使用图形化语法和图示有助于对重要的设计事件进行集中交流。

IDEF5 用于本体描述(ontology description capture)，是一种具有扎实的理论和实践基础的方法，用于实现实体的建立、修改和维护。该方法提供标准化的过程、直观自然的表现能力、高质量的结果，有助于降低开发的成本。

IDEF6 用于设计原理(design rationale capture)。

IDEF7 用于信息系统审定(information system auditing)。

IDEF8 用于用户界面建模(user interface modeling)。

IDEF9 用于场景驱动信息系统设计(scenario-driven IS design)。

IDEF10 用于实施体系结构建模(implementation architecture modeling)。

IDEF11 用于信息制品建模(information artifact modeling)。

IDEF12 用于组织建模(organization modeling)。

IDEF13 用于三模式映射设计(three schema mapping design)。

IDEF14 用于网络规划(network design)。

IDEF 方法的每种模型在系统分析的某一方面都是强有力的分析工具。但是，IDEF 各种方法之间缺乏统一的接口，使得其功能建模结果在信息建模过程中得不到充分的利用，甚至功能建模和信息建模背道而驰。而我国在系统分析阶段通常使用功能建模(IDEF0)方法，在系统设计阶段大都使用信息建模(IDEF1x)方法，两种方法的兼容性差导致系统分析阶段工作结果在向设计阶段工作过渡时被抛弃，导致前期系统分析工作的浪费和后期设计工作与系统需求脱节；另外，由于目前使用的大多是面向对象的编程语言，而 IDEF 方法是一种结构化的建模方法，因此存在设计结果和面向对象编程之间的矛盾。本节只介绍 IDEF0 和 IDEF1x 方法的基本理论。

5.3.1.1　IDEF0 方法

IDEF0 的基本思想是结构化分析方法，来源于结构化分析设计技术方法。它具有一些基本特点，这些特点形成一种思维规则，用于从信息系统的计划阶段到设计阶段的各项工作。

1. 基本图形定义

1）活动图形

IDEF0 模型由一系列图形组成，是对一个复杂事物的抽象和规范化的描述。按照结构化方法自顶向下、IDEF0 逐步求精的分析原则，IDEF0 的初始图形首先描述了系统的最一般、最抽象的特征，确定了系统的边界和功能概貌，然后对初始图形中包含的各个部分按照 IDEF0 方法逐步分解，形成对系统较为详细地描述并得到较为细化的图形表示，这样经过多次分解，最终得到的图形细致到足以描述整个系统的功能为止。

IDEF0 中，一个系统的功能模型可以用一组递阶分解的活动图形来表示，其递阶关系可以表示成树状结构，或类似家族的家谱图，如图 5.44 所示。每个详细图是其较抽象图的一个分解，把较抽象图称为父图，详细图称为子图。父图中的一个盒子（活动）可以由子图中的多个盒子（活动）和箭头来描述，并且父图中进入和离开的箭头必须与子图中进入和离开的箭头一致，即父图和子图必须是平衡的。对每张图或盒子赋予一个相应的结点号，用来标志该图形或盒子在层次中的位置。活动图的所有结点号都用字母 A 开头，最顶层图形为 A0 图。在 A0 以上用一个盒子来代表系统的内外关系图，编号为 A-0。从概念上来说，A0 和 A-0 都是顶层，不要把它们看作两个层次。每张图的编号为其父图编号加上父模块在其父图中的序号组合而成，形成"父-子-孙……"的结点编号方法。例如，A3 图是 A0 图中的第 3 个活动盒子的详细分解；A32 图则是 A3 图中第 2 个活动盒子的详细分解。实际上，每个结点如果需要继续分解，就对应一张下一层的 IDEF0 图，按此树状结构分解就得到整个系统的功能模型图。

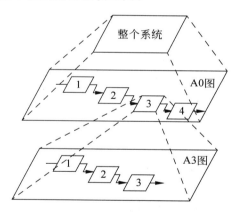

图 5.44　IDEF0 递阶层次分解图

通常，分解时，每个图形中活动的数量最好不要超过 7 个，这样做一方面可以控制模型的复杂程度，另一方面可以控制抽象的级别，同时符合人们认识问题的思维习惯。

2）盒子

IDEF0 模型是真实世界中事务功能的抽象。事物的功能用方框图形表示，同时抽象出作用于功能的相关要素。盒子代表活动，一般用动词短语描述，标注在盒子的内部，并且在盒子的右下角写上编号。连接到盒子上的箭头，表示由活动产生或所需要的数据，用名词短语标注在箭头旁边。这些数据可以是信息、对象，或是用名词或短语描述的任何事物。箭头仅限制了活动间的联系，并不表示活动的顺序。活动的一般表示及示例如图 5.45 所示。

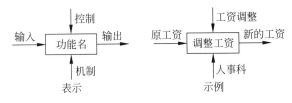

图 5.45　活动的一般表示及示例

作用于活动的箭头可以分为四类。

输入(input)：功能需要处理的数据，箭头标注在活动的左边。

输出(output)：功能处理得到的数据，箭头标志在活动的右边。

控制(control)：说明控制变化的条件和环境，或者说约束，箭头标注在活动的上边。

机制(mechanism)：作用在活动底部的是机制，它说明执行活动的事物，可以是人或设备等。

在图 5.45 中，示例表示的含义是：工资调整活动将输入的原工资调整以后得到新的工资，其中约束(控制)条件是增加 20 元，由人事科负责执行(机制)。

理解输入、控制二者不同的含义，对理解系统的工作是重要的。无法明确区分输入与控制时，可将其看作是控制。每个活动至少有一个控制箭头。

活动所表示的盒子中，输入/输出箭头表示活动进行的是什么(what)，控制箭头表明为何做(why)，机制箭头表示如何做(how)。

盒子所表示的活动往往是一组相关的活动，不一定是单一的功能。在不同条件下，作用在活动上的输入、输出、控制、机制箭头允许有多个，表示在不同的输入或控制下，执行不同的功能，产生不同的输出。

3) 箭头

在活动图形上，箭头代表数据约束，不标明顺序和时间。一个活动的输出可以是另外一个活动的输入或控制。箭头可以联合，以表示多个活动产生同一类数据(或合成为一类数据)。箭头分支可以代表一类东西或同一种类的不同东西。

在图 5.46 中，(a)表示活动 A_1 输出数据，流向活动 A_2 和 A_3，(b)表示活动 A_1、A_2 的输出数据，作为活动 A_3 的控制。

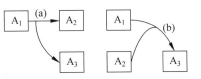

图 5.46　箭头的分流和汇合

有时，在表示活动的盒子底部增加向下指出的机制箭头(图 5.47)称为调用(Call)箭头，它指明该活动由什么来完成，它已经在另一个模型中进行了细化，如需要了解细节，可以按调用箭头的图号(或节点)在另一个模型中找到有关图形。

如果把一个箭头在表示活动的盒子的连接端加上括号，这样的箭头称为通道箭头，如图 5.48 所示。箭头上的括号表示该箭头在子图中将不出现,它可能通到模型未定义部分,与该活动的下一个子图无关,也可能是众所周知或有共同理解的可省略的内容,在子图中为简化图而省略了。

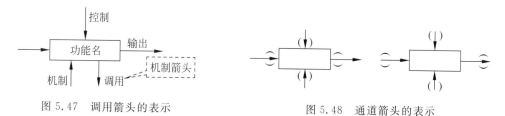

图 5.47　调用箭头的表示　　　　　图 5.48　通道箭头的表示

4) ICOM 码

ICOM 码是 Input Control Output Mechanism 的缩写。ICOM 码是对图形中的每个活动的箭头规定的编号方式,用专门的符号说明父子图中的箭头关系,并把子图中的边界箭头的开端分别用字母来标明是父盒子的输入、控制、输出及机制。再用一数字表示父盒子上箭头的相对位置,编号次序是从上到下、自左到右,如图 5.49 所示。

图中,父盒子 A 有 a、b、d、e、f、g 和 h 箭头,分解成子图有 B、H 和 W 三个活动块,a、b、d、e、f、g 和 h 成了子图的边界箭头。这些箭头都必须注上 ICOM 码,分别为 C_1、C_2、I_1、I_2、O_1、M_1 和 M_2,其排列位置按子图需要而定。原有名称标注(a,b,d,…)可写可不写,但 ICOM 码必须写,如果不再写名称标注,则可以根据 ICOM 码追溯到父盒子上去找。ICOM 码只管一代,到下一代就完全要按新父子关系重新标定。子图中,C_1 放到 C_2 右边,这是因为在父盒子中,a 在 b 的左边,故按顺序称 a 为 C_1。但对于盒子 H 来说,a 是从左到右的第二个控制,因此在 H 分解出来的子图中,把 a 称为 C_2。

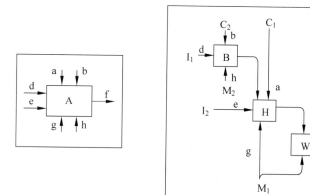

图 5.49　ICOM 码图

5) 图表的定义

IDEF0 标准图表格式由三部分组成,即图表头部分(图表体上部)、图表信息部分(图表体中部)和标识部分(图表体底部),如图 5.50 所示。

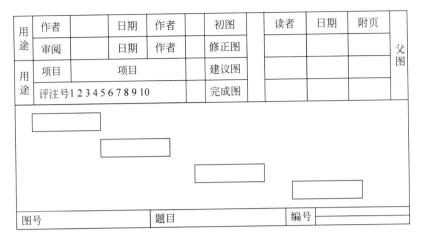

图 5.50　IDEF 图纸格式标准

（1）图表头部分记录了有关工作过程的信息，在最终定稿时可以删去。其填写内容规定如下：

- "用途"栏：填写此图用在什么方面，如"初设"。
- "作者/日期"栏：填写最初创建此图表的作者姓名和第一稿的时间。
- "审阅/日期"栏：填写最终负责审阅批准人的姓名和审批日期。
- "项目"栏：填写此图表所属的项目名称。
- "评注号"栏：标记评审人员的评注意见以及作者对意见的反映。当评审人员有评注意见时，可写在图面上任何最靠近错误的地方，然后从本栏中（由小到大）取一个序号，将本栏中的此数字画上圆圈，并将此数作为该条意见的序号，放在意见的开头且用小圆圈上。

意见返回作者后，作者如表示同意，则进行修改，并将本栏中相应的带圈序号打"√"，如不同意，则打"×"，留待协商讨论。注意，作者本人对本图表的任何注释或说明，不允许使用带圆圈的序号标注。

IDEF0 规定图的进展状态分为初图、修正图、建议图和完成图四个阶段。图状态栏前相应的小方格，就是用作相应阶段的标志，用"×"代表此图已达到相应的阶段。

- "初图"：作者正式送出评审的初稿。
- "修正图"：在小组内评审后，将各种书面和口头的建议返回给作者，如作者接受则进行修改，如不接受则经过讨论后给出结论，在此基础上送上一级评审。
- "建议图"：在分系统（或设计室）内评审完毕，各分系统之间的协调关系、互相交换的信息和物料，以及各种不同意见的协商讨论，都已经过技术委员会评议通过，可以送交项目总负责人（或总设计师）审批的图表。
- "完成图"：经项目总负责人审批，最后定稿交付应用，不再作任何变动的图表。
- "读者/日期/附页"栏：供不同等级的评审员签名、标注日期和所附意见页数用。除了总负责人在前面"审阅"栏签名外，此处推荐由组内评审员、标准化（规范）检查员和分系统负责人签名。如果组内评审员同时负责规范检查,则另两个可以为分系统负责人和负责分系统间协调的副总设计师。

- "父图"栏:表示与父图的关系,在此画出父图的简化原型,其中被本图分解的盒子用方框表示(或者涂黑),其余盒子全部用徒手画的圆或椭圆表示。

(2)图表信息部分,就是前面所述盒子和箭头的画法。

(3)标识部分有三项:

- "图号"栏:按 IDEF0 递阶分解的规定形成的结点号。
- "题目"栏:必须与本图分解的父盒子的活动名一致。
- "编号"栏:此栏填法主要根据各单位文件管理的需要而定。

2. IDEF0 图的分解步骤

1)选择范围、观点及目的

在开始建立模型前,首先应确定建模对象的立足点,它主要包括要确定建模范围、观点及目的。范围是指把模型的主题作为更大系统的一部分来看待,描述了外部接口,区分了与环境之间的界线,确定了模型中需要重点讨论的问题与不应在模型中讨论的问题。观点是从哪个角度去观察建模对象以及在限定范围内所涉及的各个不同组成部分。目的确定了模型的意图或明确其交流的目标,说明了建模的原因,如功能说明、实现设计以及操作等。

这三个概念指导并约束了整个建模过程。虽然在建模过程中这些内容也可以有所变化,但必须自始至终保持一致、清晰,而不被曲解。

2)建立内外关系图(A-0 图)

建模的第一步通常是建立内外关系图——A-0 图。画一个单个的盒子,里面放上活动的名字,名字要概括描述系统的全部内容,再用进入及离开盒子的箭头表示系统与环境的数据接口。这个图形确定了整个模型的内外关系,确定了系统的边界,构成进一步分解的基础。

3)画顶层(A0 图)

把 A-0 图分解为 3~6 个主要部分,得到 A0 图,A0 图表示了 A-0 图同样的信息范围。A0 图是模型真正的顶层图,是第一个,也是最重要的一个,从结构上反映了模型的观点。A0 图的结构清楚地表示了 A-0 盒子的名字要说明的含义,比 A0 图更低级的图形用以说明 A0 中各个盒子要说明的内容。

4)建立一系列图形

为了形成图形结构,把 A0 图中每个盒子处理得跟 A-0 盒子一样,即把它们分解成几个主要部分来形成一张新图。

5)写文字说明

最后,每张图将附有 1 页(特殊情况可以增加)的叙述性文字说明。文字说明分成两列,左边一列为"说明"(Text),右边一列为"词汇表"(Glossary)。

3. IDEF0 图的评审

1）建模人员的分工

IDEF0 功能模型建立的过程中，有作者、评审员、文档管理员、技术委员会和项目负责人参加，他们各自的主要职责如下。

（1）作者：是在 IDEF0 方法上训练有素的系统分析员和设计人员，同时是所分析和设计的目标系统方面的专业人员。作者的主要任务是对系统进行功能分解和设计，在分解中创作出结构化的 IDEF0 图表，通过这些图表和读者（包括评审员、文档管理员、技术委员会、项目负责人和一般读者）进行交流。

（2）评审员：通常是与作者同等水平或水平较作者略高一些的专业技术人员。其主要任务是对作者的设计思想和分析结论进行书面评审，确保模型结构和内容一致，确保模型质量，找出建模中的问题并提出解决办法。

（3）文档管理员：主要任务是确保作者-读者/评审员循环地顺利进行，减少项目中其他各类角色的事务工作开销量，定期更新文档资料，编写工作日记，管理项目中除 IDEF0 作者初图的其他所有文件，等等。

（4）技术委员会：由有关专家、项目最高层决策人和有经验的作者、评审员组成的一个实体。主要任务是评判作者与评审员之间的不同意见，制定项目总体规划和策略，协调各系统之间的关联和集成各自的职责。

（5）项目负责人：对全局问题负有决策、指挥权，是所有技术问题的最高决策人。

2）评审过程

IDEF0 方法非常重视评审和不断完善模型的过程，简单的说法是"作者-读者循环"，实际上是把各级评审员和技术委员会、项目负责人都看成广义的读者而进行的交流过程。基本工作方式如下：

（1）作者准备好供评审的初图，最好加上封面页形成组表，交文档管理员登记后送评审员。

（2）评审员直接在组表上评注意见后退还作者，评注意见的条数在"评注号"栏圈出。

（3）作者对评审意见作修改，并对评注号按同意与否分别加上勾和叉记号，如有意见，需要进行协商讨论或交技术委员会仲裁。初图修改完毕即称为"修正图"。

（4）文档管理员将"修正图"送分系统负责人评审，并经技术委员会审定。若通过，则成为"建议图"。

（5）"建议图"经过项目负责人批准，就成为最后归档、不再改变、正式交付使用的"完成图"。

因为在 IDEF0 建模过程中有很多主观分析的结果，这使得同一系统的 IDEF0 模型可能因不同作者而有很大差别，因此要强调在作者-读者循环中协商讨论，使模型为大多数人接受，在以后系统分析中能发挥更大的作用。

5.3.1.2 IDEF1x 方法

建立信息模型是实施 CIM 的信息集成的重要环节。IDEF1 到 IDEF1x 则是在 E-R

模型的原则基础上增加了一些规则,使语意更为丰富而形成的一套方法。

1. 基本要素及画法规定

1）实体

实体包括三部分:实体的语义、语法和规则。实体表示具有相同属性或特性的一个现实或抽象事物的集合。实体的实例是实体抽象概念的一个具体的值。实体有独立实体(independent entity)和依赖(dependent entity)实体之分,是从数据依存角度给出的划分。独立实体是指从不依赖于其他实体存在的实体;依赖实体是指必须依赖于其他实体才能存在的实体,也称从属实体。独立实体和依赖实体是描述了客观世界中实体之间的一种关系。

IDEF1x 用矩形表示实体,其中方角的矩形表示独立实体,圆角的矩形表示依赖实体。在矩形的上方需要标出实体的名称和序号,用"/"分隔。实体的名称必须有实际意义,不允许有二义性,名称相同的实体表示的含义必须一致。通常用名词或名词短语命名。独立实体和依赖实体的表示符号如图 5.51 所示。

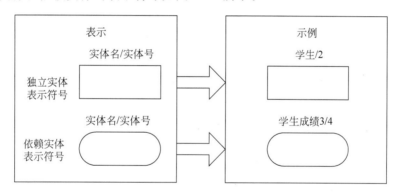

图 5.51　独立实体和依赖实体的表示符合

实体存在下述规则:

（1）每个实体必须有唯一的实体名,含义相同的实体总是用一个实体名。

（2）有完全属性的视图里,一个实体可以有多个属性,这些属性可以是其自身固有的,也可以是通过关系继承得到的。

（3）实体应有一个或多个能唯一标识实体实例的属性。

（4）任何实体都可以与其他实体有联系。

2）属性

属性表示实体的特征或性质。一个属性实例是实体的一个成员的具体特性(也称为属性值)。一个实体必须有一个或一组属性,其值唯一地确定该实体的每个实例,这个属性称为主关键字(primary key)。如学生实体中,学号可以作为主关键字。属性必须由唯一的名字命名,并且属于某个域(domain)。属性名称一般用名词或名词短语表示,从属于某个实体。

在实体框中,每个属性用一行表示。实体被一水平分割线分割,其中主关键字属性位于实体分割线的上方,非关键字属性位于下方。属性及其表示如图 5.52 所示。

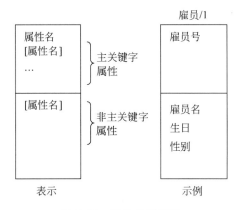

图 5.52　属性及其表示

属性存在下述规则：

(1) 每个属性必须有一个唯一的名称,且相同的名字必须描述相同的含义。

(2) 一个实体可以有多个属性,一个属性只能属于一个实体,这一规则称为"单属规则"(single-owner rule)。

(3) 一个实体可以有多个继承属性,而每个继承属性都必须是某个相关的父实体或一般实体主关键字的一部分。

(4) 实体实例不允许重复,称为非重复规则。

3) 联接关系

在 IDEF1x 中,联接关系用来描述实体之间的关系。联接关系包括确定联接关系 (specific connection relationship)、非确定联接关系(non-specific connection relationship)和分类关系(categorization relationship)三种。

确定联接关系简称联接关系,是实体之间的一种关系,这种联接关系中称为父实体的每个实例与子实体的 0、1 或多个实例相联接；子实体中的每个实例同父实体中的 0、1 或多个实例联接,如图 5.53 所示。

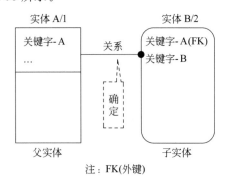

注：FK(外键)

图 5.53　确定关系的表示

　　非确定联接关系又称为"多对多关系"，这种关系描述两个实体实例之间存在的 0、1 或多个对应关系。实体之间非确定关系的表示方式是关系连线的两端均有小圆点。图 5.54 示例的语义表示一个项目可以有多个员工参与，同时一个员工也能参与多个项目的工作，则"项目"实体和"员工"实体之间存在非确定关系。

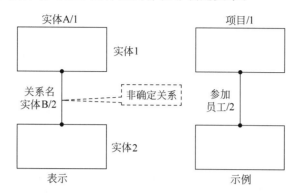

图 5.54　非确定关系的表示和示例

非确定关系存在下述规则：

（1）一个非确定性关系总是存在于两个实体之间，而不是三个或更多个实体之间。

（2）两个实体中，任意一个实体的示例可以与另一个实体的 0、1 或多个示例相关联。

（3）为完全地设计出一个模型，非确定性关系必须由确定性关系确定。

　　在现实事物中存在某些事物是其他事物的分类。同样，在用实体描述事物时，某些实体可以是其他实体的分类。在语义数据模型中，这种关系称为子类关系（subtype relationship）；在 IDEF1x 中，这种关系称为分类关系（categorization relationship），二者的内涵是相同的。例如，一个单位在一个银行中有几个不同类型的账户存在，如支票、存款和贷款账户，据此可以得到以下实体，如图 5.55 所示。

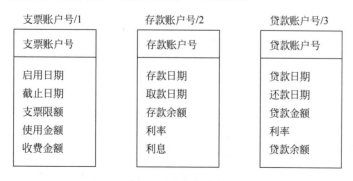

图 5.55　账户示例

　　图 5.55 中的三个实体分别描述单位账户的一个方面，而三个实体的语义本质上都是描述单位的账户事物，因此可以增加一个"账户"实体将它们共有的属性"账户号""开始日期""截止日期"作为账户实体的属性，同时增加一个"类型"属性来区别，即用分类关

系描述，如图5.56所示。

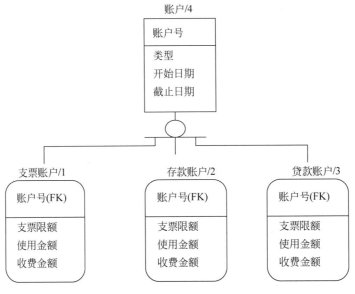

图5.56　分类关系示例

分类关系存在下述规则：

（1）一个分类实体只能有一个对应的一般实体。

（2）一个分类关系中的一个分类实体可以是一个其他分类联系的一般实体。

（3）一个实体可以有任意种分类关系，在这些分类关系中，这个实体作为一般实体允许一般实体按不同的方式划分成不同的分类集。

（4）一个分类实体不能是可标识关系中的一个子实体。

2. 建模步骤

IDEF1x建模过程分为5个阶段，各个阶段定义了工作内容、方式和目标。这5个阶段的划分并不十分严格，但是在每个阶段必须形成完整的分析和设计方案。下面介绍各个阶段的主要工作内容。

1）0阶段——设计开始

本阶段是IDEF1x建模的开始，在这个阶段需要对建模的对象及定义系统的边界有明确的划分，制定建模的目标，并着手以下几方面工作。

（1）建模目标：包括目标说明和范围说明两个方面。建模目标建立的结果主要回答在模型引用期间的主要事务是一个当前活动模型，还是一个将来改变后的模型。

（2）制订建模计划：建模计划概述了要完成的任务和这些任务的开发顺序。计划中一般包括以下几个阶段：项目计划、收集数据、定义实体、定义关系、定义键、定义属性、确认模型和评审验收。

（3）组织队伍：为了科学、合理建模，在任务开发的人员组织上需要多个层次的开发人员协调一致、共同努力，才能得到正确的模型。

（4）收集源材料：一旦确定了建模的目标，就需要进一步收集有关的材料为建模作准备。收集材料可以采用与有关人员交谈、观察、查看实际文件等方法收集各方面的信息，这些材料可以包括调研结果、观察结果、策略和产生过程、系统中的输入和输出报表、数据库和文件说明等。

（5）制定约定：制定一些有益的约定可以增强模型含义的表示，促进模型的各个部分能被更好地理解。制定约定应不违反 IDEF1x 的技术规定。

2）一阶段——定义实体

本阶段的目标是标识和定义待建模问题范围内的实体，主要进行以下几方面工作。

（1）标识实体：IDEF1x 中的"实体"表示的是一组事物。在问题范围内的一个物体、一个事件、一种状态、一种行为、一种思想、一种概念或一个地方等都可以构成实体的示例。在前一阶段收集的材料中，可以直接或间接地标识绝大部分实体。由实体表示的成员（示例）集合有共同的属性集或特征集。得到的实体必须是研究问题域中存在的示例，将具有共同特征的属性形成集合。

（2）定义实体：定义实体的内容包括：实体名、定义实体和实体同义词。

3）二阶段——定义关系

定义关系需要找出实体之间的自然语义关系，在本阶段标出的实体-关系并不作为模型关系的最终表示，需要在以后的阶段中进一步改进。本阶段主要进行以下几方面工作。

（1）标识相关实体：为了简洁，一个关系可以定义为两个实体之间的一种关联，即二元关系。用标识相关实体-关系的方法构造实体-关系矩阵，在矩阵中，在两个相关实体的交叉位置上画"√"。这里，关系的性质并不重要，而关系存在的事实必须是充分的。

（2）定义关系：标识实体的关系之后，需要作进一步的细化工作，包括表示依赖、确定关系名称和编写关系说明。在联系所涉及的两个实体间，需要定义它们的依赖关系，实体间的联系必须在两个方面上进行检验，通过联系的每一端决定完成这一工作的基数。一旦建立了关系以后，就可以着手对关系名进行定义。关系名通常选择简单的动词或动词短语。定义的关系必须是具体的、简明的和有意义的，同时可以在附加说明中详细说明关系的含义。

（3）构造实体级图：实体级图是简化的模型，用方框表示实体。如果在一张图中可以画出所有的实体，则它可以反映模型的全貌，否则可以画多张图，并保持它们之间的一致性。

4）三阶段——定义键

第三阶段的主要工作是在原有的基础上进一步细化，并完成以下工作：

（1）分解不确定关系：对于模型中的不确定关系，需要分解成确定关系。分解的方法是构造一个新实体，作为两个实体的子实体，新实体与两个父实体之间用确定关系代替。

（2）标识键属性：实体的属性是其所有示例的该属性值的集合。标识键属性就是找到实体中可以作为键的一个或多个属性。IDEF1x 中有 4 种类型的键：候选键、主键、次键或外键。因此，需要仔细研究实体的实例，选择一个或多个属性，它们的属性的每个可能的值都不存在重复，这样就可以得到实体的一个或多个候选键。如果只有一个候选键，则将其作为主键，否则，根据问题需要选择一个候选键作为主键，其他候选键作为次键。得到实体主键和次键后，在实体-关系图中需要将属性标注在实体中，主键放在实体水平分割线的上方，次键放在实体水平分割线的下方，同时给每个键一个适当的编号。

（3）迁移键：对于关系联接的实体，需要在实体之间迁移键，完成外键的定义。

（4）确认键和联系：完成上述工作后，还需要进一步确认和检查。

（5）阶段模型：经过以上工作后，就可以得到 IDEF1x 的阶段数据模型，最后将本阶段的工作在实体-联系图上正确反映，并编制相关的说明文件。

5）四阶段——定义属性

这是模型开发的最后阶段，包括以下几方面工作。

（1）标识非键属性：在 0 阶段收集的材料中有很多可以直接作为属性。收集与问题相关的所有属性，并将它们列表形成属性池。给每个属性起一个明确的、有意义的名字。

（2）建立实体属性：将每个属性分配到实体中，绝大部分属性可以较明显地属于某个实体，但是，有些实体在分配时可能遇到困难。这时可以参照一下原始材料，慎重考虑以后将属性分配给某个实体，同时需要记录一下分配的情况，以备后面参考。之后，需要确认实体的属性，要求属性的定义必须是精确的、具体的、完整的和完全可理解的。这时也可以给属性定义别名、取值范围、数据格式等。

（3）改善模型：对即将完成的模型作进一步的确认和检查，需要综合运用上述几个阶段的规则来验证模型的正确性。除此之外，还需要检查属性之间的函数依赖关系，根据范式理论将实体分解成范式形式，并重新绘制实体-关系矩阵，最后提交评审委员会专家评审，通过评审后，才最终得到模型。

（4）最终模型：在开发得到的最终模型中，需要包括涉及各个阶段形成的图表和文档，其中，实体-关系矩阵和相应说明文档是模型的核心，并最终形成完整的模型设计报告。

5.3.2　GRAI 建模方法

GRAI 建模方法是由法国波尔多第一大学的 GRAI 实验室开发的 CIM 生产管理系统（Production Management System，PMS）的一种分析和建模方法。GRAI 方法的目的是设计生产管理系统中的决策系统。其中，GRAI 格用于建立决策系统结构的宏观视图，它可以清楚地表示决策系统内部各组织（即决策中心）的决策职能和它们之间在决策与信息上的相互联系；GRAI 网则具体地表达了决策系统中每个决策中心的工作过程，它以每个决策中心的活动为中心，描述其活动的条件、输入及输出。有了这两个图形工具后，就可以方便地对 CIM 系统的决策系统进行建模。这一建模工作的进程实现了较好的结构化，其工作步骤为自顶向下分析、自底向上分析、对结果分析（即不一致性和不协调性），最后设计新系统，给出设计说明书。GRAI 格和 GRAI 网是成功地应用 GRAI 方法的必要工具。下面分别介绍这两种工具的使用方法和 GRAI 结构化进程。

1．GRAI 格

GRAI 方法的第一步是建立系统的 GRAI 格,使项目参加者对所研究的决策系统结构有一个总体了解,该结构在整个研究过程中要反复引用和修正,在每个工作阶段都会用到。

GRAI 格是由行和列纵横组成的表格。绘制 GRAI 格时,纵横坐标的含义为:横行代表决策制定的有效期(horizon)和调整期(period),即时域条件;纵列代表决策系统的职能划分。

行列交叉形成的一个个矩形就是决策中心。每个决策中心都有相应的代码(即功能码和水平码),这也是下一步画 GRAI 网的代码。例如,图 5.57 是一张 GRAI 格的例子,其中决策中心"生产季度大纲"的代码是(PP,30)。

1）有效期和调整期

有效期和调整期与决策制定的时间范围相关。有效期(或称计划期)指决策发生作用的时间范围。调整期指对决策的检查修改时间。

2）职能划分

每个决策系统都有一定的职能划分。最基本的职能有计划、设计、原料供应等,此外,还有控制、运输、维护等职能。为了更清楚地描述全系统的决策活动,有必要在 GRAI 格的纵向两侧添加两列,左边一列为外部信息,描述公司的外部环境,包括国家政策、法律、标准、市场行情及订单等;右边一列为内部信息,即从与 PMS 相关的系统收集到的信息。两者都是决策中心在制定决策时用到的。

3）决策中心

在每一时间级上,根据职能的不同,有相应的决策中心,它与物理系统的活动紧密联系。在 GRAI 格中的决策中心对应递阶分布的组织机构,但一个决策中心并不一定对应一个组织单元。有的决策中心可能是多个不同的组织单元联合进行工作;有的决策中心可能代表同类型的多个组织单元,如同类的生产车间;有的组织单元则可能要负责多个决策中心。从图 5.57 中可以看出,一个决策中心与其他决策中心之间有信息联系和决策联系(也称决策帧)。如果一个决策中心向另一个决策中心送出决策帧,即送出在制定决策时的目的、约束及一定的信息,则二者之间用双箭头表示。如果两个决策中心之间存在信息联系,且要特别强调这些信息流,则二者之间用单箭头表示。箭头都指向接受命令或信息的决策中心。绘制 GRAI 格要简洁明了,但不能丢了重要信息。

2．GRAI 网

GRAI 网是用来表示每个决策中心活动的图形工具。在 GRAI 格的每个决策中心都对应一个 GRAI 网,以便进一步详尽而且清晰地表示其工作过程。图 5.58 是一个 GRAI 网的例子,从该图中可以看出它的基本组成元素有:

- 资源、参数、机制方式等,均用矩形框表示。
- 非决策性活动,用类似于子弹头的横向大箭头表示,含义为"做什么",例如"调研与分析"。

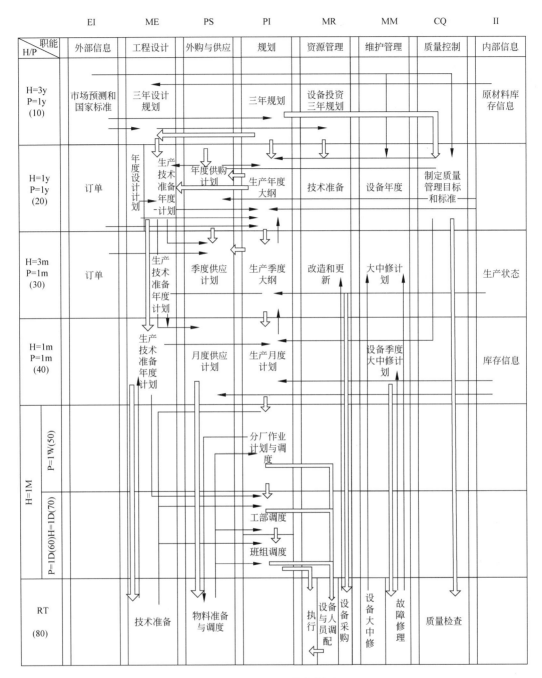

图 5.57　GRAI 格的例子

- 决策活动,用类似于子弹头的竖向大箭头表示,含义为"决定什么",例如"确定新产品类型"。
- 与 GRAI 格中其他决策中心的联系,用菱形和对应的代码表示,例如 DC(PP,

10）。这种联系必须与 GRAI 格中指出的联系对应。

1）活动

非决策活动是某一变量从一种状态变成另一种状态,在图中用横向大箭头表示,在箭头内写上活动名,箭头左边的矩形框内写出原状态,右边的矩形框内写出改变后的结果。上下的矩形框分别给出需求和所用工具。决策活动是决策中心的主要职能,用竖向的大箭头表示,在箭头内写出决策名称。箭头上面的矩形框内写出决策的依据和触发时间,箭头下面的矩形框写出决策的结果,左边写出决策支持,右边写出决策变量以及决策目标。上述活动是 GRAI 网的基本组成。每个活动赋予一个序号以示区别,序号数字的大小与活动的先后次序无关。

2）GRAI 网的结构

一个活动的结果可能是另一个活动的资源或依据,因而活动之间存在着逻辑上的联系。用逻辑关系将活动连在一起,就形成了一个 GRAI 网,如图 5.58 所示。

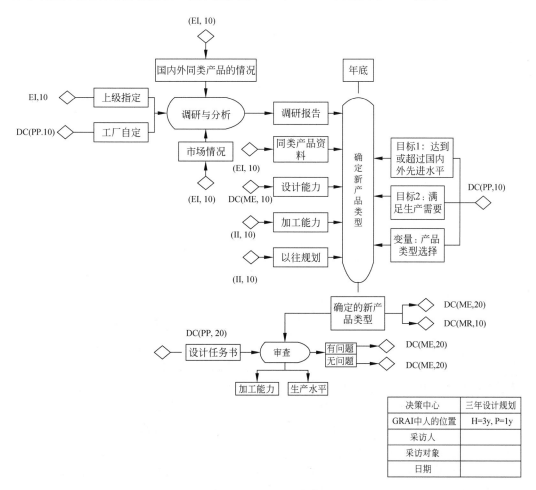

图 5.58　GRAI 网的例子

在逻辑关系中，除了简单的因果关系（用单箭头表示）外，还有一些逻辑符号。一种是"与"操作符，用两条平行的竖线表示；另一种是"或"操作符，用一条竖线表示，如图 5.59 所示。

不同 GRAI 网之间的联系，也就是各个决策中心之间交换或传递决策帧的关系，用菱形及其代码表示。例如，图 5.58 左侧的菱形 DC(PP,10)，表示这一输入来自于代码 (PP,10) 的决策中心，追溯到图 5.57 的 GRAI 格可以看到坐标 (PP,10) 代表决策中心"三年规划"，所以这一输入就是决策中心"三年规划"给决策中心"三年设计规划"下达的决策帧。同理，在输出位置上的菱形及其代码就表示信息或决策帧的"去处"。

在 GRAI 网的右下端有一个标题栏，它是对 GRAI 网的简要说明。

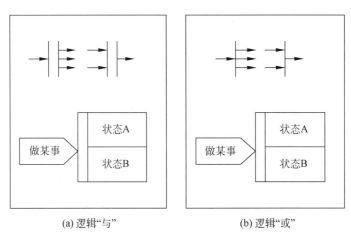

(a) 逻辑"与"　　　　　　　　(b) 逻辑"或"

图 5.59　GRAI 网的逻辑关系

3. 结构化进程

结构化进程是指建立 CIM 系统的决策系统模型时需要遵守的一系列步骤，如图 5.60 所示。

1）人员组成

在建模之前，首先要确定参加工作的人选，这些人可分为四组：

（1）综合组。通常由公司中不同职能的负责人担任。他们对 GRAI 方法的实施效果非常关心和敏感，跟踪研究的进展并检验其结果，根据其技术能力来指导新系统的设计。他们对其负责的职能的目标有一个总的考虑，并且知道该职能与其他职能之间的关系，甚至能够预测到其他职能会出现错误和失调。

（2）专家组。他们是企业外部的专家，对 GRAI 方法的实施加以指导和帮助，负责检查方法的实施过程，纠正对方法本身的或分析中的错误理解，并综合多次访问和会议的结果。

（3）分析组。顾名思义，分析组负责对系统进行分析与建模。他们收集并研究需要的各种数据，整理访问的结果。这些人可以来自企业内部，也可以来自企业外部，通常包

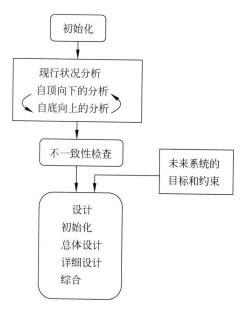

图 5.60　GRAI 方法的结构化进程

括一个或几个专家成员。

(4) 用户组(被访问人)。一般是企业中各个决策中心的负责人,其中一些人可以是综合组的成员。他们有较好的素质,能够清楚地描绘决策中心的活动,他们的任务是给出分析组的必要的信息。

2) 自顶向下的分析

这是分析的第一步,主要任务是使用 GRAI 格这个图形工具画出生产管理系统决策中心的分布式结构。此时可以检查系统在结构上的错误。

工作的开始要举行一次全体会议,说明工作所用的方法和预定的目标,特别要强调 GRAI 格的意义和使用方法,并制订研究工作计划。

在绘制第一版的 GRAI 格式时,GRAI 方法的专家应该对下述内容进行指导,包括:划分系统职能、确定最长的计划期和调整期、标出每个时间级别上的决策中心以及信息流和决策帧。专家必须牢记每个职能的定义和研究的目标,即描绘生产管理系统的结构。

画好 GRAI 格的轮廓后,就需要寻找具有最长计划期的决策活动了。一般是根据预算或企业战略目标制订长期的主生产计划,然后找出具有相同有效期的其他活动,从而定义相应的决策中心。如果在同一计划期内的调整期不同,就需要建立一个新的具有较短调整期的时间级。自顶向下的分解规则是根据调整期从最长到最短来分级,最低层是有计划功能的最低一级。

最后画好的 GRAI 格必须得到参加者的一致同意。注意,GRAI 格不仅要描述命令的传输过程,而且要指出对主要功能的管理,包括计划、监督和校正。

3）自底向上的分析

这是分析的第二步。对每个决策中心，要对下列各项进行详细分析：

- 决策中心的决策制定过程。
- 制定决策的变量。
- 决策帧（变量、约束、规则）。
- 对受控的决策中心的约束。
- 决策制定使用到的信息。
- 围绕决策制定的主要活动。

在这一阶段，分析者通过访问来收集制造系统的信息，用 GRAI 网来表示活动（决策活动和非决策活动）和活动所需的信息。分析者通过对决策中心负责人提问来得到信息，并与综合组成员掌握的信息进行核对。

自底向上的分析遍历 GRAI 格的每一级，从最底一级开始（它最接近物理系统，从而便于标识其约束）。每一层的分析都包括三步：访问、绘制 GRAI 网、校验。

该阶段的工作量很大，所需访问时间较长，所以要向被访问者解释清楚这样做的重要性。

4）对结果的分析

分析的目的在于：对现行系统或现行技术有一个清楚的了解，以便设计新系统；检查生产管理系统的错误或不协调之处，以便在设计新系统时加以改正。不一致性检查应有一套详细的规则。

5）新系统的设计

改造旧系统，设计新系统的基本需求在于：更好地满足管理目标，包括经济目标和技术目标；解决不一致性检查中提出的矛盾和问题。

设计过程分两步进行：画出新的生产管理系统结构框架，即修改后的新的 GRAI 格；画出 GRAI 网，以描述决策中心主要的信息交换和决策的特点。

这种设计是在概念模型的范畴内进行的，而且考虑了与产品生产相关的外部约束和内部约束的作用。

最后要写出新系统的设计说明书，以便选择和开发生产管理系统要用到的软件包。

5.3.3 ARIS 控制视图的过程链方法

1. 基于流程（过程）控制的 ARIS 建模方法

开发企业应用的计算机信息系统（Information System，IS）是一件复杂而困难的事情，表现在费用高、风险大、不确定因素多，究其原因，主要来自两个方面：一是从分析问题的角度看，IS 的牵涉面广，包括了针对物质转换过程的功能因素，针对信息转换过程的数据因素，以及针对有关开发人员协调合作的组织及外围支持因素等；二是从解决问题的角度看，IS 介于企业应用与 IT 之间，需兼顾两方面的问题与能力，并应尽可能促成二者最佳的配合与适应。

为降低系统开发的复杂性,通常采取的办法是分解,ARIS 体系结构也是基于系统分解的思想而形成的。

企业系统模型的建立最先起步于对一个一般性的事务应用流程链(process chain)的分析。一般而言,流程(process)是一个将原材料转换成为输出产品的过程,伴随这一物质转换过程的还有一个信息的转换过程。因此,流程的基本元素除了包括独立的过程(占用一定时间)、必要的生产要素,如人的劳动、生产或 IT 设备外,还包括事件(不占用时间)及用以控制流程的条件因素等。无论是对于产品生产过程,还是对于技术生产过程,其基本要素均如此。

对于这样一个一般性的流程链,可以在不同的抽象层次上予以表达。

- 具体应用流程表达层(individual process of specific application):如"订单处理"流程链、"生产"流程链、"控制"流程链……该层一般只针对某个具体的应用流程个体,包括其功能实现过程、人员的任务分配,以及有关材料、设备和环境条件等的说明。

- 标准应用流程表达层(standard process of application):是在具体应用流程表达层的基础上抽象出来的。该层并不区分具体的流程个体,是一种广义流程的表达,通常的信息系统模型大都建立在这一层次上。

- 一般流程链模型(general process chain model):是从应用表达(包括具体应用表达和一般应用表达)中进一步抽象得到的。该层表达的不再是流程链元素间的关系,而是处理流程链的基本结构,这种模型的模型又称为原子模型(meta-model)。

ARIS 的体系结构是以上述对流程链的认识为基础形成的,其核心为横向分解视图、纵向划分阶段两条主线。

用于企业应用的 IS 的组成要素有条件(conditions)、事件(events)、过程,以及它们之间的关系,其他的因素还包括如材料、人力、设备等的生产元素(production element),以及这些生产元素所从属的组织单元(organizational unit)。由于元素彼此间都是互相关联的,因此这是一个十分复杂的结构。为简化复杂性,首先从元素中抽象出与信息过程相关的内容,即不再把物理的物质转换过程视为独立的过程,而将它归并于信息流程链的环境中,用条件加以表达。然而,这一简化仍不能消除大量的冗余,如相同的条件、事件、用户等可与多个流程有关,需重复描述。为此,第二步简化便是把元素加以概括,抽象出更一般的表达视图。

- 数据视图(data view):"事件"定义了信息对象的状态的变化,而包括"条件"的状态可以用数据来表达,所以可以将事件和环境条件合并为一体,统一用数据视图加以表达。

- 过程/功能视图(function view):由过程规则和过程结构共同构成,既包含对功能本身的描述,也包含对所有功能与子功能之间的全局关系与隶属关系的描述。这里,"功能"与"过程""过程链"是一致的。

- 组织视图(organizational view):由"用户""组织单元",以及它们之间的对应关系与结构关系构成。

- 资源视图(resource view)：由信息技术设备构成。它为其他视图的描述提供了条件，因为它反映了其他视图与IT资源的配合或对应关系。
- 控制视图(control view)：在划分视图的同时，由于只考虑突出系统某方面的特征，因而损失了对各视图间联系的考察，因此须开辟一个专门的视图来刻画各视图间的关系，于是形成了所谓的控制视图。

2. ARIS控制视图的过程链描述语言

1）需求定义

根据ARIS体系结构，控制视图描述功能视图、数据视图和组织视图的各对象之间的相互联系。控制视图的需求定义阶段则主要描述其他三个视图的需求定义阶段的各对象之间的相互联系。

(1) 事件驱动的过程链。事件的描述包括信息对象本身和它的状态变化，信息对象的状态变化可以是该信息对象的首次出现，如"客户需求已接收"，也可以是用不同属性表示的状态变化，如"报价被拒绝"。事件可以触发功能，也可能是功能的结果。将事件和功能按一定顺序排放在一起就产生了所谓的事件驱动的过程链(EPC)。利用EPC，业务流程可描述为事件的逻辑链。由于事件决定哪个状态触发一个功能以及哪个状态标识一个功能的完成，因此EPC的起止点都是事件。

一个事件可触发多个功能，一个功能也可产生多个事件，在EPC中用连接器(connector)或规则(rule)表示这些联系。连接器或规则表示了与之相连的多个对象(事件和功能)间的逻辑联接(link)。联接有两种基本类型：事件联接(event link)和功能联接(function link)。事件联接是一个功能与多个事件间的联接，而功能联接是一个事件与多个功能间的联接。事件联接有6种，而功能联接只有4种，这是由于功能可以决定产生哪个事件(OR或，XOR异或，AND与)，而事件不能决定触发哪个功能，即事件触发功能的功能联接无OR和XOR两种联接。

(2) 扩展的事件驱动的过程链。EPC中的事件描述信息对象及其状态变化，信息对象属于数据视图，功能则属于功能视图，即EPC仅描述了功能视图和数据视图的部分联系，为表达功能视图、数据视图和组织视图之间的联系，引入这三个视图中的对象类型作为对EPC的扩展形成扩展的事件驱动的过程链(eEPC)。下面说明eEPC中每两个视图之间的联系。

- 功能和组织：功能和组织的主要联系是将功能树中定义的功能分配给组织图中的任务执行者(组织单元)。
- 功能和数据：除了EPC中事件与功能的联系外，功能与数据的主要联系是说明功能的输入/输出数据，为此引入eERM中的信息对象作为功能的输入/输出数据，根据功能的不同级别，相应的输入/输出数据可以是数据簇、实体类型或联系类型、ERM属性。
- 组织和数据：组织和数据之间的主要联系是说明每个信息对象由哪些组织负责、

允许哪些组织访问。

将以上联系进行综合,则 eEPC 可描述功能视图、数据视图和组织视图之间的相互联系。eEPC 图对象间关系的 eERM 描述如图 5.61 所示。eEPC 图示例如图 5.62 所示。

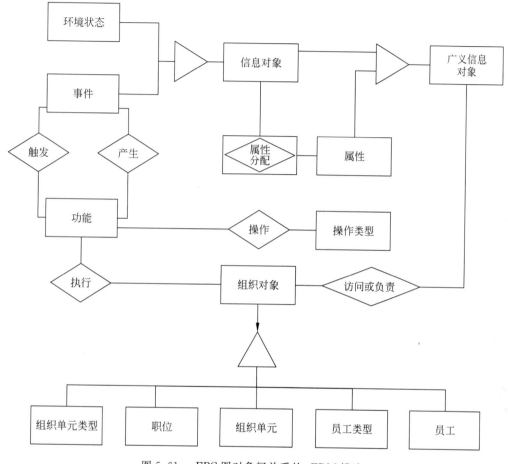

图 5.61　eEPC 图对象间关系的 eERM 描述

(3) 过程链图。在 eEPC 中,各对象类型的排放可以是任意的;而在过程链图(PCD)中,各对象类型按栏排放,它的优点是看起来一目了然,缺点是很难表示有分支或循环的过程链。因此,在表示线性过程链时可优先选用 PCD,而在过程链含有分支或循环时则采用 eEPC。

(4) 功能分配图(I/O)。如果将以上内容都用 eEPC 表示,即使一个不太复杂的过程链,其 eEPC 中的各对象类型也往往很多,从而使 eEPC 很混乱。为使 eEPC 更清晰,常采用功能分配图(FAD)(I/O)、事件图、规则图表示 eEPC 中的部分内容,而在 eEPC 中主要描述企业流程。这样既可全面地描述功能、数据、组织间的关系,又可清晰地描述重点内容(即业务流程)。

功能分配图主要描述功能的输入/输出数据,也可描述功能的执行者等信息。在实

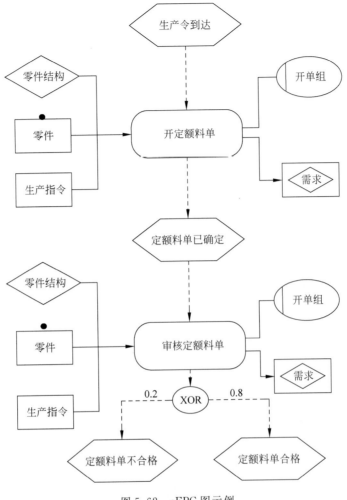

图 5.62　eEPC 图示例

际建模时，一般仅用 eEPC 描述业务流程，而流程中每个功能的输入/输出数据及功能的执行者用功能分配图单独描述。如果业务流程较简单，在 eEPC 中也描述功能的执行者，则功能分配图仅描述功能的输入/输出数据。图 5.62 中，功能"开定额料单"和"审核定额料单"上的黑点表明各有一个功能分配图(图 5.63 和图 5.64)详细说明相应功能的输入/输出数据及其执行者。显然，图 5.63 和图 5.64 描述的内容与图 5.62 描述的内容相同。

(5) 事件图。事件说明信息对象的状态变化，每个事件指数据模型中某一信息对象及其在某一时刻的状态。在自顶向下的设计过程中，先粗略地说明事件，然后用事件图(event diagram)详细说明该事件的各个子事件及它们间的相互联系(同样用连接器或规则)。图 5.65 描述了某一复杂事件"需退回货物"的三个子事件。

(6) 规则图。有时 eEPC 中若干事件和功能间的逻辑联系很复杂，为降低复杂性、增

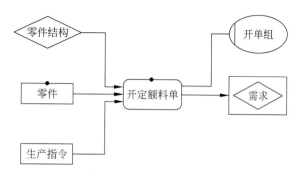

图 5.63　"开定额料单"的功能分配图

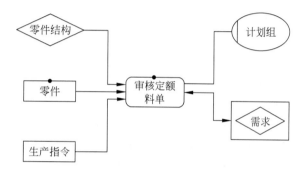

图 5.64　"审核定额料单"的功能分配图

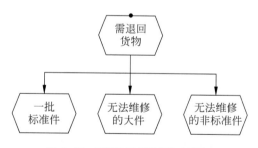

图 5.65　"需退回货物"的事件图

加可读性,用规则操作符(rule operator)R 表示若干事件和功能间的逻辑联系,然后将详细描述这些逻辑联系的规则图(rule diagram)分配给这个规则操作符。图 5.66 是某eEPC 图的一部分,图中用规则操作符粗略地描述三个事件与一个功能间的逻辑联系,然后用规则图(图 5.67)详细描述事件与功能间的逻辑联系。

2)详细设计

控制视图的设计说明阶段描述其他三个视图的设计说明阶段中各对象类型的联系。

控制视图的设计说明阶段用访问图(access diagram)描述其他三个视图的设计说明阶段中各对象类型的联系。为清晰地说明三个视图之间的联系,下面分别介绍每两个视图间的联系,将它们综合就得到完整的访问图。

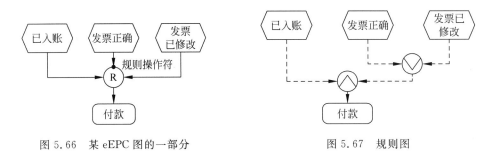

图 5.66　某 eEPC 图的一部分　　　　　　　图 5.67　规则图

（1）功能和数据。应用系统类型图中描述了应用系统类型、模块类型或 IT 功能类型间的组成结构，它们的输入/输出数据以及它们间的数据流则在访问图中描述，数据可以是关系图中的关系或关系属性，为说明方便，将关系与关系属性合并为关系信息对象。

（2）组织和数据。与需求定义阶段相似，在设计说明阶段，组织与数据的主要联系是企业的某数据对象允许哪些组织访问或负责。组织可以是组织单元、组织单元类型、员工、员工类型或职位等组织对象。数据对象可以为关系或关系属性等关系信息对象。

（3）组织和功能。在设计说明阶段，组织和功能间的主要联系有：谁负责功能视图的设计说明阶段定义的应用系统类型和模块类型，以及谁应用这些系统；应用系统类型或模块类型应用于企业的哪些地方；应用系统类型适合于在企业中已有的哪些平台（即组织视图中的硬件元件类型）上运行。

将以上联系进行综合就是设计说明阶段数据、功能、组织间的关系，如图 5.68 所示。图中，"各级系统类型"可以是应用系统类型、模块类型或 IT 功能类型，"组织对象"可以是组织单元、组织单元类型、员工、员工类型或职位。

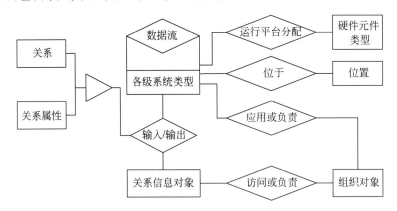

图 5.68　用 eERM 表示的设计说明阶段数据、功能、组织间的关系

图 5.69 是某一访问图示例，运行于 PC321/322 Pentium 上的模块类型"开定额料单"，安装在 302 室并由开单组使用，它要输入数据零件结构关系、零件关系、生产指令关系，并输出数据需求关系。

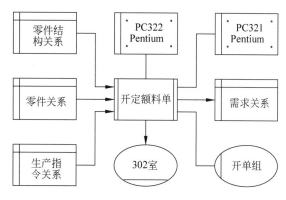

图 5.69 访问图示例

3) 实现描述

控制视图的实现描述阶段说明具体的应用系统、组织和数据对象之间的联系。

控制视图的实现描述阶段用物理访问图(access diagram(physical))说明具体的应用系统、组织和数据对象之间的联系。同上面一样,下面分别介绍每两个视图之间的联系,将它们综合就可得到完整的物理访问图。

(1) 功能与数据。本阶段功能与数据的主要联系有:具体应用系统、模块、程序元件类型间的数据流;应用系统、模块、程序元件类型的输入/输出数据;数据主要是表图中的物理视图、表或域,也可以是 eERM 或关系图中的信息对象。

(2) 组织与数据。组织与数据的主要联系有:数据对象由哪些组织负责;数据对象允许哪些组织访问;数据对象存放在哪些硬件元件上。

(3) 组织与功能。组织与功能的主要联系有:应用系统已在哪些硬件元件上运行,以及哪些应用系统类型可以在这些硬件上运行;具体应用系统有哪些组织应用;应用系统安装在企业的哪些地方。

由于实现描述与设计说明两个阶段联系紧密,实现描述阶段各对象间的关系与设计说明阶段相应对象间的关系相似,所以两阶段的对象的对应关系见表 5.2。

表 5.2 设计说明与实现描述阶段的对象的对应关系

	数据		功　　能			组　　织		
设计说明阶段的对象	关系	关系属性	应用系统类型	模块类型	IT功能类型	组织对象	位置	硬件元件类型
实现描述阶段的对象	表	字段	应用系统	模块	IT功能	组织对象	位置	硬件元件

将以上综合就是实现描述阶段数据、功能、组织间的关系,如图 5.70 所示。为描述方便,将表和字段合并为"表信息对象"。

图 5.71 是某一物理访问图示例,运行于"PC321 Pentium No. 101 或 PC322 Pentium

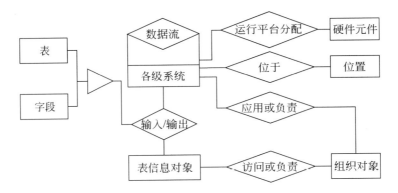

图 5.70　用 eERM 表示的实现描述阶段数据对象、功能对象、组织对象间的关系

No.102"上的模块"开定额料单 1"安装在 302 室并由开单组使用，它要输入数据零件结构表、零件表、生产指令表，并输出数据需求表。

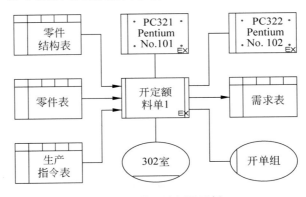

图 5.71　物理访问图示例

5.3.4　面向对象的 I_2DEF 方法

我们提出的 I_2DEF(Integrated IDEF)方法，是在 IDEF0(功能建模方法)、IDEF1x(信息建模方法)、IDEF2(动态建模方法)、IDEF4(面向对象软件设计方法)基础上发展起来的。I_2DEF 克服了 IDEF0、IDEF1x 这两个方法的主要缺陷，即它们形成的文档既难以相互沟通，对系统实现的帮助也难尽人意；对方法的适用范围(功能建模、动态建模、信息建模)界定不清，缺少针对行业的建模指南，使用起来随意性太大。

另外，传统的建模方法次序是先功能建模、后信息建模。但对于像应用工程这种复杂系统，用户对功能的要求是经常发生变化的，其稳定性较差；而信息模型则要相对稳定得多。依照传统的建模方案，在系统的分析与设计阶段，开发人员是反复修改文档，疲于奔命，既影响工程质量，又影响工程进度。

I_2DEF 方法以面向对象(Object-Oriented,OO)方法为出发点，有机地综合了 IDEF0、IDEF1x、IDEF4、OMT（Object-Modeling　Technique）、OOA/OOD（Object-Oriented

226

analysis and Design)等方法。它由三个模型组成：结构模型(structure model)、动态模型(dynamic model)、功能模型(function model)。其中,结构模型包括传统意义上信息模型的全部内容。本章提到的信息模型指的是 I_2DEF 方法的构件图。

I_2DEF 方法是一种面向对象的可视化分析与设计方法,适用于大型复杂系统的开发,其主要特点是:

(1) 符合思维习惯：从整体上把握事物,分级逐层地剖析事物,直到水落石出为止。

(2) 易为系统开发人员和用户共同理解掌握,利于完整准确地表达用户需求。

(3) 兼容传统的软件工程方法,保护开发人员的现有开发经验。

(4) 调整建模次序,首先结构建模(解决"是什么样"问题),然后动态建模(解决"做的顺序"问题),最后才是功能建模(解决"做出来的是什么"问题)。

(5) 表示方法统一、规范。I_2DEF 以同样的描述规范应用于分析与设计阶段,实现两个阶段文档的无损转换,最终文档将为软件编码提供极大帮助,生成程序代码框架等。

作为一种通用的软件工程方法,在开发信息系统应用工程时,I_2DEF 方法与其他建模方法的关系如图 5.72 所示。

其中,"数据流程图"包括了 IDEF0 的全部内容,同时我们参照了 CIM-OSA 的功能模型,增加了输出控制。"事件流程图"是将蕴藏在 IDEF0 模型中控制系统行为序列的控制信息分离出来,并结合 IDEF0、IDEF3、状态转移图以及程序流程图的表达习惯构成事件流程图。从某种意义上说,事件流程图是这些建模方法的汇集。"构件图"包括了 IDEF1x 及 IDEF4 的所有内容。"系统分解树"与常用的功能分解树、结构图是一脉相承的。

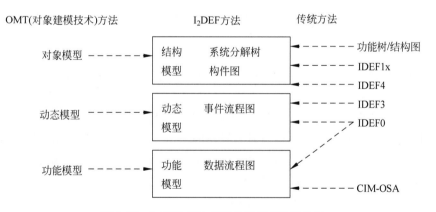

图 5.72 I_2DEF 方法与其他建模方法的关系

1. 结构模型

我们努力在形式逻辑学方面为所进行的研究工作寻求诠释人类在认识和理解现实世界的过程中普遍运用着三个构造法则,即:

- 区分对象及其属性。例如,区分一棵树和树的大小或空间位置关系。
- 区分整体对象及其组成部分。例如,区分一棵树和树枝。
- 不同对象类的形成及区分。例如,所有树的类和所有石头的类的形成和区分。

在 I_2DEF 方法中,结构模型的概念与方法就是在这三个法则基础上建立的。不难发现,结构模型以系统分解树和构件图的形式顺应了人类从宏观与微观这两个方面分析与把握客观世界结构特征的习惯。

1) 系统分解树

用系统分解树来描述大型复杂系统,其分解方式是在水平方向上,从左向右分解,分解线不能是斜线。其中,系统盒的画法如下:

- 它是一个带阴影的矩形盒子,盒内为系统名＋系统层次＋"/"＋系统编码。
- 编码公式为:

  一级子系统:本级自然序列号;

  n 级子系统:上级系统编码＋"－"＋n＋本级自然序列号。

应当指出,一般情况下,一个系统分解树中的子系统是不应该重名的。

在以后的论述中,我们将会看到,系统分解树实质上就是构件图中的组装关系的特例,所以我们把系统分解树与构件图一起归入到 I_2DEF 的结构模型中,用于结构建模。图 5.73 所示为一个假想的生产企业的系统分解树。

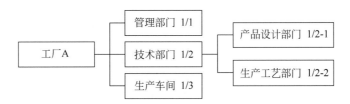

图 5.73　一个假想的生产企业的系统分解树

2) 构件图

构件是结构模型中最主要的元素,也是 I_2DEF 方法中的最重要元素。从行为方式来看,它有主动构件和被动构件之分。其中,主动构件的具体意义可以在"事件流程图"一节中得到,而被动构件则全部来自"数据流程图"中的数据或控制。构件就相当于面向对象方法中的类,它准确地表达了面向对象思想的精髓:封装、继承和重用。构件既可以直接表达客观世界实际存在的事物,如人、汽车、工资表等,也可以表达抽象的概念,如数学中的坐标系等。构件可用构件盒来描述,如图 5.74 所示。

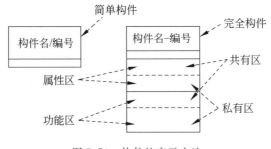

图 5.74　构件的表示方法

- 简单构件：只显示构件名与构件编号。
- 完全构件：除构件名外,完全构件还显示构件的属性和构件的功能,属性与功能有私有和共有之分,在初步设计阶段,我们认为属性和功能都是共有的。在本书中,属性和功能统称为特性(feature)。

严格来说,构件包括两层含义：构件类和构件实例。前面所说的构件实际上指的是构件类,它是一组具有相同属性和相同功能的事物的抽象表示。例如,我们把"张三""李四"等人用"人"这个构件类来表示,反过来,"张三""李四"是构件类"人"的构件实例。我们必须认识这一点：所有属于构件类"人"的构件实例都是具有相同的属性种类和功能种类,如"姓名""年龄""体重"等属性和"思考""走路"等功能。构件实例的表示方法如图 5.75 所示。

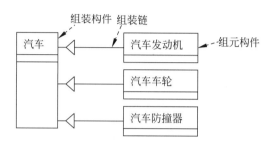

图 5.75　构件实例的表示方法

我们用构件图来形象地描述构件之间的各种关系：组装关系、分类关系、联接关系。这些关系反映了在建模活动各个阶段(现场调研、需求分析、设计、实现等)关于建模对象的有关概念的演进过程,同时也体现了面向对象的一个重要特征：将现实世界有关事物直接映射到计算机的逻辑表示(分析层次、设计层次或实现层次)。

(1) 分类关系。分类关系又可以称为"一般—特殊关系"(general-special)或"继承(inherit)关系"。在建模活动的开始阶段(现场调研和需求分析),用"一般—特殊关系"来描述具体事物将使建模工作更贴近生活现实,也有利于用户的理解；"分类"是形式逻辑中的基本概念,在"设计"阶段,我们使用"分类关系"来描述相应的客观事物,这种方式促使我们系统而严谨地描述有关问题；在"实现"阶段,现有的程序设计语言提供的描述手段都是"继承",实质上它从性质遗传角度揭示了分类关系中子类与父类的内在联系。

图 5.76 描述了分类关系的表示方法及示例。分类关系与 IDEF1x"分类联系"和 IDEF4 的继承关系一致,包含完全分类和不完全分类两种。

分类关系表示方法存在下述规则：

- 分类线、子类链在父级构件的下方,父类链在父级构件的两侧或下方,连线不能是斜线。
- 分类依据以文字形式标注在分类线旁边。如果分类关系的分类依据是显而易见的,则可以不予标注。
- 对于同一父级构件,可能因为不同的分类依据而存在不同的分类关系。

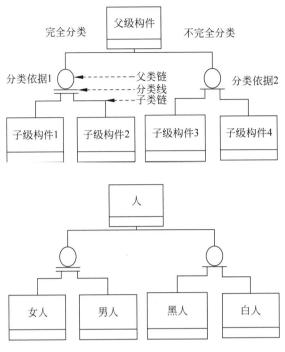

图 5.76　分类关系的表示方法及示例

- 多重分类，也叫分类继承，即子类构件拥有多个父类构件，它继承了不止一个父类构件的性质。多重分类比较符合人类的思维习惯，也比较符合实际情况。

（2）组装关系。组装关系又可以称为"整体—部分关系"（whole-part）或"聚集"（aggregation）关系。建立"整体—部分关系"这种概念完全符合人类认识客观事物时（现场调研和需求分析）自上而下"逐步剖析"的习惯，也反映了人们在建造一个系统时从局部到整体的工作模式。"聚集关系"指导我们在实现系统时把组装关系变换成数组这种程序语言成分。

组装关系实际上就是 IDEF1x 中的 Part-of 关系。在如图 5.75 所示的组装关系中，"△"是组装标识符，整体表示为组装构件，部分表示为组元构件。构件间用组装链连接。链的读法是双向的。正向：从组装构件到组元构件，读作"包括"；反向：从组元构件到组装构件，读作"属于"。

对于上面的例子，正向的读法是："一辆汽车一定包括一台发动机""一辆汽车一定包括多个车轮""一辆汽车可以有一个汽车防撞器"。反向的读法是："一台汽车发动机只能属于一辆汽车""一个汽车车轮只能属于一辆汽车""一个汽车防撞器只能属于一辆汽车"。

（3）联接关系。联接关系又可以称为"主从关系"（parent-child）或"依存关系"（dependence-exist）。它以量化的对应关系（1 对 1、1 对多、多对多）来反映广泛存在于客观事物间的各种联系。实质上，构件图是一种语义网络模型，分类关系和组装关系都是联接关系的特例。图 5.77 为构件间联接关系的示例。

图 5.77　构件间联接关系的示例

联接关系全面包括 IDEF1x 中的各种联接联系。联接关系存在下述规则：

- 连接是双向的，必要时可以标注反向联接名，如"雇用"。
- 为了更加明确地表达两个构件所处的地位，可以用"角色名"予以强调，如"雇员" "雇主"。
- 可以明确表达在联接关系中每个构件的参与方式，例如，对于"公司"来讲，必须 "雇用""雇员"这样的"人"，而"人"不一定"供职于""公司"。我们用实线表示"强 制性参与"，用虚线表示"选择性参与"。

2．动态模型

建立动态模型的目的是给出实际系统的运行序列，这种序列是靠事件的触发来进行 的。考虑到实际系统的复杂性，我们将分层次来考查其运行序列：系统层、构件层、状态 层。在动态模型的表达方法上，我们参照了有限自动机的有关内容——状态转移图。

1）基本概念

动态模型中的两个基本要素是"事件"和"事件收发站"，它们的组合构成了运行序 列。事件是构件功能的一种，在名称上不必一致。事件用于触发系统的运行。事件收发 站用于接收和发送事件，它是运行序列上的一个节点，能够进行一段时间上功能持续的 活动。

下面分三个层次描述收发站，并以此为出发点，描述系统运行序列。

- 系统层：在该层，收发站表示的是一个子系统，它蕴含了这个子系统的一组功能 活动所处的状态，表示方式与系统盒一致。
- 构件层：在该层，收发站是一个构件，它蕴含了这个构件的一组功能活动所处的 状态，表示方式与简单构件盒相同。
- 状态层：在该层，收发站描述构件进行某一功能活动所处的状态。

L_2DEF 动态模型主要包括典型事件脚本、典型事件跟踪图、事件流程图、事件汇总图。

2）典型事件脚本及跟踪图

典型事件脚本以书面文字语言方式列出事件处理过程的一个典型实例。典型事件 跟踪图在脚本的基础上，用规范的图形方式描述事件处理过程的一个典型实例。它的基 本形式如图 5.78 所示。

通常分两个层次表示跟踪图，即系统层典型事件跟踪图、构件层典型事件跟踪图。 相应地，收发站也有两种形式：系统盒、简单构件盒。在外部边界上与本系统进行事件交 互的收发站称为外部收发站，其中包括"启动者"和"终结者"。在跟踪图上，外部收发站 是（子）系统或构件，其具体形式根据需要而定，与跟踪图的层次无关。跟踪图必须有且

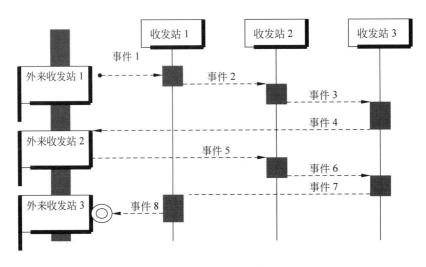

图 5.78　典型事件跟踪图

只能有一个"启动者"和一个"终结者"。它们的作用是启动一个运行序列或结束一个运行序列，"启动者"与"终结者"同样运用于事件流程图，可以是（子）系统、构件、状态，画法如图 5.79 所示。

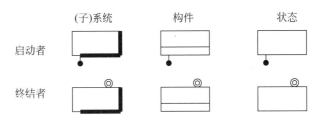

图 5.79　动态模型中的"启动者"和"终结者"

3）事件流程图

事件流程图就是在典型事件跟踪图的基础上，组合了某一层次上的所有可能的事件发生序列。从某种意义上看，它是将 IDEF0 图中起决定系统运行序列的控制分离出来。这里，所有的事件都是从上面接收，下面发送。

与"收发站"对应，事件流程图有三种：系统层事件流程图、构件层事件流程图、状态层事件流程图。

（1）系统层。用一张事件流程图描述某一（子）系统下属多个子系统之间的行为序列。系统层事件流程图是随系统分解树展开的。

（2）构件层。用一张事件流程图描述末级子系统下属的构件之间的行为序列。

（3）状态层。用一张事件流程图描述某一构件在事件的触发下，这个构件内部状态（行为）的变化序列。每个状态可以根据需要继续进行分解。

从逻辑结构分析，事件流程图的基本形式有以下三种：循环结构（图 5.80）、顺序结构(图 5.81)和条件分支结构(图 5.82)。

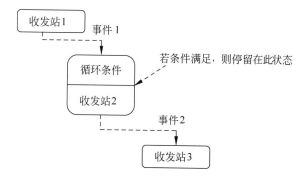

图 5.80　事件流程图中的循环结构

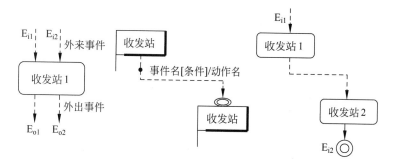

图 5.81　事件流程图的顺序结构

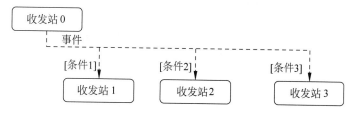

图 5.82　事件流程图的条件分支结构

我们规定,循环结构只在状态层出现,在系统层或构件层可以经过变通来实现。

有几点需要说明:

- 在事件流程图中,必须至少有一个启动者和终结者。
- 在状态层事件流程图中,如果不标识外部收发站,那么就使用外来事件(E_i)和外出事件(E_o)表示事件的起止。
- 在事件的表达上,一定要有事件名,其他部分根据需要而定。"条件"是收发站发送事件时需要满足的条件,如果不标注,就表示无条件执行。"动作"是一个即时操作,它是事件连带动作。图 5.83 是一个计算机弹出菜单的例子(状态层)。
- 事件流的复合与分解的画法与 IDEF0 相同。

- 在事件流程图中，外部收发站可以是（子）系统、构件或状态。

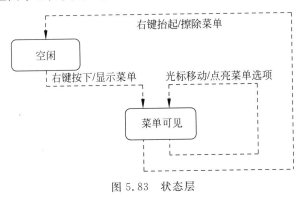

图 5.83　状态层

4）事件汇总图

图 5.84 为事件汇总图，它为我们从全局角度了解与把握事件交互的全貌提供了一个很好的手段。

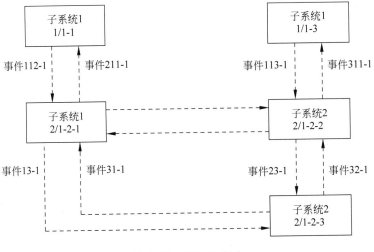

图 5.84　事件汇总图

3. 功能建模

1）基本概念

在 I_2DEF 的功能模型中，加工是核心概念。"加工"指的是对数据的处理过程，在 IDEF0 方法中，它是"活动"，但在 I_2DEF 中，它有更多的意义。I_2DEF 的"加工"分三个层次：系统层、构件层和功能层。其中，系统层加工、构件层加工与动态模型中的系统层收发站、构件层收发站是同一事物，表达方式也一样（系统盒、简单构件盒）。功能层加工的表示形式有简称功能和全称功能，用功能盒表示，如图 5.85 所示。

图 5.85　功能盒的基本表示方法

与分层次结构建模、分层次动态建模一样,分层次功能建模也非常符合人类有层次地研究现实世界的信息交换模式的习惯,其优点是:

- 对于开发人员来讲,一方面可以一种从粗到细、逐层深入了解、分析企业各职能部门间的信息交换内容;另一方面也便于项目的组织与管理,同时也便于设计结果的评审。
- 对于企业管理者来讲,这也是把握企业运行信息的首选方案。

2) 数据流程图

功能模型的核心图形是数据流程图。数据流程图包括了 IDEF0 的全部内容,不同之处在于:

- 添加了控制输出线,控制线是虚线,如图 5.86 所示。
- 需要注意的是,机制在构件字典中已有所反映,但在后面的数据加工字典中可以进行更具体的描述。另外,机制线加粗,增加了"数据存储",其格式由构件描述,如图 5.86 所示,它在详细设计阶段特别有用。

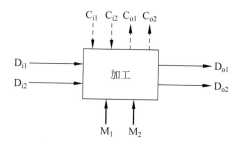

图 5.86 加工盒的输入和输出

- 增加了外部加工的概念,它是系统盒或构件盒,用于发送数据、控制和接收数据、控制,它与事件流程图的外部收发站是同一事物,如图 5.87 所示。

图 5.87 外部加工的表示方法

- 数据流、控制流、机制流的合并、分解、复制的方式与 IDEF0 完全相同。
- 加工至少必须有一条数据输入线或数据输出线。
- 建议尽量减少控制信息,因为控制信息过多,将破坏软件工程中的"模块间松耦合型"的基本原则。
- 不推荐使用 IDEF0 中的通道符号,因为这样标识出来的信息出发地与信息目的地很不明确,往往会造成信息丢失。
- 参照 IDEF0 的 ICOM 码,用码表示进出加工的信息:D_i 代表外来的输入数据,D_o 代表外出的输出数据,C_i 代表外来的输入控制,C_o 代表外出的输出控制,M 表示机制。

与"加工"对应,数据流程图分三个层次:系统层数据流程图、构件层数据流程图、功能层数据流程图。

- 系统层:用一张数据流程图描述(子)系统下属子系统之间的数据交换内容。
- 构件层:用多张数据流程图(无级别之分)描述末级子系统下属构件间的数据交换内容,如图 5.88 所示。

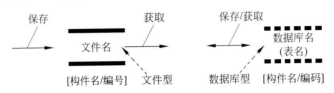

图 5.88 "数据存储"的表示

- 功能层:用一张数据流程图描述一个构件功能之间的数据交换内容,如果需要,可以按功能继续分解,每个功能分解成一个功能层数据流程图。一个构件的第一张数据流程图是依据这个构件的第一张状态层事件流程图得到的,它描述了这张状态图中,状态的主功能之间的数据交换内容。

4. 字典

I_2DEF 的三个模型都包括字典。在 I_2DEF 模型中,图形起着视觉上一目了然的作用,而字典用于给出模型中有关要素的完整而严格的文字定义。其中,结构模型包括系统字典与构件字典,动态模型包括事件收发站字典,功能模型包括数据加工字典。

1) 系统字典

系统字典主要用来对(子)系统进行定义,这种定义是依据具体情况提出的。系统字典的表格式如表 5.3 所示。

表 5.3 系统字典的表格式

字典名称	作者		日期		系统分解树	图号		
系统字典	审阅		日期			图号		
共　页,第　页	项目					页号		字典页号
父级系统			本级系统			作用		
名称		编码	名称	层次	编码			

2) 构件字典

构件字典主要描述的内容有:

- 定义构件,其内容根据具体情况决定。
- 使用构件的约束条件。
- 构件字典对属性与功能定义是简明而完备的。

构件字典的表格式如表 5.4 所示。

表 5.4　构件字典的表格式

字典名称	作者		日期	构件图	图号	页号	构件名/编码	
构件字典	审阅		日期	枚举层			所属子系统名/编码	
共　页,第　页	项目		结构层				字典页码	

作用					约束				
1.					1.				
2.					2.				

父级构件					子级构件				
1.					1.				
2.					2.				

属性					功能				
名称	键型	类型	性质	定义	名称	来源	类型	性质	定义

3）事件收发站字典

事件收发站字典主要描述的内容为：

- 定义收发站的作用。
- 描述收发站接收到的事件和发送出的事件。
- 描述事件带入和带出的数据与控制信息（源自数据流程图）。

事件收发站字典的表格式如表 5.5 所示。

表 5.5　事件收发站字典的表格式

字典名称	作者		日期		事件流程图	图号		
事件收发站字典	审阅		日期			图号		
共　页,第　页	项目					页号		字典页号

主要流程描述：
1.
2.

事件收发站			事件		事件携带的信息			备注
名称	类型	编码	方向	名称	名称	类型	编码	

4）数据加工字典

数据加工字典主要描述的内容为：描述“加工”的作用、描述“加工”的机制、描述“加工”的输入和输出数据，以及描述“加工”的输入与输出控制信息。

数据加工字典的表格式如表 5.6 所示。

表 5.6　数据加工字典的表格式

字典名称	作者		日期		事件流程图	图号		
事件收发站字典	审阅		日期			图号		
共　页,第　页	项目					页号		字典页号

主要流程描述：

1.

2.

加工			信息			机制	作用
名称	类型	编码	名称	类型	编码		

5. 三位一体建模

I₂DEF 方法最有实际意义的特点是以一种可视化方式，在面向对象方法基础上，将结构模型、动态模型和功能模型等开发活动有机地集成在一个方法框架中。各个模型专司其职，避免了对建模方法滥用的问题：结构模型将现实世界的结构要素编织在一个庞大而有序的语义网络中；动态模型中的"收发站"是(子)系统、构件或状态，而状态是构件一组属性或功能的组合，所以动态模型与结构模型是密不可分的；功能模型中的"加工"是子系统、构件或构件的功能，所以功能模型与结构模型同样是密不可分的。I₂DEF 方法提供了一个从结构、行为、功能三个角度进行全方位观察分析、描述现实问题的集成建模。

这种建模方案以可视化方式为先导，特别适合最终用户的理解和掌握，可以确保需求分析的结果能够完整、准确、简练，鲜明地反映应用系统的真实需求，为系统开发活动的顺利进行提供一个良好的技术手段。

I₂DEF 方法在理想化的系统开发生命周期中的各个阶段如图 5.89 所示。I₂DEF 的建模方法可以覆盖现场调研、需求分析、初步设计、详细设计、软件实现等主要活动。这些活动的开发成果"技术文档"分别是现状模型、需求模型、初步设计模型、详细设计模型、软件框架模型，它们以统一的表达方式出现。在系统开发的演进过程中，这些模型的变化方式主要体现为逐步求精、增量式开发。I₂DEF 方法为系统开发各个阶段的平稳过渡提供了强有力的支持。

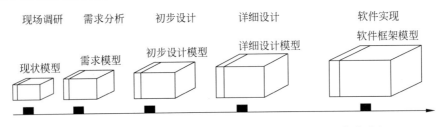

图 5.89　I₂DEF 方法在理想化的系统开发生命周期中的各个阶段

5.3.5　采用 UML 类图语言的 VEMS 建模方法

近年来，随着面向对象建模技术在软件工程领域的发展壮大，面向对象的分析与设计思想也被引入企业建模领域,企业建模学术界和企业界利用其独特的概念和方法解决企业建模领域中的新问题。企业集成广度和深度的发展对企业建模技术提出了新的需求,表现在以虚拟企业为代表的企业间集成具有的特殊性质必须采用适当的建模与分析方法。面向对象的核心思想能有效解决这一问题。本节首先阐述虚拟企业建模方法的特殊性,进而从面向对象的基本概念入手探讨虚拟企业建模引入面向对象建模技术的理念,并采用在面向对象建模技术中占主导地位的统一建模语言(UML)详细描述面向对象建模技术在虚拟企业建模支持系统 VEMS 中的具体定义。

1. 面向对象建模方法在虚拟企业中的应用

虚拟企业经营方式和组织结构的独特性使它在建模方面具有不同于一般企业的建模特点,主要表现在:

- 在虚拟企业建模过程中,企业成员的核心优势和独特的竞争力是其基本的关注点,各成员在加入联盟的同时希望保证其核心优势不被外界公开。
- 虚拟企业是由不同企业的参与者组成的,其各部分的集成与协调尤其困难。与该问题有关的是通信机制,包括成员企业内部各活动之间以及不同企业活动之间的通信。如何规范和标准化这些通信活动是实现虚拟企业过程集成的基础。
- 虚拟企业系统由多个成员企业子系统的协同工作完成总体目标,各个子系统具有各自的规范和标准,如何满足不同子系统之间的互操作性是协同工作的前提保障。
- 时间是虚拟企业敏捷性的重要指标之一,快速、有效地建立企业模型是建模技术首要解决的问题。
- 虚拟企业的组织结构、信息系统的开发和协调机制是一个费时的活动。面向过程和高度灵活的虚拟企业组织要求企业的各个方面(功能、信息、资源、组织和活动)能快速、有效地集成。

上述特点使虚拟企业建模不同于一般意义上的企业建模,尤其是虚拟企业建模体现的封装、集成和快速性必须采用适当的建模方法。面向对象技术具有的建模思想能有效表达和描述这些特点。

所谓面向对象建模方法,就是以对象观点来分析和描述现实世界中的问题。从普通人认识世界的观点出发,把事物归类、综合,提取共性并加以描述。在面向对象的系统中,世界被看成是独立对象的集合,对象之间通过过程("消息")相互通信。对象具有"智能化"的结构,它将数据和消息"封装"在一起,对一个对象的访问完全通过其外部接口来进行,内部的实现细节、数据结构对外是不可见的。对象是主动体,而过程是被动体。对象被描述为数据(又称为属性)以及基于这些数据的行为的复合体。面向对象建模方法以更接近人类认识客观世界和自然的思维方式,建立系统模型。该方法建立在对象、类、封装、继承、消息和多态性等基本概念上。

分类(classification):将属性和特征相似或相近的事物划分为同一类型,用类表示,类的实例为对象。通过搜集公共特性把现实世界抽象为不同类型事物间的关联,并把这种公共特性扩充到特例中来显示现实世界事件的通用性及专用性。

封装（encapsulation）：将信息和处理信息的操作组合起来，将其包装成对象，其好处在于将系统改变的影响限制在对象内。封装的概念类似于信息隐藏（information hiding）。信息隐藏就是不向外部显示对象细节，对于一个对象，外部就是对象之外的一切，包括系统其他部分。

继承（inheritance）：即从一个祖先获得特性或特征。具体表现在：子类可以继承父类的属性和操作，并且可以增加自己的特征。继承性允许一次性定义公共属性和操作，同时允许针对特殊情况特化和扩展那些属性和操作。

消息（message）：对象之间通过消息进行通信交互。消息作为对象与外界（其他对象）间的桥梁触发其内部操作，并将操作结果通过消息传送给其他对象。消息为对象间提供了标准的通信接口。

多态（polymorphism）：多态的定义是多种不同形式、阶段或类型发生的事，表示特定功能有多种形式或实现方法。

以上概念体现了面向对象的本质特征和核心部分。面向对象建模方法具有很宽的应用领域，它不仅可以建立软件系统的模型，也可用于描述不带任何软件的机械系统、企业机构或企业过程。在企业建模领域中引入面向对象的思想和方法是企业建模领域新的发展趋势，也是当今企业工程的研究热点。由于面向对象技术以相对稳定的对象为基础对问题域进行分解，因而建立的模型更能适应企业环境的变化；它将属性和操作封装在对象内，并以继承性作为共享机制，奠定了重用的基础；面向对象的概念与人的思维模式相似，从而分析模型可以平滑地向设计模型乃至实施模型转换，实现了模型在整个开发生命周期中的一致性。

面向对象的思想能有效地解决虚拟企业建模出现的问题和需求，比传统建模方法提出了一个更加自然的描述方法，其优越性主要体现在：

- 面向对象的分类和封装特征使现实企业中的功能、过程、活动、信息、资源、组织等企业要素被描述为存在实体，通过实体间的关联形成具有某种功能的系统。经实体间的重新配置与关联实现了虚拟企业系统的重用性、重构性和规模可调性。
- 制造企业中事务过程呈现的结构多种多样，但其基本结构是一致的，即物料或信息经过加工送给下一个事务过程。采用面向对象的类与子类，类与实例间的继承性通过定义一个通用的事务过程的类结构，从而描述特定环境下的特定事务过程。这种继承性使模型的重用机制得到最大的发挥，以模型的重用性为基础建立虚拟企业模型，能实现建模的快速性和有效性。
- 基于消息的通信机制为对象间提供了标准的通信接口，使企业成员间通过公共的消息和接口机制进行交互与合作，有利于虚拟企业在各个方面的集成，从而满足了成员企业子系统间的互操作性要求。
- 对象的信息和信息处理活动隐藏在对象内部，对象只接收消息。这种信息隐藏的特性使对象的行为表现为"黑匣子（black box）"。事务过程模型表现为一组对象及其关系的描述,物流和信息流在活动间流动,具体处理操作隐藏在活动对象内部,有利于保护各成员企业的核心内容。

从上述分析可以看出,面向对象建模技术是一种能有效满足虚拟企业建模特点的建模技术。面向对象建模技术经过多年的发展,已经出现了众多的方法,其中 UML 是一种在面向对象建模技术领域内占主导地位的标准建模语言,它继承多种建模方法的基本概念和特点,具有强大的模型表达和分析能力。基于 UML 的特点,我们采用 UML 的类图语言建立虚拟企业模型。

2. UML

国际上,面向对象建模技术取得了重大发展,一批比较成熟的建模方法受到学术界与工业界的推崇,具有代表性的方法有 Booch、OMT-2、OOSE、OOA/OOD、UML 等。其中,UML 融合了 Booch、OMT 和 OOSE 的基本概念和特点,具有表达力更强、更清晰和一致的优点。它不仅可以应用在更广泛的应用领域,而且也消除了众多方法在表示法和术语上的差异,避免了符号表示和理解上不必要的混乱。UML 的 1.1 版已被对象管理组织(OMG)批准为标准,这标志着 UML 将成为面向对象技术领域内占主导地位的标准建模语言。UML 建模方法的定义包括语义和表示法两个部分。

1) UML 元模型结构

UML 的语义通过其元模型(meta-model)来严格定义。元模型为 UML 的所有元素在语义和语法上提供了简单、一致、通用的定义性说明,使开发者在语义上取得了一致,消除了各种因人而异的表达方法造成的不良影响。UML 规定了四层元模型结构,即元—元模型(meta-metamodel)、元模型(meta-model)、模型(model)和用户对象(user-object)。UML 四层元模型结构如表 5.7 所示。

表 5.7　UML 四层元模型结构

元模型层次	作　用	例　子
元—元模型	元模型结构的基础结构,定义了详述元模型的语言	元类(meta-class) 元属性(meta-attribute) 元操作(meta-operation)
元模型	元—元模型的一个实例,定义了详述模型的语言	类(class) 属性(attribute) 操作(operation)
模型	元模型的一个实例,定义了信息域详述的语言	外协件 外协件交付时间 计算外协件最佳订购量
用户对象(用户数据)	模型的一个实例,定义了一个专门的信息域	外协件电机 电机交付时间(3 个月) 计算电机最佳订购量

将上述四层建模结构应用于虚拟企业建模领域,相应地形成了四层建模架构:

- 元—元模型——事务元构件(business meta-component)(元属性、元操作)

定义了详述过程、功能、资源、信息和组织等基本建模构件的语言——事务元构件。该构件定义了企业事务实体的基本特征(规则、状态,即元属性)以及行为(时序、调度、历史记录,即元操作),这些基本特征和行为属于元属性和元操作。

- 元模型——视图元模型(view meta-model)。

元模型定义了详述企业各模型视图的语言,即由事务元构件实例化生成的过程、功能、资源、信息和组织等基本建模构件组成。视图元模型精确地描述了基本建模构件及它们之间的关系,是企业建模的基础。由于视图元模型体现了企业事务实体及其关联,是表示企业模型的基本"数据结构",因此,虚拟企业生命周期各个建模阶段的建模方法将以该层为基准点展开。

- 模型——企业参考模型(enterprise reference model)。

模型描述了由视图元模型部分实例化得到的表征某种行业基本特征的企业参考模型。该模型为特定企业对象的建模提供了参考和依据。

- 用户对象——特定企业对象(enterprise object)。

用户对象定义了一个特定企业对象的全部信息和完整描述,是视图元模型的完全实例化。

2) UML 可视化表示法

UML 采用的是一种图形表示方法,是一种可视化的图形建模语言。它定义了建模语言的文法。例如,类图中定义了诸如类、关联、多重性等概念在模型中是如何表示的。它适用于以面向对象技术来描述的任何类型的系统,而且适用于系统开发的不同阶段,从需求规格描述直至系统实施阶段。为了能支持从不同角度考察系统,UML 定义了 5 类共 9 种模型图提供给用户使用。在虚拟企业建模中,将采用其中的类图来定义和描述虚拟企业各视图的元模型。

3) 虚拟企业建模引入 UML

UML 是在多种面向对象建模方法的基础上发展起来的建模语言,它起源于软件工程领域,主要用于软件系统的建模。但因其强大的建模功能已被推广到非软件系统建模,例如,业务处理流程、企业或事业单位的结构与行为建模等,关于将 UML 全面引入企业建模领域的研究目前正被国内外学者展开。在虚拟企业建模中引入 UML 的优势表现在以下几个方面:

- UML 综合了多种建模方法的优势,具有较强的建模概念,并且对象管理组织(OMG)的采纳和大公司的支持把它推上了实际上的工业标准的地位,使 UML 易于在多领域和多用户中推广。
- UML 具有的丰富和较为完备的语义与语法定义(如类图中的类之间的聚集、泛化和普通关联等关联类型),为虚拟企业模型语义提供了简单、一致、通用的定义性说明。

- UML 描述的层级是在软件的组件、对象一级,典型要素是软件中的对象。虚拟企业模型的典型要素是组织、信息、过程等企业业务对象。二者在层级上是一致的。

除了上述 UML 存在的运用于虚拟企业建模领域的优势外,由于其来源于软件工程领域,也不可避免地存在某些局限性。一方面,UML 本身在语言体系和语言定义上具有的缺陷影响了在虚拟企业建模中的全面运用;另一方面,UML 模型的可进化性(即是否可以在系统的应用过程中持续地适应应用环境与需求的变化,不断由应用者或自适应地对模型进行改进)不足,UML 只支持系统生命周期的开发期,而不支持运行期。虚拟企业模型追求的最终结果是从"开发期模型"到达"运行期模型",它最终应当是一种可进化的模型,在这一方面,UML 无法提供有效的支持。

3. 采用 UML 类图语言的 VEMS 建模方法

VEMS 是同济大学 CIMS 研究中心研制开发的一套面向敏捷制造的虚拟企业建模支持系统。它的理论基础是 AVEM 建模体系及建模方法论,有关 VEMS 和 AVEM 的相关内容已经在国内的企业建模体系结构中作了描述。VEMS 建模方法的核心是建模语言。建模语言包含语义和表示法两部分。语义通过视图元模型来严格定义。视图元模型定义了详述虚拟企业各模型视图的语言,即由表示企业事务实体(包括过程、功能、资源、信息和组织等)的基本建模构件及其相互之间的关联组成。视图元模型精确地描述了基本建模构件及它们之间的关系,是企业建模的基础,它表示的是企业模型的基本"数据结构"。表示法是建模语言的可视化的图形表达,具体为各个基本建模构件及其相互关联的图形和文本显示。表示法为计算机辅助建模工具的开发提供了标准的建模元素界面。

VEMS 语义框架采用 UML 类图及其语法。UML 类图是 UML 中用来描述系统中包含的各种对象的类型以及对象间的各种静态关系的模型图。它的主要建模元素是实体类型(即类)和关联(类与类间的联系)。关联又分为普通关联、泛化(继承)、聚集等几种,这些关联能对客观世界中实体间的各种联系加以清晰地描述。UML 类图中的主要建模元素如表 5.8 所示。

表 5.8　UML 类图中的主要建模元素

可视化图符	名称	描　　述
Class Attributes Operations	类	表示一个类,其中第一栏是类名,第二栏是类的属性,第三栏是类的操作
Package	包	包是一种分组机制,表示一个类图集合
————	关联	关联用于表示类的对象(实例)之间的关系,其特殊形式有组成关联和聚集关联

续表

可视化图符	名称	描　述
◇———	聚集	聚集关联用于表示类的对象之间的关系是整体与部分的关系
◆———	组成	组成关联用于表示类的对象之间的关系为：整体拥有各部分，部分与整体共存，如整体不存在了，部分也会随之消失
——▷	泛化	泛化（继承）关系定义了类图的一般元素与特殊元素之间的分类关系
- - - -▶	依赖	有两个类或包元素 X、Y，若修改元素 X 的定义，可能会引起对另一个元素 Y 的定义的修改，则称元素 X 依赖于元素 X

类图中，类采用矩形块表示，关联采用直线表示。关联的不同类型通过直线端点的不同形状区分：普通关联就是一般的直线；聚集是在直线的末端加一个空心的菱形；组成是在直线的末端加一个实心的菱形；泛化是在直线的基类一端加一个指向基类的空心三角形箭头；依赖是被依赖类指向依赖类的一个虚线箭头。关联可以具有多重性，在类图中通过在代表关联的直线两端标上数字来实现，这些数字称为关联的多重性，表示关联中可以包含的该类的实体个数。最常见的关联多重性有六种，即 0、1、0..1、0..＊、1..＊和 null，其中"＊"表示大于 1 的不确定数。

UML 类图的语法描述了类图中各个类的属性和操作，是类图的较为形式化的定义语言。根据类图的详细程度，类的属性可以包括属性的名称、类型和默认值。UML 规定其语法为：〈可见性　名称：类型＝默认值{约束特性}〉。其中，可见性表示该类属性对类外元素是否可见。不同属性具有不同的可见性，常用的可见性有公有、受保护和私有三种，分别用"＋""♯""－"表示；名称表示属性的名称；类型定义属性的种类，可以是整数类型、实数类型、布尔类型等，也可以是用户自定义的类型；默认值表示属性的初始值；约束特性用于描述对此属性的约束。操作描述了类的动态行为。UML 规定其语法为：〈可见性　名称(参数表)：返回类型表达式{约束特性}〉。其中，可见性与属性的可见性含义相同；名称表示操作的名称；参数表的语法与属性相同，其个数是任意的；返回类型表达式依赖于语言的描述；约束特性用以描述对此操作的约束。UML 语法对类的属性和操作进行了严格的定义，但该定义与实现层的程序设计语言有关，为了表示简洁、清晰，VEMS 语义对此作了适当的简化。

UML 类图的语义与语法描述为 VEMS 各个视图元模型的定义提供了强大且严格的语言框架。VEMS 各个视图元模型的语义与语法遵循 UML 类图的语义与语法，根据不同视图的建模方法定义元模型中的基本建模构件及其之间的各种关联。VEMS 主要对需求定义和设计说明层的各个视图建模方法及其元模型进行了定义性说明。表 5.9 概括了 VEMS 需求定义和设计说明层各个视图的建模方法和相应视图元模型中包含的基本建模构件。

表 5.9　VEMS 需求定义和设计说明层各个视图的建模方法和相应视图元模型中包含的基本建模构件

		功能视图 元模型	信息视图 元模型	资源视图 元模型	组织视图 元模型	过程视图 元模型
需求定义层	建模方法	功能树	信息包图	资源树	组织树	业务过程链
	建模构件	域 DM 域过程 DP 业务过程 BP	领域包 SP 信息包 IP 信息元素 IE 企业对象 EO 输入企业对象 IEO 输出企业对象 OEO	资源类 RC	全能体 Holon	过程业务过程 PBP 事件 EV 输入事件 IEV 输出事件 OEV 企业对象 EO 输入企业对象 IEO 输出企业对象 OEO 过程规则 PR
设计说明层	建模方法	功能树	企业对象关系图	资源树	组织树	构件化扩展事件驱动过程链
	建模构件	域 DM 域过程 DP 业务过程 BP 企业活动 EA	信息元素 IE 企业对象 EO 输入企业对象 IEO 输出企业对象 OEO 对象视图 OV 输入对象视图 IOV 输出对象视图 OOV	资源类 RC 资源实体 RE	全能体 Holon 基本全能体 BH	过程业务过程 PBP 过程企业活动 PEA 事件 EV 输入事件 IEV 输出事件 OEV 对象视图 OV 输入对象视图 IOV 输出对象视图 OOV 资源实体 RE 基本全能体 BH 过程规则 PR

VEMS 需求定义层与设计说明层各个视图元模型结构分别如图 5.90 和图 5.91 所示。

图 5.90 与图 5.91 以过程视图为核心,通过描述视图内基本建模构件与其他视图内基本建模构件之间的关联表示出 VEMS 的集成化企业建模框架。从图中可以看出,VEMS 元模型采用 UML 类图严格定义。图中,基本建模构件采用矩形块表示,矩形块内的文本为构件名称,与表 5.9 中的构件名称对应。基本建模构件间的关联采用直线表示。关联的不同类型通过直线端点的不同形状区分:普通关联就是一般的直线(如图 5.90中,过程业务过程(PBP)与资源类(RC)之间的关联);聚集是在直线的末端加一个空心的菱形(如图 5.91 中,过程业务过程(PBP)与过程企业活动(PEA)之间的关联);组成是在直线的末端加一个实心的菱形;泛化是在直线的基类端加一个指向基类的空心三角形箭头(如图 5.90 中,作为基类的事件(EV)与输入事件(IEV)之间的关联);依赖是被依赖类指向依赖类的一个虚线箭头(图 5.90 中,过程业务过程(PBP)与业务过程(BP)之间的关联)。关联可以具有多重性,在类图中是通过在代表关联的直线两端标上数字来实现(如图 5.91 中,过程业务过程(PBP)与过程企业活动(PEA)之间关联的多重性为 <1.. * ,1.. * >,表示 1 个 PBP 至少包含 1 个 PEA,且 1 个 PEA 至少被一个 PBP 包含)。

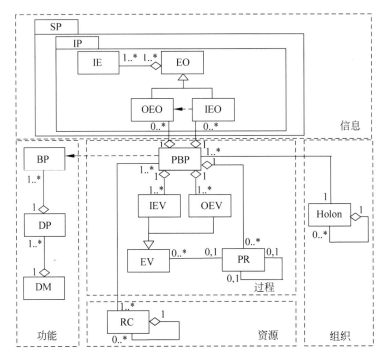

图 5.90　VEMS 需求定义层各个视图元模型结构

　　VEMS 的语法表示在采用 UML 语法格式的基础上进行了简化。以业务企业活动（PEA）为例，描述 VEMS 的语法结构。PEA 是过程视图的最小企业行为单元，它与上层企业行为单元（过程业务过程（PBP））构成包含关系，与信息视图的最小基本单元（对象视图（OV））存在输入输出关系，与资源视图的最小基本单元（资源实体（RE））和组织视图的最小基本单元（基本全能体（BH））存在支持关系，与功能视图的最小基本单元（企业活动（EA））存在依赖关系。

　　PEA 的语法描述如下。

　　PEA 的属性定义为：

　　Identifier：PEA 的标识，其形式为 PEA-XXX。

　　Name：PEA 的名称。

　　Documentation：PEA 的文本描述。

　　CorrespondingEA：功能视图中与该 PEA 对应的 EA，二者的关系为 PEA 依赖于 EA。

　　TriggeredBy：触发该 PEA 的事件（EV）（包括输入事件（IEV））或过程规则。

　　Generates：该 PEA 产生的事件（EV）（包括输出事件（OEV））或过程规则。

　　InformationInput：该 PEA 使用或需处理的对象视图（OV）（包括输入对象视图（IOV））组成的非空集合。

　　InformationOutput：该 PEA 所产生或经修改的对象视图（OV）（包括输出对象视图

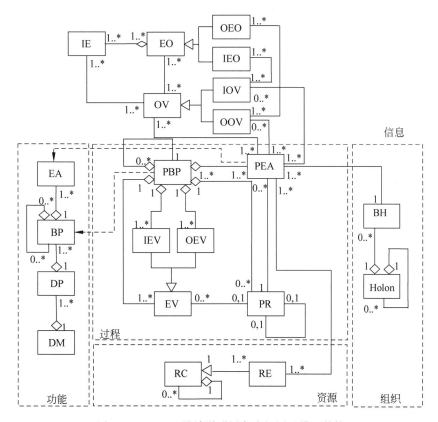

图 5.91　VEMS 设计说明层各个视图元模型结构

(OOV))组成的非空集合。

PerformedBy：执行该 PEA 的基本全能体(BH)。

SupportingRE：支持该 PEA 的资源实体(RE)构成的非空集合。

Superiors：调用该 PEA 的 PBP 或嵌套子 PBP 构成的非空集合。

PEA 的操作定义为：

Behavior (attributes)：goals{constraints}：描述该 PEA 在约束控制下,利用必要的资源将输入转换为输出的具体操作。操作参数 attributes 为上述属性 InformationInput、PerformedBy 和 SupportingRE 列表,约束 constraints 为 CorrespondingEA 的约束属性,返回值 goals 为 CorrespondingEA 的目标属性以及 InformationOutput。

5.4　面向企业整体解决方案的建模工具应用

5.4.1　引言

企业整体解决方案是指导企业正确设计、实施和运行企业集成系统的一组方法和工具,它主要包括指导思想、理论与方法、集成框架与集成平台、关键技术、软件工具与支持平台、实施途径、标准规范以及评价体系。企业整体解决方案为企业全面实施信息化工程,提供从需求分析、工程实施到实际应用和维护过程的理论、技术与方法指导。企业建模是实现企业整体解决方案的重要工作之一。正如前文所说,企业建模技术为企业实施信息系统这种复杂、费时和高风险的大系统工程提供了合理和有效的支持途径。

随着各种建模体系及建模方法的研究,各种建模工具相继应用到不同的特定应用领域。这些建模工具作为企业整体解决方案的重要组成部分,为企业改造和优化提供了方法和工具。但由于建模理论与开发技术的限制,这些工具呈现异构和不兼容的特点,形成一个个孤岛,很难发挥工具系统的整体优势。采用现代软件工程技术,遵循已有的国际标准,采用模块化、层次化和可重用的建模软件系统结构,采用面向对象的软件设计开发方法与软构件技术,开展面向企业整体解决方案的建模工具的设计与开发是建模应用系统的发展趋势。

本节将以同济大学 CIMS 研究中心自主开发的两个建模工具系统——构件化企业建模支持系统 CEMS 和集成化企业模型仿真、诊断与评价支持系统(Integration Enterprise Modeling-Simulation, Diagnose and Evaluation supporting system, IEM-SDE)版本 1.0 为例,详细介绍面向企业整体解决方案的建模工具在系统实施生命周期各阶段的应用。

CEMS 建模系统及其相关的建模体系结构已经在前面作了概括描述。它一方面综合了 CIM-OSA 和 ARIS 的优点,即模型描述能力强、有计算机可执行性、支持大量的建模方法,并且实现了与 ARIS Toolset 的集成;另一方面,它克服了 CIM-OSA 和 ARIS 的缺点,提出了基于参考模型的构件化建模方法,为用户提供了快速、高效建模的方法与手段。本节将围绕系统实施的各个阶段重点展开 CEMS 各个模型视图建模方法和模型相关分析功能的描述。IEM-SDE 是由"十五"国家高科技技术研究发展计划(863 计划)项目"面向敏捷制造的企业建模体系及支持工具的研究"的资助,由同济大学 CIMS 研究中心以面向敏捷制造的企业仿真、诊断与评价技术为理论基础,进行研制的一套完整的、集成化的支持企业仿真、诊断与评价工具软件,该软件为原创软件。IEM-SDE 采用软构件技术开发,能通过模型中间件与其他建模系统(如 CEMS)进行有效集成,充分发挥软构件的可重用性。这两个建模工具基于较为成熟的建模体系及建模方法,并且已经在 863/CIMS 主题开展的系统应用示范工程中得到了较为深入的应用。它们对于在更大的范围和更深的层次上推广信息系统、形成具有指导意义的企业建模与分析方法、提供相应的符合中国企业需求的软件工具、实现基于模型的企业分析、为企业信息系统的应用提供有力的支持等方面有重要的促进作用。在下面的论述中,我们将采用 CEMS 建模与仿真功能,以及 IEM-SDE 的诊断与性能评价功能介绍在信息系统实施的各个阶段它们的具体应用。

企业信息系统实施工程是一项艰巨而复杂的系统工程。虽然存在众多的方法和工具可以使用,但在具体实施时必须有一组可以遵循的活动和相关的活动准则提供实施过程的协调与控制。对实施过程进行合理、科学的结构化分解,将实施目标和具体任务根据时间维分解在不同阶段完成,是减少信息系统实施工程复杂性和提高可执行性的有效方法。由于实际企业信息系统工程的总体目标、所使用的技术和企业现状的限制,不可能存在一个通用、标准和完全一致的过程阶段划分模板,在此只能对过程阶段进行宏观定义和划分,描述一种信息系统实施工程基本实施过程的阶段分解结构。参照集成化企业建模体系结构中生命周期维的分布,企业信息系统的实施过程可以宏观地定义为四个大的阶段:企业诊断阶段、需求分析阶段、系统设计阶段、实施与运行维护阶段。其中,需求分析阶段、系统设计阶段、实施与运行维护阶段和现有的各种建模体系结构中生命周期维的组成对应。企业诊断阶段是随着企业诊断在信息系统实施中的重要作用而提出的,该阶段被认为是整个实施过程中最重要的环节,影响着后续各个阶段目标和执行路线的正确性,对整个系统的建立是不可或缺的。这四个阶段构成的企业 CIMS 实施过程如图 5.92 所示。

　　上述每个阶段都有特定的标志、主要工作内容和输出结果。企业诊断阶段是从企业的现状出发,分析存在的问题,判断未来的发展趋势,提出相应的整治措施与方案,并指导实施,该阶段的输出结果为企业现状改进方案;需求分析阶段又可称为需求定义阶段,该阶段基于企业现状改进方案的分析,确定企业需求及总体目标,建立并输出企业需求定义模型;系统设计阶段在需求分析形成的需求定义模型的基础上,采用优化手段进行企业各个方面(包括功能、过程、组织、资源和信息)的详细设计,包括结构设计和属性配置,其结果输出为企业设计模型;实施与运行维护阶段指的是系统模型从设计模型向可执行模型转化并运行维护的过程,在该阶段,企业设计模型的各个要素映射为企业实体,即人员、组织单元、软硬件系统等,其输出为一个实际运行的企业应用系统,并根据企业应用系统的实际运行情况和企业需求的变化进行现有系统的实时更新。

　　上述四个阶段是一种串行执行顺序,说明了 CIMS 实施目标和工作内容在时间维上的具体划分。每个阶段的输出是下一个阶段工作的基础。在实际企业 CIMS 实施工程中,上述四个阶段构成一个闭环系统。CIMS 实施是一个渐进的系统工程,必须按步骤分阶段完成。一个生命周期确定一个生命周期目标,生命周期目标的实现历经诊断、需求分析、系统设计、实施与运行维护四个阶段。下一个生命周期目标的实现是在前一个生命周期建立的企业系统的基础上重新历经这四个实施阶段,直至企业 CIMS 工程最终目标的实现。因此,图 5.92 所示的结构在时间维上是一个螺旋上升的运行过程。在图 5.92 中,面向企业整体解决方案的建模工具的应用渗透到各个阶段包含的子阶段中。子阶段的划分是各阶段工作目标和工作内容的进一步细化。关于各个子阶段的具体描述和建模工具在这些子阶段的具体应用将在下面描述。

　　对 CIMS 实施过程进行四个阶段划分是根据实施目标和具体任务进行的,但这并不代表绝对意义上的工作划分,如对于有些建模工作,既可以放在需求阶段,也可以放在设计阶段,而这对整个建模结果不会产生太大的影响,但合理、清晰的实施阶段和内容的定义有助于整个实施活动协调、合理地进行。

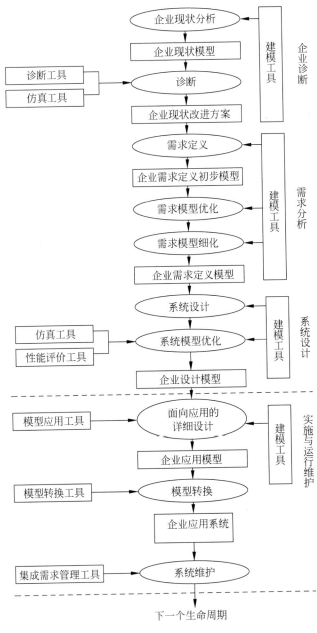

图 5.92　企业 CIMS 实施过程

5.4.2　企业诊断阶段

企业诊断阶段在业务调查的基础上,利用仿真工具和诊断工具进行企业现状的分析、诊断,确定存在的问题,分析相应的对策,并建立企业现状改进方案。企业诊断阶段又可分为企业现状分析和诊断两个子阶段。企业诊断阶段的详细工作过程和建模工具的应用情况如图 5.93 所示。

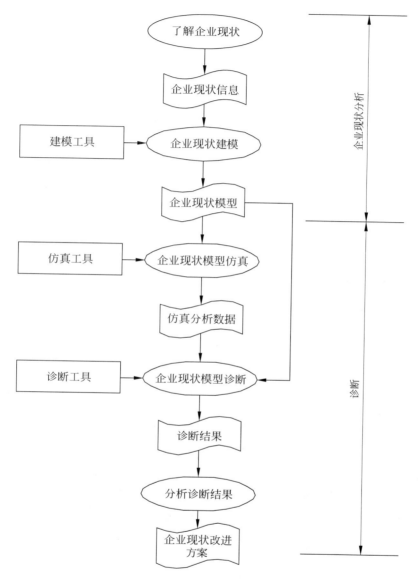

图 5.93 企业诊断阶段的详细工作过程和建模工具的应用情况

1. 企业现状分析

　　CIMS 工程一般是在企业的原有基础上建立起来的,所以工程必须结合企业实际,而企业现状分析是企业诊断的起点,其基本工作流程为:首先了解企业现状,包括了解企业的市场环境、经营目标和采取的策略,调查和分析企业当前的生产经营活动流程、信息流、生产设备及计算机资源情况、计算机应用情况、组织机构及人员状况;在掌握这些信息的基础上提取企业的关键信息和主要信息,建立企业现状模型,包括建立反映企业各个方面的功能视图、组织视图、资源视图、信息视图和过程视图。在该过程中使用的工具为建模工具。

2. 诊断

一般地,企业存在的问题难以分清轻重缓急。我们要将经营目标与现状对比,进行企业诊断,找出存在问题,以便采取措施对症下药,并最终解决这些问题。诊断基于企业现状模型进行,其基本工作流程为:首先运用仿真工具进行模型仿真,得出仿真分析数据,然后利用诊断工具通过分析仿真数据和企业现状模型发现企业经营生产活动各个方面存在的问题(即瓶颈),并根据得到的诊断结果制订企业改进方案。

在企业诊断过程中,要注重各个企业因素的平衡和密切关联性。企业是一个统一体,在品种、能力、交货期、成本、质量之间有着密切的联系,这种联系错综复杂,既相互促进,也相互制约。这就要求我们抓住主流,在单项差距分析的基础上进行综合的差距分析,反映企业的本质问题,即企业生产经营的瓶颈。从系统的观点出发,把整个企业生产、经营各方面视为一个整体,从上到下,再经过必要的反馈过程对企业进行全面规划,再从底到顶实施和集成,只有这样才能全面解决企业存在的问题。

5.4.3 需求分析阶段

需求定义阶段描述一个企业目标、约束、基本的规则等,确定企业的业务需求及对CIMS系统的功能需求,即描述为了实现企业目标该做些什么。这一阶段在生命周期中占有很重要的地位,因为它描述真实的业务问题,是将企业经营管理语言表达的业务问题转化为系统分析设计专业语言描述并实施的最初步骤。该阶段建立需求定义模型。所建立的需求定义模型主要说明企业要实现的目标,以及系统为完成该目标而必须具有的功能需求、组织需求、资源需求、信息需求及业务流程需求。需求定义模型由需求定义功能视图、需求定义组织视图、需求定义资源视图、需求定义信息视图和需求定义过程视图组成。需求分析阶段又可分为需求定义、需求模型优化和需求模型细化三个子阶段,各个阶段的详细工作流程和建模工具在其中的应用情况如图 5.94 所示。

1. 需求定义

该阶段首先采用企业经营管理语言定义企业需求。企业需求通过用户需求询问和业务现状分析获得。不同用户考虑问题的角度不同,有不同的用户需求,而且表达的方式不同。用户需求询问通过 CIMS 工程实施人员与企业用户间的交流定义需求内容,表达方式采用二者都能理解的企业经营管理语言。业务现状分析是基于企业诊断阶段产生的企业现状改进方案,分析现有业务的问题和相关因素,提出企业的优化需求。优化需求定义一系列的优化目标。业务现状分析可以采用鱼刺图的方法,对于某个问题可能存在多种原因,每个原因根据对问题的影响程度具有不同的权重(每个原因的权值由系统的分析人员根据经验给出)。每个原因同时又可以看作是一个新的问题,可细化为多

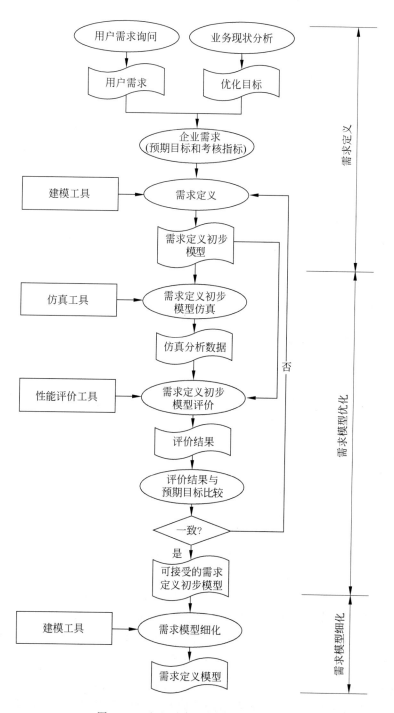

图 5.94　企业需求分析阶段工作过程

种深层次的原因,最终形成一棵由问题和原因形成的加权树。每个问题或原因涉及一定的优化需求和目标。用户需求与业务现状分析可以同时进行,二者从不同的角度进行分析,确定的企业需求有可能存在矛盾,必须加以权衡,合理而科学地定义企业综合需求。企业需求包含了企业实施 CIMS 的预期目标和可考核指标。在获得采用企业经营管理语言定义的企业需求后,利用建模工具建立企业需求定义初步模型。该过程是将企业经营管理语言表达的业务问题转化为系统分析设计专业语言描述的需求模型。在该过程建立的需求定义模型属于初步模型,它是企业需求在企业功能、组织、资源、信息和业务过程方面的需求表现,没有经过深入的一致性论证和细化。

2. 需求模型优化

需求模型优化是采用仿真工具和性能评价工具对企业需求定义初步模型进行优化,通过对需求定义初步模型与预期目标间的差距分析,确保需求定义模型与预期目标的一致性。该过程的基本工作流程为：采用仿真工具对需求定义初步模型仿真；根据获得的仿真分析数据,采用性能评价工具评价需求定义模型与预期目标之间的差距,并找出差距原因；根据差距原因重新定义需求定义初步模型；然后重新对该模型进行仿真与性能评价,直至模型与预期目标一致。这是一个反复迭代的过程。

3. 需求模型细化

需求模型细化是对需求定义初步模型的深化和细化,它体现了企业需求深化和细化过程。企业需求反映的是企业预期目标和考核指标,可以依据企业业务范围划分,将总体预期目标和考核指标细化为各个分系统的预期目标和考核指标,并将细化内容反映到需求定义初步模型中生成需求定义模型。在该过程中使用的工具为建模工具。

5.4.4 系统设计阶段

该阶段在需求分析阶段建立的需求定义模型的基础上,逐步建立在技术上可实现的设计模型,所得到的设计模型独立于具体实施语言和实施方式。它们是在企业需求的基础上,采用可行的信息和制造技术方法,并进行了优化和重构的模型。

系统设计模型主要说明企业基于用户经营需求和系统约束的实现方法,是需求定义模型在技术上的实现,以及系统为完成需求目标而必须具有的功能实现、组织实现、资源实现、信息实现及业务流程实现。系统设计模型由系统设计功能视图、系统设计组织视图、系统设计资源视图、系统设计信息视图和系统设计过程视图组成。

该阶段又可分为如图 5.95 所示的系统设计、系统优化两个子阶段,图中描述了这两个子阶段的详细工作流程和建模工具在其中的应用情况。

1. 系统设计

系统设计是基于用户经营需求和系统约束对需求定义模型的进一步细化和深化,细化和深化粒度能描述系统在现实技术上的实现方法。具体到各个视图的细化和深化粒度为：功能视图分解细化至不可再分的基本功能单元,一般为企业活动；组织视图应能

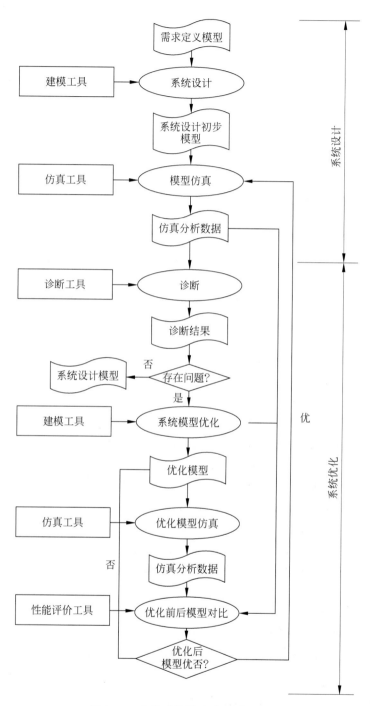

图 5.95　企业系统设计阶段工作过程

描述支持企业活动的基本组织单元,该组织单元直接由人员角色实体和物理资源实体组成;资源视图将资源需求细化为能描述支持企业活动的资源实体,该资源实体能直接与现实存在的企业个体进行映射；信息视图能描述企业活动的信息设计，即企业活动处理和支持企业活动的信息对象；过程视图集成了企业行为的控制流和信息流，通过关联其他视图的设计内容描述了企业实现需求目标的经营行为。在系统设计过程中，建模工具是主要的应用工具。通过建模工具提供的建模方法和建模手段能进行各个视图的详细设计，并保持视图的一致性，该过程的输出为系统设计初步模型。

2. 系统优化

系统优化是对系统设计子阶段产生的系统设计初步模型按照需求目标和考核指标的优化和重构过程，其基本工作流程为：首先对系统设计初步模型进行仿真；根据所获得的仿真分析数据和初步模型结构采用诊断工具进行诊断，判断诊断结果，若存在问题，则进行模型优化得到优化模型；对优化模型进行仿真；基于优化前模型与优化后模型的仿真分析数据，采用性能评价工具进行两种系统方案的对比，对比结果若表示优化后模型较优，则返回到模型仿真步骤，进行下一轮的系统优化，直至优化模型经诊断后不存在任何问题。可见，系统优化是一反复迭代过程，每一轮优化都使系统往前进一步，直至系统达到最佳设计状态，即使系统达到整体优化运行，并能达到预期目标和符合考核指标。

在系统优化过程中，核心分析对象为过程视图描述的业务流程。业务流程集成了其他视图的描述内容，通过对业务流程的优化进而反馈到其他视图的优化中，是系统优化实施的基本指导思想。近年来，随着业务流程重组（BPR）和并行工程（CE）的逐步完善和广泛应用，其相关理论和方法为系统优化提供了重要的理论基础。目前出现了多种优化方法，根据对这些优化方法的分析，可以将系统优化分为参数优化和结构优化两部分。

结构优化的目的是为了找出企业业务流程模型结构中的规律，利用这些规律改善企业过程模型中结构不合理的地方，以达到缩短过程执行周期及提高过程质量的目的。结构优化可以细分为业务流程模型的简化和业务流程模型的并行化。业务流程模型的简化是指尽量排除不必要和/或不增值的企业活动，合理地合并依赖紧密的企业活动；业务流程模型的并行化是指减少企业活动之间的相互依赖，增加活动之间的并行度等。

所谓参数优化，是指对企业业务流程模型中具体参数的优化，它关心的是各个建模构件本身的内部属性。例如，对资源（指资源实体）而言，资源的合理分配是一个主要的考虑因素。参数优化是一种涉及范围较小的局部优化手段，始终会受来自结构合理性方面的约束，因此只能是优化的起点。

5.4.5 实施与运行维护阶段

企业设计模型主要用来描述企业是什么样子、具有什么功能、应该完成什么活动、具有什么资源等概念化的、静态的信息。它独立于具体实施语言和实施方式，也不对企业实际的活动进行描述。如在设计阶段，设计模型并不要求描述诸如某一个过程的执行需要什么人员、何种资源等执行信息，这些信息在实施阶段来描述。

企业实施与运行维护阶段的主要任务就是在设计模型的基础上，通过定义具体的操作者、执行器、资源实体、组织单元和应用软件来描述系统的实施状态。系统实施模型的生成可以看作是系统设计模型的具体化,使得到的实施模型可以在给定的系统软件、硬件和网络环境下,按照系统规划的实施步骤逐步投入运行,解决目前企业建模方法与实施系统之间存在的脱节问题。例如,对于经过优化后得到的业务流程模型,利用工作流管理系统进行实例化,从而将业务流程模型投入实际运行,完成系统模型到实施系统的映射。

对于投入运行的应用系统进行运行维护,通过文档管理和版本控制等方法实现对运行系统的有效管理和监控,并通过集成需求管理软件工具对运行过程中企业不断提出的新的需求进行记录和管理,所积累的需求和文档是下一个生命周期的输入。

企业运行与维护阶段工作过程如图 5.96 所示。图中说明,该阶段又可分为面向应用的详细设计、模型转换和系统维护三个子阶段。

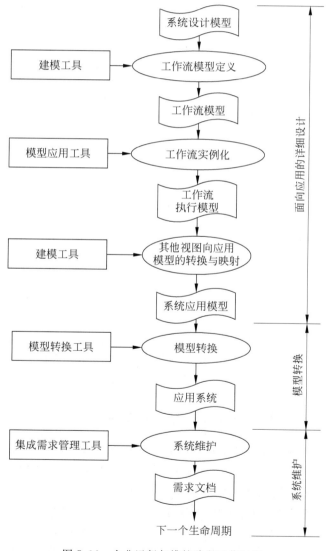

图 5.96　企业运行与维护阶段工作过程

1. 面向应用的详细设计

面向应用的详细设计是将系统设计模型转换为系统应用模型的过程。系统应用模型是一个可实施系统,它的建模实体及其属性与实际的企业实体及其属性密切关联,是设计模型到实施与运行约束的转换和映射。这种转换和映射体现在应用模型的各个视图中。面向应用的详细设计的主要工作内容为:

- 工作流执行模型定义:系统应用模型的生成是以业务流程模型为中心,基于企业实际业务流程,通过建模工具提供的工作流建模方法和手段实例化业务流程的设计模型,逐步定义一个实际流程执行所需的具体操作者、执行者、处理的数据信息、资源实体、组织单元、应用软件等因素,详细描述系统行为的实施状态。模型应用工具提供工作流管理功能,通过工作流引擎触发工作流的一个实例。该过程的结果输出为工作流执行模型。
- 组织、资源、功能、信息的转换与映射:当工作流执行模型定义后,实际流程执行所需的组织、资源、功能和信息实体已经转换和映射为一个实际存在的企业实体。根据组织、资源、功能和信息视图与业务流程视图的关联性,可以将这种转换和映射结果反映在相应的各个视图中,生成组织、资源、功能、信息应用模型。

2. 模型转换

模型转换是将可以实施的应用模型转换成可自动运行的软硬件系统的过程。工作流定义了一个可实施的企业流程,但其中某些具体流程的执行必须由相应的应用系统完成,这些应用系统包括面向企业生产经营管理的 MIS、MRP-Ⅱ、ERP,面向产品设计和制造的 CAD、CAE、CAPP、CAM,面向产品全生命周期产品数据和开发流程管理的 PDM等,其中包括企业实际应用的物理数据库。这些应用系统可以采用模型转换工具实现从应用模型的自动生成,如面向对象的设计工具 Rational Rose/C++ 支持模型向代码的自动转换功能。

3. 系统维护

对于投入运行的应用系统进行运行维护,根据系统的运行情况和新的系统需求进行及时更新,在此过程中通过集成需求管理工具记录和管理运行与维护信息,并生成相应的需求文档,所积累的需求和文档是下一个生命周期的输入。

5.4.6 面向企业整体解决方案的建模工具

从上述企业实施制造系统生命周期的各个阶段的描述可以看到,面向企业整体解决方案的建模工具是重要支持手段,它提供的建模及其仿真、性能评价和诊断等企业分析与设计功能渗透到各个阶段的工作过程中,并在不同阶段反复运用。可以说,没有建模工具提供的这些支持功能,制造系统实施将是一句空话。正如前文提出的,在此以构件化企业建模支持系统 CEMS 提供的建模与仿真功能,以及集成化企业模型仿真、诊断与评价支持系统 IEM-SDE 的诊断与性能评价功能为例,通过介绍各个功能的详细内容阐述这些工具在系统实施生命周期中的应用。

1. CEMS 建模功能

CEMS 是一个集成化企业建模工具,它是一个以过程模型为核心,包括功能模型、信息模型、组织模型的企业建模工具系统,这几种模型分别从不同的角度描述企业。CEMS 建模工具提供的主要功能如下。

1) 功能建模

功能建模的主要目的是描述企业功能,即说明企业中需要完成的工作或者任务是什么,或者说功能模型说明了企业的目标是通过哪些具体的功能活动来实现的。CEMS 功能建模采用了 CIM-OSA 自顶向下的递阶建模结构,企业系统的功能性由高到低分为四层,即领域(DM)、领域过程(DP)、业务过程(BP)和企业活动(EA)。领域处于功能模型的顶层,一个企业的功能由一组相互关联但互不重叠的领域构成,每个领域包含一些领域过程。领域过程提供满足部分企业业务目标的功能,每个领域过程包含一个或多个业务过程。业务过程又可以调用其他业务过程和企业活动,即业务过程可以嵌套。企业活动是功能分解树的叶节点,并且一个企业活动可以在多个业务过程中出现。CEMS 的企业功能递阶结构如图 5.97 所示。相应地,CEMS 功能视图包含的建模构件为 DM、DP、BP 和 EA。

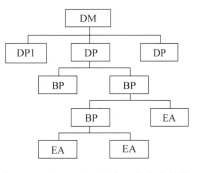

图 5.97　CEMS 的企业功能递阶结构

CEMS 功能建模工具提供了各种功能模型构件的添加、显示、修改、移动和删除等功能,功能模型绘制采用鼠标拖拽方式,并提供模型构件属性设置。

2) 信息建模

信息模型说明了企业处理的业务对象中所包含的信息,或者说执行具体功能的活动的输入、输出数据以及这些数据之间的逻辑关系。CEMS 信息视图基于企业对象(Enterprise Object,EO)、对象视图(Object View,OV)和信息元素(Information Element,IE)等概念。企业对象(EO)描述企业一般实体。企业对象的例子有产品、计划等。对象视图(OV)是对企业对象的某个方面的描述,可以认为 OV 是对 EO 经过某种过滤后的产物。对象视图的例子有产品形状、库存数据等。信息元素(IE)是企业中的基本信息或数据,是不可分割的信息项。需要强调的是,CEMS 建模工具将企业资源信息归入到信息视图中进行描述,企业对象不仅代表活动处理的数据信息,也代表企业的各种资源实体。因此,CEMS 建模工具中不支持独立资源视图的建模。

为了能够将 EO 连接起来形成信息模型,信息视图提供了泛化和聚合的抽象机制。所谓泛化(generalization),是把近似的 EO 合并成高一层次的 EO。聚合(aggregation)指通过组合已有的不同构件而形成新的构件,如 EO"客户""产品"和"时间"组合成新 EO "客户订单"。

CEMS 信息建模工具提供了各种信息模型构件的添加、显示、修改、移动和删除等功能,信息模型绘制采用鼠标拖拽方式,并提供模型构件属性设置。

3）组织建模

组织模型是用来定义企业中人的组织形式的模型,它需要提供灵活的结构,以适应不同的企业或企业中不同的组织结构。组织视图模型描述了企业的组织对象、组织对象间的联系以及与其他视图模型间的关系等,并确定组织对象的职责和权力分配。CEMS采用递阶结构来建立组织模型,提供了两类组织建模构件：组织单元（Organization Unit，OU）和资源实体（Resource Entity，RE）。组织单元（OU）代表企业中的机构、部门等,它有管理者,有对于企业其他部分（如资源、信息或功能）的职责和权力,是一个递阶结构。资源实体（RE）是支持企业活动的原子级资源,能直接映射为实际存在的企业资源个体。CEMS定义了角色、机器、工具和场所四类资源实体。

CEMS组织建模工具提供了各种组织模型构件的添加、显示、修改、移动和删除等功能,组织模型绘制采用鼠标拖拽方式,并提供模型构件属性设置。

4）过程建模

过程模型是一种通过定义一系列活动及其活动之间的逻辑关系来描述工作流程的模型。为了加强CEMS过程建模的描述能力,CEMS过程建模在ARIS提出的扩展事件驱动过程链eEPC的基础上提出了构件化的思想,即将eEPC进行构件封装,所得构件与功能视图中的功能构件——业务过程（BP）对应,在过程视图中,该封装构件称为过程BP。过程BP通过接口事件（输入/输出事件）与其他过程BP或外界环境连接。

CEMS过程视图的建模构件有：事件（Event，EV）、活动（Activity，AC,相当于eEPC图中的“功能”）和过程规则（Procedural Rule，PR）,这些与eEPC图相似,以及在eEPC构件封装基础上提出的输入/输出事件（Input Event/Output Event，IEV/OEV）、过程BP（PBP）。EV是企业中触发活动的消息、请求（例如,用户订单到达、设计任务完成、零件加工完毕等）或者状态,它们由企业内部的活动或企业的外部环境产生,并且触发其他活动。在许多情况下,事件都附带以对象视图的方式描述某种信息（如用户订单、设计图纸、零件编号等）。AC实现企业过程的具体行为,它描述的是从给定的输入到产生的输出之间需要执行的动作。活动由事件触发,并且在执行之后产生另外一些事件。在CEMS中,活动是企业行为的最小单位。PR描述企业过程中活动之间的逻辑关系（如顺序、分支、并发、汇合、循环等）。IEV/OEV是一类特殊的事件,它是一个过程BP从外界接收的事件,是该过程BP与其他过程BP或外部环境的接口。过程BP是eEPC的构件封装,它由输入事件触发,并且产生输出事件,其内部封装了由其他过程BP和/或AC以及事件、规则构成的过程。

CEMS过程建模工具提供了各种过程模型构件的添加、显示、修改、移动和删除等功能,过程模型绘制采用鼠标拖拽方式,并提供模型构件属性设置。

5）视图自动生成

CEMS是集成化企业建模系统。系统具有以过程视图为核心,自动导出组织、信息和功能其他三种视图的功能。这里以组织视图的生成为例,从过程视图生成组织视图的

过程为：在过程视图中选取一个或多个过程 BP 构件，将其中的资源实体提出，按照所属
组织单元，从系统中事先确定的组织结构中抽取出相关的部分，并将资源实体赋予相应
的组织单元，形成组织视图的完整结构。生成的组织视图体现了资源与组织单元的隶属
关系及组织单元的层次结构。视图自动生成功能保证了视图之间数据的一致性，即过程
视图的调整通过过程视图与其他视图的关联性自动反映到其他视图中。

6）资源管理

CEMS 系统具备资源管理器，实现企业过程模型中资源实体的系统化管理。每个资
源实体及其属性由资源管理器统一管理。建模人员通过资源管理对话框以人机交互方
式实现资源实体的定义。每种资源类实体包括六种属性：类型、名称、总数、花费/单位、
效率、组织。类型显示当前资源实体所属类型；名称显示当前资源实体的名称；总数显
示当前企业过程模型中可以运用的该资源实体的总数；花费/单位显示当前资源实体的
运行成本，该属性用于过程仿真中的成本计算；效率显示当前资源实体的执行效率；组
织显示当前资源实体所属组织单元。当企业建模人员进行企业过程建模时，使用到的资
源实体是基于资源管理器中描述的资源实体，资源实体中的属性"占用数"描述了该资源
实体参与某活动的数量。

7）企业参考模型支持

CEMS 提供基于企业参考模型客户化定制企业模型的功能。利用现有特定行业参
考模型，通过选择适合于目标企业模型的构件，组合成一个能够初步描述企业的企业模
型，该初步模型描述企业模型的基本框架，结构和属性的完善最终由用户完成。

系统提供的组成参考模型的构件都存放于模型构件库中。模型构件库中的构件必
须具有一定的准确性和参考性，是用户将来可以重利用的构件。考虑到建模系统的可扩
展性，允许用户自定义构件，并应用于所建企业模型中，但并不是所有用户自定义的构件都
可以加入到模型构件库中，只有具有模型构件库管理权限的系统级用户才能进行维护。

8）CEMS 主界面

CEMS 主界面包括八个部分，如图 5.98 所示。

- "建模工具条"：是建模的辅助绘制工具，当用户建立不同的视图时，建模工具条
  上的工具也有所不同。"建模工具条"中的命令在"建模元素"菜单中也能找到，为
  了操作方便起见，将它们放在工具条上。
- "格式工具条"：用来对多个模型构件进行辅助布局处理，它包括左对齐、右对齐、
  上对齐、下对齐、水平居中、垂直居中、水平两端对齐和垂直两端对齐。
- "模型视图及仿真结果区"：是 CEMS 的主要部分，它主要有两个功能：一是企业
  模型绘制的画板；一是用来显示仿真结果。
- "CEMS 模型浏览器"：用以显示企业模型的结构，包括四个视图及其各自的结
  构，起导航作用。"CEMS 构件浏览器"对企业模型中的模型构件进行管理。
- "提示信息区"：用来显示一些实时的帮助信息，如当前鼠标的坐标、工具菜单的
  简要帮助等。

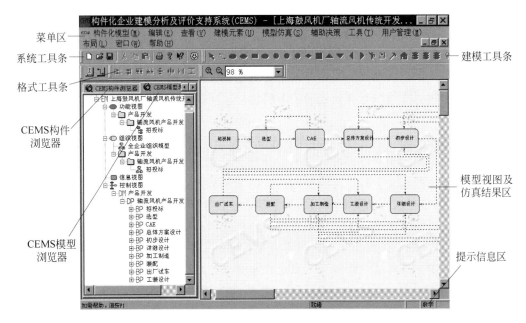

图 5.98　CEMS 界面布局

9）CEMS 建模功能在企业信息系统实施生命周期中的应用

从前面论述的企业信息系统实施生命周期各个阶段的描述可以看出，建模工具是各个阶段最为重要和最为基本的工具，它是其他分析工具（如仿真、诊断、性能评价工具）的基础，为这些工具提供基本的分析对象。在不同生命周期阶段，由于各个阶段的工作范围和目的不同，企业模型的状态呈现逐步深入和细化的过程特点，每一阶段的企业模型是下一个阶段分析和研究的基础，直至企业模型从最初的企业诊断阶段所定义的企业瓶颈的概念描述到最后运行与维护阶段的实际存在的企业物理系统，中间经历的状态变化和 CEMS 建模功能在不同企业模型状态的具体应用可以在图 5.99 中得到清晰的表现。

企业诊断阶段，基于企业现状的分析与调研建立企业现状模型，以企业现状模型的过程视图为核心进行企业诊断，根据诊断结果确定过程瓶颈。对企业现状模型的功能视图、组织视图、资源视图和信息视图进行诊断，根据诊断结果和过程瓶颈确定相应的功能瓶颈、组织瓶颈、资源瓶颈和信息瓶颈。

需求分析阶段，首先基于功能瓶颈的分析初步建立功能分解树，基于组织瓶颈的分析建立初步的组织结构，基于资源瓶颈的分析初步建立资源分类结构，基于信息瓶颈的分析初步建立企业对象及其逻辑结构。在这些视图的基础上，基于过程瓶颈的分析初步建立过程视图，过程视图中的描述内容关联了其他视图的模型信息。对过程视图进行需求优化分析，通过与预期目标的对比调整过程结构和相关属性设置，并将调整内容反映到其他视图中，保持视图之间的一致性。

系统设计阶段是对需求定义模型的详细设计，具体到模型内容的深化和细化操作。

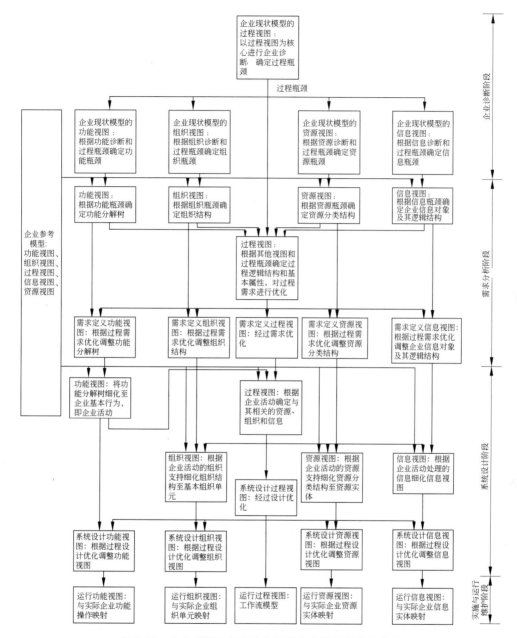

图 5.99　企业 CIMS 实施生命周期企业模型状态的变化

　　首先细化功能视图的描述内容至企业行为的基本功能单元,即企业活动,它代表了不可再分的原子级操作。将企业活动反映到过程视图中,并根据企业活动的组织、资源和信息需求确定支持该企业活动的基本组织单元、资源实体和对象视图。将这些细化内容反映到组织视图、资源视图和信息视图中。系统设计阶段的优化是以过程视图为核心,进行过程流程的重构和优化,包括过程逻辑结构的重新调整和相关属性的重新配置,并将这些因优化而产生的调整反映到其他视图中。

实施与运行维护阶段，主要进行设计模型到实施模型的映射。过程视图转换为由计算机可执行的工作流模型，功能视图与实际企业功能操作映射，组织视图与实际企业组织单元(企业部门、工作组)映射，资源视图与实际企业资源实体(人员与软硬件资源)映射，信息视图与实际企业信息实体(各种表单和数据库)映射。

从各个阶段企业模型状态的变化可以看出，过程视图作为各个阶段进行分析与优化的核心对象，充分体现了集成化企业建模思想。过程视图集成了其他视图的相关信息，描述了企业基本要素协调运行的状态，通过对它的分析与优化，可以从系统的角度实现企业的整体优化，这是一种企业全局分析和优化。最后，可以将过程分析与优化内容反映到其他视图中，完成企业局部分析与优化。

从图 5.99 中可以看出，在需求分析和系统设计阶段，企业模型的建立得到了企业参考模型的支持。企业参考模型提供了相关行业的生产经营特征，可以作为从无到有建立企业模型的基础。

目前，CEMS 建模工具只能提供企业诊断阶段、需求分析阶段和系统设计阶段中初步设计的建模功能。在需求分析阶段到系统设计阶段，CEMS 的建模体现的是模型逐步深化和细化的过程特征。这种过程特征表现在各个视图的建模构件和相关属性的完善上。

- 功能视图——功能分解细化至不可再分的基本功能单元——企业活动，描述实现企业目标所需的基本功能操作。
- 信息视图——描述功能视图中基本功能单元企业活动的信息设计，用对象视图描述企业活动处理的信息。
- 资源视图——描述企业活动所需的资源实体，该资源实体能与实际企业资源实体(如人员、软硬件资源)映射。
- 组织视图——描述操作企业活动的基本组织单元，该基本组织单元能与实际企业组织单元(企业部门)映射。
- 过程视图——由过程 BP 层细化至 eEPC 层，企业基本行为单元——活动与功能视图中的企业活动对应，同时定义了与执行活动相关的资源、组织和信息。

2. CEMS 仿真功能

仿真是企业分析的有效手段，它是在一定的初始条件和输入条件下，以过程模型为对象，动态地模拟企业行为，通过分析仿真输出的各种性能指标研究企业的性能。CEMS 仿真机制基于事件触发机制和排队模型，其执行过程构成了一个离散事件动态系统。活动是由一个或多个事件触发执行的，事件的产生是由于活动的执行或时间的到达。CEMS 仿真的体系结构如图 5.100 所示。体系结构中的各部分通过相互之间发送和接收消息有机地结合起来。

整个仿真过程在仿真控制器的控制下，通过模型解释器把企业过程模型转化为过程仿真模型，对过程仿真模型进行仿真执行，并完成列表的管理、资源的调度和仿真数据的

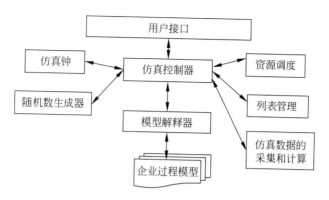

图 5.100　CEMS 仿真的体系结构

采集计算。随机数生成器为仿真过程的不确定性提供所需特征的随机数据,仿真钟支持仿真过程的定时控制,并提供仿真钟的推进机制。体系结构中各个部分的功能描述如下。

1) 仿真控制器

仿真控制器负责整个仿真过程的控制,包括仿真进程的推进、仿真机制的控制、仿真调度策略的确定。仿真体系结构中的其他部分通过仿真控制器来参与仿真。

2) 仿真钟和仿真钟的推进方式

由于仿真进程的动态特性,因此在仿真过程中需要保持对仿真时间当前值的跟踪,该机制称为仿真钟。同时也需要有一种机制将仿真时间从一个时间值推进到另一个时间值,称为仿真钟的推进机制。仿真钟的推进机制有很多种,如固定增量时间推进机制(fixed-increment time advancing)、按事件进行仿真钟的推进。CEMS 中的仿真机制采用了事件、活动混合的推进方式。

3) 随机数生成器

随机数生成器是指在仿真过程中按照某一概率分布产生可以存取的随机变量的程序部件。可以采用两种模式的随机数生成方式:一种是随机模式(random);一种是固定模式(fixed)。

4) 资源调度

资源调度负责采用一定的资源分配策略对资源进行调度,主要发生在多个并行执行的活动争夺同一类资源时,即发生动态资源冲突的情况。

5) 列表管理

列表管理对整个仿真进程的控制非常重要,它涉及仿真的推进、资源的分配等许多问题。

6) 仿真数据的采集和计算

仿真数据的采集和计算主要负责仿真数据的采集以及仿真结果的计算。例如,计算整个仿真过程的总运行时间、激活的活动数以及总成本等。它为仿真结果的显示和输出做好了准备。

7）模型解释器

模型解释器负责把企业过程模型转换成可以仿真的仿真模型。仿真的目的是得出反映企业性能的仿真指标，这些仿真指标也是继续对企业进行分析（如诊断、性能评价）的基础。仿真指标是企业过程模型经过一次或多次仿真运行后得到的一系列关于过程运行的统计数据，这些统计数据描述了企业在各个方面的运行性能。CEMS仿真指标主要分为时间类和成本类。

8）时间类仿真指标

时间类仿真指标是对与企业过程模型有关的各种时间性能的分析，它关系到企业生产某种产品或提供某项服务所需耗费的时间长短，它是服务速度与服务质量的体现，也是决定顾客满意度和企业竞争能力的重要因素之一。下面是一些时间类指标的计算方法：

- 第 i 次仿真企业过程的执行时间

$$T_i = \text{TIME}_i - \text{START}_i$$

其中，START_i 为第 i 次仿真开始时仿真钟的初始值；TIME_i 为第 i 次仿真结束时仿真钟的值。该仿真指标描述企业处理单个生产任务的耗时。

- 企业过程的平均执行时间

$$T_{\text{ave}} = \frac{1}{m} \sum_{l=1}^{m} T_l$$

其中，m 为企业过程的仿真次数，$m \geqslant 1$。该仿真指标从统计意义上衡量企业处理多个生产任务的行为能力，即描述企业处理负载的平均处理时间。

企业过程的最大完成时间

$$T_{\max} = \max_{1 \leqslant i \leqslant m} \{T_i\}$$

该仿真指标描述企业处理多任务的最大处理时间，该值用于向顾客预告最大的等待期。

- 企业过程的最小完成时间

$$T_{\min} = \min_{1 \leqslant i \leqslant m} \{T_i\}$$

该仿真指标描述企业处理多任务的最小完成时间，该值用于向顾客预告最小的等待期。

- 第 i 次仿真企业过程的繁忙度

$$\lambda_i = \left(\sum_{j=1}^{n} ((\text{Ac}_j.\,\text{WorkTime}) / ((\text{Ac}_j.\,\text{WorkTime}) + (\text{Ac}_j.\,\text{IdleTime}))) \right) / n$$

其中，$\text{Ac}_j.\,\text{WorkTime}$ 为活动 j 的工作时间；$\text{Ac}_j.\,\text{IdleTime}$ 为活动 j 的空闲时间；n 为参加仿真的活动的数目。该仿真指标描述企业活动处理事务的能力。

- 企业过程的平均繁忙度

$$\lambda_{\text{ave}} = \frac{1}{m} \sum_{i=1}^{m} \lambda_i$$

该仿真指标用于说明过程的平均繁忙程度，即企业活动处理事务的平均能力。

9）成本类仿真指标

成本类仿真指标计算并分析与企业生产经营活动的成本耗费有关的一些指标。企业总是希望尽量减少成本。值得注意的是，根据 CEMS 中的资源特性，只能讨论企业中可重复性成本消耗，而对于一次性的投入，还需结合一次性投资来分析。下面列举一些成本类指标的计算方法。

• 第 i 次仿真的总成本

$$C_i = \sum_{j=1}^{\mathrm{RE}} \mathrm{re}_j.\,\mathrm{Cost} \times \mathrm{re}_j.\,\mathrm{Sum} \times T_i$$

其中，re_j 为参加仿真的第 j 类资源实体；$\mathrm{re}_j.\,\mathrm{Cost}$ 为第 j 类资源实体的单位个数在单位时间的成本消耗，$\mathrm{re}_j.\,\mathrm{Sum}$ 为第 j 类资源实体参与仿真的总数目，RE 为企业仿真过程中使用的资源实体的总类别数。该仿真指标描述了企业执行特定生产任务的总消耗成本，由工作成本和空闲成本组成。

• 第 i 次仿真的工作成本

$$\mathrm{WC}_i = \sum_{j=1}^{J} \sum_{k=1}^{K} \mathrm{re}_{kj}.\,\mathrm{Cost} \times \mathrm{re}_{kj}.\,\mathrm{Num} \times \mathrm{AC}_j.\,\mathrm{WorkTime}$$

其中，re_{kj} 是执行活动 AC_j 所需要的第 k 类资源实体；K 为执行活动 AC_j 需要的资源实体的类别数。这里的资源实体既包含人力资源，也包含物理设备。

• 第 i 次仿真的空闲成本

$$\mathrm{IC}_i = C_i - \mathrm{WC}_i$$

• 平均总成本

$$C_{\mathrm{ave}} = \frac{1}{m} \sum_{i=1}^{m} C_i$$

该仿真指标说明企业生产经营活动的平均成本耗损量，由平均工作成本和平均空闲成本组成。

• 平均工作成本

$$\mathrm{WC}_{\mathrm{ave}} = \frac{1}{m} \sum_{i=1}^{m} \mathrm{WC}_i$$

• 平均空闲成本

$$\mathrm{IC}_{\mathrm{ave}} = \frac{1}{m} \sum_{i=1}^{m} \mathrm{IC}_i$$

在 CIMS 实施生命周期的各个阶段，CEMS 仿真工具作为企业分析的首要分析手段，以 CEMS 建模工具提供的企业模型为基础，模拟企业的实际生产经营活动，并以上述各种仿真指标描述企业性能的各个方面。这些仿真指标不仅可以作为了解企业综合性能的数据，而且可以为进一步企业分析（如诊断和评价）提供分析基础。

CEMS 仿真结果为上述各种仿真指标的具体值，输出方式为报表和饼图两种方式。图 5.101 为 CEMS 仿真概要报告，其中描述了与企业整体性能相关的仿真指标，如总运行时间、总成本和总利润等。图 5.102 描述了企业模型中与功能建模构件相关的仿真指标,它反映了企业活动的运行性能。此外,CEMS 仿真工具还提供了关于资源、事件和队列方面的仿真指标。

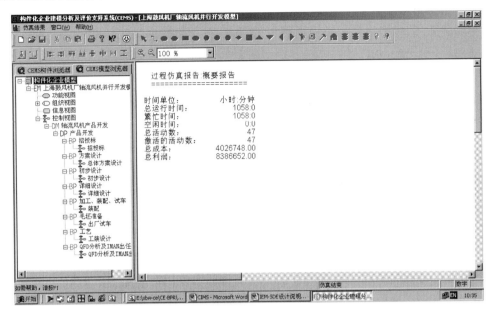

图 5.101　CEMS 仿真概要报告

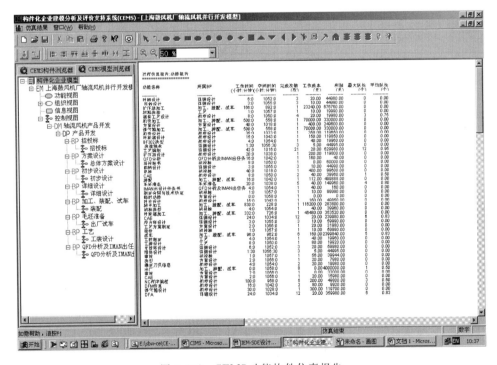

图 5.102　CEMS 功能构件仿真报告

3. IEM-SDE 诊断功能

在企业建模工具的基础上开发的企业诊断模块是用来对企业生产运营行为的评判，该模块力图寻找导致企业性能不良的因素，并据此给出使用者改良企业行为的意见。IEM-SDE 诊断模块的体系结构如图 5.103 所示。

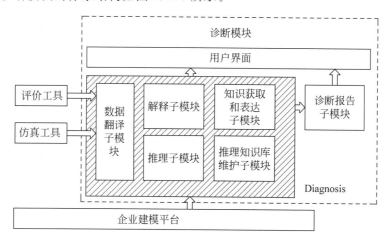

图 5.103　IEM-SDE 诊断模块的体系结构

诊断问题是企业集成与优化领域的新兴研究内容，它的出现是满足企业信息化改造工程的实际需求。根据企业诊断表现出的智能特性，IEM-SDE 诊断模块的实现核心是一个诊断专家系统，如图 5.103 中阴影部分所示。

图 5.103 中，各个子模块的主要功能为：

1）知识获取和表达子模块

专家系统的第一个问题就是知识的表示，这不仅表现为诊断知识规则的表示，也体现在事实知识的表示中。将模型、仿真数据和评价数据作为事实库加以表示是诊断的第一步。知识获取是将诊断知识写成规则形式保存在知识库中。

企业诊断是采用一系列分析技术和判断方法防止企业衰败的自我治理手段。对于具有不同的诊断范围、诊断目标和诊断内容的诊断问题，用于诊断的规则知识不尽相同。为了确保规则知识既要体现某一类诊断问题的经验性知识，又要考虑到具体诊断问题的特性，IEM-SDE 诊断知识的获取由以下三部分共同完成：专家知识获取、用户知识、通过对模型的自学习算法获得的知识。专家知识获取的工具是一个对话框，知识工程师将专家知识事先翻译成系统可以识别的知识代码直接输入知识库。对于用户知识，首先将接近自然语言的知识编译成系统可以识别的知识代码，这个过程可以采用与用户交互的形式逐步确定，最后将经过编码的用户知识写入知识库，并在以后的推理运行中不断调整。自学习获取模块是当基于以上两个部分的知识推理所获得的推理结果都不理想时，采用调整模型、仿真、评价，再调整模型、再仿真、再评价的手段得到大量数据，利用数据分析手段获得特定领域的知识，并录入知识库，通过以后更多的检验来提高其可信度和优先级,使之成为可以使用的知识。

2）用户界面

用户界面提供工具与用户之间的访问接口,完成诊断功能的模块配置,显示诊断结果。

3）数据翻译子模块

数据翻译子模块将模型、仿真数据和评价数据转换成知识表达方式的过程。

4）推理子模块

推理子模块完成推理流程。推理流程：根据用户的诊断需求和模型提供的参数属性等内容进行诊断初始化,即先确定当前需要搜索的知识库类别,并在选定的知识库类别中通过选择可信度控制和知识过滤条件确定匹配搜索的知识库范围；然后在确定的知识库范围中遍历搜索匹配的知识,若所有该类别知识被遍历依然没有匹配成功,则给出失败的消息。如果当前知识类别中存在知识匹配,则将该条知识存入一个匹配的知识集合中；在得到所有匹配的知识后,对匹配的知识集合按照优先级进行排序,如果出现相同的优先级,则先考虑其可信度,否则选择最高优先级的知识作为最后的匹配结果；最后将该条知识的判定结果作为诊断结果输出给用户。

综上所述,推理机的搜索策略是以深度优先的。终止条件为：①当前没有可以匹配的规则知识；②当前结论的可信度已低于某个阈值；③诊断结果已经得到,用户认可该结果；④推理机在最近数次推理中不再引用新的规则知识(可能已陷入某个死循环)。

5）解释子模块

在推理过程中,解释部分将匹配的知识记录在一个链表中,待用户对推理结果需要解释时给出一个推理过程。

6）诊断报告子模块

诊断报告子模块将诊断结果以报告的形式输出,如图 5.104 所示。

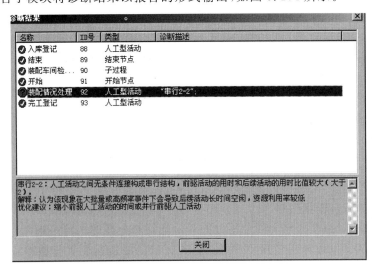

图 5.104　诊断结果输出

7）推理知识库维护子模块

推理知识库维护子模块提供诊断规则知识的编辑对话框,主要提供专家知识的获取手段。

IEM-SDE 诊断工具作为企业自我衰败的防止手段,主要应用在 CIMS 实施工程的企业诊断阶段。在该阶段,基于专家诊断系统,IEM-SDE 提供智能化企业诊断技术,为确定企业 CIMS 工程需求奠定基础。IEM-SDE 的分析对象为企业模型,诊断数据源来自模型、仿真数据和评价数据,诊断知识来自专家、用户和基于模型的自学习,因此诊断结果的合理性和科学性在较大程度上取决于模型的真实性和诊断知识的有效性。此外,IEM-SDE 诊断功能在系统设计阶段也发挥了重要的作用,将优化目标作为规则知识,可以有效地对企业进行优化设计,找出企业的不良环节加以优化。

4. IEM-SDE 性能评价功能

企业评价问题一直是企业信息化和 CIMS 实施工程的研究热点。在企业的不同发展阶段,企业评价的目的和内容各不相同,如何选择合理和科学的评价指标及评价方法是企业进行有效评价的根本保证。根据企业生产经营特性,企业评价属于多因素综合评价问题,企业评价指标应具有多角度、多层次的特点,所形成的指标体系结构必须比较完备、客观地反映不同粒度和不同侧重度的评价指标,并且体系结构应具有可持续发展的特点,除了包含一些相对稳定和通用的评价指标外,还能随着企业实践活动的积累而逐步完善和成熟。企业的评价问题应是非结构化决策问题,其复杂性决定了评价方法应具有较强的综合评价能力,并且具有动态性和时变性。因此,企业评价方法应该采用组合方式,针对不同的评价问题和相应的不同评价指标,采用可供选择和符合不同需求的评价方法集。

IEM-SDE 企业评价是基于企业模型的评价,它从企业的基本性能入手,对企业生产经营行为的内在因素进行评估,因此,IEM-SDE 提供的是企业性能评价工具。该性能评价工具是建立在模糊层次分析法(FAHP)的评价方法上的。其主要特点在于:引入了参考评价模型的概念,建立一些典型的参考评价模型,通过相应的参考评价模型库的管理及指标库的管理,实现评价指标体系的客户化定制功能,从而提供对评价工具的灵活性和合理性的支持。IEM-SDE 评价工具的评价过程如图 5.105 所示。

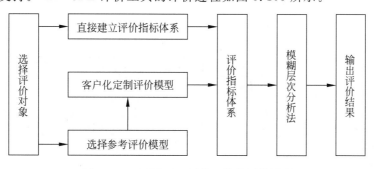

图 5.105　IEM-SDE 评价工具的评价过程

首先选择评价对象，然后建立进行评价的评价指标体系。评价指标体系的建立有两种方式：一种方式为，分析具体评价问题的评价指标，从无到有地直接定义一个评价指标体系；另一种方式为，根据具体评价问题的特点，在参考评价模型库中选择一个适当的参考评价模型，根据所选择的参考评价模型建立针对具体评价问题的评价指标体系的基本骨架，然后通过客户修改（即客户化定制）得到用户希望的评价指标体系。基于上述两种方式得到的评价指标体系采用 FAHP 进行企业评价，最后输出评价结果。

参考评价模型是为了简化构建评价指标体系而提出的一种快速和有效的方法。它提出的基础思想为：评价问题依据评价对象所属行业、评价目标和评价范围可以进行分类，每一类评价问题具有一些通用的共性评价指标，将这些评价指标提取并组织起来，建立参考评价模型，每个参考评价模型对应一类评价问题。如根据评价对象所属行业划分，电子行业和汽车行业具有表征各自行业特点的通用评价指标，从而各自形成了面向电子行业和汽车行业的参考评价模型；又如，根据评价目标的划分，实现企业信息化和企业过程自动化具有不同的参考评价模型；同样，根据评价范围可以将参考评价模型划分为面向销售、产品设计、产品制造和采购等。由此可见，参考评价模型本质上是一个建立评价指标体系的模板，在这个模板提供的参考和辅助作用下，用户可以快速和有效地建立满足自身需求的评价指标体系。

层次分析法以其定性与定量相结合地处理各种决策因素的特点，成为多因素综合评价的主要解决途径。该方法在确立决策模型时，首先分析问题内在因素间的联系和结构，并把这种结构划分为目标层、准则层和方案层。其中，目标层是决策问题追求的总目标，可以用目标函数表示；准则层是评判方案优劣的评价指标，根据指标间的关联和隶属关系，该层可进一步细分为多层；方案层是决策问题的可行性途径。层次分析法评价算法的核心是构造比较矩阵，比较矩阵反映了人们对决策模型中各因素相对重要性的判断和认识，其构造直接关系到评价分析的有效性和质量。传统层次分析法在构造比较矩阵时，硬性指定 1～9 及其倒数作为比较矩阵中比较标度的数值，这种确定性数值取值方法忽略了因素间相对重要性的模糊性和不确定性。模糊层次分析法采用模糊数表示比较标度，能在一定程度上弥补传统方法的不足。

IEM-SDE 性能评价模块可以划分为如图 5.106 所示的子模块，各子模块的主要功能为：

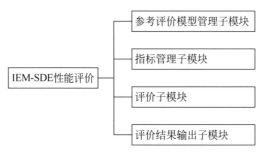

图 5.106　IEM-SDE 性能评价模块

1）参考评价模型管理子模块

参考评价模型管理子模块是为指标体系提供客户化定制的模板，即参考评价模型，实现模板的新建、删除、查询、修改和保存等基本管理功能。图5.107为"参考评价模型管理"对话框。对话框左边为参考评价模型，其中通过树状结构描述了指标间的层次关系。对话框右边为参考评价模型的基本信息。图5.108为选择适当的参考评价模型建立具体评价指标体系。

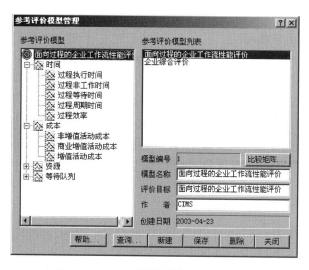

图5.107 "参考评价模型管理"对话框

图5.108 选择适当的参考评价模型建立具体评价指标体系

2）指标管理子模块

指标管理子模块对指标集合进行新建、删除、查询、修改和保存等基本管理。其中的指标集合为参考评价模型的编辑和指标体系客户化定制提供基本指标，即为指标体系的建立提供指标源。指标管理同参考评价模型管理的目的一样，同样是为用户提供快速和有效建立指标体系的一种手段。

3）评价子模块

评价子模块完成基于模糊层次分析法的评价算法。

4）评价结果输出子模块

评价结果输出子模块提供表格、图形和文字的评价结果输出方式。

企业评价一般是对多个可选方案的对比，以确定决策方案，或用于现有方案与目标之间的差距对比。在企业 CIMS 实施生命周期中，IEM-SDE 性能评价工具主要用于需求分析阶段的需求优化和系统设计阶段的设计优化。采用评价工具对优化前后的企业模型进行评估，选择优化方案再进行优化、评价，直至方案达到目标或令用户满意。

参考文献

[1] 工业 4.0 参考架构[EB/OL]. http://www.innovation4.cn/library/r3738.

[2] 工业互联网参考架构[EB/OL]. http://www.innovation4.cn/library/r1797.

[3] 美德日中四国工业互联网参考架构对比[EB/OL]. http://blog.sina.com.cn/s/blog_654887a50102x338.html.

[4] 范玉顺,王刚,高展,等.企业建模理论与方法学导论[M].北京：清华大学出版社,2001.

[5] 刘超,张莉.可视化面向对象建模技术[M].北京：北京航空航天大学出版社,1999.

[6] IDEF[EB/OL]. http://www.idef.com.

第6章
制造系统的总体设计技术

任何工程系统都要求先进行总体规划,即从全局和长远发展的立场出发确定用户的需要和系统的目标,提出实施系统的总体方案,然后再分步实施。

制造系统是由多个不同的子系统构成的集成系统,是极其复杂的大型工程系统,因而总体规划就显得更为重要。在总体规划过程中,根据企业的需求,提出对各子系统的需求,划清子系统间的界面,使之可以单独实施。根据企业需求的紧迫性,确定分步实施的进度计划,使之互相配合,更好地发挥作用。

制造系统的总体设计包括三个部分:

(1)需求分析:确定系统目标。

(2)总体方案设计:确定系统体系结构。

(3)分系统方案设计:各分系统的总体设计及各分系统目标的确定。

6.1 系统的需求分析

需求分析的任务是研究分析用户的需要,确定带开发系统的目标。

需求分析是系统设计的出发点和依据。由于不同的企业在产品、工艺、生产经营方式、现有基础、未来目标等方面千差万别,导致不同的企业具有不同的制造系统模式,因此必须针对具体企业的具体情况进行需求分析,才能明确企业需要什么样的制造系统,需要什么样的功能和性能,为什么需要,以及各种需要的紧迫程度如何。只有需求明确了,按需求建立起来的制造系统才能达到预期的目标,取得预定的经济效益。最紧迫的需求就是企业生存发展的关键或瓶颈,由此定出制造系统重点突破的目标。

6.1.1 企业现状分析

制造系统一般是在企业的原有基础上建立起来的,所以制造系统的实现必须结合企业实际。企业的现状分析是需求分析的起点。企业现状分析应包括以下内容。

1. 企业概况

企业概况概括介绍企业的规模、水平、经济实力及地位，包括：①企业所属行业、企业在行业及整个国民经济中的地位；②企业人数及素质情况；③企业的资产、产值、利税等生产经济指标；④企业的地理分布、分散情况、交通便利情况；⑤企业的历史及演变过程；⑥企业的体制、组织机构等；⑦企业其他有关情况。

2. 企业生产经营特点分析

企业生产经营的特点包括：①企业产品种类及型号、产品技术含量、产品的结构特点；②企业的生产方式：离散、连续或半连续、生产批量、按订单还是按库存组织生产；③生产工艺特点：主要生产流程特点及先进程度等；④企业设备特点：包括设备的先进程度、精密程度、自动化水平、数控化率等；⑤企业的经营特点：包括经营体制、销售策略等；⑥企业的财务成本管理特点：包括财务制度、成本分摊办法、独立核算情况等。

不同性质的行业有着不同的生产经营特点，在制造系统构成方面有很大的差别。下面对制造业中几种典型的生产方式进行对比分析。表 6.1 为离散制造业与流程工业的差别。

表 6.1　离散制造业与流程工业的差别

行业		离散制造业	流程工业
典型行业		机械制造业	化工业
物流	物流状态（原料、半成品）	形状固定、固体、离散	形状不固定，可为液、气、固体、粉丝状、连续
	物流状态（成品）	机械装置、包装箱	液、固、粉、包装袋、罐
	批量	大、中、小、单件	一般较大
	加工过程	经常间断	不间断或局部间断
	物流传输	车、周转箱	多为密封管道、传送带
工艺	工艺流程	随机可变	基本不变
	工艺参数	多变	变化有限
	生产柔性	强	弱
	质量检验	测试检验	抽样检验
设备	工序	冷、热加工、装配	多而杂、物理、化学、生化
	设备	各类机床、通用性强	类型多、体积大、结构杂、专用
	控制	数控	多参数、分布参数控制
	工装	多、复杂	与设备合一、固定
	生产条件	常温	高温、高压、易燃、易爆、易腐蚀
设计		按型号、台、件设计	一次定型，几乎不变
管理	产品	结构复杂	品种较少、相对简单
	信息量	信息量大、实时数据较少	信息量较少、实时数据多
优化目标		缩短供货周期、提高质量、优化排产、降低成本、提高设备利用率	安、稳、长、满、优、降低成本、提高质量

276

连续型生产是连续、大批量的稳定生产,实时数据多。其发展方向是降低成本、提高质量。离散型生产的生产批量则相对较小,市场需求不断变化,实时数据少。其发展方向是提高柔性。

由于企业及其产品千差万别,离散制造业和流程工业内部又可分成不同的类别。表 6.2 为离散企业单件小批和大批量生产企业的对比。

表 6.2　离散企业单件小批和大批量生产企业的对比

生产方式	单件小批生产	大批量生产
生产批量	小	大
生产组织	按订单组织生产	以销定产、以产促销
库存量	小	按市场预测、较大
工艺	随机可变	基本不变
柔性	大、转产容易	小、转产难
标准化	可非标准	高
生产监控	停开工、完成件数	监控累计的投入/产出量
生产节拍	不合格	严格、同步
物料输送	吊车、自动引导车	传送带、自动化程度高
设计	工作量大	主要用于新产品研制
管理数据量	大	较小

3. 企业的组织机构和工作流程分析

对不同的企业,由于他们的规模、性质、生产方式和面临的市场竞争都不同,因而组织方式也各不相同。对工业企业,其管理组织机构主要有以下几种形式。

(1) 直线制:是早期的企业组织形式。企业的领导者直接指挥,没有职能参谋机构。其优点是:机构简单、命令统一、决策及时、权责分明。缺点是:要求领导者亲自处理企业的生产、技术、经营各项具体业务,不适合大规模、产品技术复杂的现代化企业。

(2) 职能制:为了帮助解决企业生产、技术、经营等管理工作,设置了各职能部门,各职能人员可在各自职能范围内对下属单位进行直线指挥。该形式虽减轻了企业领导人的负担,但出现了多头领导,影响了企业的统一指挥,现实中并不采用。

(3) 直线—职能制:这是一种集"直线制"和"职能制"优点于一体的组织形式。企业管理机构和人员分成两部分:"直线指挥"和"职能参谋"。行政管理人员可对下级下达命令,形成直线指挥;职能人员则仅起参谋和助手的作用,不能对下发布命令。目前,工业企业多采用该形式,但它也有一个缺点,即企业内部各部门间的横向协调比较困难。

(4) 事业部制:又称部门化结构,或称分权组织,是在总公司的统一领导下,按产品或地区(市场)划分,实行相对的自主经营、独立核算、自负盈亏的组织形式。其管理原则为:"集中决策、分散经营"。事业部制适用于生产规模大、产品种类多、市场分布广阔的大型企业。其优点是:有利于企业最高领导层摆脱日常行政事务,致力于企业的重大决策;有利于发挥以产品为分工的事业部的主动性、积极性及市场开拓;有利于在竞争中培养人才。其缺点是：管理机构重叠，人员浪费。

（5）矩阵组织：又称"目标—规划"结构组织。它是把直线职能制的纵向管理和按产品、工程项目或服务项目的横向管理结合起来，形成的纵横相交的矩阵制组织结构。矩阵制适用于那种需要集中大量各方面专业人才参加，才能完成的项目和业务。其优点是：加强了横向联系，提高了工作效率。缺点是：由于有原职能部门和产品或项目组的双重领导，导致部门关系复杂，容易出现多头领导。

（6）多维立体组织：由三方面管理系统组成：第一类是按产品划分的事业部，是产品利润中心；第二类是按职能划分的专业参谋机构，是专业成本中心；第三类是按地区划分的管理中心，是地区利润中心。多维组织适用于巨大规模的跨国公司或跨地区公司。

由上可知，各种组织机构均有其适合的对象，有优点，也有缺点，对具体的企业要进行具体分析，确定现有的组织机构是否适合企业，有没有更合理的组织方式。

分析完企业的总体组织机构后，还须研究企业各种职能部门的工作内容、职责范围和工作流程。

工作流程分析分为两部分：跨部门工作流程分析（图 6.1）和各部门内或每项业务活动的工作流程分析（图 6.2）。

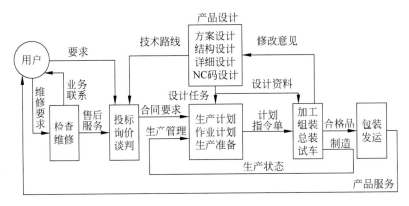

图 6.1　某企业生产经营过程示意图

工作流程分析的目的有两个：一是使系统设计人员尽快了解企业目前的实际工作内容；二是确定流程是否合理、流畅。

4. 企业生产流的分析

生产流是指：生产规模大、产品种类多的大型企业组织其各种产品及构件的生产方式。生产流分析包括生产流程、工艺路线、物流过程以及工厂、车间布局等的合理性分析。通过这些合理性分析，可以找出企业生产环节中不尽合理的环节，并加以改进。生产流分析的表达主要有两种方式：物流过程图和工艺流程图。

5. 产品的市场占有率分析

通过产品的市场占有率分析可以理解企业的竞争能力。通过分析企业未来国内外市场的占有率，可在此基础上制定企业未来的生产经营目标和系统的总目标。

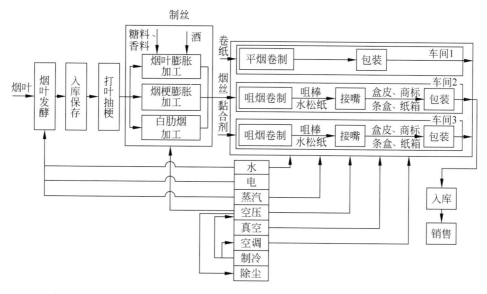

图 6.2 某企业生产工作流程

6. 企业技术现状分析

制造系统的实施必须要有一定的技术基础,首先要对企业现有的技术设备进行分析,从而为系统的集成度和技术线路提供依据,确定对企业现有技术设备的处理是保留、改造、舍弃,还是逐步淘汰。

与制造系统相关的技术基础有以下几个方面。

(1) 设备基础:包括数控加工设备、过程控制设备、自动存储系统及联网能力。

(2) 计算机资源情况:如计算机的数量、型号等。

(3) 自动化系统的应用情况:如管理信息系统(MIS)、柔性制造系统(FMS)、计算机辅助设计(CAD)系统等的功能、性能、实用性和集成化水平。

(4) 技术人员的水平、能力情况。

6.1.2 企业面临的问题及对策分析

需求分析可比作企业诊断,现状分析则可视为普查。为找出企业存在的问题,不仅须进行企业的现状分析,还须确定企业的经营目标,然后将经营目标与现状对比,才能找出企业存在的问题。

1. 企业经营目标的确定

企业经营目标的确定一般从以下几个方面进行考虑:①根据长远的市场需求,确定企业的产品结构、产品产量目标;②根据企业在本行业的竞争能力,确定企业在行业中的地位;③确定企业的产值、利税等经济指标;④企业经营目标的制定一般需要 5~10 年;⑤考虑在技术、经济、人才及社会环境等方面的制约;⑥企业的经营目标与企业领导人的能力、作风有很大关系；⑦国有企业要考虑国家需要、政府支持及上级主管部门的意见。

企业的经营目标可用主要经济技术指标来具体量化，主要有总产值、销售收入、出口创汇、利税总额和利润等经济指标。

2. 现状与目标间的差距分析

确定了企业的现状和经营目标之后，就可以通过现状与目标之间的对比寻找差距，从而找出存在的问题。差距分析可从以下几个方面进行。

1）产品品种差距分析

随着社会的发展，产品的更新换代越来越快，企业能否开发出新产品，抢先占领市场，是企业生存的关键。产品品种差距可从与国内外同行的比较、产品技术的先进性、产品的系列化、标准化程度及产品结构的合理性等方面进行分析。

2）生产能力差距分析

企业的生产能力决定了企业生产能否达到一定规模。对企业的生产能力差距的分析可从以下两方面进行：一是设备能力差距，包括设备的台数，设备的有效工作时间、作业面积及作业定额；二是工程设计能力差距，包括正常生产的各项技术准备工作和新产品的设计开发的各项技术准备工作。

企业的生产能力差距分析可采用因果分析图。图 6.3 是对某厂生产能力差距分析后得出的因果分析图。

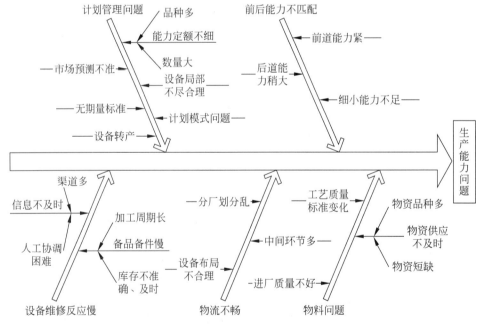

图 6.3　对某厂生产能力差距分析后得出的因果分析图

要解决企业生产能力差距，有两种途径：一是增加新的设备能力，使前后道工序间能力匹配；二是改变计划模式，减少物流环节，加强信息的集成性、实时性，充分利用企业现有的生产能力。

3）产品开发周期与生产周期的差距分析

生产周期是指从投料开始到产品出厂的全过程所占用的时间。生产周期直接影响到生产成本、生产能力、订单的争取及交货期等方面。新产品开发周期则直接影响到新产品的上市时间。新产品开发周期需要增加技术评价、市场分析及试制和修改提高的过程。

图 6.4 是某厂交货期差距分析的因果关系图。由图 6.4 可知，为缩短交货期，要改进产品设计手段、细化生产计划、进行及时的生产跟踪、理顺机制和加强管理等。

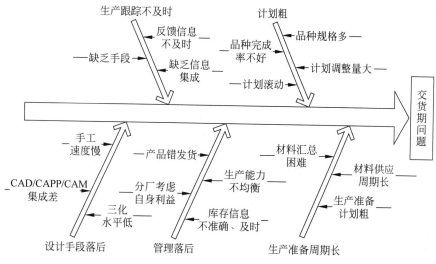

图 6.4　某厂交货期差距分析的因果关系图

4）产品质量差距分析

质量是表示产品或工作的优劣程度，以满足客户的需求为目标。质量是企业参与市场竞争并赢得竞争的关键要素之一。形成产品质量的过程大体上可分为两个阶段：设计阶段和制造阶段。分析产品质量要具体到各个阶段，甚至各个主要工序，找出影响质量的本质问题和重点。

5）成本差距分析

产品成本是企业为生产产品而发生的各种消耗与支出的总货币表现。它反映企业在生产、经营活动中各方面工作的一项综合性指标，直接影响企业的利润，是企业经济指标的主要内容。为进行成本差距分析，可对生产费用进行分类，如按生产要素进行分类和按产品成本项目进行分类。还可按产品成本范围的大小、计算产品成本的方法、成本与产量的关系等进行分类。然后逐类计算成本，并与企业过去和竞争对手比较，寻找差距及原因。图 6.5 是某厂成本差距分析的因果关系图。

差距分析实际上是企业诊断，要注意以下几点：①不仅有技术方面的问题，也有管理方面的问题；②需要企业领导者、各部门主管与专业人才一起参与；③不仅需要进行单

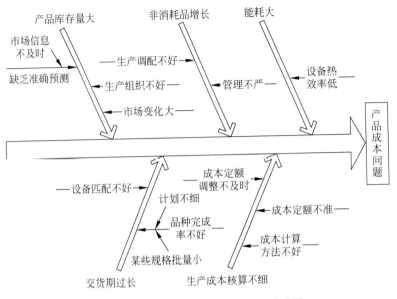

图 6.5　某厂成本差距分析的因果关系图

项分析，还需要在此基础上进行综合的差距分析；④通过差距分析，寻找企业的本质问题，即企业生产经营的瓶颈。生产经营瓶颈是针对企业某项重大决策，实施过程中必须解决的问题。

6.1.3　系统的需求与目标

1. 对系统的需求

制造系统的任务就是解决企业生产经营瓶颈问题，缩短以至消除差距。对此，需要注意以下两点：一是对解决企业的差距要同时考虑当前的技术水平和企业的经济实力等的限制；二是要把企业对管理的需求分析转化为对技术的需求。

系统对企业的支持是显著的。企业在产品品种、生产能力、交货期、产品成本和产品质量等方面的问题和产生这些问题的原因都不是孤立存在的，它们交织在一起，相互作用、相互影响、一环扣一环，为了解决这些问题，必须把企业视为一个整体，从上到下全面规划、实施并反馈，再从底到顶具体实施。图 6.6 表明了系统对企业生产经营目标的支持。

从图 6.6 中可以看到系统对企业的显著作用，但我们也要认识到系统不是万能的，也有其局限性，主要体现在以下两个方面。

1) 系统本身的局限

这表现在系统不能代替厂长、销售人员，不能产生新的设计思想，代替不了政治思想工作等方面。总之，系统侧重于从技术上解决问题。系统也可以提高人员素质，但要有一个过程。

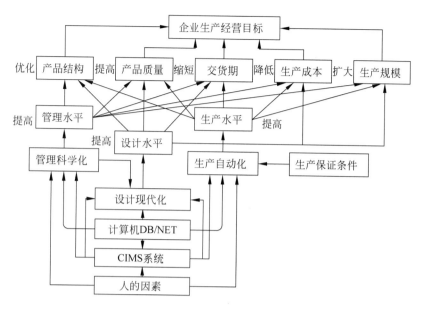

图 6.6　系统对企业生产经营目标的支持

2）系统发展的阶段性限制

系统的发展不能过急,要考虑企业的经济实力、技术水平等制约系统作用发挥的因素。

2. 系统的目标

考虑到系统的阶段性和复杂性,把企业对系统的需求进一步明确和细化,可得到系统的目标。

1）系统的总目标

确定一个企业制造系统最终的发展方向,是为实现企业生产经营战略目标而服务的,是全局性的重要问题。下面是某厂的系统总目标:在系统哲理指导下完善、提高现有的计算机辅助生产管理系统,扩充与强化计算机辅助设计系统,建立计算机辅助工艺设计系统,在主要生产车间建立具有 FMS(柔性制造系统)和 DNC(分布式数控)的车间制造自动化系统,组建支持系统运行环境的网络、数据库系统。最终实现功能强、信息共享、性能优良、效益显著的计算机集成制造系统(XX-制造系统),为企业生产经营管理科学化、工程设计现代化、生产制造自动化提供技术。

企业的总目标也是阶段性目标,可先确定两年左右内达到的目标,再规定 4～5 年的目标。近期阶段目标要明确、具体、可操作性强,不宜定得过大,完成后应能产生相应的经济效益。远期目标则可以粗略一些,当它变成近期阶段目标时再予以细化。

确定总的阶段目标之后,还要对每个分系统针对自身的特点给出各自的阶段目标。以下是某厂生产经营管理分系统的首阶段目标:加强企业能力定额、材料定额、产品结构、信息编码和产品质量等基础工作,完成与生产经营活动相关的系统实施,如销售、计划、生产、物资供应、库存、能力系统的实施,实现生产经营分系统内部以及与其他两个分系统间的初步集成。

可以看出,阶段目标分三步:首先完成系统所需的基础工作;其次完成各子系统的实施;最后实现系统的初步集成。

2）制造系统的多维目标

制造系统的目标可用多个指标描述,并按实施阶段和分系统给出其各项指标,从而形成多维目标体系,其表达形式为矩阵式,如表6.3所示。

功能目标:指出系统具有的功能和性能,针对企业的生产经营活动指出可以实现的计算机应用技术内容,包括单元技术应用和集成的水平。

表 6.3　系统目标矩阵

	效益目标	功能目标	应用目标	集成目标
第一阶段				
第二阶段				
第三阶段				

应用目标:指出企业具有功能的应用覆盖面。

集成目标:指出系统在各阶段应达到的集成度,包括功能集成度、信息集成度、物理集成度和系统的开放性等。

效益目标:指出实现上述功能和应用后对解决企业存在问题并产生经济效益所做的贡献。主要有以下几方面内容:①优化企业产品结构;②提高劳动生产率,提高生产能力;③缩短产品开发和生产周期;④提高产品质量;⑤降低生产成本;⑥增强市场应变能力;⑦实现管理科学化,提高办公效率,减少员工劳动强度。

系统的约束条件:系统目标的实现不可避免地要受到企业内外部条件的制约。主要的制约条件有:①系统范围——虽然系统包括整个企业,但它重点是解决企业生产经营活动中的关键问题,因而可能仅包括与生产经营活动关系密切的部门。对一些大型集团公司,也可能仅涉及一些子企业和部门;②资金约束——具体的企业可用于系统的资金必然是有限的,而资金的多少影响系统的规模和水平;③资源约束——系统一般都是在现有资源基础上建立的,应考虑如何利用现有资源。构成资源约束的主要有:计算机资源约束(影响系统总体方案,尤其是系统选型)、人力资源约束(影响系统的技术水平)、生产设备约束(影响制造自动化分系统的自动化水平和集成度)、时间约束(关系到系统的实施进度),以及环境约束(包括政府部门的环保限制,主管部门的行业规范、约定等)。

6.2　系统总体方案的制定与描述

在进行了制造系统的需求分析,找出与实现企业的生产经营战略目标之间的差距,确定系统的目标之后,下面的任务就是制定系统总体方案的方法和总体方案的描述方法,即如何制定系统的总体方案,以及如何把总体方案清晰、准确地描述出来。

6.2.1 制定总体方案的指导思想

系统总体方案是对企业发展的一项中长期规划,它直接为实现企业生产经营战略目标服务,同时指导系统的近期实施,以保证分期实施的部分是可以集成的。制定系统总体方案有如下指导思想。

1. 面向全局

面向全局的思想有两方面:首先,制造系统是面向整个企业的,它覆盖企业全部生产经营活动。其次,对于社会大环境来说,企业是社会生产流通中的一个环节,必须考虑企业的外部环境,包括市场机制下的供求关系,国家、部门、行业的要求和限制,及生态环境等因素。

目前,国内部分系统应用工程的总体设计在面向全局的思想方面还有所欠缺,主要表现在以下几个方面:①没有从全局出发,只考虑局部,把局部需要当成全局需要,把眼前需要当成长远需要;②仅考虑一期工程,对一期工程实施的内容,而非全部内容进行总体设计;③在某些特定情况下,如有些工厂本身并无独立法人,它只是某企业的下属单位,但其上级企业没有进行系统规划设计,这时就须考虑其特殊要求。

2. 面向未来

系统总体方案是对企业发展的一项中长期规划,因而必须具备面向未来的思想。面向未来的思想也有两方面内容:一方面是要考虑企业经营活动的改进、发展和扩大,使总体方案与其相匹配;另一方面是要考虑系统相关技术的发展趋势,考虑可能出现或已经出现的新产品、新理论、新方法,并结合企业的现实可行性,以提高系统的先进性。

3. 开放性

所谓开放系统,是指以一组标准、规范和约定来统一系统部件的接口、通信和与外部的连接,使系统能容纳不同厂家制造的设备及软件产品,同时又能适应未来新技术的发展。由此可知,系统必须具有开放性有两个方面的原因:一是为了适应未来市场环境和技术的发展和变化;二是由于现实环境下,系统所需设备来自多厂家供货。

4. 充分利用现有资源

制造系统的建立总是基于企业的现有技术基础上的,因此必须充分利用企业的现有资源,可减少工程投资,缩短开发周期。系统总体设计中须重点考虑的现有资源主要有:

(1) 计算机资源:包括硬件、系统软件和应用软件。

(2) 设备资源:包括各种加工制造设备、控制设备、运输存储设备等。

(3) 技术人才和资料。

5. 与企业的技术改造相结合

企业的技术改造,尤其是大型技术改造经费数量很大,往往单独立项,专项管理,如

何将其与系统紧密结合非常重要且有一定的难度。为此,应当注意以下几方面:

 (1) 协调系统与技术改造项目的目标、内容和进度要求。

 (2) 将技术改造纳入系统总体方案中,统一考虑集成问题,避免孤立的技术改造。

 (3) 在资金方面,可以统一筹措和使用系统与技术改造的资金。

 (4) 对系统立项前的技术改造成果按企业原有资源考虑利用。

6. 与企业的机制改革相结合

在系统的实施中,除了有技术上的问题,可以通过系统的实施和企业的技术改造加以解决,还有些是管理运行机制方面的问题,需要通过改进运行机制、加强管理来解决。因此,在系统总体设计过程中,除了进行技术方案设计,同时要进行运行机制的改革设计,实现经营过程重组。

6.2.2 系统总体设计的内容

1. 系统的体系结构

目前国际上已有多种系统体系结构模型和建模方法,多数是按生命周期法展开的。系统体系结构描述制造系统的宏观框架,是系统运行的总体结构,主要有:①信息系统的构成;②应用软件系统的构成;③计算机硬软件互连的蓝图;④规则体系。

现在比较流行的是由欧洲共同体 ESPRIT 计划中提出的 CIM-OSA 体系结构模型。此模型较为全面,特别是其功能、信息、资源、组织视图已比较成熟。

传统的建模过程是:功能(动态流程)——信息——资源——组织,但若按面向对象的观点,则为:信息——动态——功能——资源——组织。下面还是按照 CIM-OSA 的思想来理解制造系统的功能、信息、资源、组织四个方面。

2. 系统的功能设计

功能模型用以描述企业的经营过程和企业活动的组成,即说明系统包括的功能行为、功能间的相互联系,以及实现这些功能所需的资源和约束等。在系统总体规划、总体设计过程中采用的功能描述方法主要有 3 种。

1) 功能树

功能树也称为系统运行模型,是把系统中的各种功能逐层分解展开形成的一种树状结构。功能树应能覆盖系统具有的全部功能。图 6.7 是某厂传统的 CIMS 功能树。

2) 功能模型图

功能树只表示系统具有的功能,但无法表示各功能之间的信息联系,所以目前普遍采用的是 IDEF0 方法。

3) 流程图

企业活动是指企业内的每个单一的功能,而企业的经营过程则是一系列企业活动的顺序。瞬时发生的事件触发企业的过程和活动。

企业过程一般分为以下三类:

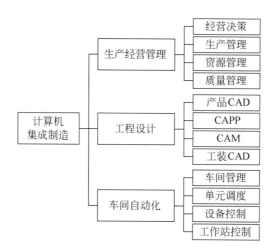

图 6.7　某厂传统的 CIMS 功能树

（1）企业与外部相互联系的过程：如报价、订货处理、采购等。

（2）企业内部过程：如人事处理、人员调整、机构变动等。

（3）计划的制订，执行后汇报、统计的过程：此过程为企业内部定期进行的活动过程。

为描述企业的经营过程，可用流程图来表示这一系列的功能活动。图 6.8 是一个简化的订货处理流程图。

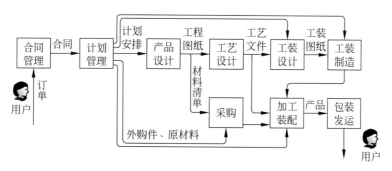

图 6.8　一个简化的订货处理流程图

3. 系统的信息设计

系统要处理的信息包括制造系统具有的所有功能涉及的信息，既包括企业内部的信息，也包括企业外部的信息，既包括各种实时数据，也包括重要的历史数据，涉及面较广。

信息模型是用以描述系统的信息数据的基本模式及其联系。各种功能实质上是信息的处理过程，其实现也必须在信息系统的支持下完成，二者密不可分。为了实现系统信息的集成，有两方面的工作要做：一是为了对信息进行加工、处理和集成，必须建立信息模型；二是为了便于计算机进行识别和处理，必须对信息进行分类编码。

1）信息模型

信息模型的作用是采集和整理数据库设计所需的共享信息数据的基本模式及其联系。目前在系统总体设计阶段的信息建模方法主要是 IDEF1X 方法。对信息的描述是通过描述其基本要素实现的。信息的基本要素主要有以下几种。

（1）实体：一个具有相同特征和性质的现实和抽象事物的集合。

（2）实例：实体集合中的一个元素。

（3）独立实体：全称为"独立标识符实体"，该类实体的每个实例的唯一标识依赖于该实体与其他实体的联系。

（4）从属实体：全称为"从属标识符实体"。当实体的每个实例的唯一标识依赖于该实体与其他实体的联系，或以一个完全外来键为实体主键的全部或部分时，称该实体为从属实体。

（5）属性：实体具有的一种特征或性质。

（6）主键：又称主码或主关键字，是能唯一确定某实体的属性或属性组。

（7）次键：又称次码或次关键字。若某实体有几个不同的属性或属性组能唯一地确定此实体，则从中选取一个为主键，其余的称为次键。

（8）外来键。

在确定了实体的属性之后，还必须描述实体之间的联系。实体之间的联系主要有以下几种。

联接联系：又称确定的联接联系。在此类联系中，父实体与子实体之间的联系是 1 对 1 或 1 对多的关系，且只有与之相连的父实体的实例存在时，子实体的实例才能存在。联接联系又可分为两类：一是标定联系，即子实体的主键必然是部分地由父实体继承而来的；二是非标定联系，指子实体的主键不是从父实体继承而来的。

分类联系：一个具有某种属性或特征的一般实体，在某种意义上或更细致的特征上是其他一些实体的类，则此两者之间的联系称为分类联系。分类联系也可分为两种：一是完全分类联系，指一般实体的每个实例都可以是某个分类实体的实例；二是不完全分类联系，指存在一个一般实体的实例不与任何分类实体的任一实例相关联。

非确定联系：又称"多对多联系"，即两实体之间的联系是多对多的。

2）信息分类编码

在建立信息模型之后，应该对信息分类编码。对信息分类编码有以下优点：

（1）避免重复采集、收集、加工、存储的情况，尽可能消除因名称不一致所造成的误解和分歧。

（2）可保证信息的可靠性、可比性和适用性，使之真正成为连接制造系统各组成部分的纽带。

（3）可把冗长的自然语言变换为简洁的代码，使信息能够被更好地处理和利用。

4. 系统的资源设计

系统的功能实现和信息的组织管理都需要各种硬、软件资源及人力资源。

系统中各种功能的实现也需要资源的支持。资源在 IDEF0 中作为"支撑机制"出现在功能模型图中。资源的作用有两点：一是资源支持功能的实现，即完成信息的转化过程；二是资源支持信息的采集、存储、传递和处理。

系统中的资源包括三类：一是硬件资源，包括各种生产设备、工具和设施，各种辅助设备(如能源设备、运输设备、计量设备等)，以及计算机或其他信息控制和转化设施；二是软件资源，包括计算机系统软件和应用软件；三是人件资源配置，人件(human ware)用于表示人的资源。人的能力可用其具有的知识、技能和体力等，或统称人的综合素质来描述。

系统设计中的一项重要内容是：如何充分发挥人和机械的作用，使之统一协调运行。因为系统是一个人机系统，所以人和机械密不可分，缺一不可，但这并非意味着人和机械的地位是等同的。事实上，人和机械有明确的分工。首先，人是处于主导地位的，机械(各种生产设备、计算机系统等)是为人服务的，用于减轻人的体力和脑力劳动。其次，各种先进机械的出现，又对人的素质提出了更高、更新的要求。

人员的配置与企业的组织机构设置的关系也非常密切。在系统总体设计过程中，要充分注意到这一点。首先，应理顺企业的生产经营模式，调整好组织机构，根据需要设置必要的岗位，安排适当的人员。其次，除企业运行所需人员之外，还须设置主管系统的部门，安排制造系统的开发人员和维护人员。

5. 系统的组织设计

在进行了功能、信息、资源设计之后，还须进行系统的组织设计，即提出系统运行的组织机构，将企业的各种资源(包括人件、软件、硬件)统一起来，并明确制造系统中各种人员的职责。

1) 企业组织机构设置和运用的基本原则

企业组织机构设置和运用的基本原则包括：①按任务目标确定组织机构及人员要求；②高效精简原则；③有利于统一指挥原则；④分工协作原则；⑤职责与权利相对应原则；⑥集中与分散适度原则；⑦有效幅度和合理层次原则。

企业在引进制造系统后，仍应遵循上述原则，并给予支持，主要体现在：①计算机等先进技术引进后，提高了工作效率和质量，增大了管理幅度，减少了管理层次；②系统集成有利于统一指挥和决策；③系统体现的分解和协调作用有利于各部门分工协作，且可充分及时利用共享信息；④系统的分散递阶控制结构、客户机服务器计算环境可以处理好分散和集中的关系；⑤通过信息的及时采集和统计，有助于考虑各部门的绩效，从而较准确地实现责、权、利的统一；⑥为使制造系统更好地发挥作用，企业的组织机构设置应与系统的划分保持一致。

2) 组织设计的任务

企业的组织机构应将企业的各种资源(包括人件、软件、硬件)统一起来，并明确系统中各种人员的职责、访问权限等。组织设计应完成的任务包括：功能的组织、信息的组织和资源的组织。可以说，机构内的人员与计算机系统共同完成工作任务，计算机程序构成了管理工作流程的组成部分。

6．分系统的总体设计

制造系统是一个复杂的大型系统，包括若干个分系统。在制造系统的总体设计中必须对每个分系统分别从体系结构、功能、信息、资源和组织等方面进行总体设计。

6.3　分系统的总体设计

在从制造系统的体系结构、功能、信息、资源和组织等方面介绍了系统总体方案的设计方法和描述方法之后，还需对组成系统的各个分系统的总体设计问题进行讨论。这是由于制造系统是一项大型复杂的工程系统，因而在总体设计阶段还需对构成制造系统的各个分系统进行进一步的分解和集成，在体系结构、功能、信息、资源和组织等方面对每个分系统进行设计，这样才能形成完整的系统总体方案。

1．分系统总体设计在制造系统总体设计中的作用

（1）分系统总体设计是制造系统总体设计的组成部分。

（2）分系统总体设计是保证系统集成的需要。

（3）分系统总体设计更能体现制造系统工程的特点。

2．分系统总体设计的一般原则

（1）分系统的设计必须在制造系统总体框架下，以智能制造哲理为指导，在智能制造系统环境下考虑本分系统的设计问题。

（2）作为分系统，不仅要从本分系统所涉及的企业经营过程的需求出发进行功能、信息、资源和组织设计，解决本系统内部的集成问题，还要考虑与其他分系统的分工和联系，解决和其他分系统的集成问题。

（3）要认清分系统的体系结构是系统的体系结构的一部分，并明确各分系统所在的层次。

3．分系统总体设计的注意事项

（1）深入分析企业特点和需求，从全局出发，确定分系统的目标。应从企业全局出发，局部服从全局，从全局需要来确定各分系统的目标、分系统的功能的取舍。

（2）注意分系统之间及分系统与总体的一致性。分系统之间或分系统与总体之间可能出现各种矛盾，包括目标、结构、技术路线、进度计划、资金分配等。因此，要加强总体协调，统筹兼顾。

（3）采用正确的设计方法和技术路线。在分系统中可采用与总体设计相同的建模方法，但需要注意以下几点：一是系统分解方法不是单一的，要根据企业的组织机构和分系统的运行特点进行分解。例如，经营管理分系统按部门功能进行分解、生产计划按计划跨度进行分解、制造自动化分系统按产品和工艺或按车间层次进行分解、工程设计分系统按设计程序或按产品、部件零件类等进行分解等；二是由于各分系统的学科特点各不相同，因此须采用相应的方法。例如，生产经营管理分系统要采用先进的管理科学，制造自动化分系统要采用柔性制造、过程控制等,工程设计要采用计算机图形学处理工程数据管理和产品数据交换,网络数据库系统要采用计算机科学提供的先进技术和方法。另外,不同的分系统可采用不同的优化方法和人工智能方法。

（4）把握总体,防止陷入技术细节。因为过分考虑细节可能会占用大量人力和物力,而忽略了对总体的注意力。

（5）避免重复。为避免重复,一般把分系统报告作为总报告的一章。

4. 各分系统的覆盖范围

制造系统是一个复杂的大型工程系统,一般均分为若干个分系统。分系统的划分方法与个数应视具体情况而定。

6.4　设计标准与规范

制造业信息化与标准化工作密切相关,标准化工作做得不好,标准只是历史的记录和技术的尾巴,那么它将严重影响信息化发展的速度,而成为一种阻力。

现代的标准含有主要的技术信息量,提供世界前沿技术的展望,而成为技术发展的先导。技术的竞争体现在标准的竞争中,因为标准是未来产品市场的技术基础。

根据科技部的部署,我国制造业信息化工程主要包括省市制造业信息化工程建设、关键技术产品的研发及应用、营造制造业信息化工程的良好氛围三项内容。这三项内容都离不开相关的标准化工作。为此,科技部在科技基础性工作专项中设立了"制造业信息化标准规范和数据库"项目,着手制定我国制造业信息化标准体系,并开发多项急需的标准。制造业信息化的标准化工作在国际上也是极受重视的工作,世界发达国家都把制造业信息化的标准化列为标准化的重点。

6.4.1　国际标准

制造系统是一项综合性高技术,相应的标准也十分繁多,并发展很快。就其标准的范围大小来讲,主要有国际标准、国家标准和集团（公司）标准,其中国际标准影响最大,往往被采用为国家标准和集团标准。

国际标准化工作通常由国际标准化组织（ISO）和国际电工委员会（IEC）分工负责,IEC 主要负责电工、电子领域,其余各领域均属 ISO 的工作范畴。由于 CIMS 标准涉及许多具体的领域,因而在 ISO 和 IEC 中有多个标准化技术委员会（TC）承担着有关 CIMS 标准化的工作。主要包括：①ISO/TC 184——工业自动化系统与集成；②ISO/IEC JTC1——信息技术；③ISO/TC 10——技术产品文件；④ISO/TC 39——机床；⑤IEC/TC3——电气文件编制和图形符号；⑥IEC/TC 44——电器装置和设备；⑦IEC/TC 65——工业过程测量与控制；⑧IEC/TC 93——设计自动化。

上述标准中,ISO/TC184 的业务领域集中了制造系统的重要标准或专用标准,是标准体系的主体。在其余各 TC 制定的标准中，也包括不少制造系统的重要标准，但大多为通用的或单元技术的相关标准。

6.4.2　ISO/TC184

国际标准化组织（ISO）的 184 技术委员会（TC184）主要从事制造业信息化的标准开发，是制造业信息化领域的国际标准的主要发源地之一。ISO/TC184 的业务领域集中了现代集成制造系统的重要标准或专用标准，是 CIMS 标准体系的主体。

ISO/TC184 自 1982 年成立至今已有 30 多年，其战略方向发生了多次调整。第一次战略调整发生在 1990 年，即 TC184 成立八年之后，该技术委员会的名称从原来的"工业自动化系统"改为"工业自动化系统与集成"，其战略调整为"集成"。1998 年，TC184 又把战略方向调整为先进制造技术（AMT），即把实现"集成"的重点定位到先进制造技术之上。2002 年，TC184 开始第三次战略调整，制定新的战略——"协同制造"。

ISO/TC184 的名称为工业自动化系统与集成委员会，其具体业务由下属的 4 个分技术委员会分担，分别是：SC1——物理设备控制、SC2——制造环境机器人、SC4——工业数据和 SC5——系统机构、通信和集成框架。

TC184 的业务工作分为两个方面：一方面是 TC184 自身的标准化领域，由 TC184 下属的 SC 分担；另一方面是由其他组织负责，但与集成技术密切相关的标准。

TC184 直接负责的项目包括：企业建模和体系结构、机床的数据控制、整个生命周期内产品定义数据（包括工程分析和零件库）、制造管理信息（包括 MES）、制造通信系统、制造术语、制造系统各单元的集成和控制，以及制造系统到整个企业的集成。

其他组织负责的项目：机床的物理和电气接口、切削刀具、电子贸易，包括与 EDI 的协调、其他产品定义（包括印制电路板和芯片设计、光学仪器、造船和几何系统）、由产品定义导出的信息和技术文件、供电和其他环境，以及制造应用中的自动数据捕获。

TC184 目前工作的重点在于集成技术，包括不同层次的集成，主要是通信系统的集成、数据的集成和体系结构内的集成。TC184 下属的 4 个 SC 具体承担着标准的制定工作，而集成技术方面的标准主要由 SC4 和 SC5 来完成。

1. SC1：物理设备控制

SC1 的主要标准包括：

(1) ISO/DIS 841　　　　工业自动化系统——物理设备控制——坐标系和运动命名。

(2) ISO/NP 11060　　　运动控制的数字式数据链。

(3) ISO/CD 11061　　　制造环境中的视觉系统集成。

(4) ISO/DIS 6132　　　工业自动化系统：机床数字控制、扩展格式和数据结构。

(5) ISO/DIS 6983-2　　机床数字控制：程序格式和地址字的定义
　　　　　　　　　　　部分 2：准备功能 G 和通用辅助功能 M 的编码和维护。

(6) ISO/DIS 6983-3　　机床数字控制：程序格式和地址字的定义
　　　　　　　　　　　部分 3：辅助功能 M 的编码。

　　（7）ISO/DIS 3592　　　机床数字控制：NC 处理程序输出逻辑结构（和主词）。

　　（8）ISO/NP 4342　　　基本零件编程参考语言的扩展。

　　（9）ISO/DIS 4343　　　机床数字控制：NC 处理程序输出后置处理命令。

　　（10）ISO/DIS 14649　CNC 控制器的数据模型。

　　（11）ISO/DIS 14649-1　程序数据集语法部分。

　　（12）ISO/DIS 14649-2　可执行信息单元（EIU）的技术数据集。

　　（13）ISO/DIS 14649-3　两轴半铣削的几何数据集 EXPRESS 模式。

　　（14）ISO/DIS 14649-4　三轴铣削的几何数据集 EXPRESS 模式。

　　（15）ISO/DIS 14649-5　刀具数据集 EXPRESS 模式。

2. SC2：制造环境机器人

　　SC2 的标准主要有：①ISO/DIS 14539 操作型工业机器人——用末端执行器的物料搬运和夹爪型夹持器特性的词汇；②ISO/DIS 15187 操作型工业机器人——机器人编程和操作用的图形用户接口（GUI-R）。

3. SC4：工业数据

　　产品数据技术标准化属 SC4 的技术领域，包括如下五个系列的标准：①ISO 10303 产品数据表达与交换标准（STEP）；②ISO 13584 零件库标准（PLIB）；③ISO 15531 制造管理数据（MANDATA）；④ISO 14959 参数化（Parametrics）；⑤ISO 15926 石油和天然气（Oil and Gas）。其中，STEP、PLIB 和 MANDATA 已取得显著成果。

　　1）STEP（Standard for The Exchange of Product Model Data）

　　STEP 是一个计算机可理解的产品数据表达式和交换国际标准。其目标是提供贯穿产品整个生命周期的、独立于任何特定系统的、描述产品数据的中性机制。这种描述的本质使得它不仅适合中性文件的交换，也是实现和共享产品数据库及文件存档的基础。

　　从逻辑上看，STEP 可以分成三层。第一层为应用层，包括一系列面向不同领域的应用协议标准，每项应用协议对应一项抽象测试套件（测试方法中的 301-3XX）；第二层是逻辑层，包括集成通用资源和集成应用资源，定义了全局信息模型，支持应用协议的信息需求；第三层是物理层，包括若干种实现方式，用于具体实现应用协议的不同方式。另外，应用解释构造用来支持不同的应用协议的配合使用；测试方法是一套附加的标准，用来对应用协议实现进行一致性测试，以评价协议实现的一致性程度；描述方法主要包括用来建立数据模型的语言，如形式化语言 EXPRESS。

　　目前，在 TC184 各系列标准中，STEP 系列的规模最大，90 项标准在开发中，分别处于标准草案的不同水平或新项目提案程度。STEP 标准的出现为产品信息模型和接口做出了极重要的贡献。

　　2）零件库（PLIB）标准

　　PLIB 标准的总编号是 13584，它对零件库信息的表达规定了统一的机制和定义，以便于标准实现在不同的环境和系统间进行交换，并便于使用和修改。PLIB 标准的制定情况如表 6.4 所示。

表 6.4　PLIB 标准的制定情况

分标准号	标 准 名 称	进展情况
1	综述与基本原理	DIS
10	概念模型	CD
20	通用资源	FDIS
24	供应商库逻辑模型	CD
26	供应商标识代码	DIS
31	编程接口	DIS
42	字典方法	FDIS
101	通过参数化程序的几何视图交换	CD
102	通过 ISO 10303 的几何视图交换	WD

3）工业制造管理数据（MANDATA）标准

MANDATA 标准的总编号是 15531。它与 STEP 和 PLIB 一同构筑全局的产品数据的集成。它是一套管理数据的信息建模标准，主要包括三类数据：有关的制造、管理资源的数据和制造流管理的数据。

目前，MANDATA 标准的基本层次或结构已经确定，正处于开发标准的初始阶段。表 6.5 是 MANDATA"15531"系列标准。

表 6.5　MANDATA"15531"系列标准

国际标准编号	名　称
ISO/CD 15531-1	综述和基本原理
ISO/CD 15531-2	资源信息模型
ISO/CD 15531-3	一致性测试
用于外部交换的生产数据表达	
ISO 15531-21	综述和基本原理
ISO 15531-22	生产数据外部交换的概念模型
ISO 15531-23	基本语法元素的标识、描述和有效性
制造资源应用管理数据的表达	
ISO 15531-31	综述和基本原理
ISO 15531-32	资源应用管理数据的概念模型
ISO 15531-33	一致性测试
制造流程管理数据的表达	
ISO 15531-41	综述和基本原理
ISO 15531-42	时间模型
ISO 15531-43	流程监控的概念模型
ISO 15531-44	制造数据交换
ISO 15531-45	一致性测试

4）参数化（Parametrics）

ISO 14959 参数化是 SC4 的新项目，其标准正在制定之中。其中，ISO/WD 14959-1 参数化表达与交换（PAREX）：第一部分：综述和基本原理。

5) 石油和天然气(Oil and Gas)

ISO 15926 石油和天然气也是新项目,其标准有:①ISO 15926-1——综述和基本原理;②ISO 15926-2——数据模型;③ISO 15926-3——生成和维护参与数据库的方法学;④ISO 15926-5———致性。

4. SC5:系统机构、通信和集成框架

SC5 原名为体系结构和通信,1998 年更名为体系结构、通信和集成框架,把集成框架作为 SC5 的重要工作领域之一,主要有制造报文规范(MMS)、企业建模和制造自动化编程环境(MAPLE)方面的标准。

源于 MAP 网的制造报文规范(Manufacturing Message Specification,MMS)制造报文规范是自动化制造环境中一个极为重要的网络应用层协议标准。它能够满足 CIMS 环境中异种可编程设备之间通信需求的"公共语言",可以支持诸如 PLC、数控机床、机器人等可编程设备之间的信息和指令传递。MMS 为自动化生产线上的计算机系统和设备的集成提供了一种有效的标准化通信工具,有利于对制造环境中的多厂商设备进行优化组合,从根本上优化制造通信和控制。

国际标准 ISO/IEC 9506 系列给出了 MMS 的服务定义和协议规范以及四种典型的可编程设备的伴同标准:机器人、数控机床、可编程逻辑控制器(PLC)和过程控制。

(1) ISO/IEC 9506-1 工业自动化系统制造报文规范(MMS)部分 1:服务定义。

(2) ISO/IEC 9506-2 工业自动化系统制造报文规范(MMS)部分 2:协议规范。

(3) ISO/IEC 9506-3 工业自动化系统制造报文规范(MMS)部分 3:工业机器人伴同标准。

(4) ISO/IEC 9506-4 工业自动化系统制造报文规范(MMS)部分 4:NC 设备伴同标准。

(5) ISO/IEC 9506-5 工业自动化系统制造报文规范(MMS)部分 5:可编程序控制器伴同标准。

(6) ISO/IEC 9506-6 工业自动化系统制造报文规范(MMS)部分 6:过程控制伴同标准。

(7) ISO 14226-1 国际标准纲要(ISP)AMM11:MMS 一般应用基础纲要部分 1:MMS 使用的关联控制服务元素(ACES)、表示层和会话层协议规范。

(8) ISO 14226-2 国际标准纲要(ISP)AMM11:MMS 一般应用基础纲要部分 2:通用 MMS 要求。

(9) ISO 14226-3 国际标准纲要(ISP)AMM11:MMS 一般应用基础纲要部分 3:专用 MMS 要求。

伴同标准的主要作用是为在具体技术领域实现 MMS 提供标准,规定 MMS 和应用对象之间的影射关系,如 MMS 用于机器人、NC 等方面;而纲要主要是对如何确定选择和参数赋值进行规定,并提出标准的组合应用,以便达到实现与标准一致。

在企业参考模型方面,ISO 在 20 世纪 90 年代初就发布了两项由 SC5 编写的技术报告，分别是：ISO/TR 10314-1 工业自动化车间生产部分 1：标准参考模型和要求识别的方法论和 ISO/TR 10314-2 工业自动化车间生产部分 2：标准参考模型和方法论的应用。

这两项报告的技术范围涉及车间级，而且是以技术报告形式发布的文件，相对标准而言，其技术内容尚存有争议或不够成熟。而 ISO 发布的 14258 标准"企业建模概念与规则"及 15704 标准"企业参考体系结构的方法与要求"对企业建模有重要的参考价值。

SC5 的另一个重要领域是制造编程环境 MAPLE，它主要应用于 CAM 环节，使制造程序的开发、修改，以及使制造数据库的存取方便、快捷。MAPLE 标准主要有：IS 13281：工业自动化系统 MAPLE 功能体系结构；IS 15399：工业自动化系统 MAPLE 服务和接口。

6.4.3　国家标准

没有标准化，就谈不上商品化的集成技术和产业的形成。我国实施的 863/CIMS 主题非常重视标准化在 CIMS 中的作用，先后发布了《CIMS 标准、约定和指南》和《CIMS 应用示范工程规范》，作为我国 CIMS 各项有关工作的指导，并参照执行 CIMS 有关的国际标准。这些标准和规范在 863/CIMS 应用示范工程的实施中发挥了重要作用。目前，在这些标准、规范的基础上，结合应用示范工程的实践经验，正在开发适合我国 CIMS 应用的国家标准。

在标准开发力量相对较弱的情况下，跟踪制造业信息化国际标准的战略和动态仍是制定标准工作的一项重要任务。采用国际标准和世界先进标准是我国标准开发的一个主要原则。

全国工业自动化系统与集成标准化技术委员会（China National Technical Committee for Industrial Automation Systems and Integration Standardization）是全国性标准化技术工作组织（编号为 CSBTS/TC159），由国家技术监督局领导，从事工业自动化系统与集成领域，涉及离散部件制造和围绕多种技术应用，即信息技术、机器和装置及通信的工业自动化系统和集成等的标准化工作，对应国际标准化组织 ISO/TC 184（工业自动化系统与集成）技术委员会。

全国工业自动化系统与集成标准化技术委员会下设四个分技术委员会，它们分别是：①物理设备控制（原名为机床的数字控制）分委会（编号为 CSBTS/TC159/SC1），对应国际标准化组织 ISO/TC184/SC1；②工业机器人分委会（编号为 CSBTS/TC159/SC2），对应国际标准化组织 ISO/TC184/SC2；③工业数据分委会（编号为 CSBTS/TC159/SC4），对应国际标准化组织 ISO/TC184/SC4；④体系结构和通信分委会（编号为 CSBTS/TC159/SC5），对应国际标准化组织 ISO/TC184/SC5。

以上四个分委员会的主要工作有：①跟踪国际标准的发展趋势，研究并向国家有关部门提出本专业标准化工作的方针、政策和技术措施的建议；②负责组织制订本专业标准体系；③提出制订和修订本专业国家标准和行业标准的规划和年度计划建议；④组织本专业国家标准和行业标准的制订、修订和审查及复审等工作；⑤负责组织本专业国家标准和行业标准的宣讲、解释工作,对本专业已颁布的标准和实施情况进行调查和分析,做出报告;⑥受有关省市和企业委托,承担本专业地方标准、企业标准的制订、审查和咨询等技术服务工作;⑦负责国际标准化组织 ISO/TC 184 的技术业务归口工作;⑧负责本专业国内外标准和资料的收集、保管、翻译、汇编及建档工作;⑨在产品质量监督检验、认证和评价或认可及实施强制性标准认定工作;⑩在机电产品型号管理工作中承担归口专业产品的型号的注册管理业务。

1. 国内工业自动化系统与集成领域已发布的标准(表 6.6)

表 6.6　国内工业自动化系统与集成领域已发布的标准

序号	标 准 代 号	标 准 名 称	对应国际标准
1	GB/T 3168—1993	数字控制机床 操作指示形象化符号	ISO 2972—1979
2	GB/T 8129—2015	工业自动化系统 机床数值控制词汇	ISO 2806—1994
3	GB/T 8870.1—2012	自动化系统与集成 机床数值控制 程序格式和地址字定义 第 1 部分:点位、直线运动和轮廓控制系统的数据格式	ISO 6983—1—2009
4	GB/T11292—2008	工业自动化系统 机床数值控制 NC 处理器输出 后置处理命令	ISO 4343—2000
5	GB/T112177—2008	工业自动化系统 机床数值控制 NC 处理器输出 文件结构和语言格式	ISO 3592—2000
6	GB/T 12646—1990	数字控制机床的数控处理程序输入 基本零件源程序参考语言	ISO 4342—85
7	GB/T 11291.1—2011	工业环境用机器人 安全要求 第 1 部分:机器人	ISO 10218—1—2011
8	GB/T 11291.2—2013	机器人与机器人装备 工业机器人的安全要求 第 2 部分:机器人系统与集成	ISO 10218—2—2011
9	GB/T 12642—2013	工业机器人 性能规范及其试验方法	ISO 9283—1998
10	GB/T 12643—2013	机器人与机器人装备 词汇	ISO 8373—2012
11	GB/T 12644—2001	工业机器人 特性表示	ISO 9946—1999
12	GB/T 14283—2008	点焊机器人 通用技术条件	OCT 26054
13	GB/T 14468.1—2006	工业机器人 机械接口 部分 1:板类	ISO9409.1—2004
14	GB/T 14468.2—2006	工业机器人 机械接口 部分 1:轴类	ISO9409—2—2002
15	GB/T 16977—2005	工业机器人 坐标系和运动命名原则	ISO 9787—2013
16	GB/T 17887—1999	工业机器人 末端执行器自动更换系统 词汇和特性表示	ISO 11593—1996
17	GB/T 14213—2008	初始图形交换规范	ANS/US PRO/IPO 111—1997
18	GB/T 10091.1—1995	事物特性表 定义和原理	DIN 4000
19	GB/T 17304—2009	CAD 通用技术规范	
20	GB/T 17645.26—2000	工业自动化系统与集成 零件库 第 26 部分:信息供应商标识	ISO 13584—26—2000

序号	标准代号	标准名称	对应国际标准
21	GB/T 17645.24—2003	工业自动化系统与集成零件库 第24部分：逻辑资源：供应商库的逻辑模型	ISO 13584—24—2003
22	GB/T 17645.31—1998	工业自动化系统与集成零件库 第31部分：实现资源：几何编程接口	ISO 13584—31—1999
23	GB/T 17645.42—2013	工业自动化系统与集成零件库 第42部分：描述方法学：构造零件族的方法学	ISO 13584—42—2010
24	GB/T 16656.1—2008	工业自动化系统与集成 产品数据表达与交换(STEP)第1部分：概述与基本原理	ISO 10303—1—1994
25	GB/T 16656.11—2010	STEP—11 描述方法：EXPRESS 语言参考手册	ISO 10303—11—2004
26	GB/T 16656.21—2008	STEP—21 实现方法：交换文件结构的纯正文编码	ISO 10303—21—2002
27	GB/T 16656.31—1997	STEP—31 一致性测试方法与框架：基本概念	ISO 10303—31—1994
28	GB/T 16656.32—1999	STEP—32 一致性测试方法与框架：对测试实验和客户的要求	ISO 10303—32—1998
29	GB/T 16656.41—2010	STEP—41 集成通用资源：产品描述与支持原理	ISO 10303—41—2000
30	GB/T 16656.42—2010	STEP—42 集成通用资源：几何与拓扑表达	ISO 10303—42—2000
31	GB/T 16656.43—2016	STEP—43 集成通用资源：表达结构	ISO 10303—43—2011
32	GB/T 16656.44—2008	STEP—44 集成通用资源：产品结构配置	ISO 10303—44—2000
33	GB/T 16656.46—2010	STEP—46 集成通用资源：可视化表示	ISO 10303—46—2011
34	GB/T 16656.101—2010	STEP—101 集成通用资源：绘图	ISO 10303—101—2011
35	GB/T 16656.105—2010	STEP—105 集成通用资源：运动学	ISO 10303—105—1996
36	GB/T 16656.201—1998	STEP—201 应用协议：显示绘图	ISO 10303—201—1994
37	GB/T 16656.202—2000	STEP—202 应用协议：相关绘图	ISO 10303—202—1996
38	GB/T 16656.203—1997	STEP—203 应用协议：配置管理设计的要求	ISO 10303—203—2011
39	GB/T 16655—2008	工业自动化系统 集成制造系统安全的基本要求	ISO 11161—2007
40	GB/T 16642—2008	企业集成建模框架	BS EN ISO 19439—2006
41	GB/T 16720.1—2005	工业自动化系统 制造报文规范(MMS)部分1：服务定义	ISO/IEC 9506—1—1990
42	GB/T 16720.2—2005	工业自动化系统 制造报文规范 第2部分 协议规范	ISO/IEC 9506—2—1990
43	GB/T 16980.1—1997	工业自动化系统 车间生产 第1部分：标准化参考模型和确定需求的方法论	ISO/TR 10314—1—1990
44	GB/T 16980.2—1997	工业自动化系统 车间生产 第2部分：标准化参考模型和方法论的应用	ISO/TR 1.0314—2—1991
45	GB/T 16978—1997	工业自动化词汇	ISO/TR 11065—1992
46	GB/T 15312—2008	制造业自动化术语	

2. 国内工业自动化系统与集成领域已发布的标准（表 6.7）

表 6.7　国内工业自动化系统与集成领域已发布的标准

序号	标准代号	标准名称	采标情况
1	GB/T 14213—2008	初始图形交换规范	ANSUS PRO/IPO-111—1997

　　随着我国市场经济的深入发展,标准化工作的影响日益加强,而高新技术标准除具有一般标准的属性外,还具有先导特点,采用标准特别是国际标准的产品往往更有生命力。因此应不断加强标准化工作,包括对国际和国外先进标准的概况、动态进行跟踪研究和传播,也包括对重要的标准进行专门的研究和制订工作。另外,在工程和产品的设计、开发过程中应重视标准化工作,把采用标准作为一项重要因素来考虑。

参考文献

[1]　陆天成.轻型通用飞机系统方案设计与总体设计技术研究[D].南京航空航天大学硕士学位论文,2016.
[2]　朱康武,傅俊勇,曾凡铨,等.运载火箭电液推力矢量控制系统总体设计策略研究[J].宇航学报,2014,35(6):685-692.
[3]　孙刚.基于模型的飞控系统总体设计技术研究[D].南京航空航天大学硕士学位论文,2014.
[4]　易建平,韩庆.飞机综合模块化航电系统总体设计研究[J].科学技术与工程,2010,10(19):4709-4714.
[5]　刘艳.总体设计中的飞控系统控制律设计与评估研究[D].西北工业大学硕士学位论文,2006.

第 7 章
制造系统的基础关键技术

　　制造系统的基础关键技术作为制造技术体系的重要组成部分,包括：制造系统的基础理论和技术、相关的信息技术(包括新一代信息技术、计算机辅助技术以及集成平台技术等内容)、人工智能技术(包括新一代人工智能技术)、智能优化技术、大数据与决策支持技术等相关内容,以下的内容没有一一列出,有兴趣的读者可以通过其他途径阅读和了解。

7.1　制造系统的基础理论和支持技术

7.1.1　离散事件动态系统理论

1. 离散事件动态系统的基本概念

　　离散事件动态系统(Discrete Event Dynamic System,DEDS)是系统科学与控制理论中的一个新兴分支和研究的前言方向,近十年来,随着信息处理、计算机、机器人等技术的发展、完善和广泛应用,通信、制造、交通管理、军事指挥等领域内相继出现了一批具有离散事件特点的人造系统。这类系统的演化不能用物理和其他自然科学的定律来描述,而是服从于人为的一些复杂规则,由离散事件间的错综复杂的相互作用决定其动态过程。所以,它的理论和研究方法都有别于通常的动力学系统。基于对这类系统的行为和性能研究的需要,逐步形成并发展了一门新兴的学科领域——离散事件动态系统理论。制造系统属于离散事件动态系统,因此离散事件动态系统理论是构成制造系统理论体系的重要理论之一。我国对 DEDS 的研究约起步于 1987 年,将 DEDS 理论用于柔性制造系统(FMS)的建模与分析是制造系统运用 DEDS 的典型成功案例。

　　对于 DEDS,至今还没有一个被广泛承认的、简明的定义。粗略地说,离散事件动态系统是离散状态、事件驱动系统,即系统的状态转移完全依赖于时间域中的离散事件的异步发生。许多系统,尤其是人造系统,实际上都是离散事件动态系统。下面列举一些简单的离散事件动态系统的情况。

(1) 机器的状态可能选自集{开,停}或者{繁忙,空闲,停止}。

(2) 正在运行程序的计算机可看作处于以下三个状态之一{等待输入,运行,停止}。更进一步地,运行状态可以根据某时刻执行什么程序代码分解为若干不同的状态。

(3) 所有存储离散物品(如产品)的仓库都具有非负正数的离散状态空间{0,1,2,…}。

(4) 大多数游戏可以通过离散状态空间加以描述。例如,下棋时,棋盘的所有不同布局都定义了一个状态,所构成的状态空间是枚举无穷的,但却是离散的。

离散事件动态系统的状态仅仅在离散的时间点上转移,这一转移对应着异步产生的事件的发生。从建模的角度,意味着若我们能确定一组事件,每一事件引起一次状态转移,那么时间则不再用于驱动系统,因而它不再是自变量。

总之,离散事件动态系统满足下列几个主要特点。

1) 状态集合和事件驱动

每个 DEDS 都有一个有限或无穷的状态集合和一个有限事件集合。它的状态集合不要求任何拓扑结构,状态集合中的元素可取整数、文字,甚至某些判断语句(例如,机器处于繁忙状态,仓库储存离散物品的状态为 2,即物品数为 2)。如果状态集合是有限的或可列的,则可将它的元素编号,使集合与相应的有限或无穷个整数组成的集合同构,在这种情况下,不妨认为集合是有限或无穷个整数组成的集合。

在事件作用下产生状态转移,并同时产生输出,这一现象称为事件驱动。状态图是描述这一过程的最直观的方法。状态图中的事件一般异步、并行地发生。事件与事件之间、事件与状态之间都存在一定的约束关系。状态图全面反映了在事件驱动下所有状态转移的可能性,但系统的每次运行只能实现其中一组可能发生的转移。在状态图中会出现分支,即有多条弧离开同一个状态,这说明在该状态下可能发生不同的转移,而在系统每次运行时,只能实现其中的一个分支。因此,系统的每次运行只在状态图中走过一条相应的路径。

2) 活动和物理时间

将状态的每次转移称为"一步",则"步"就是离散化了的时间。为了加以区别,将通常的时间称为物理时间,并认为事件都是在一瞬间发生和完成的,而每个状态都维持一定的物理时间。

为进一步阐明这个问题,需要介绍活动、原始事件和条件事件的概念。在每个 DEDS 中都存在一些推动系统运行的活动,它们是系统演化的主动因素,每项活动都在一定的条件下开始,持续一定的物理时间,并在它结束时产生一项事件;活动引发的事件称为原始事件,其他事件称为条件事件。简单地说,原始事件是每隔一段时间主动地发生,而条件事件从属于它发生的条件,发生的时间也取决于这些条件如何满足。根据不同的情况,由原始事件或原始事件与条件事件的复合事件驱动状态转移。

另一个重要现象是活动间的竞争。在每个状态下都同时进行着一项或多项活动,这些活动开始的时间各异，也可能是在转移到当前状态以前，其中一些已开始进行，但最早结束的活动起主导作用，它引发的原始事件往往使当前状态转移。直观地可认为，同一状态下各项活动在竞争，谁最早达到自己的终点，谁就支配了下一次转移。从状态图上看，若同一状态下出现几个分支，活动的竞争决定每次运行沿哪个分支进行。

3）随机性

因为 DEDS 是研究各种人造系统，它们受人为因素或各种条件的影响较大，一般都不能当成确定性过程，而要作为随机过程来研究。首先，各类活动的持续时间为随机变量；另一随机性来自状态转移的规律，如在排队网络中有多类顾客，每类顾客的服务流程不同，则在各队列之间，顾客的流动规律也要用概率来描述。

2. 各种离散事件动态系统理论方法简介

DEDS 还处在发展的初级阶段，目前研究的最基本的问题仍是系统的建模。当前公认的理论框架包括三种不同层次的模型：逻辑层次模型、时间层次模型和统计性能层次模型。

（1）逻辑层次模型。最早的逻辑层次模型只是研究物理状态和事件之间的关系，不涉及物理时间和活动之间的竞争等问题，而且它都是确定性模型，因此主要用于定性分析。其主要内容为有限自动机/形式语言模型和 Petri 网，它们都有很强的逻辑表征能力，在计算机科学、通信协议、制造系统和交通管理等方面都得到了广泛的应用。近年来，逻辑层次模型的研究趋势是在上述逻辑层次模型中引入时间因素和随机因素，试图得到一种既具有较强的逻辑表征能力，又较全面地从各个层次描述 DEDS 的模型，其中计时 Petri 网和随机 Petri 网具有较重要的地位。

（2）时间层次模型。在时间层次上，不涉及系统中事件和状态演化中的逻辑关系，而且需要在物理的时间级上来刻画和分析演化过程。狭义的时间层次模型是指用双子代数理论研究一种称为计时事件图的计时 Petri 网，在对逻辑功能加以严格限制后，得到一组双子代数上的线性方程组，借用线性系统中常用的概念和方法来研究 DEDS，已在制造系统、作业排序和优化方面取得了一些应用。

（3）统计性能层次模型。统计性能层次模型起源于对随机服务系统的研究，常称为排队论和排队网络。其理论分析主要依靠随机过程的马尔可夫性，仿真分析法和扰动分析法也是其重要内容。此外，还有运行分析法、平均值分析法及近似分析法等。尽管统计性能层次模型理论的发展和现状都深受随机服务系统的影响，但它已不限于这一研究对象，当前已对一般 DEDS 建立了统计性能层次模型，并以广义半马尔可夫过程作为其基本描述方法。

离散事件动态系统理论主要方法如下：

1）形式语言/有限自动机

形式语言/有限自动机（formal language/automata）是 20 世纪 50 年代发展起来的一门学科。DEDS 的有限自动机模型集中于研究系统的监控问题，从定性的观点研究 DEDS 的监控特性、监控器的综合和简化、聚合、分散以及分层控制等问题。DEDS 监控的基本问题是对于 DEDS 施加闭环控制,将 DEDS 闭环控制看作是由被控对象和监控器组成。通过闭环控制强制地获得某些期望的系统性能。为了对 DEDS 实行控制,将事件集合分解成可控事件集与不可控事件集。不可控事件(如机器故障)自发地发生,表示即使采取控制措施,也无法避免其发生的事件。而可控事件(如机床开始工作)的发生受控制器的使能/抑制作用而发生或不发生。我们称行使这一使能/抑制控制作用的外部(不属于 DEDS)控制器为监控器。基于 DEDS 的自动机模型的监控已应用于柔性制造系统的控制。

形式语言/有限自动机分析方法的主要优点是将闭环系统分解为被控对象和监控器,并按控制理论的习惯方式提出和解决各种控制系统的综合问题。主要缺点是计算复杂性,随着系统规模的增大,它的状态几乎呈指数增长,计算工作量也急剧增加。

2) 排队论

排队论(queuing theory)研究的对象是排队系统与排队网络。它们是 DEDS 的一种重要的、广泛的模型。DEDS 系统中经常遇到的资源共享问题可描述为排队模型。排队模型可以简单地描述为,顾客不时地到达,排入队列或等待线中,直到最后得到服务并离开系统。"顾客"是指任何一类需要系统对之服务的实体。建立排队模型时,必须定义三类参数:①顾客到达与服务的随机过程概率分布类型;②模型的结构参数,如队列的存储容量、服务员个数等;③操作规则,如接纳到达的顾客的条件、对某类顾客特惠等。排队模型为分析者提供了设计和评价排队系统性能的强有力的工具。系统性能的典型测度包括服务员效率、等待线的长度,以及顾客的延迟。当设计或企图改善一个排队系统时,分析人员(或决策者)经常要根据队长和延迟在服务员的利用率和顾客的满意程度之间做出妥协。

排队论仅仅是研究 DEDS 的描述性工具,只能对系统性能进行粗略的估计和测度,不能用于对变化无常的系统行为进行控制。

3) 仿真方法

由于 DEDS 固有的随机性,所以对这类系统的研究往往十分困难,仅能对一些简单系统求解析解。而仿真方法(simulation)按照模型规定的规律,用计算机模拟系统的运行,可获得整个系统的动态过程或统计各项性能指标,它的通用性最强,在大量的工程实际问题中广泛采用。

DEDS 常用随机仿真。此时仿真程序的每次运行相当于一次随机试验,产生所需的随机变量后,再让系统模拟运行一次,就得到一个样本,有了足够多的样本,就可计算统计值。DEDS 的仿真分为建模、编制和运行仿真程序,以及仿真结果分析等步骤,核心问题是建模。现在已有很多 DEDS 的专用仿真语言,用它们编写仿真程序更方便。还可将仿真分析方法与人工智能结合起来,实现智能仿真。仿真方法的主要缺点是工作量大,且得不到解析结果。

4) 扰动分析

1979 年,美国哈佛大学何毓琦教授提出一种在系统优化过程中计算性能指标对参数求导的新的分析方法,即扰动分析法(perturbation analysis)。它兼容了仿真分析法和理论分析法的长处,同时避免了单纯用仿真法时的大量计算和用理论分析法研究复杂系统时遇到的困难。扰动分析法只进行一次仿真,然后在标称样本路径上构造扰动路径,并计算扰动后的性能指标。其主要内容包括三个方面,即扰动的产生规则、扰动的传播规则和系统性能指标对参数变化的灵敏度估计。扰动分析方法的主要特点为:

(1) 对模型未加任何限制,适合于各种形式的 DEDS。

(2) 兼有仿真与理论分析的优点,且大大减少了计算工作量。

(3) 其效果完全取决于从标称样本路径构造的扰动样本路径是否符合实际。

(4) 由于扰动分析方法只是从某一个特殊的样本路径获得的结果,用它来预报其他样本,仅具有统计平均的意义。

(5) 对于多参数的扰动或较大扰动难于处理;同时,扰动较大时,近似程度较差。

目前,扰动分析方法仍处在发展初期,很多方面需要进一步研究和完善。

5) Petri 网概况

Petri 网(Petri Net,PN)的名字取自发明人 C. A. Petri 博士的姓名。PN 能够描述与分析并行系统,20 世纪 80 年代初,PN 开始被用于工程系统,尤其是自动制造系统的研究。PN 是事件驱动系统建模的十分有用的工具,特别适用于 DEDS。概括起来,PN 具有以下特点。

(1) PN 采用可视化图形描述 DEDS 的静态结构(可能的事件、状态及它们之间的关系)及动态(实现的局部状态及状态的变化),因此易于被理解。

(2) PN 是一种结构化的 DEDS 描述工具,它能够充分描述 DEDS 局部及局部之间的联系,因此,它能够捕捉 DEDS 事件的先后、并行、同步与异步特征,反映系统的冲突(两个及两个以上事件的发生争抢同一条件)、互斥、非确定及系统锁死。

(3) 可以用于检查与防止诸如锁死、堆栈溢出等不期望的系统行为性能。

(4) 能够直接从可视的 PN 模型动态产生 DEDS 监控控制编码,还可以构建 PN 模型运行算法实现 DEDS 的实时控制。

(5) 用于 DEDS 的仿真,从而对系统进行分析与评估。

(6) 可以通过模块化与层次化描述复杂的 DEDS。

(7) 同时支持数学上正规描述与分析 DEDS,如不变量分析。

(8) PN 模型可转化为其他 DEDS 模型(如马尔可夫链、自动机等)。

正是由于上述特点,PN 是描述、分析及控制 DEDS 最有效的方法,因此没有任何其他方法比它应用更为广泛。

7.1.2 系统集成技术与企业优化技术

1. 系统集成技术

企业内部的系统集成包括经营、技术及人/机构三要素之间存在的四类集成问题。所谓系统集成,绝不是把各个单项技术简单地互联在一起,而是一个企业内全方位的综合问题。企业系统集成的原理是：把分散在有关部门的计算机信息集成起来，在正确的时间把正确的信息以正确的方式送给正确的人(部门、机器)，以做出正确的决策，从而达到将参与(企业、行业)活动的人、技术、管理、设备资源的信息流、物流和资金流有机地集成起来，并使之优化运作，实现产品的上市快、质量高、成本低和服务好，以赢得竞争。

系统集成的基础是信息集成。系统集成的主要技术包括系统数据库管理技术、计算机网络技术、系统集成平台和产品数据交换技术。

1) 系统数据库管理技术

在企业系统集成中，各类信息系统的永久数据的操纵与维护活动被称为系统数据管理，它是为了适应系统信息集成的需要而提出的。系统中每个信息系统都有其自身的数据管理系统，它们均可看作是系统数据管理的子集，均要提供与永久数据集的接口。系统数据管理可在各类信息系统内完成永久数据的创建、更新、查询等系统操作，还可以完成数据访问权限、完整性约束规则的建立与维护。

为了实现资源共享，并使信息交换具有良好的互操作性，实现系统数据管理时应采用相应的标准。这些标准包括系统数据管理的参考模型、接口标准、远程数据集访问标准等。

2) 计算机网络技术

企业的集成系统存在多种网络，特别是在过渡时期，甚至存在与协议体系结构完全不同的网络。在异构和分布环境下，存在网内网间的设备互连、传输介质互用、网络软件互操作和数据互通信的问题。主要的网络技术有网络互联技术和网络管理技术。

网络互联主要解决地址方案、路由选择和速度匹配。它采用标准的网络协议以及以路由器、网桥、网关等网络设备来实现。

网络管理是对网络资源的管理，包括对资源的控制、协调和监视。网络资源包括系统资源、通信资源和应用资源。

3) 系统集成平台

为了解决成千上万应用软件以及系统软件间的集成接口，目前逐步转向通过一个标准化的互访来实现。集成平台是一组集成的基础设施和集成服务器，包括信息服务器、通信服务器、前端服务器和经营过程服务器，它是系统过程的开发环境。理想的集成平台应具备以下性能：①实现全企业内的信息集成和功能集成；②适用于各种不同的计算机系统；③实现应用软件和系统内所用计算机系统的独立，各类数据可以在计算机系统间转换；④符合各种软件标准。许多大的计算机公司都在开发各自的系统集成平台，但迄今为止还没有理想的产品。

4) 产品数据交换技术

系统集成后，各信息系统要进行数据交换，特别是在制造系统中的产品数据，由于各单元系统大多是以各自的目标分别进行开发的，各自的数据在逻辑结构和物理机构上存在很大的差别，给数据交换带来困难。

一般采用以下方法解决产品数据的交换：①通过专用数据格式的文件来交换产品数

据；②通过标准格式的文件来交换产品数据，IGES 是美国国家标准技术研究院开发的国际上应用最广泛的产品数据交换标准；③通过统一的产品模型来交换产品数据，如 STEP 是由 ISO 制定的进行产品数据交换与实现共享的国际标准，它概括了一个产品生存期内完整的产品模型，已被广泛采用。

2. 企业优化技术

企业优化就是在企业现有资源（包括人力资源）和技术条件下针对市场环境的特点，实现企业各环节重要资源间的合理平衡，以追求最佳的整体效益。就连续企业而言，企业优化的目标是安、稳、长、满、优。对连续型企业来说，稳定和规模化生产总是带来可观的经济效益。

我们关注的问题是如何实现企业优化。目前常用的企业优化技术大致为：企业重组（包括业务过程重组和产品结构重组）、生产计划与调度优化（包括 MRP-Ⅱ、JIT、物料和能量平衡）和全局优化（包括 ERP）。

1）业务过程重组（BPR）

20 世纪 90 年代初，美国学者哈默提出了业务过程重组的思想。他认为企业现有的组织结构、业务过程和传统的管理模式已不再能适应企业新环境的需要，必须加以调整和重组。业务过程重组表现在：

（1）按市场需求决定企业的业务流程。

（2）由业务流程决定企业的组织结构，即组织结构重组。

（3）缩小企业中央管理部门的功能，增加业务部门的权限。

（4）采用分布式的组织结构，追求扁平化管理。

（5）加速业务流程与各部门之间的通信。

在企业实施业务过程重组时，应首先选择对企业效益影响较大的业务过程，即我们常说的"瓶颈"。

2）产品结构重组

产品结构重组的思想来源于 VDI（德国工程师协会）的一份研究报告。该报告指出，由于产品标准化工作做得不好，而导致合同生产型企业零件数量的无限制增长，增加生产控制度难度，延长产品设计周期。

产品结构重组的主要手段是产品系列化和组合化。产品系列化是指在某个确定的应用范围内按照一定的规律划分其参数等级，用相同的方法实现相同功能的技术对象（整机、部件或零件），这些技术对象应使用尽可能相同的制造方法进行制造。标准的油泵、电动机等都是比较典型的系列化产品。系列化产品的最大缺点是产品选择余地小。换言之，系列化产品的很多优点是以牺牲产品品种为代价的。

如果在系列化产品已有的功能外还必须增加新的功能，就需要采用组合产品技术。组合产品是用不同的结构块通过合理的组合而实现不同功能的技术对象（整机、部件或零件）。组合产品是为了满足各种不同功能需求的功能变型产品。组合产品技术使企业增强了采用变型设计方法开发新产品的能力。

3）生产计划与调度优化

离散型企业通过生产计划与调度优化可以充分利用企业的各种资源,提高生产能力和市场应变能力,获取最大利润。生产计划与调度的集成优化是消除连续型企业信息集成缝隙的关键。

对离散型企业来说,生产计划与调度优化问题涉及 MRP-Ⅱ 与 JIT 这两种分别产生于不同的需要,各有局限性的计划模式。人们将 MRP-Ⅱ 技术与 JIT 技术结合起来使用,在生产组织管理中采用 MRP-Ⅱ 的集中计划与 JIT 的协调控制相结合的技术,在实践中产生了很好的效果。例如,鞍钢冷轧厂通过协调原材料购入计划的兑现率及提高多工序计划的合理准确性和用户合同的准时兑现率,来降低原料、在制品和产成品的库存,并合理地安排设备的维护与检修,从而最大限度地利用生产设备的综合能力达到改善管理、增产降耗、实现利润最大的目标。

对于连续型企业来说,生产计划与调度集成优化是企业运行的核心,也是消除企业信息集成缝隙,实现企业优化的关键。生产计划与调度优化主要解决企业长期计划决策与生产调度优化的问题。其主要作用是根据市场情况与企业长期需求等最优地安排整个企业的生产加工方案。同时,最优地配置各生产装置的资源,处理事故状态下企业的均衡生产。因此,实现生产计划与调度集成优化,可以为企业带来可观的经济效益。

4）全局优化

企业全局优化分企业范围全局优化和企业间全局优化两个层次。企业范围全局优化也就是实施企业资源规划(ERP)。ERP 能将企业范围内各个子系统的优化,如 MRP-Ⅱ、生产控制系统、质量管理系统等集成起来,实现多级计划与调度优化企业间的全局优化,其实就是"敏捷制造"。每个参与"虚拟企业"的企业必须突出企业自身优势,在更广的范围考虑企业的发展,增强企业的市场应变能力,即企业敏捷性。我们一直提倡的"专业化协作生产"其实也就是朴素的敏捷制造思想。

由于市场多变,因此企业优化是全企业范围不断改造的过程,是一个极为复杂的系统工程,不可能一蹴而就。我们必须有充分的思想准备。

7.1.3　系统仿真技术

1. 仿真技术概述

从一般意义上讲,系统仿真可以被理解为在一个已经存在或尚未存在但正在开发的系统进行研究的过程中,为了能够了解系统的内在特性,必须进行一定的实验;而由于系统不存在或其他一些原因,无法在原系统上直接进行实验,只能设法构造既能反映系统特征,又能符合系统实验要求的系统模型,并在该系统模型上进行实验(即仿真),以达到了解或设计系统的目的。对于计算机仿真来说,主要是采用数值或者逻辑关系的形式来表示实际系统。如果模型的结构足够简单,就可以采用各种数学方法(如代数学、微积分学或概率论等)来得到系统的正确信息,这种方法称为解析法。但在现实世界中,几乎所有实际系统的结构都是非常复杂的,采用解析法不仅耗时长,正确性也无法得到保证。

这就需要运用仿真技术，通过计算机来模拟实际系统的运作，并采集数据来分析模型的各种性能。

从上面对系统仿真的描述中可以看出，系统仿真本质上是由三个要素构成的，即系统、系统模型和仿真。系统是相互联系又相互作用的对象的有机组合，它是问题的本源；仿真是对系统的模拟执行，是解决问题的手段；而系统模型是连接实际系统和仿真之间的桥梁。

根据模型的类型，系统仿真可分为物理仿真、数学仿真和物理—数学仿真。物理仿真是指按照实际系统的性质构造系统的物理模型，并在物理模型上进行仿真实验；数学仿真是指按照实际系统的数学关系构造系统的数学模型，并在数学模型上进行仿真实验；而物理—数学仿真是物理仿真和数学仿真的结合。

根据仿真的研究对象，系统仿真可分为连续系统仿真和离散事件系统仿真。连续系统是指系统的状态随时间连续变化的系统；而离散事件系统是指系统的状态变化只在离散的时间点上发生，且发生时刻是随机的，系统的状态变化是由随机事件驱动的。

离散事件系统仿真就是按照实际的工作流程，在规定的时间内顺序地改变实体的状态。工作流程是指实体在整个仿真过程中的活动顺序。每发生一个事件，系统的状态就发生一次变化。离散事件系统有以下几个特点：①离散事件系统模型是一种稳态模型，无须研究系统状态变量从一种状态变化到另一种状态的过程；②离散事件系统中的变量大多是随机的，仿真的目的是力图用大量抽样的统计结果来逼近总体分布的统计特征值，因而需要进行多次仿真；离散事件系统仿真中时间的推进是不确定的，它取决于系统的状态条件和事件发生的可能性。离散事件系统仿真方法适用于状态变量是离散变化、时间连续变化的系统的仿真问题，它一般采用三种基本的仿真策略：①事件调度法，按这种策略建立模型时，所有事件均放在事件表中，每个事件均有一个时间戳，仿真控制从事件表中选择具有最小时间戳的事件，并将仿真钟推进到该事件的事件戳，再调用与该事件相应的事件处理模块，然后返回仿真控制；②活动扫描法，系统中的所有活动均有激活条件，若条件满足，则激活该活动例程。仿真过程中，仿真控制循环扫描活动表，逐个处理满足条件的活动，直到仿真结束；③进程交互法，这种方法的特点是仿真系统使用两张事件表，其一是当前事件表，它包含了从当前时间点开始有资格执行的事件表，但该事件是否发生的条件尚未判断。其二是将来事件表，它包含了在将来某个仿真时刻发生的事件记录。进程交互法首先按一定分布产生开始事件并置于将来事件表中，事件进入排队等待，然后对当前事件表进行扫描，判断各种条件是否满足，再对满足条件的活动进行处理，仿真钟推进到服务结束并将该事件从队列中清除，最后将将来事件表中满足时序条件的事件移到当前事件表中。

2. 计算机仿真技术的发展趋势

计算机仿真技术经过几十年的发展，无论在理论上，还是在实践上都已经取得了丰硕的成果，积累了大量的系统仿真模型和行之有效的仿真算法。但仿真技术目前仍然存在一些缺陷，例如，建模方法尚不完善，对一些社会经济系统中的问题尚无法建立准确的模型。同时,决策者必须通过建模者和仿真人员,才能介入到对系统的仿真分析中。随着建模与仿真的理论和方法的研究不断深入,以及计算机技术的飞速发展,计算机仿真技术正进行着稳步发展,主要体现在以下几个方面。

1) 面向对象技术在系统仿真中的应用

在面向对象仿真中,系统被看成是由对象组成的,对象是一个独立的实体,对象的属性和属性的变化规律(即对对象的操作)完全封装在对象内部,外部的作用必须通过对象的操作接口来实现。面向对象的仿真系统的运行是通过对象之间互相发送消息来执行的。

2) 分布交互仿真

分布交互仿真是通过电子通信技术把分散在不同地点的软硬件设备及有关人员联系起来,在计算机网络环境下交互地进行仿真实验的一种综合的仿真环境。计算机网络技术是分布交互仿真的重要支撑。分布交互仿真的分布性和交互性可使处于不同地理位置的各个部门利用网络联系起来,实现资源共享。

3) 人工智能在系统仿真中的应用

随着研究的深入,人工智能在知识获取、知识表达、问题解答、定理证明、程序自动设计、自然语言理解、机器学习和专家系统等方面都取得了令人鼓舞的成果和进展。人工智能技术在仿真中的应用已经引起仿真领域的普遍关注。人工智能与计算机仿真在科学上的交叉主要涉及以下几个方面。

(1) 知识库用于建模与仿真,包括利用知识库和专家系统进行仿真模型的建立与验证,以及专家系统用于仿真结果的检验和可信度分析。

(2) 仿真技术与人工智能技术的结合,包括人工智能技术用于大系统,特别是决策系统的计算机仿真,以及利用仿真技术评估一个知识库系统,实现所谓的智能化仿真。

(3) 仿真模型中知识的表达,需要解决的问题包括表达式模型结构的灵活性、扩展程序设计的能力、面向批处理的建模,以及作用在系统上的外部影响关系的表达等。

4) 虚拟现实技术在系统仿真中的应用

虚拟现实技术是在综合计算机图形技术、计算机仿真技术、传感技术、显示技术等多种学科的基础上发展起来的。它以仿真的方式给用户创造一个实时反映实体对象变化与相互作用的三维图形世界,并通过显示器等设备提供用户一个观察并与虚拟世界交互的多维用户界面,使用户可以直接参与仿真对象在所处环境中的作用和变化,并产生参与感。

7.1.4　传统的智能技术与方法

人工智能主要从事于有关人的思维能力和借助计算机模仿或模拟人的思维工作方面的尝试。虽然目前对人工智能的所有期望还不能完全实现,但是在一些应用领域,如诊断、配置、计划、咨询、辅助决策和制定计划等,已经可以达到预期的效果。

人工智能中的研究重心是知识表达、知识处理和知识获取。

1. 知识的概念和分类

到目前为止，人们还无法给出知识的确切定义。知识工程中，通常不去追究关于知识的精确定义，而只是对其进行说明和描述，使其实用化和具体化。知识自身的复杂性决定了对它的理解是多层次和多方位的。通常，可以把知识理解为："知识是以各种方式把一个或多个信息关联在一起的信息结构，简言之，知识是一个或者多个信息之间的关联"。其中，信息可解释为："数据所表示的含义（或者称数据的语义）"。上述的解释虽然揭示了知识与信息之间具有的关系，可是仍然显得过于笼统。从数学的角度，知识可以理解为："知识是由副本客观世界机器产生、理解并具有正确性和自身结构的不断扩充的符号集"。

可以从不同的角度对知识进行不同的分类。按照逻辑抽象的角度，可以把知识分为：①过程型知识：传统的数据处理将知识寓于程序中，即程序就代表系统解决问题所使用的知识，这种知识的表示类型称为过程型知识。这种类型的知识针对特定的问题，只适合完全正确的知识，很难描述模糊知识。因此，过程型知识表示要求待处理的问题具有成熟的解法以及完整、准确的数据。②描述型知识：以描述的方式表示的知识称为描述型知识，包含事实知识和判断知识。事实知识描述有关对象、事件以及行为等特征；判断知识是指对事实的判断和判断的过程。③元知识：所谓元知识，就是关于知识的知识。它可以分为三类：一是有关怎样组织、管理知识的元知识，它刻画了知识的内容和结构的一般特征，以及分类和综合等有关特征；二是有关利用知识来求解问题方面的元知识（如推理方法），它对领域知识的运用起指导作用；三是有关从知识源中获取知识的知识。

2. 知识表达

不同类型的知识可以采用不同的知识表达方式。从计算机内部描述的角度出发，可以概括为三种类型的知识表达：面向逻辑、面向规则和采用面向对象思想的结构化表达。尽管这些表达类型在应用中对于基于知识的系统的组织和执行相互间不是完全分离的，但是它们在知识的描述能力方面仍然存在着差异。

1）面向逻辑的表达

逻辑提供一种以所谓谓词陈述形式描述知识的可能性，它是一种用于描述对象及其之间逻辑关系的形式上的符号。它含有一个语法，用它可以建立逻辑的陈述。谓词逻辑表达法是面向逻辑表达的典型代表。

谓词逻辑法经常用于其他知识表达的参考点。由一个谓词部分和一个推理部分组成的谓词逻辑的陈述称作公理、事实或者假定，此时它们在知识库中以显式方式被表达。

谓词逻辑法适用于描述以事实、关联和规则为形式的问题和逻辑关系。谓词逻辑可以划分成一阶谓词逻辑和二阶谓词逻辑。一阶谓词逻辑在强度、适应性和有效性方面均存在不足，而在可靠性、完整性、时间依赖性和知识构造等方面也没有充分被考虑；而二阶谓词逻辑在实际的信息处理方面还没有得到广泛应用。

为了更好地描述和处理模糊陈述，出现了非典型的逻辑表达方法。非典型逻辑表达方法与典型逻辑表达方法的区别在于其采用了"真"和"假"两个词。例如,情态逻辑使用了"真""假""可能"等词。其他的非典型逻辑表达方法还有：非单调逻辑、暂存逻辑、或然性逻辑以及模糊逻辑等。其中,模糊逻辑是非典型逻辑表达方法中的代表。模糊逻辑的重要应用领域是控制和调节技术。图 7.1 是典型逻辑与模糊逻辑之间的区别。

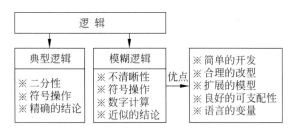

图 7.1　典型逻辑与模糊逻辑之间的区别

2) 面向规则的表达

面向规则的表达由一个条件部分(前提)和一个操作部分(结论)组成。条件部分描述在什么样的条件下规则被使用;操作部分含有行为或蕴含的内容,用它们可以改变一种状态或者推导出一种陈述的真实内容。

主要用规则来表达和处理知识的系统称为产生式系统,其规则称为产生式规则。产生式系统在大多数情况下由一个规则库、一个存储中间结果的动态工作存储器和一个表达系统推理机制的解释器组成。除了组织良好、可供基于规则描述的知识库在模块化构造和易于维护等方面的优点外,规则也可用来描述不可靠或不完整的知识。面向规则的表达方法可以表达过程性知识,也可以描述说明性知识。另外,面向规则的表达方法易于专家和使用者理解他们所表达的知识,同时在计算机内部结构中也容易被描述。

面向规则的表达方法的缺点在于难以理解规则控制的流动,以及在大量不完备的规则情况下,需要上下文关系分析才能细化问题、解决问题。因此,需要将大量的规则"模块化",即相关的规则综合成"规则包",以减少所需考察规则的数目。

3) 采用面向对象思想的结构化表达

结构化表示方式的特征是结构与层次清楚,主要优点是表示的知识自然、直观。其中,框架系统和语义网络是比较常用的两种结构化知识表示方式,而面向对象的表达方法也越来越多地被采用。此外,当前出现了比"对象"更富动态性、更具人工智能含义的"智能体"(Agent)概念。可以认为,面向智能体技术是面向对象技术在人工智能与专家系统应用领域中的发展。

语义网络(semantic network)在形式上是一个有向图,由一个结点和若干条弧线构成,结点和弧线可以有标号。结点表示一个问题领域中的物体、概念、事件、动作或状态,弧线表示结点之间的语义联系。在语义网络知识表示中,结点一般分为实例结点和类结点两种类型。有向弧用于刻画结点之间的语义联系,是语义网络组织知识的关键。比较典型的语义联系有两种：一种是以个体为中心组织知识的语义联系。其结点一般都是名词性个体或概念,通过实例联系、泛化联系、聚类联系和属性联系等作为有向弧描述有关结点概念之间的语义联系；另一种是以谓词或关系为中心组织知识的语义联系。设有 n 元谓词或关系 R（R_1，R_2，$\cdots$，R_n），分别取值 A_1，A_2，$\cdots$，A_n，其对应的语义网络可以表示为图 7.2 的形式。

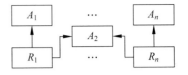

图 7.2 关系语义网络表示

框架（frame）是一种数据结构。对于一个特定的事物，通过把它的特征数据填入框架，达到对该事物进行表示的目的；同时，可以通过以往的经验获得的概念对这些数据进行分析和解释，还可以寻找与该事物有关的统计信息。框架由框架名和一组用于描述框架各方面属性的槽（Slot）组成。每个槽设有一个槽名，它的值描述框架所表示的事物的各组成部分的属性。在比较复杂的框架中，槽下面又可以再进一步分为多个侧面（facet），每个侧面又有一个或者多个侧面值，每个侧面值可以是一个值或者是一个概念的陈述。框架结构的抽象表示如图 7.3 所示。

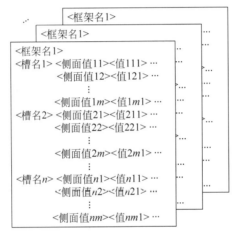

图 7.3 框架结构的抽象表示

面向对象方法（OOM）的本质是强调从客观世界中固有的事物出发来构造系统，强调系统中的对象及对象之间的关系能够如实地反映客观世界中的固有事物及其关系。

具有相同结构和处理能力的对象用类（class）来描述。一个类实质上定义了一组对象类型。它描述了属于该对象类型的所有对象的性质。如果一个对象具有某个类所描述的特性，那么该对象就是这个类的异构实例（instance）。类的描述中通常包括类名、类变量、实例变量及一组称为方法（method）的操作程序。类和类之间可以形成一定的层次结构，如超类（superclass）和子类（subclass）。类的层次结构的一个重要特性就是继承（inheritance）。

Agent 是一个具有智能行为的信息处理单元（Information Process Cell，IPC）。它是一个抽象的实体，具有社会性、自治性、反应性、主动性和协作性等特性。Agent 除了具有与外界交互的感知器及对信息进行存储加工的信息处理器、记忆库外，还具有通信机制及根据共同目标和自己的职责所产生的目标模块和反作用于外部环境的效应器。Agent 基本结构如图 7.4 所示。与人类的大脑类似,Agent 的信息处理器是体现 Agent 智能行为的最重要的部件。由人类信息处理的分层结构可知,Agent 的信息处理器应由信号/信息过滤器、控制器、符号推理机制、类比匹配机制、内部执行机制及知识库组成。其中,知识库中包含两类知识:一类是规则;另一类是知识块。信息处理器在接收到信号/信息后,先对其进行过滤、抽象、聚合,使其形成与客观世界对象联系起来的有意义的符号,然后运用推理机制及知识库中的规则处理信息,并形成新的知识块,知识库中的规则及知识块随着问题的处理不断被添加及更新。

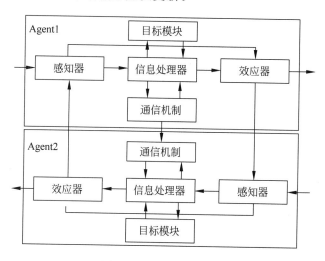

图 7.4　Agent 基本结构

3. 专家系统

专家系统(Expert System,ES)是支配一个知识库的软件系统,它表达部分领域中的专家知识。专家系统中最重要的组成部分是知识获取部分(推理部分),在它的帮助下,借助所存储的知识实现问题的求解。

专家系统的原理性结构如图 7.5 所示,知识库和问题求解部分或知识获取部分构成系统的核心。对话部分可以有选择地被集成或与另一个系统(如 CAD 系统)相连接。说明部分和知识获取部分通常不是专家系统的组成部分,但通常又是不可缺少的。

推论系统的实质是程序,它们试图证明数学定理或者在此基础上实现应用。知识的表达方式大多采用一次谓词逻辑法。推论式推理表达由一个给定的前提推导出一个逻辑的陈述,并由此推导出新的事实,它们显式地表达了隐含在以往事实中的信息。实际中主要使用的推论性推理策略包括:肯定前件的假言推理、判别、非单调推理和类似推理等(图 7.6)。专家系统的过程控制方法是:正向推理和反向推理、深度和宽度寻找以及基于黑板系统的控制策略等。

知识获取(knowledge acquisition)在专家系统中至关重要,专家系统是否可以实用

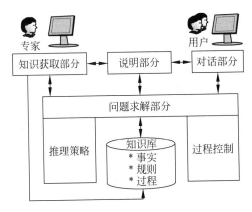

图 7.5 专家系统的原理性结构

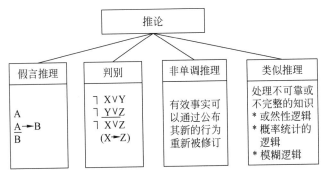

图 7.6 推论性的推理策略

化直接取决于是否可以对知识进行有效获取。知识获取的任务在于把已有的知识（包括经验、事实、规则等）从大脑或者书本中总结和提取出来并转换成某种可以表示的形式。广义上，也把从已获取的知识和实例中以某种方式产生新知识的任务（即机器学习）包括在知识获取的范畴中。所以，知识获取要研究的主要问题包括：①对专家和书本知识的理解、认识、选择、抽取、汇集、分类和组织的方法；②从已有的知识和实例中产生新知识，包括从外界学习新知识的机理和方法；③检查或保持已获取知识集合的一致性（或无矛盾性）和完全性约束的方法；④尽量保证已获取的知识集合无冗余的方法。知识获取的方法主要有三种：间接的知识获取、直接的知识获取和自动的知识获取。

4. 人工神经网络

人工神经网络（Artificial Neural Network，ANN）是一个以有向图为拓扑结构的动态系统，它通过对连续或断续式的输入作状态响应而进行信息处理。ANN 系统是由大量的、同时也是很简单的处理单元或称神经元通过广泛地互相连接而形成的复杂网络系统。虽然每个神经元的结构和功能十分简单，但由大量神经元构成的网络系统的行为却是十分复杂的。ANN 系统是一个高度复杂的非线性动力学系统，不但具有一般非线性系统的共性，还具有其自身的特点，如高维性、神经元之间的广泛互连性以及自适应性和自组织性等。

　　图 7.7 为一个简单的神经网络,其中的每个小圆圈表示一个神经元。各个神经元之间通过相互连接形成一个网络拓扑,这个网络拓扑的形成成为神经网络的互连模式。不同的神经网络模式对神经网络的结构和互连模式都有一定的要求或限制。通过对实例的反复训练,神经网络可以表达问题域和求解域之间错综复杂的映射关系。这一点有利于知识的获取。然而,ANN 要获得覆盖整个过程且充分可靠的信息描述(训练数据)十分困难;同时,ANN 不能处理复杂结构的数据,也无法保证训练结果的合理性。

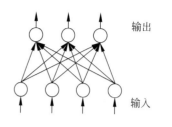

图 7.7　一个简单的神经网络

5. 演化算法

　　演化算法(Evolutionary Computation,EC)又称进化算法,它通过学习和借鉴大自然的演化规律来解决我们面临的各种计算问题,从 EC 所模仿的对象上分,可分为两大类:仿生演化算法和拟物演化算法。仿生演化算法是模拟由个体组成的群体的集体学习过程,其中每个个体表示给定问题搜索空间中的一点,随机地产生一初始群体,通过选择、变异、重组操作,使群体演化到搜索空间越来越好的区域。拟物演化算法是模拟自然界物理系统从初始状态演变到能量最优或状态最优的平衡状态的学习过程。演化算法的流派较多,典型的有遗传算法(Genetic Algorithm,GA)、遗传程序设计(Genetic Programming,GP)、演化策略(Evolutionary Strategy,ES)、演化程序设计(Evolutionary Programming,EP)、模拟退火算法(Simulated Annealing,SA)等。

　　这几种典型的演化算法都是对解空间的一组初始群体进行操作,通过随机地改变当前解而产生新解,利用目标测量函数来计算每个实验解的适应值,同时使用某种选择机制来决定保留哪一种解进入下一代。它们的共性反映了演化算法的下述特点:①极度并行性,即其群体可以分裂成相对独立的子群体,形成具有各种粒度的并行算法;②通用性,既可用来解决各种类型的优化、搜索与学习等问题,又利于建立各种类型的软件环境。③灵活性,即易于形成各种并行计算系统(包括分布式系统、并行机系统,以及人工神经网络系统等)的自适应与自组织算法。上述特点使得 EC 有可能成为并行计算和并行仿真的主要手段。

7.1.5　机器学习方法

　　机器学习(Machine Learning,ML)是一门涉及概率论、统计学、逼近论、凸分析、算法复杂度理论等多领域的交叉学科。研究计算机怎样模拟或实现人类的学习行为,以获取新的知识或技能,重新组织已有的知识结构,使之不断改善自身的性能。机器学习是人工智能的核心,是使计算机具有智能的根本途径,应用遍及人工智能的各个领域。

　　机器学习有下面几种定义:"机器学习是一门人工智能的科学,该领域的主要研究对象是人工智能,特别是如何在经验学习中改善具体算法的性能。""机器学习是对能通过经验自动改进的计算机算法的研究。""机器学习是用数据或以往的经验，以此优化计算机程序的性能标准。"一种经常引用的英文定义是：A computer program is said to learn from experience E with respect to some class of tasks T and performance measure P，if its performance at tasks in T，as measured by P，improves with experience E。

机器学习已经有了十分广泛的应用，如数据挖掘、计算机视觉、自然语言处理、生物特征识别、搜索引擎、医学诊断、检测信用卡欺诈、证券市场分析、DNA 序列测序、语音和手写识别、战略游戏和机器人运用等。

1. 机器学习的方式

机器学习算法的输入一般被称为训练数据。根据训练数据的不同，机器学习的方式可以分成监督学习、无监督学习、半监督学习和强化学习 4 类。

1）监督学习

监督学习（supervised learning）从有标记的训练数据中推导出预测函数。有标记的训练数据是指每个训练实例都包括输入和期望的输出，主要应用于分类和预测（regression and classify）。监督学习从给定的训练数据集中学习出一个函数，当新的数据到来时，可以根据这个函数预测结果。监督学习的训练集要求是包括输入和输出，也可以说是特征和目标。训练集中的目标由人标注，标注为连续数值的问题（如温度问题）被称为回归，标注为离散值的问题（如图像类别）被称为分类。常见的监督学习算法包括回归分析和统计分类等。

2）无监督学习

无监督学习（unsupervised learning）的目的在于从样本数据中得到样本的内在结构或者特征之间的关联。如果目的是发现相似的样本，则称此类问题为聚类（clustering）；如果希望分析样本在数据空间中的分布，这样的问题就被称为密度估计（density estimation）；如果旨在寻找一个更简洁的数据表达，这样的问题被称为数据降维（dimensionality reduction）；如果我们对发现特征之间的关联有兴趣，这就变成数据挖掘领域著名的关联规则挖掘（association rule mining）了。

3）半监督学习

半监督学习介于监督学习和无监督学习之间，其输入数据中只有一部分存在标注。之前介绍的监督学习问题（如回归、分类等）和无监督学习问题（如聚类、降维等）都可以变成半监督的形式。

4）强化学习

强化学习（reinforcement learning）又称再励学习、评价学习，是从动物学习、参数扰动自适应控制等理论发展而来的，其基本原理是：如果 Agent 的某个行为策略导致环境正的奖赏（强化信号），那么 Agent 以后产生这个行为策略的趋势便会加强，Agent 的目标是在每个离散状态发现最优策略，以使期望的折扣奖赏和最大。强化学习在智能控制机器人及分析预测等领域有许多应用。

2. 机器学习的算法

将算法按照学习方式分类是一个不错的想法,这样可以让人们在建模和算法选择的时候考虑能根据输入数据选择最合适的算法来获得最好的结果。

1) 监督式学习

在监督式学习(图 7.8)下,输入数据被称为"训练数据",每组训练数据都有一个明确的标识或结果,如防垃圾邮件系统中的"垃圾邮件"和"非垃圾邮件",手写数字识别中的"1""2""3""4"等。在建立预测模型的时候,监督式学习建立一个学习过程,将预测结果与"训练数据"的实际结果进行比较,不断地调整预测模型,直到模型的预测结果达到一个预期的准确率。监督式学习的常见应用场景如分类问题和回归问题。常见的算法有逻辑回归(logistic regression)和反向传递神经网络(back propagation neural network)。

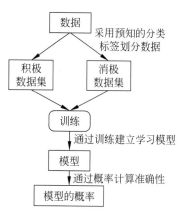

图 7.8　监督式学习

分类是数据挖掘的一种非常重要的方法。分类是在已有数据的基础上学会一个分类函数或构造出一个分类模型(即通常说的分类器)。该函数或模型能够把数据库中的数据记录映射到给定类别中的某一个,从而可以应用于数据预测。总之,分类器是数据挖掘中对样本进行分类的方法的统称,包含决策树、逻辑回归、朴素贝叶斯、神经网络等算法。

回归分析(regression analysis)是确定两种或两种以上变量间相互依赖的定量关系的一种统计分析方法,运用十分广泛。回归分析按照涉及的变量的多少,分为一元回归分析和多元回归分析;在线性回归中,按照因变量的多少,可分为简单回归分析和多重回归分析;按照自变量和因变量之间的关系类型,可分为线性回归分析和非线性回归分析。如果在回归分析中只包括一个自变量和一个因变量,且二者的关系可用一条直线近似表示,则这种回归分析称为一元线性回归分析。如果回归分析中包括两个或两个以上的自变量,且因变量和自变量之间是线性关系,则这种回归分析称为多元线性回归分析。

回归分析是应用极其广泛的数据分析方法之一。它基于观测数据建立变量间适当的依赖关系,以分析数据内在规律,并可用于预报、控制等问题。

2) 非监督式学习

非监督式学习(图 7.9)的数据并不被特别标识,学习模型是为了推断出数据的一些内在结构。常用的场景包括关联规则的学习以及聚类等,常见的算法包括 Apriori 算法以及 k-Means 算法。

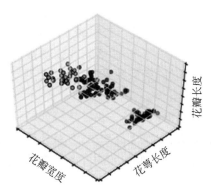

图 7.9　非监督式学习

关联规则最初提出的动机是针对购物篮分析（market basket analysis）问题提出的。假设分店经理想更多地了解顾客的购物习惯，特别是想知道哪些商品顾客可能会在一次购物时同时购买？为回答该问题，可以对商店的顾客购物零售数量进行购物篮分析。该过程通过发现顾客放入"购物篮"中的不同商品之间的关联，分析顾客的购物习惯。这种关联的发现可以帮助零售商了解哪些商品频繁地被顾客同时购买，从而帮助他们开发更好的营销策略。

1993 年，Agrawal 等人首先提出关联规则概念，同时给出了相应的挖掘算法，但是性能较差。1994 年，他们建立了项目集格空间理论，并依据上述两个定理提出著名的Apriori 算法，至今 Apriori 仍然作为关联规则挖掘的经典算法被广泛讨论，以后诸多的研究人员对关联规则的挖掘问题进行了大量的研究。

关联规则挖掘过程主要包含两个阶段：第一阶段，必须先从资料集合中找出所有的高频项目组（frequent itemset）；第二阶段，再从这些高频项目组中产生关联规则（association rules）。

关联规则挖掘的第一阶段必须从原始资料集合中找出所有高频项目组（large itemsets）。高频的意思是指某一项目组出现的频率相对于所有记录而言，必须达到某一水平。一项目组出现的频率称为支持度（support），下面以一个包含 A 与 B 两个项目的 2-itemset 为例，我们可以求得包含{A,B}项目组的支持度，若支持度大于等于所设定的最小支持度（minimum support）门槛值时，则{A,B}称为高频项目组。一个满足最小支持度的 k-itemset 称为高频 k-项目组（frequent k-itemset），一般表示为 Large k 或 Frequent k。算法从 Large k 的项目组中再产生 Large k+1，直到无法再找到更长的高频项目组为止。

关联规则挖掘的第二阶段是要产生关联规则。从高频项目组产生关联规则，是利用前一步骤的高频 k-项目组来产生规则，在最小信赖度（minimum confidence）的条件门槛下，若一规则求得的信赖度满足最小信赖度，则称此规则为关联规则。例如，经高频 k-项目组{A,B}产生的规则 AB，计算其信赖度，若信赖度大于等于最小信赖度，则称 AB 为关联规则。

聚类分析（cluster analysis）是指将物理或抽象对象的集合分组为由类似的对象组成的多个类的分析过程，其目标是在相似的基础上收集数据来分类。聚类源于数学、统计学、计算机科学、生物学和经济学等多个学科。在不同的应用领域，很多聚类技术都得到了发展，这些技术方法被用作描述数据，衡量不同数据源间的相似性，以及把数据源分类到不同的簇中。

从统计学的观点看，聚类分析是通过数据建模简化数据的一种方法。传统的统计聚类分析方法包括系统聚类法、分解法、加入法、动态聚类法、有序样品聚类、有重叠聚类和模糊聚类等。采用 k-均值、k-中心点等算法的聚类分析工具已被加入到许多著名的统计分析软件包中，如 SPSS、SAS 等。

从机器学习的角度讲，簇相当于隐藏模式。聚类是搜索簇的无监督学习过程。与分类不同,无监督学习不依赖预先定义的类或带类标记的训练实例,需要由聚类学习算法自动确定标记,而分类学习的实例或数据对象有类别标记。聚类是观察式学习,不是示例式学习。

聚类分析是一种探索性的分析,在分类的过程中,人们不必事先给出一个分类的标准,聚类分析能够从样本数据出发,自动进行分类。聚类分析使用不同的方法,常常会得到不同的结论。不同研究者对同一组数据进行聚类分析,得到的聚类数未必一致。

3）半监督式学习

在半监督式学习(图 7.10)方式下,输入数据部分被标识,部分没有被标识,这种学习模型可用来进行预测,但是模型首先需要学习数据的内在结构,以便合理地组织数据进行预测。应用场景包括分类和回归,算法包括一些对常用监督式学习算法的延伸,这些算法首先试图对未标识数据进行建模,在此基础上再对标识的数据进行预测,如图论推理算法(graph inference)或拉普拉斯支持向量机(Laplacian SVM)等。

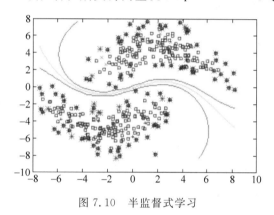

图 7.10　半监督式学习

4）强化学习

在强化学习(图 7.11)模式下,输入数据作为对模型的反馈,不像监督模型那样,输入数据仅仅是作为一个检查模型对错的方式。在强化学习下,输入数据直接反馈到模型,模型必须对此立刻做出调整。常见的应用场景包括动态系统以及机器人控制等。常见的算法包括 Q-Learning 以及时间差学习(temporal difference learning)等。

图 7.11　强化学习

在企业数据应用的场景下，最常用的就是监督式学习和非监督式学习的模型。在图像识别等领域，存在大量的非标识数据和少量的可标识数据。目前，半监督式学习是一个很热的话题，强化学习更多应用在机器人控制及其他需要进行系统控制的领域。

3. 机器学习的算法分类

根据算法的功能和形式的类似性，可以把算法分类，如基于树的算法、基于神经网络的算法等。当然，机器学习的范围非常庞大，有些算法很难明确归类到某一类。而对于有些分类来说，同一分类的算法可以针对不同类型的问题。这里，尽量把常用的算法按照最容易理解的方式进行分类。

1）回归算法

回归算法是试图采用对误差的衡量来探索变量之间的关系的一类算法。回归算法是统计机器学习的利器。在机器学习领域，人们说起回归，有时候是指一类问题，有时候是指一类算法，这一点常常会使初学者有所困惑。常见的回归算法（图 7.12）包括：最小二乘法（ordinary least square）、逻辑回归（logistic regression）、逐步式回归（stepwise regression）、多元自适应回归样条（multivariate adaptive regression splines），以及本地散点平滑估计（locally estimated scatterplot smoothing）。

2）基于实例的算法

基于实例的算法（图 7.13）常常用来对决策问题建立模型，这样的模型常常先选取一批样本数据，然后根据某些近似性把新数据与样本数据进行比较。通过这种方式来寻找最佳的匹配。因此，基于实例的算法常常也被称为"赢家通吃"学习或者"基于记忆的学习"。常见的算法包括 k-近邻法（K-Nearest Neighbor，KNN）、学习矢量量化（Learning Vector Quantization，LVQ）、自组织映射算法（Self-Organizing Map，SOM）等。

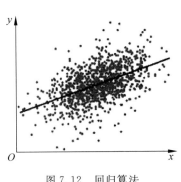

图 7.12　回归算法

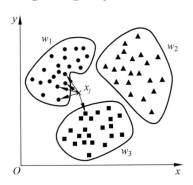

图 7.13　基于实例的算法

3）正则化方法

正则化方法（图 7.14）是其他算法（如回归算法）的延伸，根据算法的复杂度对算法进行调整。正则化方法通常对简单模型予以奖励，而对复杂算法予以惩罚。常见的算法包括：岭回归（ridge regression）、最小绝对收缩和选择算子（Least Absolute Shrinkage and Selection Operator，LASSO）、弹性网络（elastic net）等。

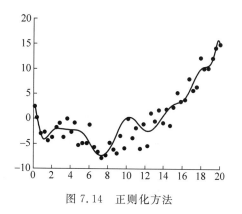

图 7.14　正则化方法

4）决策树学习

决策树学习算法（图 7.15）根据数据的属性采用树状结构建立决策模型。决策树模型常常用来解决分类和回归问题。常见的算法包括：分类及回归树（Classification And Regression Tree，CART）、ID3（Iterative Dichotomiser 3）、C4.5、卡方自动侦察法（Chi-squared Automatic Interaction Detection，CHAID）、单层决策树（decision stump）、随机森林（random forest）、多元自适应回归样条（MARS）以及梯度推进机（Gradient Boosting Machine，GBM）等。

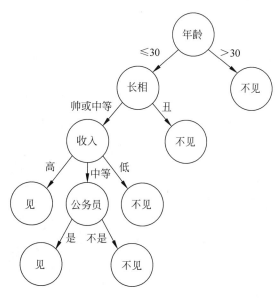

图 7.15　决策树学习算法

5）贝叶斯方法

贝叶斯方法（图 7.16）算法是基于贝叶斯定理的一类算法，主要用来解决分类和回归问题。常见的算法包括：朴素贝叶斯算法、平均单依赖估计（Averaged One-Dependence Estimators，AODE），以及贝叶斯置信网络（Bayesian Belief Network，BBN）。

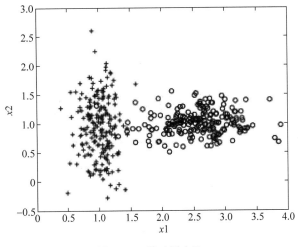

图 7.16　贝叶斯方法

6）基于核的算法

基于核的算法（图 7.17）把输入数据映射到一个高阶的向量空间，在这些高阶向量空间里，有些分类或者回归问题能够更容易地被解决。常见的基于核的算法包括：支持向量机（Support Vector Machine，SVM）、径向基函数（Radial Basis Function，RBF）和线性判别分析（Linear Discriminate Analysis，LDA）等。

7）聚类算法

聚类就像回归一样，有时候描述的是一类问题，有时候描述的是一类算法。聚类算法（图 7.18）通常按照中心点或者分层的方式对输入数据进行归并。所有的聚类算法都试图找到数据的内在结构，以便按照最大的共同点将数据进行归类。常见的聚类算法包括 k-Mean 算法以及期望最大化算法（Expectation Maximization，EM）。

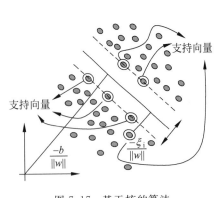

图 7.17　基于核的算法

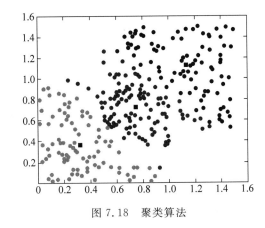

图 7.18　聚类算法

8）关联规则学习

关联规则学习算法（图 7.19）通过寻找最能够解释数据变量之间关系的规则，来找出大量多元数据集中有用的关联规则。常见的算法包括 Apriori 算法和 Eclat 算法等。

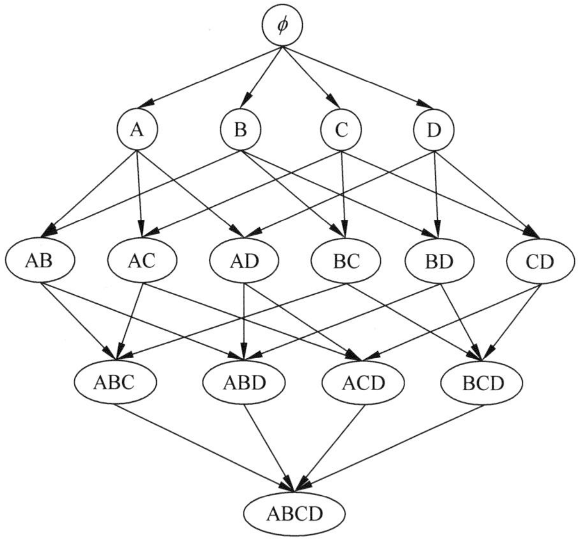

图 7.19　关联规则学习算法

9）多层人工神经网络

多层人工神经网络算法（图 7.20）模拟生物神经网络，是一类模式匹配算法，通常用于解决分类和回归问题。人工神经网络是机器学习的一个庞大的分支，有几百种不同的算法，深度学习也是其中的一类。重要的人工神经网络算法包括：感知器神经网络（perceptron neural network）、反向传递（back propagation）、Hopfield 网络、自组织映射（Self-Organizing Map，SOM）、学习矢量量化（Learning Vector Quantization，LVQ）等。

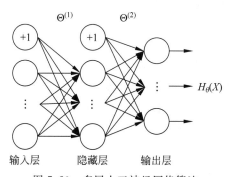

图 7.20　多层人工神经网络算法

10）深度学习

深度学习算法（图 7.21）是对人工神经网络的发展，近期赢得了很多关注。在计算能力变得日益廉价的今天，深度学习试图建立大得多、也复杂得多的神经网络。很多深度学习的算法是半监督式学习算法，用来处理存在少量未标识数据的大数据集。常见的深度学习算法包括：受限玻尔兹曼机（Restricted Boltzmann Machine，RBM）、深度置信网络(Deep Belief Networks,DBN)、卷积网络(convolutional network)、堆栈式自动编码器
(stacked auto-encoders)等。

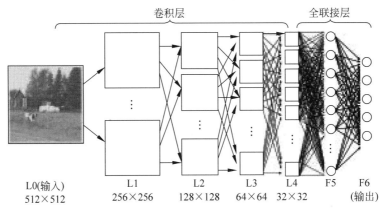

图 7.21　深度学习算法

11) 降低维度算法

像聚类算法一样,降低维度算法(图 7.22)试图分析数据的内在结构。不过,降低维
度算法是以非监督学习的方式试图利用较少的信息来归
纳或者解释数据。这类算法可以用于高维数据的可视化
或者用来简化数据,以便监督式学习使用。常见的算法包
括:主成分分析(Principle Component Analysis,PCA)、偏
最小二乘回归(Partial Least Square Regression,PLS)、
Sammon 映射、多维尺度(Multi-Dimensional Scaling,
MDS)、投影追踪(projection pursuit)等。

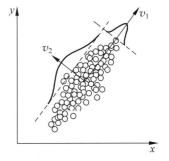

图 7.22　降低维度算法

12) 集成学习算法

集成学习是机器学习中一个非常重要且热门的分支,
是用多个弱分类器(Classifier)构成一个强分类器
(图 7.23)。一般的弱分类器可以由决策树、神经网络、贝叶斯分类器、k-近邻等构成,然
后把结果整合起来进行整体预测。集成算法的主要难点在于究竟集成哪些独立的、较弱
的学习模型,以及如何把学习结果整合起来。常用的算法包括 Boosting、Bootstrapped
Aggregation(Bagging)、AdaBoost、堆叠泛化(stacked generalization,Blending)、梯度推
进机(Gradient Boosting Machine,GBM)、随机森林(random forest)等。

4. 机器学习的发展趋势

John Platt 是微软的杰出科学家,也是 SVM(支持向量机)最快的加速 SMO(序列最
小优化)算法的提出者。John Platt 认为机器学习领域的三大发展趋势如下。

1) 深度学习和神经网络研究继续保持快速增长

深度学习是通过数据自动构建深度模型的过程,一般利用神经网络,通常都使用矩

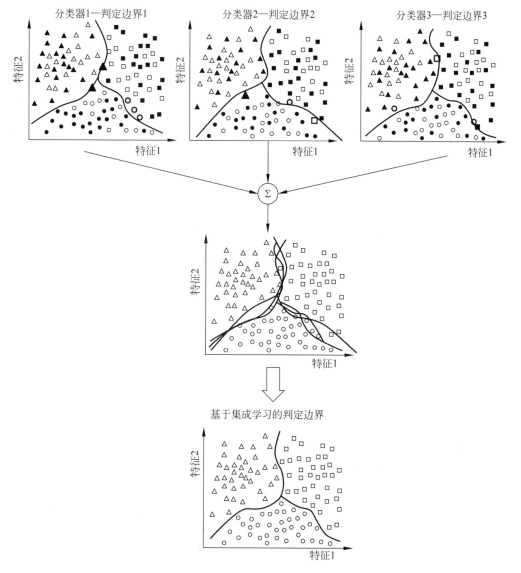

图 7.23　集成学习算法

阵乘法和非线性构建建立它们的功能模型来完成。自 2011 年以来,深度学习的发展速度变得十分迅速。例如,在图像识别方向,深度学习取得了里程碑式的进展,识别图像中物体的错误率以每年 40% 的比例下降。深度学习在图片方面的运用已不再仅限于图片分类,但是,目前机器学习面临的一大挑战是对强耦合输出的整体估计。例如,当翻译一句话时,你并不会一个词一个词地翻译,而是会从整体的句子结构出发。

2)大规模学习将变得更加可行

目前,机器学习(machine learning)已经被公认是处理和学习大数据最为有效的手段之一。将机器学习问题的求解归结为优化问题是当前机器学习界主流的做法。实际上,优化理论已经成为机器学习研究的核心内容之一，可以用经验风险最小化、最大似然、最大熵和最小描述长度等方法来表示，它是机器学习算法设计的根本依据。批处理（batch）方法是优化理论早期的算法形式，如梯度下降法、（拟）牛顿法和内点法等，其每一步迭代都要遍历所有的样本信息，甚至需要处理海森（Hesse）矩阵。如果处理规模小的数据，可以直接用经典的批处理优化方法对其求解，但是，如果面临的是大规模海量数据，整个求解过程就发生了重大转变。虽然这些年来计算机硬件也相应地快速发展，但仍跟不上数据集规模增大所带来的计算需求爆炸式增长的步伐。因此，在实际应用中，对大规模问题的学习算法的研究就是非常必要和迫切的。

大规模的训练（涉及各种模型）会持续成为一个很有趣的研究分支。大规模的训练就会变成大规模的最优化，虽然很多人都没有 1TB 以上的训练集，但是使用大规模的数据模型往往是非常有商业价值的。著名优化专家尤里涅斯捷罗夫（Yurii Nesterov）在一次演讲中谈到关于如何解决某些机器学习中参数的数量出现对数的优化问题。因此，当机器训练在多台计算机分别进行时，要尽量减少在计算机之间的通信量是十分具有挑战性的一件事，这时，训练时间通常是由通信时间决定的。

3）对机器学习实践中限制因素的研究

在过去的几年里，对抗性训练（adversarial training）一直是让人饶有兴趣的研究主题。在对抗训练中，研究人员不会试图通过一个概率分布来为这个世界建模，而是扮演一个试图让算法表现不佳的反方。这样，研究人员便可以通过最佳状态的反方的数据训练来衡量自己的模型。此外，德鲁·巴格内尔（Drew Bagnell）在强化学习研讨会（reinforcement learning workshops）的演讲中提到要学会在现实世界中的控制策略，对抗性学习是必需的（因为你应该把自己的错误决定如同反方因素来对待）。

7.1.6　新一代人工智能技术

人工智能发展进入新阶段。经过 70 多年的演进，特别是在移动互联网、大数据、超级计算、传感网、脑科学等新理论、新技术以及经济社会发展强烈需求的共同驱动下，人工智能加速发展，呈现出深度学习、跨界融合、人机协同、群智开放、自主操控等新特征。大数据驱动知识学习、跨媒体协同处理、人机协同增强智能、群体集成智能、自主智能系统成为人工智能的发展重点，受脑科学研究成果启发的类脑智能蓄势待发，芯片化、硬件化、平台化趋势更加明显，人工智能发展进入新阶段。当前，新一代人工智能相关学科发展、理论建模、技术创新、软硬件升级等整体推进，正在引发链式突破，推动经济社会各领域从数字化、网络化向智能化加速跃升。

国务院于 2017 年 7 月 8 日印发了《新一代人工智能发展规划》，战略目标分三步。

（1）到 2020 年人工智能总体技术和应用与世界先进水平同步，人工智能产业成为新的重要经济增长点，人工智能技术应用成为改善民生的新途径，有力支撑进入创新型国家行列和实现全面建成小康社会的奋斗目标。

· 新一代人工智能理论和技术取得重要进展。大数据智能、跨媒体智能、群体智能、混合增强智能、自主智能系统等基础理论和核心技术实现重要进展,人工智能模型方法、核心器件、高端设备和基础软件等方面取得标志性成果。

- 人工智能产业竞争力进入国际第一方阵。初步建成人工智能技术标准、服务体系和产业生态链,培育若干全球领先的人工智能骨干企业,人工智能核心产业规模超过 1500 亿元,带动相关产业规模超过 1 万亿元。
- 人工智能发展环境进一步优化,在重点领域全面展开创新应用,聚集起一批高水平的人才队伍和创新团队,部分领域的人工智能伦理规范和政策法规初步建立。

(2) 到 2025 年人工智能基础理论实现重大突破,部分技术与应用达到世界领先水平,人工智能成为带动我国产业升级和经济转型的主要动力,智能社会建设取得积极进展。

- 新一代人工智能理论与技术体系初步建立,具有自主学习能力的人工智能取得突破,在多领域取得引领性研究成果。
- 人工智能产业进入全球价值链高端。新一代人工智能在智能制造、智能医疗、智慧城市、智能农业、国防建设等领域得到广泛应用,人工智能核心产业规模超过 4000 亿元,带动相关产业规模超过 5 万亿元。
- 初步建立人工智能法律法规、伦理规范和政策体系,形成人工智能安全评估和管控能力。

(3) 到 2030 年人工智能理论、技术与应用总体达到世界领先水平,成为世界主要人工智能创新中心,智能经济、智能社会取得明显成效,为跻身创新型国家前列和经济强国奠定了重要基础。

- 形成较为成熟的新一代人工智能理论与技术体系。在类脑智能、自主智能、混合智能和群体智能等领域取得重大突破,在国际人工智能研究领域具有重要影响,占据人工智能科技制高点。
- 人工智能产业竞争力达到国际领先水平。人工智能在生产生活、社会治理、国防建设各方面应用的广度、深度极大拓展,形成涵盖核心技术、关键系统、支撑平台和智能应用的完备产业链和高端产业群,人工智能核心产业规模超过 1 万亿元,带动相关产业规模超过 10 万亿元。
- 形成一批全球领先的人工智能科技创新和人才培养基地,建成更加完善的人工智能法律法规、伦理规范和政策体系。

7.2　制造系统中的信息技术

7.2.1　产品数据管理技术

随着计算机技术和信息技术在制造业的应用,产品信息、设计信息和设计工作的管理与产品开发的自动化之间出现了矛盾。许多企业发现他们正被大量的数据所包围,各个自动化孤岛之间的信息不能充分共享,经常出现数据文件传递的滞后、信息一致性无法保证、文件检索和管理困难等问题。

企业强烈需要一种有效的管理系统来对全企业范围内的产品数据进行有效管理。为了解决产品开发过程中的工程图样、技术文档等管理问题,文档管理系统首先得到了开发和应用,文档管理系统解决了 CAD 文件由计算机管理的问题。随着 CAx 技术的发展以及并行产品开发的需求,产品数据管理(PDM)技术的应用逐渐扩展到产品开发过程中的三个领域:工程图样和电子文档的管理,材料明细表(BOM)和设计过程的管理,面向产品设计、生产管理、产品制造的集成平台。

1. PDM 概述

1) PDM 的概念

到目前为止,PDM 尚无一个确切而又完整的定义。通常认为,PDM 是一门管理所有与产品相关的信息和所有与产品相关的过程的技术。与产品有关的信息包括:CAD/CAE/CAM 文件、材料清单、产品配置、事务文件、产品订单、电子表格、生产成本、供应商状况等;与产品有关的过程包括设计的组织者、设计人员、加工工序、加工路线、权限的审批与分配、安全、工作标准和方法、工作流程、机构关系等。

PDM 以软件为基础,在逻辑上将各个 CAx 信息化孤岛集成起来,利用计算机系统控制整个产品的开发设计过程,通过逐步建立虚拟的产品模型,最终形成完整的产品描述、生产过程描述以及生产过程控制数据。PDM 明确定位为面向制造业,以产品为管理的核心,以数据、过程、资源为管理信息的三大要素。

2) PDM 的特点

PDM 进行信息管理的两条主线是静态的产品结构和动态的产品设计流程,基本上所有信息组织和资源管理都是围绕产品设计展开的,这也是 PDM 系统有别于其他信息管理系统的关键所在。尽管 PDM 在技术实施和功能上存在一些差异,但是目前的商用 PDM 系统在组织方式上大体一致,具有如下特点:①PDM 继承发展了 CIM 等技术的核心思想,在系统工程思想的指导下,用整体优化的观念对产品设计数据和设计过程进行描述,规范产品生命周期,保持产品数据的一致性和可跟踪性;②PDM 采用面向对象的开放式体系结构,提供系统功能扩展和标准接口;③采用客户/服务器(C/S)结构,为多用户协同工作提供了一个方便灵活的运行方式;④支持多种数据存储,如分布式数据存储、元数据存储等;⑤有与之无缝集成的某种 CAD/CAM 软件;⑥支持多种硬件平台、多种操作系统以及多种通信协议;⑦PDM 已经逐渐成为支持业务过程重组(BPR)、实施并行工程(CE)、CIMS 工程和 ISO 质量认证等系统工程的使能技术。

2. PDM 的体系结构

根据 PDM 系统的功能,PDM 系统的体系结构可以分为三层(图 7.24)。

第一层是网络层。该层相当于物理层,由计算机、操作系统、通信网络、异构分布式数据库及数据库接口等组成。目前流行的通用商业化的关系型数据库是 PDM 系统的支持平台。关系型数据库提供了数据管理的最基本的功能。由于商用关系型数据库侧重管理事务性数据,不能满足产品数据动态变化的管理要求,因此,在 PDM 系统中通常采用若干个二维关系表格来描述产品数据的动态变化。PDM 系统将其管理的动态变化数据的功能转换成几个,甚至几百个二维关系型表格,满足面向产品对象管理的要求。

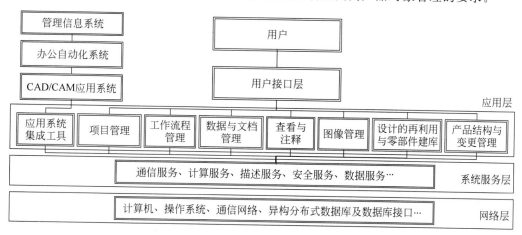

图 7.24　PDM 系统的体系结构

第二层是系统服务层。该层相当于逻辑层,由通信服务、计算服务、描述服务、安全服务、数据服务等功能模块组成。通过一致的接口提供一种与实际地点无关的方式访问分布式网络层的功能,还提供访问存储在不同物理设备上的数据的功能,以及描述整个系统的产品信息的管理数据的公共视图。

第三层是应用层。根据 PDM 系统的管理目标,在应用层建立相应的功能模块。一类是基本功能模块,包括项目管理、工作流管理、数据与文档管理、图像管理、设计的再利用与零部件管理、产品结构与变更管理、查看与注释等;另一类是系统管理模块,包括系统管理和工作环境。系统管理主要是针对系统管理员如何维护系统、确保数据安全与正常运行的功能模块。工作环境主要保证各类不同的用户能够正常地、安全地、可靠地使用 PDM 系统,既要方便、快捷,又要安全、可靠。

3. PDM 的主要功能

目前存在的典型 PDM 系统的功能有强有弱,侧重点和适用面各不相同。但总体上看,PDM 必须提供五大功能,即数据和文档管理(data and document management)、过程和工作流管理(process or workflow management)、产品结构与配置管理(product structure and configuration management)、设计检索与零部件分类库管理(design retrieval/component libraries management)和项目管理(project management)。

1) 数据和文档管理

数据和文档管理是 PDM 提供的最早、也是最完善的功能。数据和文档管理模块管理的对象是各种文件或文档、产品数据以及相应的属性和版本方面的信息。

该模块的基本功能包括：①产品数据对象、有关文件的检入/检出（Checkin/Checkout）和引用；②分布式文件管理/分布式数据库管理，包括远程登录管理、互联的电子仓库管理以及具有元数据和物理文件功能的虚拟电子仓库的管理；③安全保密功能，包括限制用户权限、防止合法用户误操作等；④动态浏览和导航机制；⑤属性管理，包括数据相关属性的创建、删除、修改和查询机制；⑥数据和文档的版本管理。

2）过程和工作流程管理

过程和工作流程管理主要实现产品的设计与修改过程的跟踪与控制。它主要管理当一个用户对数据进行操作时会发生什么、人与人之间的数据流动以及在一个项目的生命周期内跟踪所有事务和数据的活动。这一模块为产品开发过程的自动管理提供了保证，并支持企业产品开发过程的重组，以获得最大的经济效益。

该模块的主要功能包括：①面向任务的工作流管理；②图示化的工作流程的定义和修改编辑器；③工作流程的异常处理和过程重组；④具有触发、警告和提醒机制；⑤提供与电子邮件的应用接口。

3）产品结构与配置管理

产品结构与配置管理允许用户定义所有与产品相关的数据，建立数据与数据之间的关联，提供建立和编辑产品结构树的基本功能，还能控制相关数据的更改，从而保证了产品数据的一致性和完整性。在产品生命周期的不同阶段，通过产品的结构配置，可以提供不同的产品结构视图。通常有三种产品结构配置功能，即产品版本配置（revision configuration）、时效配置（effectivity configuration）和变种配置（variant configuration）。

产品配置管理（product configuration management）以电子资料室为底层支持，以材料清单 BOM 为其组织核心，把定义最终产品的所有工程数据和文档联系起来，对产品对象及其相互之间的联系进行维护和管理。产品配置管理能够建立完善的 BOM 表，并实现其版本控制，高效、灵活地检索与查询最新的产品数据，实现产品数据的安全性和完整性控制。此外，产品配置管理能够使企业的各个部门在产品的整个生命周期内共享统一的产品配置，并且对应不同阶段的产品定义，生成相应的产品结构视图。

该模块的主要功能包括：①BOM 表的创建、自动生成和编辑；②产品结构的图示化浏览和查询；③产品结构的多视图建模和管理；④支持产品数据的版本管理；⑤基于规则的配置管理；⑥提供与 MRP、MRP-Ⅱ、ERP 等系统的集成接口。

4）设计检索与零部件分类库管理

利用对现有设计进行革新创造出更好的产品是企业发展的一个重要方面。PDM 的设计检索和零件库管理就是最大限度地利用现有设计资源，为新产品开发提供支持。

该模块的主要功能包括：①按照购买信息、工程信息、库存信息等不同规则组织零部件的分类结构；②支持现有的各种零部件标准；③支持新标准定义功能，由于应用企业往往存在自己的特殊分类标准，因此必须提供用户自定义新标准的功能；④零部件图示化查询功能；⑤支持对各种技术文档的分类，文档包括二维图纸、三维模型、工程分析文件以及各种技术规格说明等。

5）项目管理

项目管理涉及项目任务的指派、项目分解期限的指派、项目资源的分配、人员组织结构、人员角色分配、用户信息库、瓶颈分析、触发提醒等内容。一个功能很强的项目管理器能够为管理者提供每时每刻项目和活动的状态信息,通过 PDM 与流行的项目管理软件包接口,还可以获得资源的规划和重要路径报告能力。到目前为止,项目管理在 PDM 系统中考虑的还不多,许多 PDM 系统只能提供工作流程活动的状态信息与过程监控。

该模块的主要功能包括:①项目的创建、删除和属性修改;②项目参与人员的机构组织定义及角色指派;③项目基本信息及进展情况的浏览;④项目所需资源的规划与管理;⑤项目有关工作活动的审查、审计项目进度管理与进度报告。

PDM 除了提供上述五大类功能外,通常还包括四类系统化功能,分别是:分布式通信功能(提供系统与 Internet/Intranet 的接口、支持网络数据的 Web 浏览、支持电子协作、电子邮件功能)、数据转换功能(支持 IGES(初始化图形交换规范)、STEP(产品模型数据交换标准)、SGML(标准通用标记语言)、XML、HTML 等国际标准或主流工业标准)、图形服务功能(浏览常见格式的图像文件、图像的缩放与平移、不同格式图形数据之间的相互转换、多种圈阅和标注实体的创建与删除、标注实体的属性管理、标注文件的存储和打印等)和系统集成功能(提供 API 函数、提供外部应用程序定制工具、提供与第三方系统的集成接口等)。

4. PDM 的应用

1）需求分析

常见的 PDM 软件从功能上可以分为三类:一类是以文档的管理和数据管理为重点,主要用于文档管理;另一类以设计过程管理及产品数据管理为重点,主要面向设计过程;第三类是面向软硬件的集成平台,主要解决企业级的信息集成和过程集成。PDM 软件的选择应从企业的实际需要出发,重点考虑企业的现状、企业对 PDM 系统功能的需求、对 PDM 系统信息的需求以及对 PDM 系统性能的需求。

当前,大多数企业的现状是设计图纸和文档管理混乱、缺少协同设计环境、缺少适合企业需要的项目管理软件,以及缺乏适合企业需要的信息分类编码。企业引入 PDM 正是为了解决上述问题,规范和强化企业技术信息的管理。

企业对 PDM 系统功能的需求通常需要考虑产品信息库、标准件管理、图档管理、工作流管理、网络环境支持,以及人员管理等几个方面。企业对 PDM 系统信息的需求主要考虑三个方面:信息共享需求、信息分布式管理需求以及外部信息接口要求。企业对 PDM 系统性能的需求主要考虑系统的实用性、一致性、可靠性、安全性、可扩展性、易维护性等几个方面。

图 7.25 是一个具体企业在 PDM 需求分析的基础上给出的 PDM 系统总体功能体系结构实例。在总体功能体系结构的指导下,再分步骤、有层次地完成系统管理、图纸和文

档管理、产品结构管理、零件族管理、工作流管理等各子系统的设计。

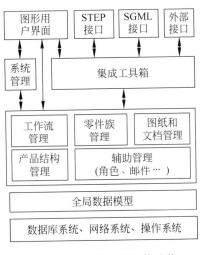

图 7.25　PDM 系统总体功能体系结构实例

2）PDM 的实施原则

实施 PDM 是一项涉及面广、技术难度大、开发周期较长、投资强度大、关系企业长远发展的大型系统工程项目。因此，在 PDM 实施的整个过程中，必须针对企业目前存在的问题以及财力和技术现状，围绕企业的发展规划和远景目标来组织实施。一般来说，PDM 的实施分为实现文档管理、实现产品设计过程的管理和实现企业级的管理三个层次。在上述实施过程中，应遵循下列原则：①注意系统的实用性、可行性和先进性相结合的原则。PDM 的开发和实施必须坚持效益驱动，讲究实用，尽量采用先进、成熟的技术；②强调系统的开放性和适用性。PDM 系统是一种典型的开放式系统，因此，系统应能适应环境的不断变化和技术的不断发展，便于突出重点、分步实施、阶段见效；③强调系统的可靠性和安全性。系统的崩溃以及重要数据的丢失都将给企业造成巨大的损失；④注意采用有效的系统集成方式。PDM 系统的核心是集成，包括信息集成、软件集成和系统集成。因此，建议采用成熟的集成技术，以求快速见效；⑤遵循有限目标、分期实施、逐步发展的原则。

3）PDM 实施的技术难点及解决方案

PDM 实施的技术难点主要集中在两个方面：一是产品信息集成与数据交换。当前，随着企业规模的扩大、产品种类的增多，企业内使用的各种软件的数量也日趋增加，导致信息数据结构类型增多，必然存在大量的数据信息的交换，随之出现信息的共享与反馈问题、异构的系统环境信息集成问题，以及信息的访问与检索问题。利用 STEP 技术，可以有效解决这些问题。然而，尽管 STEP 标准的推出为实现紧密集成创造了条件，但是鉴于 STEP 标准的复杂性和不完整性，通过 STEP 标准实现信息的紧密集成还需要一段时间。

二是系统接口。与外部系统的接口设计是系统接口的难点。目前，企业与企业之外的系统接口主要是 STEP 和 SGML/XML 标准接口。系统与企业其他分系统之间的接口主要涉及 BOM 表。为实现与其他应用系统的集成，增强系统的开放性，可以考虑按照 STEP 标准 BOM 提供 STEP 中性文件方式和数据库共享方式两种数据通信机制。STEP 中性文件方式是指 BOM 文件参照与其相对应的完整 BOM 结构树由 STEP 标准实现；数据库共享方式是指系统通过提交和发放处理过程，将产品相关数据和文档信息存入公共数据库。这样，其他应用系统就可以访问到公共数据库中的统一产品的 BOM 数据，从而实现在数据库一级上的高度集成。

5. PDM 的发展趋势

第一代商品化 PDM 产品大多数是 CAD 供应商开发的,是管理 CAD 文件的一个管理系统,主要功能是数据审批/发放管理和工程变更管理两类。它们只能与特定的 CAD系统无缝集成,并不属于通用的 PDM 产品。近年来,PDM 不断发展,具体表现在:①PDM 产品市场在迅速扩大;②实施 PDM 的国家和地区不断增多;③供应商队伍庞大;④PDM 的应用范围在不断扩大;⑤PDM 系统朝着企业全局信息集成的方向发展。

PDM 采用了计算机技术和信息技术的最新成果,随着新技术的发展,PDM 也将快速发展,其功能也将更加强大。PDM 的发展趋势主要体现在:

1) 引入 Web 技术

Internet 和基于 Web 的技术为全球化电子信息的共享提供了基础。建立在 Internet上的 PDM 系统被认为是分布式产品数据管理的自然扩展,Web 浏览器也将成为各种分布式应用系统的通用用户接口。在 PDM 系统中引入 Web 技术具有用户接口友好、适用性强、供应链的有效链接、分散企业的有效联合以及使虚拟公司成为可能等优点。

2) 传送安全性

将文档译成密码,通过密码线传送,或在 Web 浏览器上使用安全/保险标志,以限制各种方式的随意访问。

3) 采用面向对象数据库技术

由于 PDM 要有良好的开放性和结构体系,所以采用面向对象数据库技术已经成为PDM 发展的必由之路。面向对象数据库技术作为 PDM 的底层支持,可以使 PDM 系统与其他系统的集成更具有开放性。

4) 配置管理

配置管理(configuration management)将是下一代 PDM 产品的核心组成部分,它能更好地保证产品数据的完整性、合法性和有效性,更好地支持数据存取与变更管理、工作流管理和过程重构。

5) 与 ERP 的集成

PDM 与 ERP 在功能上存在部分重叠。PDM 是在工程数据管理的需求驱动下发展起来的,而 ERP 主要服务于生产制造和生产活动的管理。两者管理的对象都是产品的设计和生产,所以随着技术的进步,PDM 与 ERP 走在一起是完全有可能的。PDM 与ERP 相互靠拢、相互渗透是发展的总趋势。

7.2.2　制造网络技术

随着信息技术和网络技术的飞速发展,网络化制造作为一种现代制造新模式,正日益成为制造业研究和实践的一个热门领域。制造系统的功能强调"用户及用户需求"的概念,从而使企业信息集成的概念从企业内部集成扩展到制造业企业内外两个范围,网络系统方案从基于主机计算转向基于网络计算的体系结构。网络化制造模式的研究将是今后时期制造业面临的最紧迫的任务之一。

1．制造网络技术概述

利用互联网、企业内部网构建敏捷制造网络集成平台,可建立有关企业和高校、研究所、研究中心等结合成一体的敏捷制造网络体系,实现基于网络的信息资源共享和设计制造过程的集成;建立以网络为基础的,面向广大中小型企业的先进制造技术虚拟服务中心和培训中心,建立网络化制造工程,具体内容包括基于 Intranet 的制造环境内部网络化和基于 Internet 制造业与外界联系的网络化(图 7.26)。

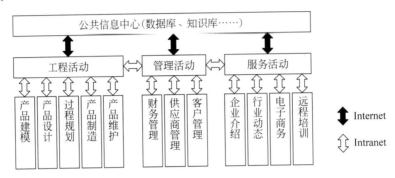

图 7.26　网络化制造信息结构

基于 Intranet 的制造环境内部的网络化,实现企业中工程设计、管理信息系统、服务系统等制造过程各子系统的集成,完成企业内部网的建设,深化应用 CAD/CAM 技术,提高企业在计算机网络支持的新型制造模式下的管理水平。企业信息不仅数据量大、数据类型和结构复杂,而且数据间存在复杂的语义联系,数据载体也是多介质的;同时,不同类型与型号的计算机硬件系统、OS、DBMS,关系型、网状、层次型等形成了一个异构的分布环境。随着计算机网络等技术的日臻成熟,Web 环境下的分布式计算环境(DCE)可为企业 CIMS 环境提供网络系统方案,建立一种适于各类异构环境的 Intranet 网络实施方案。

通过 Internet 网实现企业与外界的联系,主要内容包括:

1) 供应链实现

将生产商、供应商、销售商等在一条链路上的所有环节都联系起来并进行优化,使生产资料以最快的速度,通过生产、分销环节变成增值的产品,送到消费者手中。这不仅降低了成本、减少了库存,而且使资源得到优化配置。

2) 公共数据中心

公共数据中心就是利用现代化手段使信息和知识为尽可能多的需求者服务,实现企业间的资源共享、组合和优化利用。资源包括企业富余的生产能力、特种制造手段、CAD/CAE/CAM 软件、标准件、通用件、图库、各种人才信息、技术信息和产品信息等。

3) 远程服务

远程服务是在资源的需求者和提供者之间架设起信息桥梁。远程服务对于缩短产品开发周期,提高产品开发一次成功率,增强企业自主开发能力有巨大的实用价值。建立远程服务系统,首先要有掌握某项先进制造技术和拥有必要设备资源的"服务中心",为了充分盘活社会资源,这个中心也可以是地域上分布在不同处的若干"站点"组成的"联盟"。

4)异地设计和制造

异地设计和制造可以不受地域限制,由多个异地的企业组成动态联盟,合作开发同一产品,从而保证企业抓住转瞬即逝的市场机遇,赢得竞争。异地设计和制造的关键问题在于分布式产品设计与制造的过程集成与管理,异构、跨平台的设计与制造工具。

2. 制造网络实现的关键技术

1)分布式网络通信技术

Internet、Intranet、Web 等网络技术的发展使异地的网络信息传输、数据访问成为可能,特别是 Web 技术的实现,可以提供一种支持低成本、用户界面友好的网络访问介质,解决制造过程中用户访问困难的问题。采用 Web 网络的可视化功能,通过 Web 发送,不断更新来自产品模型信息,多个远距离节点之间的产品模型可以共享图形控制功能。

2)网络数据的存取和交换技术

网络按集成分布框架体系存储数据信息,根据数据的地域分布,分别存储各地的数据备份信息,有关产品开发、设计、制造的集成信息存储在公共数据中心中,由数据中心协调统一管理,通过数据中心对各职能小组的授权实现对数据的存取。各职能小组中的产品设计、制造数据模型各不相同,数据交换标准将成为各职能小组交换信息的基础。

3)信息交换技术

敏捷制造中各动态联盟成员企业实施动态合作时,单个公司内部建立一个能在多种计算机软硬件平台下运行、支持多种数据模型的网络分布式信息系统,实现各种部门、企业间之间信息的无缝传递。现代集成制造项目包括生产计划管理、自动化制造系统技术信息管理、技术信息管理、工程数据库管理、办公自动化、决策支持、质量保证、库存管理等应用子系统。因此,各应用子系统之间的集成、数据信息交换是企业间成功实施动态联盟企业的关键技术基础。

4)协同工作技术

在一定的时间(如产品生命周期中的一个阶段)、一定的空间(如产品设计师和制造工程师并行解决问题这一集合形成的空间)内,利用计算机网络,小组成员共享知识与信息,避免潜在的不相容性引起的矛盾。同时,在并行产品开发过程中,多功能小组之间、多功能小组各专家之间由于各自的目的、背景和领域知识水平的差异,必将导致产生冲突。因此,需要通过协同工作,解决各方的矛盾和冲突,最终达到一致解。

5)工作流管理

工作流管理的主要特征是实现人与计算机交互时间结合过程中的自动化,主要内容包括:工作任务的整体处理过程、工作组成员间依据一组已定义的规则及已制定的共同目标所交换的文本文件、各种多媒体信息或任务。工作流管理系统是一个用于分布式环境中工作任务进程间的协调或协作式处理软件系统。

3. 制造网络的应用模式

1）制造系统的敏捷基础框架——AIMS

敏捷指导和管理解决方案（Agile Instruction and Management Solutions，AIMS）是美国国防部提出的第一个敏捷制造计划。AIMS 的目标是开发一个国家信息基础框架，并利用此框架提供各种制造服务，以实现敏捷制造。AIMS 利用通信技术建立一个由顾客、供应商和其他制造服务提供者组成的敏捷电子网络（AIMSNet）。

如图 7.27 所示，AIMSNet 是建立在 Internet 上的制造企业信息基础框架，它包含顾客、供应商和其他 AIMS 用户。为了避免重复开发已存在的硬件和软件，AIMSNet 广泛接纳和采用已成熟的技术和标准。AIMSNet 使用的技术元素包括：通信基础框架、智能代理以及基于中介体的服务和实用工具箱。

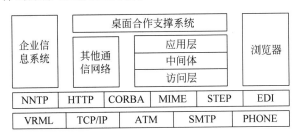

图 7.27　AIMSNet 结构

AIMSNet 向其用户提供了多种有助于虚拟企业的形成和运作的服务。这些服务包括预成员和预资格服务、供应商信息服务、资源和伙伴选择服务、合同与协议服务、虚拟企业运作支持、工作小组合作支持等。

2）计算机辅助制造网络——CAMnet

CAMnet 是由美国国防部高级研究计划署（ARPA）提供资助、通用电器公司研究与开发中心开发的。CAMnet 的目标是以计算机技术为基础，利用高速计算机网络把企业集成在一起。CAMnet 提供的服务建立在诸如 TCP/IP 和 HTTP 这样的标准数据通信协议，以及 HTML 浏览器的基础上，CAMnet 的软件结构由"框架""集成"和"相互作用"三部分组成（图 7.28）。

目前，CAMnet 利用 WWW 服务器开发出了传递分布式制造信息和服务的使能器，这些使能器包含在 WWW 服务工具箱内。利用这些使能器，CAMnet 提供了"塑料应用设计服务""环境制造服务""材料选择服务"和"供应商预资格服务"。

3）企业集成网络——EINet

EINet 是由 ARPA 提供资助、TradeWave 公司开发的一个先进的通信基础框架。它允许各种工业应用在网络内透明地相互连接，并提供增值的服务。这些服务包括目录服务、安全性服务和电子汇款服务。

目录服务模块也称为"Galaxy 目录服务"。Galaxy 最突出的特性是其强大的搜索能力。它提供了多种索引，帮助用户在感兴趣的领域快速定位所需的信息。Galaxy 提供

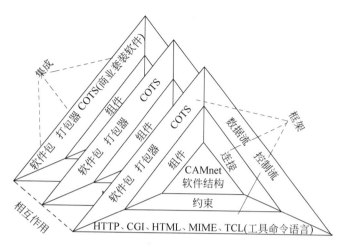

图 7.28　CAMnet 的软件结构

的搜索场所包括 WWW、Galaxy 本身、Gopher 和 Telenet。

　　EINet 的安全性服务和应用也称为"TradeSecret"。TradeSecret 是以 Internet 标准 GSSAPI 为基础,支持多种应用(如 WWW 和 FTP)与多种安全手段的集成。它把 Kerberos 和公共钥匙技术(如 RSA、DSA 和 DES)结合在一起,形成 GSSAPI 混合体。TradeSecret 除了提供"用户认证""访问限制"和"数据保护"等功能外,还支持"数字签字"的建立和识别。EINet 安全应用是由用于信息分布和管理的客户及服务器软件组成的。TradeKey 管理器是客户安全性组件。TradeServers 包括访问控制服务器(ACS)和信息服务器控制台。

　　4) 零件族网络——PartNet

　　PartNet 是由 ARPA 提供资助、Utah 大学和 PartNet 公司合作完成的项目,是一个在线零件目录和分布式组件信息系统。它建立在网络技术、面向对象的应用开发和分布式数据库的基础上,为内部或外部用户提供在线的桌面访问。

　　PartNet 开发了一个名为 e-Mall 的软件(图 7.29),它能够方便地建立电子路径,以支持来自不同销售商和供应商的产品。对客户来讲,这些产品信息好像来自一个资源场所,而实际上它们完全由半成品供应商和销售商控制在自己的数据库中。e-Mall 主要采用网络信息中间商(NIB)和虚拟数据库接口(VDI)两种技术。

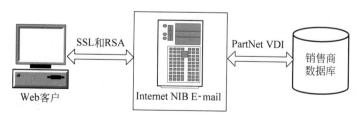

图 7.29　PartNet 工作原理

PartNet 是与 ODBC 兼容的 DBMS,能够同时处理几千种用户查询。对客户而言,PartNet 允许用户随时访问供应商的产品信息,为用户查询提供容易使用的目录表。PartNet 既可通过它自己提供的高速接口,也可通过浏览器访问,并为用户提供柔性的搜索方法。

4. 制造网络的发展趋势

基于网络的制造系统,将数据库服务器与各种各样的 Clients 和业务功能模块联接起来,可集成企业内部各级软硬件平台,实现不同载体数据间的无缝连接与集成策略,从而解决远程数据处理、远程资源调用和对远程设备的操作、控制、加工过程检测、网上信息交流、共享与服务等问题,未来的研究将面向全球制造的开放式系统及集成平台,开发协作式开放制造集成网络基础结构,研究基于 Internet 的数据库技术、设备重组和资源重用,以及能自动进行产品建模的逆工程集成等技术,用面向对象的方法研究基于万维网的产品建模、生产管理和并行控制的方法和技术。

未来的制造业将以智能制造系统网络技术为基础,建立起制造组织的动态联盟和制造系统中人机智能的柔性交互。这些将促使形成敏捷、全球制造体系。

7.2.3 产品数据交换技术

1. STEP 概述

产品模型数据交换标准(Standard for The Exchange of Product model data,STEP)是一套关于产品整个生命周期中产品数据的表达和交换的国际标准,目的是提供一种不依赖于具体系统的中性机制,能够描述生命周期中的产品数据,同时保证数据的完整性和一致性。

数字化产品数据必须包括足够的信息来表达产品的整个生命周期,从设计到分析、制造、质量控制测试、检测和产品支持功能。为做到这一点,STEP 必须涵盖几何、拓扑、公差、约束、属性、装配、尺寸和其他许多方面的内容。

STEP 之所以重要的关键原因在于:①STEP 是一个能拓展的标准。它建立于语言 EXPRESS 之上,能拓展到任何工业。一个能拓展的标准一旦发布,就不会过时;②EXPRESS 语言除描述数据结构外,还描述约束,而一致性准则将防止二义性;③STEP 是国际性的,由用户开发,而不是由供应商开发。用户驱动的标准是面向结果的,而厂家驱动的标准是面向技术的。因此,STEP 可用于产品数据的长期存档。

2. STEP 的结构和组成

图 7.30 给出了 STEP 标准的结构。底层结构分部(如交换文件格式(Part21))已经同工业专用分部(如配置控制设计的应用协议(Part203,也称 AP203))分离开了。大部分的底层结构已经完成,但工业专用协议尚在发展中。现已完成机械和电气应用协议,尚在开发中的包括复合材料、钣金模具、汽车设计和制造、造船业及其他方面。可以预计,许多工业将来都会发展出自己的应用协议。

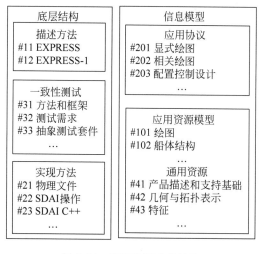

图 7.30 STEP 标准的结构

STEP 标准由多个分部组成,所有子部都可分为六类,每类包括若干分部(表 7.1)。
STEP 的体系结构可以看作三层:应用层、逻辑层和物理层。

表 7.1 STEP 的组成

系列	系列名	系列号	内　　容	说　　明
0	概述	1	概况与基本原理	
10	描述方法	11	EXPRESS 语言	提供支持 STEP 开发所需的方法与工具
		12	EXPRESS-Ⅰ语言	
20	实施方法	21	物理文件格式	指明产品模型将被用于哪些数据处理任务
		22	标准数据存取接口	
30	一致性测试方法和框架	31	一致性测试方法和框架	用以检查软件对本标准的符合程度
		32	对测试库和一致性评估人员的需求	
		33	抽象测试套件规范	
		34	对不同实施方法的抽象测试方法	
40	通用资源	41	产品描述和支持的基础	用 EXPRESS 语言描述的产品的概念模型
		42	几何与拓扑表示	
		43	表达结构	
		44	产品结构配置管理	
		45	材料	
		46	直观表示	
		47	形状公差	
		48	形状特征	
		49	产品生命期支持	

续表

系列	系列名	系列号	内　　容	说　　明
100	应用资源	101	绘图	指明产品模型的哪些部分将付诸实施
		102	工程设计 AEC(未定)	
		103	电子/电气连接	
		104	有限元分析	
		105	运动学	
200	应用协议	201	显式绘图设计	描述特定应用领域的信息要求,规定无二义性的信息描述方法,提供一致性测试需求与目标
		202	相关绘图	
		203	配置管理设计	
		204	使用边界表达的机械设计	
		205	使用曲面的机械设计	
		206	使用线框的机械设计	
		207	钣金冲模规划与设计	
		208	生命周期产品变动过程	
		209	构件和金属结构的分析与设计	
		210	电子印刷电路的装配、设计与制造	
		211	电子器械的测试、诊断与返修	
		212	电工设备	

最上层是应用层,包括应用协议及对应的抽象测试集,这是面向具体应用、与应用有关的一个层次。第二层是逻辑层,包括集成资源,是一个完整的产品模型,从实际应用中抽象出来,并与具体实现无关。最底层是物理层,包括实现方法,给出具体计算机上的实现形式。

应用层支持以 IDEF0 方法为基础的功能分析,并在此基础上设计产品数据模型。逻辑层用来生成形式化的规格说明(STEP 数据模型的形式化规格说明相当于定义概念模式,它独立于数据结构模型)。EXPRESS 语言就是支持形式化规格说明的建模语言。物理层用来导出和指明形式化的需求规格的实施机制。目前已定义了该层物理文件和对数据库的标准数据存取接口(SDAI)。

3. STEP 各组成部分概述

1) EXPRESS 语言

EXPRESS 是一种形式化信息建模语言,用以描述 STEP 中其他部分的信息需求。EXPRESS 的制定吸收了 Ada、C、C++、PASCAL、PL/1 和 SQL 等许多语言的功能和特点,并增加了一些新的功能,以便更适于信息模型的表达。需要指出的是,EXPRESS 并不是一种程序设计语言,它不包含输入/输出、信息处理、异常处理等语言元素。

EXPRESS 是面向对象的、基于模式的语言。每种信息模型由若干模式组成。模式内又分类型说明、实体、规则、函数与过程。其中,实体是重点,由数据元素、约束与其他性质组成,并由它们定义产品数据表示的正确格式。这些实体由属性定义而成,属性可以是简单数据类型(如整型),也可以是其他实体类型。实体中有约束,还有父类与子类的说明。

2) 信息结构的图形表示

信息结构的图形表示是使用图形和符号来表示信息模型中的对象,图形上标注对象的名字,图形之间的连线表示它们的关系。STEP 中有四种模型使用了图示化表达,它们是:集成资源中的资源构件、应用活动模型(AAM)、应用参考模型(ARM)和应用解释模型(AIM)。STEP 中使用的图形表示有:①EXPRESS-G,即 EXPRESS 定义的图形表示,如实体用方框表示,实体和属性之间用线相连,线上标上属性名和基数约束。实体和属性之间的关系是隐含的。EXPRESS-G 图支持父类/子类层次结构;②IDEF0 用于描述应用协议中的应用活动模型;③IDEF1x 方法的图形表示用于描述信息模型。

3) 集成资源

集成资源是 STEP 推荐使用的概念模型,是 STEP 的核心部分,它提供了产品信息的表达。集成资源属于 STEP 体系结构中的逻辑层,相当于概念模式。每一集成资源是一个由 EXPRESS 描述的产品数据的集合,这些数据描述称为资源构件。一个集成资源的定义可能依赖于其他集成资源的定义。一个资源构件可经过修改、增加约束、关系和属性来支持特殊的应用,不同应用中相似的信息可以用一个资源构件来表达。

集成资源定义了产品数据的全局信息模型,要支持某一应用的信息要求,必须对集成资源增加许多特定的约束和关系。STEP 中定义的应用协议通过解释集成资源来满足特定应用的信息要求。集成资源的组成分两大部分:通用资源和应用资源。通用资源在应用上有通用性,与具体实现无关。而应用资源则描述特定领域中的数据,它引用和拓展被一组相似应用使用的通用资源,依赖于通用资源的支持。

4) 应用协议

应用协议就是对所使用的子集进行完整而准确的描述。它实际上是一份文件,用以说明如何用标准的 STEP 集成资源来解释产品数据模型文本,以满足工业需求。也就是说,根据不同的应用领域的实际需要,认定标准的逻辑子集,或加上必须补充的信息,作为标准,强制地要求各应用系统在交换、传输与存储数据时应符合应用协议的规定。

ISO 10303 标准中已制定多种应用协议。对于有特殊需要的应用领域,要专门制定应用协议。应用协议中还包括实现形式的规定与一致性测试的要求。

5) 实施方法

实施方法是指用什么方法或形式在具体领域中实现信息交换,即实现 STEP 数据系统的方式。STEP 数据系统是指符合 STEP 概念模型并满足其一致性标准的数据系统。STEP 数据系统的实现可以划分为由低到高四个层次:文件交换、工作格式交换、共享数据库交换和知识库交换。

文件交换是指通过 STEP 交换格式文件(即 STEP 物理文件)实现数据的交换。在这一层,标准化的只是文件格式和数据的 EXPRESS 模型。工作格式是用 EXPRESS 描述的产品模型在内存中的映像,是以二进制格式给出的公共文件。不同的应用程序可以依次存取或改变这些数据，而无须像文件交换那样移动文件，这就是所谓的工作格式交换。它的实现须定义标准的数据存取机制。共享数据库交换是较高层次上的交换，包括存取数据的数据库管理系统的使用，它适应数据共享的要求。应用程序通过标准的数据库管理系统语言（如 SQL）或标准数据存取接口（SDAI）来访问数据。数据库管理系统的其他功能，如数据字典等也被用来为应用系统解释 EXPRESS 模型。该层交换可实现多应用程序、多用户对数据的同时存取，即实现了数据的共享。该层的开发目标是解决跨企业、多平台、多存储机制、多种网络管理方面的问题。知识库交换通过对 STEP 模型施加复杂的约束，并用人工智能对模型及有关数据进行处理。该层的开发目标是不仅能完成传统上所有数据库管理系统所能完成的操作，还要具备知识及规则驱动的能力。

6）一致性测试

一致性测试的目的是确定被测实施是否满足有关应用协议中提出的一致性要求。在 STEP 相关环境中，如果某项实施与 STEP 相应部分的一致性需求相符，则称该项实施具有一致性。STEP 标准中实现的一致性只对一个或几个被实现的 STEP 应用协议而言，这一实施满足了这些应用协议的一致性要求，而且这一实施是以某种 STEP 实施形式为基础的，例如，文件格式或数据库交换格式的实施。即使资源模型定义的非常完善，但经过应用协议，在具体的应用程序中其数据交换是否符合原来意图，尚需经过一致性测试。

对应每个应用协议，STEP 均有一标准的抽象测试集，一个 STEP 实施的一致性要用从抽象测试集产生的可运行测试集来判定。一个标准的一致性要求可以分为强制性要求、条件性要求和任选性要求三种。一致性测试可以分为两类：基本测试和能力测试。基本测试与能力测试在抽象测试集中都是标准化的。基本测试提供被测实施具有一致性的初步证据。能力测试检查被测试实施的可见功能是否和实施的一致性声明中说明的功能相一致。能力测试对标准中规定的一致性要求的整个范围提供尽可能全面的测试。

4. STEP 标准的应用

STEP 标准不仅允许公司在内部高效率地交换数据，还可以与国际上的合作伙伴交换数据。与其他数据传输标准不同的是，STEP 是计算机可理解的。它支持设计重用、数据保存，并且在产品的整个生命周期均提供了对其数据的访问。鉴于以上优点，目前，STEP 应用领域极为广泛，主要集中在以下四个方面。

1）数据交换

STEP 用于在 CAD/CAM 系统间进行数据交换。这是开发 STEP 的初衷，也是 STEP 的主要用途之一。针对 STEP 的应用开发的一些工具软件，如 STEP Tools 公司的 STEP-Developer，可大大简化由 EXPRESS 语言转换到编程语言的工作。

2）产品数据库

STEP 可把企业各个领域的应用程序集成到企业的一个公用数据库上，使企业使用了多年的经营数据继续给企业带来效益。利用 STEP 定义产品数据库的好处是：在一个地点就可以定义或找到制造产品所需的数据,也可以在制造的应用程序和产品数据之间建立联系,并且可以按照 ISO 标准来定义和操作产品数据。

3)并行工程

大型项目需要若干不同学科的专业组协同工作。每个专业组都有自己的数据库和应用系统,STEP 标准及有关工具可把这些各不相同的系统组成一个统一的工程环境。

4)产品数据的长期存档

产品数据通常要在批量生产结束以后继续保持 15～30 年,为满足备件供应需求和企业对其用户承担的维护和支持承诺,利用 STEP 将产品数据转换为独立于生成这些数据的应用系统,从而保证了长期存档的产品数据的可用性。

7.2.4　产品全生命周期管理技术

1. PLM 概述

全球经济的一体化要求企业不仅要整合企业内部的业务流程,而且还要与合作伙伴时时协同,共享资源,实现产品数据的集成。过去人们比较关注产品全生命周期内各个阶段上的单元技术,如各种先进的产品工程设计技术(如 CAx、DFx 等),或者侧重于某个环节的解决方案,如 SCM、PDM、CRM 等,但从产品整个生命周期内企业内部与外部协同的角度考虑得较少。因此,各单元技术、各解决方案之间、企业内部与外部之间如何集成与协同,如何解决"信息孤岛"和"自动化孤岛"就成为人们日益关心的问题。

产品全生命周期管理(Product Pifecycle Management,PLM)理念的应运而生并得到迅速发展有赖于以下三方面原因:一是信息技术的推动,信息技术的发展使人们可以通过网络交换产品的三维信息,实现复杂异构数据的采集,打包所有与产品有关的数据,实现企业内部与外部的产品数据集成;二是市场激烈竞争的结果,在全球化市场的大背景下,产品的上市时间和成本仍然是竞争的两个主要方面,如何缩短产品上市时间和降低产品的费用永远是企业孜孜以求的目标;三是用户个性化需求的增长,用户个性化需求的增长导致市场的离散化趋势越来越明显。这就要求企业一方面能够拥有更强大的研发与设计手段,形成更敏捷的对市场做出快速反应的机制;另一方面能够摆脱一般业务流程的羁绊,使企业充分利用互联网的威力推进协同能力并激发创新,使创新能力得到充分释放。

因此,PLM 是在 Web 环境下,从市场的角度并以全生命周期内产品数据集成为基础,研究产品在其生命周期内从产品规划、设计、制造到销售等过程的管理与协同。PLM 旨在通过在公司的各个部门、用户、供应商之间共享产品数据,从企业资源计划(ERP)、供应链管理(SCM)、客户关系管理(CRM)系统中提取相关的信息,并使之与产品知识发生关联,进而使之用于扩展型企业,使从制造到市场、从采购到支持的所有人都能够更快速、高效地工作。PLM 为企业提供支持产品快速设计和制造优化的集成化产品协同与制造系统,是一种战略性的思想方法。

2．PLM 的内涵

PLM 的内涵随着管理技术与开发技术的不断发展而扩展。从产品全生命周期内质量、可靠性、价值链等角度出发，广义的产品全生命周期是指产品从需求分析、概念设计、详细设计、制造、包装运输、销售、使用到回收的整个生命过程(表 7.2)。

PLM 着眼于优化产品的整个生命周期，生产具有综合竞争力的产品。产品的综合竞争力包括许多方面，其中产品质量、稳定性及可靠性、产品价格、安全易用性、环境影响性及其服务质量等是其主要影响因素。PLM 主要应针对表 7.2 中列出的影响因素，在充分利用先进的信息技术手段的基础上提出相应的协同解决方案。

表 7.2　产品全生命周期各阶段及其影响因素

阶　　段			主要影响因素
产品全生命周期	产品开发	产品需求分析	市场要求(如环境、包装、法规、限制等)；用户个性化需求(如颜色、外观等)；产品功能、加工和装配要求；成本要求等
		产品概念设计	产品功能创新、功能分解、满足功能原理求解；设计流程标准化、产品数据标准化；方案评价等
		产品详细设计	产品数据定义完整清晰；满足使用和加工要求；产品详细结构数据完备、各种 CAx、DFx 技术的运用等
	产品制造与使用	产品制造	制造计划、物料需求计划、资源计划、供应链管理；对环境的影响程度、是否便于包装和运输等
		产品包装运输	包装的规范性、运输的安全性、方便性、经济性等
		产品销售	成本、价格、市场区域、消费群体、分销体系、广告效应、客户关系等
		产品使用	售后服务、易用性、对环境的依赖性、可维护性等
		产品回收	零部件可重用性、报废零部件对环境的影响性、零部件回收的经济性等

1) 产品全生命周期各个阶段的管理

在管理方面，PLM 主要包括四方面内容：需求管理、产品开发技术及管理、制造过程管理和产品回收管理。

需求管理主要是指管理来自于企业外的市场、客户和来自于企业内的制造、工艺、生产等对产品在外观、性能、结构、维修等方面的特殊要求的信息。产品开发技术及管理包括产品的数字定义和数字装配(Digital Definition & Digital MockUp, DD & DMU)、知识工程及知识驱动自动化(Knowledge-Based Engineering & Knowledge-Driven Automation, KBE & KDA)、数字工厂、虚拟产品及开发过程(Virtual Product Process Development, VP^2D)、Web 产品签审流程、3D 在线签审和圈阅。制造过程管理主要包括工艺管理、制造资源管理、生产计划与调度管理、生产过程监控管理等，其目标是制造过程的全程优化和协调。产品回收管理是指从环境保护以及资源的再生利用等角度出发，要求企业对产品的回收进行监督和管理。

2) 贯穿产品全生命周期各个阶段的管理单元技术

贯穿产品全生命周期各个阶段的管理单元技术包括质量管理、项目管理、数据管理、价值链管理等。

　　质量管理应贯穿产品的整个生命周期。由于产品质量本身的内涵涉及面广,并且产品的质量需求随着人们消费意识、人文环境、信息技术等的发展而不断变化,因此质量管理应该是一个动态的、面向多方面的质量协同方案。大致来说,质量管理应具有质量规划、质量检测、流程和在线控制、ISO 9000 体系标准和与国际接轨的精良制造过程(Good Manufacturing Practice,GMP)规范等。产品的整个生命周期或者某个可以独立出来的阶段都可以作为一个项目来管理。项目管理应具有项目计划制定、项目任务分解、流程设计、工作分解结构(Work Breakdown Structure,WBS)、合同管理、项目进程跟踪与监控、资源管理、自动报告提交、数据提交、商务智能化集成等功能。在基于 Web 的产品全生命周期动态管理环境下,产品的数据管理处于非常重要的地位。产品数据包括产品需求数据、项目数据、产品几何数据、供应商数据、过程数据、变更数据、资源数据等。如何对这些数据进行提取、处理,使之成为产品全生命周期有用的信息,目前正处于进一步的研究之中。随着 IT 技术的发展,传统的价值链概念得到了扩展。新的价值链概念是指价值链不仅是由增加价值的成员构成的链环,而且还包括由虚拟企业构成的网络,通常称之为价值网。价值链管理包括垂直价值链管理和水平价值链管理,基于 PLM 的价值链管理主要侧重于垂直价值链管理,其功能主要包括项目的成本管理、投资回报率分析、财务管理、资源重用、并行和协同,以及价值链的重集成等。

　　3)协同管理

　　协同管理主要包括企业协同、项目协同、需求协同、产品协同、制造协同、设计协同。从协同的范围与方式方面考虑,协同管理又分为基于 Intranet 的企业内部协同和基于 Internet 的企业联合体协同。协同是 PLM 的一个重要方面,PLM 是建立在协同基础之上的。

3. PLM 的典型体系结构

　　面向互联网环境基于构件容器的计算平台是目前 PLM 普遍采用的体系结构。PLM 系统包含的典型功能集合和系统层次划分如图 7.31 所示。

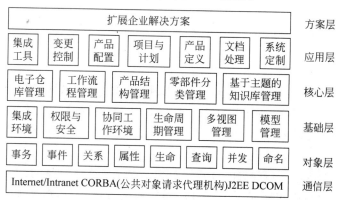

图 7.31　PLM 系统包含的典型功能集合和系统层次划分

通信层和对象层的作用是为 PLM 系统提供一个在网络环境下的面向对象的分布式计算基础环境；基础层是 PLM 体系结构的核心，它和应用层提供公共的基础服务，包括数据、模型、协同和生命周期管理等服务；核心层提供对数据和过程的基本操作功能，如存储、获取、分类和管理等基本功能接口；应用层主要针对产品全生命周期管理的特定需要而开发了一组应用功能集合。最终的方案层支持扩展企业构建与特定产品需求相关的解决方案。

4. PLM 关键技术

发展和运用 PLM 技术，要重点突破以下几方面技术。

(1) Internet 环境下基于构件的复杂系统体系结构设计与实现技术。

(2) PLMS 的运行协调机制及维护管理技术。

(3) PLMS 的构件功能划分、描述及接口定义。

(4) 支持产品全生命周期的元模型构造技术。

(5) 分布式异构产品数据模型的映射策略和自动转换技术。

(6) 层次化跨阶段协同工作过程建模技术。

(7) 基于 XML 的开放信息集成与动态过程联盟技术。

(8) 基于语义网络的多维视图产品数据组织、管理、操作技术。

(9) 基于产品全生命周期的协同工程与项目管理技术。

5. PLM 发展趋势

纵观当代 PLM 现状，PLM 技术具有统一模型、应用集成和全面协同的特点。PLM 技术呈现出以下发展趋势。

(1) PLM 提供支持多层次跨阶段企业业务协同运作的支撑环境。

(2) PLM 提供支持产品全生命周期全功能服务。

(3) PLM 提供完全开放的体系结构和系统构造方法。

(4) PLM 提供支持系统定制和快速实施能力。

(5) PLM 提供标准化的实现技术和实施方法。

7.2.5 智能传感技术

1. 传感器技术

传感器是构成物联网的基础单元，是物联网的耳目，是物联网获取相关信息的来源。具体来说，传感器是一种能够对当前状态进行识别的元器件，当特定的状态发生变化时，传感器能够立即察觉出来，并且能够向其他的元器件发出相应的信号，用来告知状态的变化。

关于传感器的概念，国家标准 GB/T 7665—2005 是这样定义的："能感受规定的被测量并按照一定的规律转换成可用信号的器件或装置，通常由敏感元件和转换元件组成。"也就是说，传感器是一种检测装置，能感受到被测量的信息，并能将检测感受到的信息按一定规律变换成为电信号或其他所需形式的信息输出,以满足信息的传输、处理、存储、显示、记录和控制等要求。它是实现自动检测和自动控制的首要环节。

　　传感器根据不同的标准可以分成不同的类别。按照被测参量,可分为机械量参量(如位移传感器和速度传感器)、热工参量(如温度传感器和压力传感器)、物性参量(如pH 传感器和氧含量传感器);按照工作机理,可分为物理传感器、化学传感器和生物传感器。物理传感器是利用物质的物理现象和效应感知并检测出待测对象信息的器件。化学传感器是利用化学反应来识别和检测信息的器件。生物传感器是利用生物化学反应的器件,由固定生物体材料和适当转换器件组合成的系统,与化学传感器有密切关系。按照能量转换,可分为能量转换型传感器和能量控制型传感器。能量转化型传感器主要由能量变换元件构成,不需用外加电源,基于物理效应产生信息,如热敏电阻、光敏电阻等。能量控制型传感器是在信息变换过程中,需外加电源供给,如霍尔传感器、电容传感器。按传感器使用材料,可分为半导体传感器、陶瓷传感器、复合材料传感器、金属材料传感器、高分子材料传感器,超导材料传感器、光纤材料传感器、纳米材料传感器等。按传感器输出信号,可分为模拟传感器和数字传感器。数字传感器直接输出数字量,不需使用 A/D 转换器,就可与计算机联机,提高系统可靠性和精确度,具有抗干扰能力强,适宜远距离传输等优点,是传感器发展方向之一。这类传感器目前有振弦式传感器和光栅传感器等。

　　在工业生产领域,传感器技术是产品检验和质量控制的重要手段,同时也是产品智能化的基础。传感器技术在工业生产领域中广泛应用于产品的在线检测,如零件尺寸、产品缺陷等,实现了产品质量控制的自动化,为现代品质管理提供了可靠保障。另外,传感器技术与运动控制技术、过程控制技术相结合,应用于装配定位等生产环节,促进了工业生产的自动化,提高了生产效率。

2. 无线射频识别技术

　　射频识别(Radio Frequency IDentification,RFID)常称为感应式电子晶片或近接卡、感应卡、非接触卡、电子标签、电子条码等。一套完整的 RFID 系统由阅读器与应答器两部分组成,其动作原理为由阅读器发射一特定频率的无限电波能量给应答器,用以驱动应答器电路将内部的 ID 码送出,此时阅读器便接收此 ID 码。应答器的特殊在于免用电池、免接触、免刷卡,故不怕脏污,且晶片密码无法复制、安全性高、寿命长。RFID 的应用非常广泛,目前典型的应用有动物晶片、汽车晶片防盗器、门禁管制、停车场管制、生产线自动化、物料管理。RFID 标签有两种:有源标签和无源标签。

　　最基本的 RFID 系统由三部分组成。一是标签,由耦合元件及芯片组成,每个标签具有唯一的电子编码,附着在物体上标识目标对象;二是阅读器,读取(有时还可以写入)标签信息的设备,可设计为手持式或固定式;三是天线,在标签和读取器间传递射频信号。电子标签中一般保存有约定格式的电子数据,在实际应用中,电子标签附着在待识别物体的表面。阅读器可无接触地读取并识别电子标签中所保存的电子数据,从而达到自动识别物体的目的。通常,阅读器与计算机相连,所读取的标签信息被传送到计算机上进行下一步处理。

RFID 的工作原理是：阅读器通过天线发送出一定频率的射频信号，当标签进入磁场时产生感应电流，从而获得能量，发送出自身编码等信息被读取器读取并解码后送至计算机主机进行有关处理。通常，阅读器发送时使用的频率被称为 RFID 系统的工作频率，基本上划分为三个范围：低频（30～300kHz）、高频（3～30MHz）和超高频（300～3GHz）。常见的工作频率有低频 125kHz、134.2kHz 及高频 13.56MHz 等。

RFID 分为被动标签（passive tags）和主动标签（active tags）两种。主动标签自身带有电池供电，读/写距离较远，同时体积较大，它与被动标签相比成本较高，也称为有源标签。被动标签从阅读器产生的磁场中获得工作所需的能量，成本很低并具有很长的使用寿命，比主动标签更小，也更轻，读写距离较近，也称为无源标签。

RFID 技术广泛应用在社会生产生活各领域。日常生活中，人们经常会使用各式各样的数位识别卡如信用卡，电话卡、金融 IC 卡等。大部分的识别卡都是与读卡机进行接触式连接来读取数位资料，常见的方法有磁条刷卡或 IC 晶片定点接触，这些用接触方式识别数位资料的做法容易因长期使用磨损而造成资料判别错误，而且接触式识别卡有特定之接点，卡片有方向性，使用者常会因不当操作而无法正确判读资料。而 RFID 乃是针对常用之接触式识别系统的缺点加以改良，采用射频讯号以无线方式传送数位资料，因此，识别卡不必与读卡机接触就能读写数位资料，这种非接触式的射频身份识别卡与读卡机之间无方向性的要求，且卡片可置于口袋、皮包内，不必取出而能直接识别，免除了现代人经常要从数张卡片中找寻特定卡片的烦恼。

3. 坐标定位技术

卫星空间定位作为一种全新的现代定位方法，已逐渐在越来越多的领域取代了常规光学和电子仪器。20 世纪 80 年代以来，尤其是 20 世纪 90 年代以来，GPS 卫星定位和导航技术与现代通信技术相结合，在空间定位技术方面引起了革命性的变化。

用 GPS 同时测定三维坐标的方法将测绘定位技术从陆地和近海扩展到整个海洋和外层空间，从静态扩展到动态，从单点定位扩展到局部与广域差分，从事后处理扩展到实时（准实时）定位与导航，从绝对和相对精度扩展到米级、厘米级乃至亚毫米级，从而大大拓宽它的应用范围和它在各行各业中的作用。GPS 定位的基本原理是以高速运动的卫星瞬间位置作为已知的起算数据，采用空间距离后方交会的方法，确定待测点的位置。

目前，GPS 系统提供的定位精度是优于 10m，而为得到更高的定位精度，我们通常采用差分 GPS 技术，将一台 GPS 接收机安置在基准站上进行观测。根据基准站已知精密坐标，计算出基准站到卫星的距离改正数，并由基准站实时将这一数据发送出去。用户接收机在进行 GPS 观测的同时，也接收到基准站发出的改正数，并对其定位结果进行改正，从而提高定位精度。

差分 GPS 分为两大类：伪距差分和载波相位差分。伪距差分是应用最广的一种差分。在基准站上观测所有卫星，根据基准站已知坐标和各卫星的坐标，求出每颗卫星每一时刻到基准站的真实距离。再与测得的伪距比较，得出伪距改正数，将其传输至用户接收机,提高定位精度。这种差分能得到米级定位精度,如沿海广泛使用的"信标差分"。载波相位差分技术又称实时动态(Real Time Kinematic,RTK)技术,是实时处理两个测量站载波相位观测量的差分方法,即将基准站采集的载波相位发给用户接收机,进行求差解算坐标。载波相位差分可使定位精度达到厘米级,大量应用于动态需要高精度位置的领域。

其他还有基于 Wi-Fi、蓝牙等的无线定位技术。

7.2.6　信息物理系统技术

信息物理系统(CPS)是一个综合计算、网络和物理环境的多维复杂系统,通过 3C (Computer,Communication,Control)技术的有机融合与深度协作,实现大型工程系统的实时感知、动态控制和信息服务。CPS 实现计算、通信与物理系统的一体化设计,可使系统更加可靠、高效、实时协同,具有重要而广泛的应用前景。

2005 年 5 月,美国国会要求美国科学院评估美国的技术竞争力,并提出维持和提高这种竞争力的建议。5 个月后,基于此项研究的报告《站在风暴之上》问世。在此基础上于 2006 年 2 月发布的《美国竞争力计划》则将信息物理系统列为重要的研究项目。到了 2007 年 7 月,美国总统科学技术咨询委员会(PCAST)在题为《挑战下的领先——竞争世界中的信息技术研发》的报告中列出了八大关键的信息技术,其中 CPS 位列首位,其余分别是软件、数据、数据存储与数据流、网络、高端计算、网络与信息安全、人机界面等。

何积丰院士表示:"下一代工业将建立在 CPS 之上,随着 CPS 技术的发展和普及,使用计算机和网络实现功能扩展的物理设备无处不在,并将推动工业产品和技术的升级换代,极大地提高汽车、航空航天、国防、工业自动化、健康/医疗设备、重大基础设施等主要工业领域的竞争力。CPS 不仅会催生出新的工业,甚至会重新排列现有产业布局。"

7.3　计算机辅助技术

7.3.1　计算机辅助设计

1. CAD 概述

计算机辅助设计(CAD)技术作为电子信息技术和先进制造技术的重要组成部分,是计算机技术在工程设计、机械制造等领域中最有影响的一项高新应用技术。广义上说,CAD 技术以计算机、外围设备及其系统软件为基础,包括二维工程绘图、三维几何设计、有限元分析、数控加工、仿真模拟、产品数据管理、网络数据库以及 CAD/CAPP/CAM 集成技术等。如今,随着 Internet/Intranet 网络、并行和高性能计算及事务处理的普及,异地、协同、虚拟设计等技术在 CAD 中也得到广泛运用。

目前,CAD 技术日趋成熟,CAD 技术的运用使产品和工程设计、制造的工作内容和方式发生了根本性变革，这一技术成为工业发达国家制造业保持竞争优势、开拓市场的重要手段。近十年来，在 CIMS 工程和 CAD 应用工程的推动下，我国 CAD 技术应用日益普遍，越来越多的设计单位和企业采用这一技术来提高设计效率、产品质量和改善劳动条件。

2. CAD 建模技术

1）线框几何模型

线框结构的几何模型以线段、圆、弧和一些简单的曲线为描述对象。随着设计手段的提高，在线框模型中引进了图元的概念，图元是由线段、圆、弧、文字和一些曲线等图形元素和属性元素组成的一个整体。有了图元，人们不仅可以对具体的图形元素进行操作，还可以对图元进行操作，甚至把一个图元和一个符号或零件联系起来，进行下一步的预算等工作，使 CAD 的有用领域进一步扩大。当前，两维 CAD 软件的成熟与线框结构的几何模型的成熟密切相关。

2）曲面几何模型结构

曲面几何模型结构的产生应归功于航空和汽车制造业的需求，因为飞机、汽车的外形必须用光滑的曲面来描绘。于是，在研究中产生了 Hermit Cubic Splines、Bezier Curves、B-Spline Curve、Non-Uniform Rational B-Spline（Nurbs）等曲线。这些曲线都是通过一个基底函数来合成的，所以能随意构成任何造型的曲线。在 Nurbs 曲线（即非均匀有理 B 样条曲线）基础上建立的 Nurbs 曲面是现在很多曲面几何模型（如 SURFCAM、Alias Studio 等）的基石。曲面几何模型主要应用在航空、船舶和汽车制造业领域或对模型的外形要求比较高级的软件中，且曲面几何模型在三维消隐、着色等技术中比线框结构的模型处理得方便和容易，但曲面几何模型在有限元分析、物理特性计算等方面很难施展。

3）实体几何模型结构

实体几何模型理论是利用构造几何法（Constructive Solid Geometry，CSG）将所建立的实体先大致描绘出来，然后再将这个实体转换为以边界表示法（Boundary Representation，B-Rep）方法建立的造型表示出来。CSG 建模方法其实是将最基本的实体（如立方体、圆柱体、圆锥体等）进行布尔运算，这就需要事先按一定的顺序建立好大小、位置合适的基本实体，并且不能改变。然而，由于难以保证设计结果不被修改，所以 CSG 方法不能被设计人员接受。

4）特征造型

特征造型是 CAD 建模方法的一个新里程碑。过去的 CAD 技术都是着眼于完善产品的几何信息描述能力，而特征造型则是着眼于更好地表达产品完整的功能和生产管理信息，为建立产品的集成信息模型服务。特征（feature）兼有形状和功能两种属性，包括产品的特定几何形状、拓扑关系、典型功能、绘图表示方法、制造技术和公差要求等。特征造型技术使得产品的设计工作在更高的层次上进行，设计人员的操作对象不再是原始的线条和形体要素，而是产品的功能要素。特征的引用直接体现了设计意图，使得建立的产品模型更容易为人理解和组织生产,为开发新一代的基于统一产品信息模型的 CAD/CAPP/CAM 集成系统打下了基础。

5) 参数化技术

参数化设计是指系统通过尺寸驱动的方式,以独立的几何约束条件和简单的等式寻找特定解答的方式。参数化 CAD 系统的主要特色是以尺寸控制几何模型,利用 CAD 系统建立几何模型时逐一建立几何参数,这些参数的顺序是固定的,但参数的数值是可以改变的。参数化系统定义图形是全约束的,即必须给出完整的条件,才能产生所需的几何模型。参数化 CAD 系统依靠参数和参数出现的顺序逐一求解。参数化系统之所以要求参数设计的顺序,是因为参数化系统求解时必须解出一系列的方程式,而这些方程式和参数的产生顺序是有关系的,如果这些关系发生混乱,某个方程式的解可能出现条件不足,而导致方程无解或有不确定的解。因此,参数化系统的设计方法更适合设计对象的结构形状比较定型、设计过程比较明确的工作。生产中最常用的系列化标准件就属于这一类型。因为参数化设计过程一旦确定,其步骤就是确定的,只能修改参数,不能修改参数给定的顺序,所以参数化设计为设计人员带来便利的同时也限制了设计人员的创造性设计活动。

6) 变量化技术

针对参数化系统设计过程的局限性,出现了变量化系统。而变量化设计是根据图形学原理和数值方法,通过强大的计算功能,将几何中的约束条件和工程条件联系起来,通过解联立方程组,寻求最终解答的方式。对于变量化系统,参数产生的顺序不重要,重要的是元素间的限制关系方程式,因为变量化系统要去解联立方程组,严格来说,现在还没有完全变量化的系统,因为完全变量化的系统设计结果对于一些复杂的问题,如果不假定一些人为的干预,就可能会产生成千上万的结果,导致无法控制的不确定性。所以,很多变量化系统中都有一些类似参数化系统的干预,这样才能控制设计的最终结果。变量化设计允许尺寸欠约束的存在,这样设计者便可以采用先形状后尺寸的设计方式,将满足设计要求的几何形状放在第一位,设计过程相对宽松。变量化设计可用于公差分析、运动机构协调、设计优化、初步方案设计选型等,尤其可以辅助概念设计活动。

3. CAD 系统的组成

CAD 系统的体系结构由基础层、支撑层和应用层构成(图 7.32)。

基础层由计算机、外围设备和系统软件组成。系统软件包括操作系统、支撑软件、系统开发和维护的工具软件等。目前,基础层的发展越来越趋向开放和标准化。Windows 操作系统、TCP/IP 网络协议等都已成为通用的开发平台,在这类环境中开发的软件易于移植,并且开放性好,易于为其他软件提供接口和进行二次开发。

支撑层包含 CAD 支撑软件、人机接口、二次开发接口,以及异地协同虚拟 CAD 等。典型的 CAD 支撑软件包括 I-DEASNX、UGNX、Pro/Engineer、CATIA、SolidWorks、AutoCAD 等。

应用层包括 CAD 软件在不同专业领域中的不同应用。这类应用通常采用专业 CAD

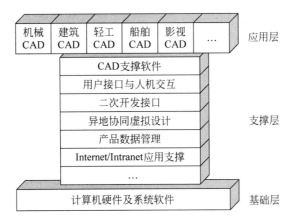

图 7.32　CAD 系统的三层体系结构

设计系统。例如，面向船舶设计领域的 CAD 软件要求具有总体方案设计、质量计算、流体力学计算、载荷分析、结构分析、疲劳断裂分析、可靠性分析等功能模块。

4．CAD 技术存在的问题

尽管 CAD 在广泛的领域内产生了巨大的效益，但是，随着信息化、网络化时代的到来，CAD 技术存在以下几个方面的问题。

1）产品设计模型难以面向产品的全生命周期

现有的 CAD 系统几乎都是以几何建模为主，而且是作为一种通用的几何建模工具而被广泛应用，在此基础上的设计模型通常只具有几何信息，要在该模型上添加工艺、材料、管理、销售、服务等方面的信息是很困难的，因此造成了目前企业设计、工艺、制造、管理、销售和服务等方面应用的信息孤岛，这限制了企业信息的集成。

2）设计过程难以支持并行工程

现有的 CAD 系统采用的建模方式是以线框、曲面、实体造型为主，侧重于产品最终形状的几何描述，而这种建模方式难以支持面向产品过程及性能设计的建模。特别是并行工程环境下，任何一方的修改均应通过网络快速生成修改模型，并能回溯有关的历史设计。这就要求建模技术是动态且快速的。

3）异构 CAD 系统之间的信息难以交换和共享

随着 CAD 技术的推广深入，企业内的 CAD 数据越来越多，异构 CAD 系统之间的信息交换还比较困难。如果产品信息停留在文件管理的阶段，则产品数据的安全性难以保证。尽管存在一些标准文件格式的转换接口（如 DXF、IGES、SET 等），但是转换后的信息的完整性无法保证。此外，异构 CAD 系统之间的设计数据的管理也十分困难，难以为工艺、制造、管理、和服务等后续环节提供完备的信息。

5．CAD 技术的发展趋势

随着企业创新设计能力的提高和网络计算环境的普及，CAD 技术的发展趋势主要表现在标准化、开放性、集成化、智能化四方面。

1) 标准化

CAD 技术发展至今已有近 50 年的历史,在这期间,各公司都相继开发了不同的 CAD 系统。如果要在不同 CAD 系统实现设计资源的共享,就要求 CAD 数据能够相互交换,因此,制定一系列数据交换标准就变得非常重要了。除了 CAD 支撑软件逐步实现 ISO 标准和工业标准外,面向应用的标准构件(零部件库)、标准化方法也已成为 CAD 系统中的必备内容,且向着合理化工程设计的应用方向发展。

2) 开放性

CAD 软件一般应集成在一个异构的工作平台之上,为了支持异构跨平台的环境,就要求 CAD 软件具有开放性。此外,CAD 系统需要为最终用户提供二次开发环境,甚至这类环境可开发其内核源码,使用户可以定制自己的 CAD 系统。

3) 集成化

产品设计只是新产品生命周期的一个环节,CAD 系统应采用适当的内部数据结构及相应的工程数据库,使得设计、工艺和制造实现一体化。CAD 技术的集成化体现在三个层次:一是实现从曲面造型、实体造型到参数化特征造型的转变,以便形成完整的产品信息(包括几何、工艺、加工、管理)模型,为实现 CIMS 的整体信息集成奠定基础;二是广义 CAD 功能 CAD/CAE/CAPP/CAM/CAQ/PDM/ERP 经过多种集成形式成为企业一体化解决方案,推动企业信息化进程;三是 CAD 基于网络计算环境实现异地、异构系统在企业间的集成。应运而生的虚拟设计、虚拟制造、虚拟企业就是该集成层次上的应用。

4) 智能化

设计是一个含有高度智能的人类创造性活动,现有的 CAD 系统对于人类创造性活动的辅助还十分有限。一方面,是由于对人类思维活动的认知还十分有限;另一方面,缺乏有效的知识获取方法,导致创造性活动赖以生存的知识基础十分薄弱。因此,智能 CAD 不仅仅是简单地将现有的智能技术与 CAD 技术相结合,更要深入研究人类设计的思维模型,以及与创造性活动密切相关的知识基础。

7.3.2 计算机辅助工艺规划

1. 计算机辅助工艺规划(CAPP)概述

工艺规划是进行工装设计制造和决定零件加工方法与加工路线的主要依据,在理论上承担着将设计规范转换为制造指令的任务。工艺设计必须分析和处理大量信息,既要考虑产品设计图上有关结构形状、尺寸公差、材料及热处理以及批量等因素,又要了解加工制造中有关加工方法、加工设备、生产条件、加工成本及工时定额,甚至传统习惯等信息。

传统的工艺设计都是由人工进行的,主要存在以下问题:①对工艺设计人员要求高(具有丰富的生产经验、熟知企业的加工设备和加工方法、熟知与生产管理有关的各种规章制度等),因此,工艺文件的合理性、可操作性以及编制时间的长短取决于工艺人员的经验和熟练程度,导致工艺文件的设计周期和质量不易保证。②工艺设计的工作量大,而且效率低。手工进行工艺规程设计一般要经过按零件设计工艺过程、填写工艺卡片、校对、审核、描图、晒图、装订成册等一系列烦琐的工作。③无法有效利用 CAD 的图形及数据，同时，所产生的工艺数据也不便于同其他部门进行共享。④工艺设计需要处理大量的图形信息和数据信息，由于数据繁多且分散，因此处理起来烦琐、易出错，难以保证数据的准确性。

计算机技术在工艺规划中的应用，使计算机辅助工艺规划（CAPP）应运而生。CAPP 不仅可以大大提高工艺部门的工作效率、工作质量，提高信息处理能力和企业各部门间信息的交流能力；还能缩短设计周期、减少编制工艺文件的工作量和产生错误的可能性，以及积累和继承工艺人员的经验；同时，作为 CAD/CAM 的桥梁，也为 CIMS 的实施打下基础。

2. CAPP 系统的分类

对 CAPP 的研究与开发始于 20 世纪 60 年代末，但是，同 CAD、CAM 相比，CAPP 在应用方面仍是薄弱环节。一方面，由工艺设计问题的复杂性和特殊性决定；另一方面，受 CAPP 发展的大背景和指导思想影响。因此，尽管在国内外 CAPP 研究中，各种新概念、新方法不断涌现，但 CAPP 的发展缺乏坚实的实践基础是公认的事实。

目前，按照传统的设计方式，CAPP 可分为以下三类。

1）派生式 CAPP 系统

派生式（variant）CAPP 的工作原理是：利用零件的结构和工艺相似性，通过检索和修改零件族主样件的标准工艺而获得当前零件的工艺规程。在派生式 CAPP 的数据库中存储有各类标准工艺。从设计角度看，与常规工艺设计的类比设计相同，即用计算机模拟人工设计的方式，其继承和应用的是标准工艺。所以，本质上讲，这类系统是一种数据检索系统。这就要求派生式系统必须有一定量的样板（标准）工艺文件，在已有工艺文件的基础上修改编制生成新的工艺文件。根据零件信息的描述与输入方法，派生式 CAPP 系统又分为基于成组技术（GT）的派生式与基于特征（feature）的派生式。

2）创成式 CAPP 系统

创成式（generative）CAPP 系统根据程序中反映的决策逻辑和制造工程数据信息生成加工工艺，这些信息主要是有关各种加工方法的加工能力和对象、各种设备及刀具的适用范围等一系列基本知识。创成式 CAPP 系统中不存入任何工艺过程方案，它将工艺决策知识用决策表、决策树或公理模型等技术来实现。在输入当前零件的有关信息后，系统可以模仿工艺人员的手工编制过程，利用决策逻辑和制造工程数据信息做出各种工艺决策。由于创成式 CAPP 系统需要拥有包含其所有工艺决策逻辑的知识库，再加上工艺设计过程自身的多样性及复杂性，因此，要实现能够自动排序的完全创成式系统的难度很大，至今也没有开发出完全创成式的 CAPP 系统。

3）综合式 CAPP 系统

综合式 CAPP 系统是根据技术发展及实际开发需求，将派生式、创成式与人工智能（AI）及专家系统（ES）技术结合在一起，综合而成的系统。

从上述三种 CAPP 系统中工艺文件产生的方式可以看出,派生式系统必须有样板文件,因此,它的适用范围局限性很大,只能针对某些具有相似性的零件产生工艺文件。创成式系统虽然基于专家系统自动生成工艺文件,但需要输入全面的零件信息,信息需求量极大,从工艺设计的特殊性及其个性化分析,这些知识的表达和推理无法很好地实现。而综合式 CAPP 系统的自优化和自完善功能差,目前还处于理论研究和简单应用的阶段。

3. CAPP 的关键技术

1) 成组技术(group technology)

成组技术通过分类编码系统把设计标准化和工艺标准化联系起来,利用事物之间的继承性和相似性,通过相应的分类技术,达到把表面上零乱的事物各自归并成组的目的。

实施成组技术的首要步骤是制定适合本企业使用的产品零件分类编码系统。这样,设计部门便可据此检索同类零件的图纸和其他设计信息或对该类零件进行标准化工作,工艺部门则可据此并结合生产流程分析而建立工艺相似零件组,制定标准工艺和相应的生产单元。劳资部门可以据此制定和检索同类相似零件的标准工时定额资料。财务部门可以据此核算和检索同类相似零件的标准成本资料。

2) 智能化技术

建立以交互式 CAPP 为基础的制造工艺信息系统,并不排斥在 CAPP 智能化方向的努力。在建立丰富的工艺知识库基础上,应用各种人工智能决策技术,实现各阶段各种有效的智能化在线辅助,仍是 CAPP 发展的重要目标。在一个企业 CAPP 应用的早期阶段,交互式设计是主要的设计方式。随着工艺数据与知识的大量积累,不仅交互式设计的效率将大大提高,更重要的是为各种智能决策功能的开发提供了很好的条件和基础。

3) 计算机辅助工艺标准化、规范化

CAPP 的应用将大大促进工艺的标准化;反过来,工艺的标准化是提高 CAPP 应用效果的重要方面,并将从根本上提高工艺设计的质量。无论是早期的成组工艺,还是企业内部开展的标准化工作,由于受计算机应用基础的限制,所以取得的实际效果有限。在面向产品的 CAPP 应用模式下,工艺的标准化、规范化可贯穿在 CAPP 的应用过程中,并可开发工艺标准化、规范化的计算机辅助工具软件。

4) 基于实例的相似工艺自动检索

采用相似工艺检索技术,不仅可大大减少工艺人员的工作强度和对有经验工艺人员的依赖,而且会提高产品工艺的继承性和重用性,促进工艺的标准化。而在面向产品的 CAPP 应用模式下,相似工艺的自动检索是基于实例的相似工艺自动检索。成组技术、基于实例(case-based)技术、模糊逻辑等是实现基于实例的相似工艺自动检索的基础。

5) 工艺知识自动获取

学习是智能的重要特征。机器学习是 CAPP 智能化的重要方面,国内外在应用 ANN(人工神经网络)等人工智能技术进行工艺知识自动获取方面做了许多的研究工作,但受训练样本等的限制,存在一定的局限性。随着 CAPP 的广泛应用,企业将积累丰富的产品工艺数据库,数据挖掘与知识发现技术将为提高 CAPP 系统的智能化程度提供新的方法。

4. CAPP 技术当前存在的问题

总之,CAPP 的研究、开发方向存在严重的偏差。从应用角度看,已取得的实际效益和投入的力量很不相称;国内外的重点研究方向和当前的实际需求相去甚远。表现在:开发多、应用少;开发投入多,应用维护几乎无投入;原型系统多,得到实际生产应用的系统较少;商品系统很少,而且功能不足。原因可初步概括为以下几个方面。

1)并行化问题

设计和制造是串行进行的,设计者、规划者和制造者之间缺乏必要的通信联系。

2)集成化问题

集成化问题具体表现在两个方面:①商品化 CAD 系统的信息不能直接被 CAPP 使用、增加了 CAPP 系统信息输入的难度;②不同规划系统之间相互独立,不具备功能集成,不能满足应急生成的需要。

3)分布式规划问题

分布式规划问题表现在:①生产过程分散,通常涉及许多部门,缺乏统一的管理程序,协调组织困难;②目前已开发的大部分 CAPP 系统只能提供单一操作的规划功能,而不适合于多个加工过程。进一步说,没有一个 CAPP 系统是针对产品规划进行的。

4)柔性化问题

柔性化问题表现在:①不同的企业不同的工艺规划要求,好的 CAPP 系统应具有良好的适应性;②由于产品工艺规划问题的复杂性和制造环境的多变性,好的 CAPP 系统应具有良好的稳健性。

5)模型化问题

工艺规划是一种层次化结构,虽然不同的系统有所差别,但也存在一些共性。只有充分利用这些共性的模型化、结构化特点,才能开发出充分协调局部约束的模块化 CAPP 系统,使系统具有稳健性。

6)动态规划问题

当前大多数 CAPP 系统都没有考虑车间实时资源的动态反馈,使规划由于工厂的意外事故和资源瓶颈,影响预定规划的顺利执行。

7)实用性问题

目前真正在工业界应用的 CAPP 系统不多,而已经达到实用化程度、对生产实践起到重要作用的更少,其主要原因就是系统的实用性差。

5. CAPP 的发展趋势

为使 CAPP 系统的实用性、适应性更强,CAPP 除继续沿着智能化、集成化、柔性化、并行化的方向发展,以及进行通用模型、非传统规划等方面的研究外,网络化的 CAPP 和敏捷制造动态联盟下的 CAPP 是当前 CAPP 的两个重要发展趋势。

1) 网络化的 CAPP

网络的优势在于数据资源的共享。基于 Web 的 CAPP 主要研究使用 Internet 技术和 Web 技术来实现工艺数据的查询、管理以及工艺决策等。基于客户/服务器(C/S)体系结构的分布式网络 CAPP 的实际需求是协同工作、知识积累和快速复用的过程。客户端通过开放数据接口来实现用户对各种数据的操作,而服务器端利用开放服务器接口为用户提供标准、统一的数据库服务,从而实现多用户并行访问一个或多个数据库的功能。

2) 敏捷制造动态联盟下的 CAPP

分布性是 CAPP 系统实用化的关键。动态联盟制造环境下的 CAPP 系统应具备的特征包括:①CAPP 系统是基于 Internet/Intranet 的应用系统,具备统一标准的工艺设计平台;②支持制造资源的动态重构,并对资源数据进行动态分析和管理,优化系统配置;③面向产品生产过程的工艺设计,支持产品工艺数据的管理和分析,并能实现制造工序在各盟员制造单元之间的优化配置;④支持分布式的工艺设计策略,实现多模式的工艺规划方法。

敏捷制造环境下的 CAPP 系统应具备重构和运行两方面内容。重构模块主要包含系统制造资源数据库、工艺设计知识库、输入和输出方式等内容;运行模块则主要包含零件信息的描述和提取、工艺内容设计、工艺内容编辑、工序的优化配置、工艺内容的输出与发布等内容。

7.3.3　计算机辅助制造

1. 计算机辅助制造概述

在机械制造工业中,尤其是在造船、航空、机床、重型机械以及国防等部门,其生产特点是加工批量小、改型频繁,零件形状复杂而且精度要求高,并且单件、小批量生产的零件约占机械加工总量的 80% 以上。为满足多品种、小批量的自动化生产,迫切需要一种灵活的、通用的、能够适应产品频繁变化的生产模式,以达到柔性自动化生产的目的。

计算机辅助制造(CAM)就是利用计算机来代替人完成制造以及与制造系统有关的工作的。通常,CAM 定义为能够通过直接或者间接地与工厂生产资源接口的计算机来完成制造系统的计划、操作工序控制和管理工作的计算机系统。CAM 的直接应用(即计算机直接与制造过程连接)以对它进行监视和控制;CAM 的间接应用是指计算机并不直接与制造过程连接,只是通过计算机对制造过程进行支持。

2. CAM 系统的典型体系结构

常见 CAM 系统的体系结构基本上有下列三种模式。

1) 在系统底层一级集成式开发的 CAM 系统

CAM 子系统与 CAD 和 CAE 等子系统在系统底层一级集成式开发,CAD 子系统提供强大的复杂产品造型与设计功能,生成的产品数字化定义模型为 CAM 子系统提供完备的数据服务。CAM 子系统直接在产品数字化模型上进行 NC（数控）轨迹计算，利用强大的后置处理模块生成 NC 指令。这种系统的基本特点是功能完备、系统庞大、价格昂贵，如 UGNX、Pro/Engineer、CATIA 等。

2）插件式 CAM 系统

此类 CAM 软件以现有侧重产品造型的 CAD 系统为平台，以第三方的形式为产品造型系统提供插件模块或子系统，如 Autodesk MDT 内嵌 HyperMILL 和 EdgeCAM；SolidWorks 内嵌 CAM/Works；负责 I-DEAS 系统 CAM 模块开发的伙伴公司 CAMAX 提供的 Camand Modeler（支持 3D 曲面造型）并配以 SmartCAM（支持多曲面加工）。此类插件系统在文件一级操作插件平台的 CAD 产品模型，利用特征识别（feature recognition）技术，直接在产品模型上获取一定复杂程度的切削区域几何表示及其加工工艺规范，进而生成 NC 加工刀位轨迹。此类 CAM 系统大多捆绑 CAD 平台软件，规模小、集成度高、价格便宜。

3）支持简单曲面造型的专用 NC 计算系统

这类系统提供主要面向复杂曲面形体的曲面（或曲面实体）造型和编辑，以及更为强大的 NC 刀位轨迹计算、编辑、验证和后置处理功能。专用 NC 系统对数控机床的适应能力较强，提供更多的加工工艺定制方法，适用于中小企业或专用设备制造企业，如 CAMAX 的 Camand 和 SmartCAM、NREC 的 5 坐标叶轮加工系统 MAX-AB（着重点位加工）和 MAX-5（着重端铣和侧铣加工）、CNC 的 MasterCAM，以及 Cimatron 等。

3. CAM 系统分类

1）面向刀路轨迹的 CAM 系统

数控（NC）编程是从零件图纸到获得数控加工程序的全过程，任务是计算加工走刀中的刀位点（Cutter Location point，CL）。数控编程的主要内容包括：①分析零件图纸，进行工艺处理，确定工艺过程；②数学处理，计算刀具中心运动轨迹，获得刀位数据；③编制零件加工程序；④制作控制介质；⑤校核程序及首件试切。

为解决数控加工中的程序编制问题，出现了一种专门用于机械零件数控加工程序编制的语言，称为 APT（Automatically Programmed Tool）。其后，APT 几经发展，形成了诸如 APTII、APTIII（立体切削）、APT-AC（Advanced Contouring）和 APT-/SS（Sculptured Surface）等增强版。采用 APT 语言编制数控程序具有程序简练、走刀控制灵活等优点，使数控加工编程从面向机床指令的"汇编语言"级上升到面向几何元素级。但是，尽管如此，APT 仍有许多不便之处：如采用语言定义零件几何形状，难以描述复杂的几何形状，缺乏几何直观性；缺少对零件形状、刀具运动轨迹的直观图性显示和刀具轨迹的验证手段；难以与 CAD 数据库和 CAPP 系统有效连接；以及不容易做到高度的自动化、集成化等。

2）面向 CAD 模型的 CAM 系统

针对 APT 语言的缺点，1978 年，法国达索飞机公司开始开发集三维设计、分析、NC 加工一体化的系统，称为 CATIA，随后很快出现了像 EUCLID、UGII、INTERGRAPH、

Pro/Engineering,MasterCAM 及 NPU/GNCP 等系统,这些系统都有效地解决了几何造型、零件几何形状的显示,交互设计、修改及刀具轨迹生成,走刀过程的仿真显示、验证等问题,推动 CAD 和 CAM 向一体化方向发展。

第二代 CAM 系统以 CAD 模型为编程的目标对象,自动生成刀路轨迹。因而,系统的自动化、智能化水平得到大幅提高,系统的操作也更符合工程化概念。然而,第二代 CAM 系统以 CAD 模型的局部几何特征为目标对象的基本处理形式已经成为智能化、自动化水平进一步发展的制约因素。只有突破当今的固有模式,发展面向模型、面向工艺特征的 CAM 系统,才能够将 CAM 的自动化、智能化水平提高到一个新的高度。

4. CAM 存在的问题

1) CAM 的应用现状及与实际需求间的差距

因为应用的实践性更强、专业化分工更明确,就总体而言,CAM 的专业化水平高于 CAD 的发展。纵观当今占主导地位的 CAM 系统,无论其界面好坏、功能强弱,都存在共同的缺陷。具体表现在:①CAD 功能与 CAM 功能交叉使用,不是面向整体模型的编程形式,工艺特征需由人工提取,或需 CAD 进一步处理产生。由此会造成不适应当今集成化发展的要求、不适合现代企业专业化分工的要求,以及没有给 CAPP 的发展留下空间与可能等问题。②当今 CAM 系统一般都是曲面 CAM 系统,是面向局部加工的处理方式,而数控加工是以模型为结果,以工艺为核心的工程过程,应该采取面向整体模型、面向工艺特征的处理方式。

2) CAM 应用在生产组织与管理上的问题

CAD/CAPP/CAM 需要在信息流上集成一体、无缝连接,但往往忽略了企业在生产组织与管理上要求 CAD、CAPP、CAM 在应用场合、操作人员、系统功能上按照生产布局合理安排。传统的 CAM 系统不仅要求操作人员有深厚的工艺知识背景,还需要有很高的 CAD 应用技巧。对 CAM 的应用普及造成极大的困难,使 CAM 后备人员严重不足,所以企业迫切需要新一代的易学易用、易于普及、高智能化、专业性强的 CAM 系统。

3) 制造业新技术对 CAM 的特殊要求

随着技术的发展,在实际应用中对 CAM 系统提出了新的功能需求,主要体现在高速加工、复合化加工以及高精度控制三个方面。

5. CAM 系统的发展趋势

面向对象、面向工艺特征的新概念已经与 CAD 技术中面向对象的设计、特征建模等相呼应,在一些专业化的 CAM 系统中得到成功的应用,为新一代 CAM 的诞生进行了必要的经验积累、技术储备与思想准备。从技术的角度,要实现零件生产制造过程的自动规划,首先要解决设计模型向制造模型的转换,其中既包含几何描述的自动提取,又包含非几何化的工程语义信息的继承,从而使产品的制造过程能够遵循产品的原始设计意图,快速地对产品更改做出正确的响应。概括起来,新一代的 CAM 系统应具备以下特点。

1）面向对象、面向工艺特征的 CAM 系统

传统 CAM 以局部曲面为目标的体系结构将被改变成面向整体模型（实体）、面向工艺特征的结构体系。系统将能够按照工艺要求（即 CAPP 要求）自动识别并提取所有的工艺特征及具有特定工艺特征的区域，使 CAD/CAPP/CAM 的集成化、一体化、自动化、智能化成为可能。

2）基于知识的智能化的 CAM 系统

新一代的 CAM 系统不仅可以继承并智能化判断工艺特征，具有模型对比、残余模型分析与判断功能，使刀具路径更优化、效率更高；同时，面向整体模型的形式更符合高速加工的工艺要求，并开放工艺相关联的工艺库、知识库、材料库和刀具库，使工艺知识积累、学习、运用成为可能。

3）能够独立运行的 CAM 系统

实现与 CAD 系统在功能上分离，在网络环境下集成，需要 CAM 系统必须具备相当高的智能化水平。CAM 系统不需要借助 CAD 功能，根据工艺规程文件自动进行编程，大大降低了对操作人员的要求，也使编程过程更符合数控加工的工程化要求。

4）使相关性编程成为可能

尺寸相关、参数式设计、修改的灵活性等 CAD 领域的特性，自然希望被引入 CAM 系统中。此方向的研究有两种思路：一是以 Delcam 公司的 PowerMILL 及 WorkNC 为代表，采用面向工艺特征的处理方式，系统以工艺特征提取的自动化来实现 CAM 编程的自动化；二是直接将参数化的概念引入 CAM 中，采用同一数据库的方式解决参数化编程问题。由于几何特征与工艺特征之间没有必然的、唯一的相关关系，当几何参数发生变化时，工艺特征的变化没有相关性，存在某些工艺特征消失或新的工艺特征产生的可能性。所以，真正要实现参数式 CAM，需要对几何参数与工艺特征间的相关性进行深入研究。

5）提供更方便的工艺管理手段

CAM 的工艺管理是数控生产中至关重要的一环，也是 PDM 的重要组成部分。新一代 CAM 系统的工艺管理树结构，为工艺管理及实时修改提供了条件。较领先的 CAM 系统已经具有 CAPP 开发环境或可编辑式工艺模板，可由有经验的工艺人员对产品进行工艺设计，CAM 系统可按工艺规程全自动批处理。另外，新一代的 CAM 系统应能自动生成图文并茂的工艺指导文件，并可以以超文本格式进行网络浏览。

7.3.4 计算机辅助质量管理

1. 计算机辅助质量管理概述

现代质量管理和质量保证是现代企业管理的重要组成部分。由于买方市场的形成和用户消费观念的变化，对质量的概念逐渐从符合性质量观转变为用户性质量观，质量管理也逐步从质量检验、质量统计控制转变为全面质量管理（TQM）。近年来，计算机支持的自动化的质量管理受到广泛重视，特别是 CIMS 哲理及其理论研究的日趋成熟，促

进计算机辅助的质量管理在制造企业中的应用,计算机辅助质量管理(Computer Aided Quality management,CAQ)概念应运而生。

CAQS(计算机辅助质量系统)运用计算机实现质量数据采集、分析、处理、传递的自动化,实现质量控制、质量保证、质量管理的自动化,是企业实现交货期、质量、价格、服务(TQCS)优化的重要保证。在 CIMS 环境下,CAQS 具备六个特点:①以用户需求为质量活动的中心;②覆盖产品的整个生命周期,包括企业的各个层次;③强调以企业长远质量目标为基础的质量计划;④强调从质量计划和质量控制观点出发的人的资源开发;⑤通过闭环的质量控制器实现企业中与质量有关的过程和资源的控制;⑥基于 ISO 9000 的质量保证体系。

2. CAQS 的功能结构

一个完善的 CAQS 应集成如下功能模块:中心数据库、质量保证体系、质量体系审核、质量索赔、质量成本、在线测量装置接口、计量器具管理、计量器具监督、计量器具测量能力、检验员管理、入库检验、分供方评价、质量检验报告分析、型式试验、检验计划、检验结果、动态抽样、批量或部件跟踪、装配检验、过程检验、接口整合、SQL 表单、SQL 表、出厂试验、存档。

对于不同的制造企业,其质量目标不同,质量体系要素不同,质量活动的内容及其侧重点不尽相同。不同的企业一般均根据本企业的实际需求设计,开发和运行适合本企业的 CAQS。通常,CAQS 按照功能可以划分为五个模块:质量规划模块、设计质量控制模块、制造过程质量控制模块、质量评价模块和质量综合信息管理模块。

1) 质量规划模块

质量规划模块由六个子模块组成(图 7.33)。其中,质量计划子模块的主要功能包括制定企业的质量方针、目标以及实现质量目标的方法措施、质量保证责任权限、审核计划、产品质量创优目标及实施计划等。实验/试验计划子模块的功能包括理化分析、无损检验、机械性能检验以及老化、气动、振动、可靠性等各种试验计划。加工过程检验计划子模块的功能包括制定价格设备(如加工中心、机床)、刀具、辅助设备(如机器人、小车、坐标测量机等)监控方案,确定控制图的选择与识别方案,以及工序能力的计算方法等。检验计划子模块通过设计文件、质量文件、质量标准、计量器具以及实验设备等信息,选择和确定检验项目及其检测方法、检验或实验设备、检测顺序、被测工件安装定位方法、测量参数以及检验人员等。质量成本计划子模块根据质量与成本、质量与售价的关系来确定最佳的质量水平,根据产品设计、工艺、检验计划以及企业的历史记录来确定质量工作的各项成本。关键控制点控制计划子模块通过 QFD(质量功能展开)分解,确定影响产品性能的重要零部件的关键质量特性以及关键工序,同时运用失效模式与影响分析(Failure Mode and Effect Analysis,FMEA)工具,评价每个故障模式对用户可能或者已经带来的影响,从而确定关键质量控制点,并对控制点的加工方案、预防和控制步骤制订计划。

2) 设计质量控制模块

设计质量控制模块包括试验设计/田口方法、故障模式及影响分析、可靠性设计、价

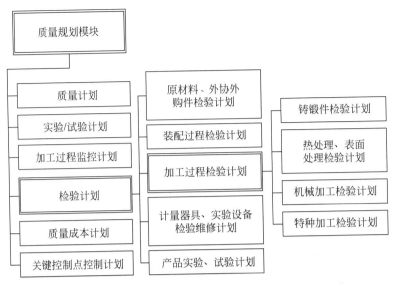

图 7.33　质量规划模块的组成

值工程、DFx、优化设计以及可维护性、安全性、经济性、实用性分析等,如图 7.34 所示。

通过引入并行设计的思想,可以大大优化设计过程,减少更改周期,降低返工成本,并可以有效地预防设计缺陷,提高产品设计的可靠性和稳定性。按照设计过程,质量控制可以分为设计审核、设计验证、设计确认、设计更改等几部分。

3) 制造过程质量控制模块

制造过程质量控制模块的组成如图 7.35 所示。检验包括产品检验和计量器具、试验设备的检验两方面。加工系统检测监控是指对加工系统的运行状态进行监控。关键控制点控制是指按照关键控制点控制计划对关键工序、关键零件、关键加工设备以及关键的检测设备实施重点控制。统计过程控制是指通过对检测的质量数据进行统计分析,从而判断加工是否处于稳定的控制状态。质量跟踪管理是指在生产流程中对原材料、半成品、成品应标有可供追溯查询的标记,这些标识及传递转移形成记录,以达到可追溯的目的。质量成本核算包括预防成本、鉴定成本、内部故障成本、外部故障成本等。

4) 质量评价模块

质量评价模块的组成如图 7.36 所示。质量体系评审是指对质量体系的现状和适应性进行评价,并以此为基础进行改进。供应商、协作商评审是指根据其质量体系,对满足合同要求的能力进行审核,对其生产的产品和历史情况的综合质量以及售后服务、信誉、

图 7.34　设计质量控制模块的组成

362

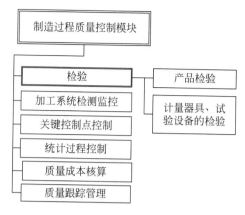

图 7.35　制造过程质量控制模块的组成

价格等进行综合分析、评价。设计质量评价包括产品设计质量评审和工艺设计质量评审。制造质量评价包括加工过程质量评审、产品质量评审、质量改进和预防三部分。软件质量评价包括评价是否满足用户提出的要求,是否达到软件质量特征的要求。其中,质量特征包括功能性、可靠性、可使用性、可维护性等。

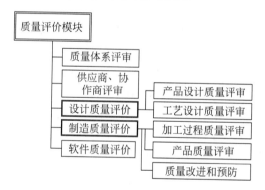

图 7.36　质量评价模块的组成

5) 质量综合信息管理模块

按照质量信息的记录形式,质量综合信息管理模块可以划分为质量文档管理和质量数据管理子模块,如图 7.37 所示。

质量文档管理主要是建立质量文档信息库,以此实现文档的编辑、发放、存储、修改、查询、维护以及文件执行过程中的信息反馈记录。质量数据管理则是对产品全生命周期的质量信息的采集和管理,具有采集、分类、汇总、统计、分析、查询、报表生成等功能。

3. 计算机集成质量系统及其特点

1) 计算机集成质量系统

当前,世界范围内制造企业的企业环境已经或正在朝着集成化方向发展,物料流、信息流和工作流在此环境中以产品对象为核心有序、集成地运转。构建在这种集成制造环

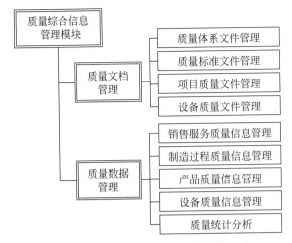

图 7.37　质量综合信息管理模块的组成

境中的质量系统也应该实现与整个企业环境的协同运行,而不能再被仅仅看作是企业生产和管理系统中与质量有关的某些环节的简单组合。CAQS 正逐步向计算机集成质量系统(Integrated Quality System,IQS)发展。

以现代质量管理理论为基础、以先进的信息与计算机技术为支持的计算机集成质量系统可以突破传统的质量管理在空间、时间和信息处理能力等方面的限制,为实现产品生命周期内质量环节的全过程集成和全面质量管理提供手段。

一般认为,IQS 可以实现:①对产品的整个生命周期质量实施控制。通过功能集成实现对产品质量各环节的控制,通过连续不断、周而复始的过程实现持续的质量改进;②对质量信息的提取、处理、分析和共享通过信息集成实现质量信息的及时处理与反馈,以正确的方式在正确的时间向正确的部门提供正确的质量信息;③对产品质量形成过程的整体控制。通过过程集成实现对产品本身和产品质量形成过程的质量控制,从而促进产品质量及制造过程的改进。

2) 计算机集成质量系统的特点

IQS 的主要特点如下:①适应小批量、多变、高质量的用户需求;②工作方式是用户驱动,而不是检验驱动;③目标是保证产品质量符合设计要求,保证产品满足用户的需求;④对产品的整个生命周期的全部质量活动进行管理与控制;⑤以计算机网络和数据库管理系统为支撑,实现质量信息的提取、交换、共享和处理的集成化;⑥强调的是在质量问题的"源"处控制质量,而不仅仅是对已产生的质量缺陷进行处理,进行的是过程控制,而不仅仅是产品生产结果的控制;⑦广泛采用人工智能技术实现数据采集、数据处理、质量分析、质量控制等单元的智能化;⑧是一种模块化的开放式系统,能够根据企业环境的变化以及对质量要求的不断提高,进行相应的扩充、修改和完善。

4. IQS 的关键技术

1) IQS 的理论体系与体系结构

IQS 涉及计算机网络技术、数据库管理技术、CAD/CAPP/CAM 技术、数据采集技术、信号分析与处理技术、检验与控制技术、系统工程、计算机仿真技术、并行工程、人工智能技术等多学科先进技术的综合应用,大力开展质量方法论和理论体系的研究,建立合适、正确、完整的体系结构是成功实施集成质量系统的关键。

2）质量方法论

质量方法论是质量设计与分析的指导思想,是建立 IQS 的理论基础。目前被广泛采用的质量方法有:全面质量管理(TQM)、Taguchi(田口)法、公司范围质量控制(company wide quality control)方法等。西方质量方法学偏重技术,注重各种质量保证单元技术及其在 CIMS 环境下信息集成的研究,这种倾向加速了 20 世纪 90 年代质量保证技术化潮流的形成。

3）面向质量的设计技术

面向质量的设计(Design For Quality,DFQ)要求把一系列的质量保证措施与设计系统有机地集成,在产品和过程设计阶段就开始实施质量保证。实现 DFQ 的关键是建立相应的产品与过程模型的信息交换模型。DFQ 的具体做法是:首先提取用户对产品的需求,确定最终产品的质量指标,形成规划矩阵;然后将规划矩阵中的信息翻译分解成产品的单元特性,形成配置矩阵;最后将配置矩阵信息转移到生产系统各环节,提出关键参数的控制点和检验点,形成过程控制矩阵,并由过程控制矩阵列出操作人员规范,形成操作指令矩阵。

4）质量数据采集与分析技术

质量数据采集与分析包括产品全生命周期中各个阶段质量数据的采集与分析。通过质量数据的采集与分析,可以知道用户对产品质量的需求、发现质量问题之所在、找出质量因素之变化规律、质量的分布情况,以便为建立各种质量模型提供依据和数据。

5）柔性化、集成化、智能化的制造维护技术

与传统的维护系统相比,柔性化、集成化、智能化的制造维护技术主要解决以下几个方面的问题:①智能化采集与处理技术,以实现对大量不同类型信号的深层次处理;②多参数、具有复杂决策能力的决策模型与算法,以及基于知识的自学习机制;③维护系统结构的模块化和功能的柔性化;④维护系统的集成化,一方面实现状态监控和故障诊断的集成,另一方面建立维护系统与 CIMS 各层次的软硬件接口。

6）基于可视化的动态仿真技术

基于可视化的动态仿真技术能够动态地模拟 IQS 中的各种质量过程,通过模拟可以观察其变化规律,检验其可行性与可靠性,这是成功实施 IQS 的重要工具和手段。

5. IQS 的集成方法

1）纵向集成

质量保证和质量控制既涉及零件制造过程质量信息的采集、反馈和控制,又涉及上层的质量问题决策,执行层的检测与过程监控的有关信息应能及时传递到管理层和计划决策层,为企业的质量问题决策提供支持;同时,计划决策层的质量计划、检测计划、质量控制任务等应及时传递到管理层和执行层,实现在正确的时间将正确的质量信息传递到

正确的人(包括操作者和决策者)。纵向集成主要在 IQS 内部进行。

2)功能集成

IQS 与 CAD 系统的集成包括两方面：①IQS 由 CAD 系统获得自动检测和产品试验所需的产品质量规范及有关的产品及零件信息；②以 IQS 过程能力分析及产品实际质量状况分析为基础,对产品设计(特别是质量规范设计)的反馈信息、制造过程设计和规划,在进行过程选择及工序安排时都需要以过程能力可能达到的质量水平及成本为基础。

IQS 与 MAS 有不可分割的联系。在线实时工序质量控制是运用产品和过程的质量信息对制造过程进行调整,以防止出现不合格产品的有效手段。同时,不合格品的识别和诊断也为制造过程的改进提供了依据。

IQS 及时地将有关不合格品的信息反馈给生产管理系统,可以及时地更新生产调供计划和物料需求计划,特别是在适时生产(JIT)的生产模式下,IQS 与计算机辅助生产管理的集成可以实现质量信息的及时反馈。

IQS 与经营系统的集成体现在 IQS 对进货与供货商的评价结果是制造资源计划中采购模块的重要信息采集,用户的售后服务是产品使用过程质量信息获取的重要来源,质量成本及质量性能信息是企业决策支持系统的重要信息组成等。

为了实现 IQS 与 CIMS 其他功能子系统的集成,有效途径是建立统一的产品数据模型,并采用统一的数据管理系统来管理产品数据,各系统之间可以直接进行信息交换。

3)过程集成

过程集成指产品生命周期各个阶段质量信息的集成,即以市场调研、产品开发、制造到使用各个阶段的集成。

7.4　制造系统的集成平台技术

7.4.1　软构件及其标准接口

在面向对象技术给解决软件危机带来曙光之时,分布式网络计算的巨大压力又给软件开发提出了许多新的难题。新的分布式网络计算要求软件实现跨空间、跨时间、跨设备、跨用户的共享,导致软件在规模、复杂度、功能上的极大增长,迫使软件要向异构协同工作、各层次上集成、可反复重用的工业化道路上前进。为适应软件的这种需求,新的软件开发模式必须支持分布式计算、浏览器/服务器结构、模块化和构件化集成,使软件类似于硬件一样,可用不同的标准构件拼装而成。为满足上述要求,软构件(software component)技术出现了。许多构件描述语言(如 LIL、CKL、CIDER、RESOLVE 等)的出现,COBRA、COM/DCOM/COM＋和 Web Services 等标准的提出为构件的描述、管理与组装提供了思路和技术支持。

1. 软构件的概念

一般认为,构件是指语义完整、语法正确和有可重用价值的单位软件,是软件重用过程中可以明确辨识的系统。结构上,它是语义描述、通信接口和实现代码的复合体。简单地说,构件是具有一定的功能,能够独立工作或能同其他构件装配起来协调工作的程序体,构件的使用同它的开发、生产无关。从抽象程度来看,面向对象技术已达到了类级重用(代码重用),它以类为封装的单位。这样的重用粒度还太小,不足以解决异构互操作和效率更高的重用。构件将抽象的程度提到一个更高的层次,它是对一组类的组合进行封装,并代表完成一个或多个功能的特定服务,也为用户提供了多个接口。近年来,构件技术发展迅速,在原来对象管理组织(Object Management Group,OMG)的公共对象请求代理体系结构(Common Object Request Broker Architecture,CORBA)、Sun 的 J2PEE(Java 2 Platform Enterprise Edition)平台和 Microsoft 的 DNA 2000 的基础上,形成了 Web Service 平台和云计算的云服务技术。

如果把软件系统看成是构件的集合,那么从构件的外部形态来看,构成一个系统的构件可分为五类:①独立而成熟的构件,如数据库管理系统和操作系统等;②有限制的构件,如种面向对象程序设计语言中的基础类库等;③适应性构件。这种构件可以不加修改地使用在各种环境中,如 ActiveX 等;④装配的构件。装配的构件在安装时,已经装配在操作系统、数据库管理系统或信息系统不同层次上,使用胶水代码(glue code)就可以进行连接使用;⑤可修改的构件。可修改的构件可以进行版本替换。如果对原构件修改错误、增加新功能,可以利用重新"包装"或写接口来实现构件的替换。

2. 软构件的标准接口

软件环境正在向着分布式、跨平台和支持多种语言的方向发展。在分布式的计算环境中,一个相当显著的特点是异构性,在硬件平台、软件平台、编程语言以及网络支持等方面都存在十分大的差异,而这些差异导致资源共享是十分困难的。因此,需要一种规范能使存在于 Web 上的对象相互沟通。

目前存在的构件标准规范包括 OMG 的 CORBA、Sun 的 J2EE、Microsoft DNA 2000、Web Services(Web 服务)和云服务等。

1) OMG 的 CORBA

CORBA 是针对对象请求代理(Object Request Broker,ORB)制定的。ORB 能够使在分布环境中的对象透明地生成请求以及接收响应。在 CORBA 中,使用接口定义语言(Interface Definition Language,IDL)作为实现客户端与服务端对话的共同语言。IDL 是一种描述性的语言,服务端通过 IDL 使客户端知道服务端可以为其提供何种属性以及操作等信息。本质上讲,IDL 不是作为程序设计语言体现在 CORBA 体系结构中的,而是用来描述产生对象调用请求的客户对象和服务对象之间的接口的语言。IDL 文件描述数据类型和方法框架,而服务对象则为一个指定的对象实现提供上述数据和方法。

IDL 文件描述了服务器提供的服务功能,客户机可以根据该接口文件描述的方法向服务器提出业务请求。大多数 CORBA 产品中都提供 IDL 到相关编程语言的编译器。

程序设计人员只需将定义的接口文件输入编译器，设定编译选项后，就可以得到与程序设计语言相关的接口框架文件和辅助文件。IDL 文件的编译过程如图 7.38 所示。

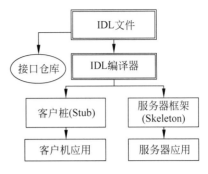

图 7.38　IDL 文件的编译过程

CORBA 分布计算技术是 OMG（对象管理组织）基于众多开放系统平台厂商提交的分布对象互操作内容的基础上制定的公共对象请求代理体系规范，由绝大多数分布计算平台厂商所支持和遵循的系统规范技术，具有模型完整、先进，独立于系统平台和开发语言，被支持程度广泛的特点。COBRA 标准主要分为三个层次：对象请求代理（ORB）、公共对象服务和公共设施。对象请求代理规定了分布对象的定义（接口）和语言映射，实现对象间的通信和互操作，是分布对象系统中的软总线；在 ORB 之上定义了很多公共服务，可以提供诸如并发服务、名字服务、事务（交易）服务、安全服务等各种各样的服务；最上层的公共设施则定义了组件框架，提供可直接为业务对象使用的服务，规定业务对象有效协作所需的协定规则。目前，CORBA 兼容的分布计算产品层出不穷，如中间件厂商提供的 ORB 产品（如 BEAM3、IBM Component Broker）、分布对象厂商推出的产品（如 IONAObix 和 OOCObacus 等）。

CORBA 构件模型（CORBA Component Model，CCM）技术是在支持可移植对象适配器（Portable Object Adapter，POA）的 CORBA 规范（版本 2.3 以后），结合 EJB（Enterprise Java Beans）当前规范的基础上发展起来的。CORBA 构件模型是 OMG 制定的一个用于开发和配置分布式应用的服务器端构件模型规范，它主要包括如下三项内容。

- 抽象构件模型，用以描述服务器端构件结构及构件间互操作的结构。
- 构件容器结构，用以提供通用的构件运行和管理环境，并支持对安全、事务、持久状态等系统服务的集成。
- 构件的配置和打包规范，CCM 使用打包技术来管理构件的二进制、多语言版本的可执行代码和配置信息，并制定了构件包的具体内容和基于 XML 的文档内容标准。

总之，CORBA 的特点是大而全，互操作性和开放性非常好。CORBA 的缺点是庞大而复杂，并且技术和标准的更新相对较慢，在具体的应用中使用得不是很多。

2）Sun 的 J2EE

为了推动基于 Java 的服务器端应用开发，Sun 于是在 1999 年底推出了 Java2 技术及相关的 J2EE 规范，J2EE 的目标是提供平台无关的、可移植的、支持并发访问和安全的、完全基于 Java 的、开发服务器端构件的标准。

在 J2EE 中，Sun 给出了完整的基于 Java 语言开发的面向企业分布应用规范。其中，在分布式互操作协议上，J2EE 同时支持 RMI（远程方法调用）和 IIOP（互联网内部对象请求代理协议），而在服务器端，分布式应用的构造形式则包括了 Java Servlet、JSP（Java

Server Page)、EJB 等多种形式,以支持不同的业务需求,而且 Java 应用程序具有一次编写,到处运行的特性,使得 J2EE 技术在发布计算领域得到快速发展。J2EE 简化了构件可伸缩的、其于构件服务器端应用的复杂度,虽然 DNA 2000 也一样,但最大的区别是 DNA 2000 是一个产品,J2EE 是一个规范,不同的厂家可以实现自己的符合 J2EE 规范的产品。J2EE 规范是众多厂家参与制定的,不为 Sun 所独有,而且其支持跨平台的开发。目前许多大的分布计算平台厂商都公开支持与 J2EE 兼容的技术。

EJB 是 Sun 推出的基于 Java 的服务器端构件规范 J2EE 的一部分。J2EE 推出之后,得到了广泛的发展,已经成为应用服务器端的标准技术。Sun EJB 技术是在 Java Bean 本地构件的基础上发展的面向服务器端分布应用构件技术,基于 Java 语言提供了基于 Java 二进制字节代码的重用方式。EJB 给出了系统的服务器端分布构件规范,包括构件、构件容器的接口规范以及构件打包、构件配置等的标准规范内容。EJB 技术的推出使得用 Java 基于构件方法开发服务器端分布式应用成为可能。从企业应用多层结构的角度,EJB 是业务逻辑层的中间件技术,与 JavaBeans 不同,它提供了事务处理的能力。自从三层结构提出以后,中间层(业务逻辑层)从数据存储层分离,成为事务处理的核心。从分布式计算的角度,EJB 像 CORBA 一样提供了分布式技术的基础,以及对象之间的通信手段。

从 Internet 技术应用的角度,EJB 和 Servlet、JSP 一起成为新一代应用服务器的技术标准,EJB 中的 Bean 可以分为会话 Bean 和实体 Bean,前者维护会话,后者处理事务。现在 Servlet 负责与客户端通信,访问 EJB,并把结果通过 JSP 产生页面传回客户端。

J2EE 的优点是:以 Java 开发的构件能够做到一次编写,到处运行,开发的应用可以配置到包括 Windows 平台在内的任何服务器端环境中。

3) Microsoft DNA 2000

Microsoft DNA 2000(distributed internet applications)是 Microsoft 在推出 Windows 2000 系列操作系统平台的基础上,通过扩展其分布计算模型以及改造 Back Office 系列服务器端分布计算产品之后发布的新的分布计算体系结构和规范。

在服务器端,DNA 2000 提供了 ASP、COM、Cluster 等的应用支持。目前,DNA 2000 在技术结构上有巨大的优越性。一方面,由于 Microsoft 是操作系统平台厂商,所以 DNA 2000 技术得到了底层操作系统平台的强大支持;另一方面,由于 Microsoft 的操作系统平台应用广泛,支持该系统平台的应用开发厂商数目众多,因此,在实际应用中,DNA 2000 得到众多应用开发商的采用和支持。

DNA 2000 融合了当今先进的分布计算理论和思想,如事务处理、可伸缩性、异步消息队列、集群等内容。DNA 使得开发可以基于 Microsoft 平台的服务器构件应用,其中,如数据库事务服务、异步通信服务和安全服务等,都是由底层的分布对象系统提供的。

以 Microsoft 为首的 DCOM/COM/COM+阵营,从 DDE、OLE 到 ActiveX 等,都提供了中间件开发的基础,如 VC、VB、Delphi 等都支持 DCOM,包括 OLE DB 在内新的数据库存取技术。随着 Windows 2000 的发布,Microsoft 的 DCOM/COM/COM+技术在

DNA 2000 分布计算结构基础上展现了一个全新的分布构件应用模型。首先，DCOM/COM/COM＋的构件仍然采用普通的组件对象模型（Component Object Model，COM）。COM 最初作为 Microsoft 桌面系统的构件技术，为本地的 OLE 应用服务，但是，随着 Microsoft 服务器操作系统 NT 和 DCOM 的发布，COM 通过底层的远程支持使得构件技术延伸到分布应用领域。其次，DCOM/COM/COM＋更将其扩充为面向服务器端分布应用的业务逻辑中间件。通过 COM＋的相关服务设施，如负载均衡、内存数据库、对象池、构件管理与配置等，DCOM/COM/COM＋将 COM、DCOM、MTS 的功能有机地统一在一起，形成了一个概念、功能强的构件应用体系结构。第三，DNA 2000 是单一厂家提供的分布对象构件模型，开发者使用的是同一厂家提供的系列开发工具，这比组合多家开发工具更有吸引力。

但是，它的不足之处是依赖于 Microsoft 的操作系统平台，在其他开发系统平台（如 UNIX、Linux 等）上不能发挥作用。

4）Web Services 技术

近几年来，Internet 的迅猛发展使其成为全球信息传递与共享的巨大的资源库。越来越多网络环境下的 Web 应用系统被建立起来，利用 HTML、CGI 等 Web 技术可以轻松地在 Internet 环境下实现电子商务、电子政务等多种应用。然而，这些应用可能分布在不同的地理位置，使用不同的数据组织形式和操作系统平台，加上应用不同所造成的数据不一致性，使得如何将这些高度分布的数据集中起来并得以充分利用成为急需解决的问题。

随着网络技术、网络运行理念的发展，人们提出一种利用 Web 服务（Web Service）进行网络应用集成的解决方案。Web Service 是基于 XML 和 HTTP 的一种服务，其通信协议主要基于 SOAP（简单对象访问协议），服务的描述通过 WSDL（Web 服务描述语言），UDDI（统一描述、发现和集成规范）用来发现和获得服务的元数据。Web Service 是一个平台独立的、低耦合的、自包含的、基于可编程的 Web 应用程序，可使用开放的 XML（标准通用标记语言下的一个子集）标准来描述、发布、发现、协调和配置这些应用程序，用于开发分布式的、互操作的应用程序。Web Service 可以执行从简单的请求到复杂商务处理的任何功能，一旦部署，其他 Web Service 应用程序就可以发现并调用这些已部署的服务。因此，Web Service 是构造分布式、模块化应用程序和面向服务应用集成的技术，可以为整个企业，甚至多个组织之间的业务流程的集成提供了一个通用机制。

Web 服务是一种技术，它通过标准和规范来实现不同异构系统的互联互通。

5）云服务

云计算（cloud computing）是继 20 世纪 80 年代大型计算机到客户端—服务器的大转变之后的又一种巨变，是分布式计算（distributed computing）、并行计算（parallel computing）、效用计算（utility computing）、网络存储（network storage technologies）、虚拟化（virtualization）、负载均衡（load balance）等传统计算机和网络技术发展融合的产物。

云服务（cloud service）是基于互联网的相关服务的增加、使用和交互模式，通常涉及通过互联网来提供动态易扩展且经常是虚拟化的资源,广义地可以指云计算平台提供的所有服务,包括给部署在云上面的应用程序的服务,以及提供给终端用户使用的服务,狭义地指通过 API 方式在云平台上提供的基础设施即服务(Infrastructure-as-a-Service,IaaS)、平台即服务(Platform-as-a-Service,PaaS)、软件即服务(Software-as-a-Service,SaaS)等。

可以看出,云服务范畴远大于 Web 服务,Web 服务是云服务能力提供的一种方式。

7.4.2　制造系统应用集成平台

制造系统应用集成平台的产生一方面来自企业实际应用对软件系统的需求,另一方面也是计算机软件技术本身发展趋势所致。软件技术的发展越来越明显地表现出以下特征:软件系统越来越庞大,但是软件系统内部组成模块的规模却越来越小;软件系统的功能越来越复杂,但是系统的开放性却越来越好。计算机应用软件正在向不依赖于特定的硬件和操作系统、具有高度可重用性的方向发展。开发制造系统应用集成平台的目的就是为企业实施制造系统提供开放的、易维护的、可重构的应用开发与系统运行的集成支持工具。

企业实施制造系统首先要实现信息集成。信息集成解决了企业由于各部门之间信息不共享、信息反馈速度慢、信息不全等造成的企业决策困难、计划不准确、库存量大、产品制造周期长等问题,提高了企业的现代化管理水平和整体经济效益。无论是信息集成,还是功能集成、过程集成,都离不开软件工具的支持;而且企业集成水平的提高在非常大的程度上取决于软件系统集成水平,良好的软件支持工具可以帮助企业快速实现制造系统应用集成。集成平台与集成框架是先进的企业应用集成支持工具。

1. 应用集成平台的概念、功能和基本特性

1) 应用集成平台的概念

制造系统应用集成平台是一个支持复杂信息环境下制造系统应用开发、应用集成和系统运行的软件平台。它基于制造业信息特征,在异构分布环境(操作系统、网络、数据库)下提供透明、一致的信息访问和交互手段,对其上运行的应用进行管理,为应用提供服务,并支持制造系统信息环境下各特定领域应用系统的集成。

2) 应用集成平台的功能

制造系统应用集成平台的功能可以划分为系统使能层和应用使能层。系统使能层主要实现通用的应用服务,应用使能层实现对不同应用功能域的特定支持,它提供的服务是面向特定应用的,应用使能层构建在系统使能提供服务的基础之上。

在系统使能层,制造系统应用集成平台以独立于应用的 API 的形式提供通信服务和全局信息服务功能,这些功能完成系统对异构操作系统、数据库、文件系统和网络协议的特定访问方式的屏蔽,以一致透明的方式为应用提供信息访问服务。

在应用使能层,制造系统应用集成平台提供以下几方面功能:①面向各应用领域的信息集成框架并提供开发工具和原型系统,如 MIS、CAD/CAPP/CAM、车间层控制等。

②面向各应用领域的集成接口为不同领域的信息访问提供便利。由于不同领域的应用的信息访问方式不同，因此集成接口的形式也就不同，例如，通常基于关系数据库的 MIS 要求具备基于 SQL 规范和文件访问的数据访问形式；基于 STEP 标准的信息集成和功能集成接口则对设计部门较为理想；而采用 MMS 协议规范的车间控制系统又要求实现 MMS 变量访问。③与应用相关的 API。系统使能层的 API 独立于应用，而应用使能层的 API 面向特定的各应用领域，提供具有领域特征的应用集成、开发手段。④运行管理应用。一个良好的运行管理系统对集成平台的运行维护和整个制造系统的正常运转都是必不可少的。

3）制造系统应用集成平台的基本特性

制造系统应用集成平台的基本特性有：①为企业的经营、管理、生产和设计领域应用提供良好的应用编程接口和应用集成接口；②提供对制造系统应用开发、应用集成进行支持的应用开发工具、应用编程接口、应用原型系统；③支持不同的企业规模和多种多样的企业信息环境；④集成平台应当为不同的企业规模和应用范围提供最佳的结构和功能配置，具有良好的可伸缩性；⑤支持异构的分布式应用操作环境，提供一致透明的数据访问。支持现有应用、已有信息资源的集成和重用；⑥根据企业对 Internet 服务的需求，制造系统应用集成平台应提供相应的 Internet 服务功能。

2. 制造系统应用集成平台的系统体系结构

图 7.39 描述了制造系统应用集成平台的体系结构。整个集成平台按照层次结构进行划分，通信服务（CS）处于集成平台的最底层，为其他层次提供基本的应用服务，包括应用通信、底层设备屏蔽等；全局信息系统（GIS）建立在通信服务之上，维护整个信息系统的完整性和一致性，为应用层提供通用的信息访问和操作手段；通信服务和全局信息系统服务共同构成统一的集成平台系统使能接口，它是构建应用使能层的基础。在系统使能接口之上是用于特定领域集成的子框架，包括 MIS 集成子系统、3C（CAD/CAPP/CAM）集成子系统和其他子系统（如车间层控制集成子系统等）。这些子系统一方面提供各特定领域的信息组织方式，另一方面提供领域内信息集成和功能集成的接口。这些接口构成了集成平台的应用使能接口。平台运行管理系统是一个相对独立的功能模块，它利用集成平台各层次提供的应用及系统管理服务完成系统运行监控和管理功能。所有这些接口都以应用开发和集成的各个层次的 API 形式出现。

1）通信系统

集成平台的通信系统提供在分布计算机、不同操作系统和不同通信协议环境下通用的通信服务功能。它基于 ISO/OSI 标准，支持目前流行的网络协议（如 TCP/IP、IPX/SPX 等）和应用协议（如 MMS、FTP、RPC 等）。通信系统以通用 API 的形式为集成平台的其他部分提供通信服务。

2）全局信息系统

集成平台的全局信息系统（Global Information System，GIS）的基本作用是为运行于集成平台上的应用提供透明、一致的信息访问和控制手段，提供建立和维护企业全局共

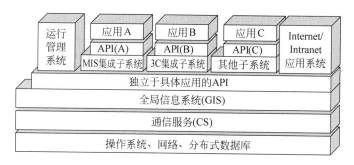

图 7.39　制造系统应用集成平台的体系结构

享信息的方法和工具。它在异构的分布计算环境下实现对操作系统的透明,对异种的分布数据库、文件系统及应用信息交互接口的透明,从而以一种一致的语义和接口为应用提供数据源(数据库、数据文件、应用交互信息)的访问与控制。

3)MIS 集成子系统

MIS 集成子系统提供一种集成接口开发工具和一组应用系统接口来实现对多种MIS 开发工具与 MIS 应用系统的集成。MIS 集成子系统还提供具有一定通用意义的OA 集成接口,用于实现 OA 系统和 MIS 的集成,真正达到为企业提供一整套事务处理和业务处理集成的管理信息系统的目标。

4)3C 集成子系统

CAD/CAPP/CAM 集成子系统首先实现一个 PDM 原型系统,建立产品信息的表述模式与管理模式的定义、面向对象的内核管理机制和开发接口的定义。3C 集成子系统利用集成平台提供的基础通信服务和信息服务,参照 STEP 标准 AP203、AP214 应用协议建立 3C 系统集成全局共享模型,基于共享模型即可实现 CAx 子系统间的信息集成。

5)集成平台运行管理系统

集成平台运行管理系统以 Client/Server 模式,通过代理机制完成制造系统应用集成平台的动态、静态配置与裁剪;对系统部分或全部组分(数据、运行代码、配置参数)进行定期的、不定期的备份;对平台中各节点运行的应用进行控制和管理;对系统中的重要资源进行共享管理;对系统中的数据库、网络访问节点、系统访问权限进行控制和管理。

6)Internet/Intranet 应用系统

Internet/Intranet 应用系统采用两级 Client/Server 访问模式,Web 浏览器与 Web服务器构成第一级 Client/Server 结构;Web 服务器与 GIS 的接口软件和数据库系统、平台 GIS 构成第二级 Client/Server 结构。

3. 基于总线的制造系统应用集成平台

基于总线的制造系统应用集成平台是从柔性软件系统(Flexible Software System,FSS)结构模型与方法的基本概念和思路出发来构造的。FSS 是在一定范围内能够满足和适应不断变化的环境和需求的软件系统。其基本概念包括系统体系结构模型和方法两方面。系统的体系结构模型包括整体和单元结构模型两部分。图 7.40 是基于总线的制造系统应用集成平台系统的整体体系结构。

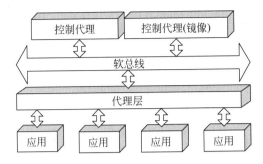

图 7.40　基于总线的制造系统应用集成平台系统的整体体系结构

　　整体结构模型具有以下特点：①松散式静态分布。代理与代理间分布对等，其间无严格的逻辑关系，可对本地应用提供底层上的基本通信服务，还能在高层次上对用户意图加以反映。②客户端/服务器式动态联接。应用与代理之间、代理与代理之间均以客户端/服务器方式联接，每个代理既可以作为客户端向其他代理发请求，也可以作为服务器向其他代理提供相应的服务。应用与代理之间、代理与代理之间均在发生请求与服务时动态地进行联接，迅速形成一定的逻辑关系并完成复杂的功能。

　　图 7.41 所示的单元结构模型由基于网络的代理通信层、基于协议的命令解释层、基于知识与规则的任务调度层、基于内核的代理服务层组成。

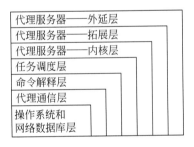

图 7.41　基于总线的制造系统应用集成平台系统的单元结构

　　操作系统和网络数据库层包括硬件、异构操作系统、分布式数据库；代理通信层是代理与外界进行信息与数据交换的接口，主要功能为：建立通信数据通道、发送请求、接收结果；命令解释层按照代理通信语言（ACL）规定的协议进行命令解释，主要功能为：构造发送命令、解释接收数据；任务调度层是基于知识与规则完成平台整体任务的统一协调，主要功能为：任务分类、设定优先级、确定服务模式；代理服务层——内核层是代理为完成其他服务任务所必须的基础性服务；代理服务层——扩展层代理平台实现整体运行管理与控制所需的一般性服务；代理服务层——外延层代理平台为完成特定功能所需的专门性服务，主要功能为：车间管理与控制、CAx 信息管理与集成、Internet 应用开发。可以看出，原先严格层次化的整体结构被松散式的分布结构代替，转化为单元内部的刚性结构和严格的层次逻辑关系，这也是为适应软件柔性和扩展性的需要。

4. 制造系统应用集成平台的发展趋势

1）为企业实施制造系统提供全方位、全生命周期的支持，便于现有应用的集成

这些支持包括提供通用的通信服务、信息服务和面向应用领域的应用开发工具、原型系统和应用集成接口。在全企业范围内，支持制造系统应用的设计开发、运行和维护的各个阶段。此外，集成现有的应用可以充分利用企业的原有资源、缩短制造系统实施时间。

2）既支持企业的信息集成，又支持功能集成和过程集成

并行工程、敏捷制造和虚拟制造等概念和方法的出现，要求集成平台不但能够支持企业的信息集成，还能支持企业的功能集成和过程集成。集成平台应当提供开放的、面向应用领域的应用集成接口，实现应用间的功能集成。随着企业经营过程分析和使能技术的发展，过程集成已经逐渐付诸实施，基于工作流管理方式实现过程集成是一个可行途径。

3）采用新技术和理论，支持标准化和开放系统概念，高度的软件可重用性

O-O 技术、O-O DBMS、多媒体技术、Internet 技术等都将对集成平台发展产生重要的影响。采用新的开放性标准（如 Web Service、云服务等），不断使平台的服务标准化，使系统具有强大的适应性和可扩展性。高度的软件可重用性是集成平台产品本身功能可持续提高的重要基础，也是计算机软件技术的发展趋势。

4）维护应用系统的安全性、可靠性、完整性，实现系统资源和数据的有效管理

制造系统的安全性、可靠性、完整性对企业运营至关重要。平台产品应当提供规范的系统管理工具，以实现对用户权限、信息资源、软硬件设备的有效管理。另外，随着系统中信息量和系统间交换的信息量的迅速增长，信息管理的要求越来越复杂，迫切需要为企业提供高效的信息组织管理方式和快速的信息查询手段，采用新的信息管理和访问技术，如数据仓库技术等，为集成平台的应用提供更广阔的空间。

5）对新兴 Internet/Intranet/Extranet 技术的支持

通过 Internet 实现制造全球化已成为可能，目前已经可以利用 Internet 技术构建企业的内部网 Intranet 实现信息共享。平台产品应在 Internet 技术服务上提供相应的支持，如 Web 服务、防火墙等。当前又提出了更新的 Extranet 概念，以构造企业间的网络，这和 EDI、OLTP 等敏捷制造动态联盟所需的信息技术是一致的。平台产品如何实现对企业间信息交互的支持是未来要考虑的一个重要问题。

7.5　制造过程控制技术

7.5.1　数字控制技术

数字控制（NC）技术是一门研究用数字指令来控制机电装置动作的技术。在工业生

产中，数控技术用于数控加工、数控装配、数控测量、数控绘图等方面。

1. 数控加工的基本原理

数控加工的零件结构采用空间直角坐标系中的点、线、面的数字量表示，数控机床按数字量控制刀具运动，完成零件加工。其加工步骤（图 7.42）为：①程序编制——根据图纸按数控机床控制系统要求确定加工指令，完成零件数控程序编制；②加工过程——将得到的数控程序传输给数控机床，控制机床各坐标的伺服系统，驱动机床，使刀具和工件严格执行程序规定的相对运动，加工出符合图纸的零件。

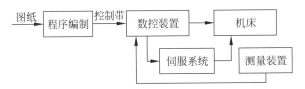

图 7.42　数控加工准备及控制过程

2. 数控系统的组成

1）数字控制系统

数字控制系统是用于数控机床的运算、管理和控制的一种自动控制装置。它通过输入介质直接输入若干数据点的数据，并对这些数据自动进行解释和运算，其结果又可对机床产生相应的作用。

一种简单的数字控制装置构成的逻辑图如图 7.43 所示。图中灰色区域部分为数控装置，它接收纸带光电阅读机传来的数据和指令，运算后送到相应的伺服驱动装置上，以驱动机床执行件。

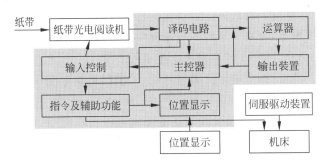

图 7.43　一种简单的数字控制装置构成的逻辑图

2）检测系统

检测系统用来检测机床执行件，如工作台、转台、滑板等，在接受数控指令后产生位移和速度的变化量。检测系统通常由原始敏感元件、变量转换元件、量值处理、数据传输和数据显示五个基本单元组成。

检测系统的工作原理框图如图 7.44 所示。它将检测结果反馈到输入端，与输入指令进行比较，然后根据差值大小的变化对机床进行控制。

图 7.44　检测系统的工作原理框图

3）伺服驱动系统和机械传动系统

伺服驱动系统常用的驱动元件有电液脉冲马达、功率步进电动机、小惯量直流电动机和交流伺服电动机等。机械传动系统是指由进给伺服驱动元件至机床执行元件之间的机械进给传动装置。常用的机械传动元件有齿轮付、滚动丝杆付、齿轮齿条付等。

4）辅助系统

辅助系统是指为实现数控机床全面自动控制的各种辅助控制装置。其作用是提高机床的使用性能,简化操作及编程。主要有传动间隙补偿、螺距、齿距误差补偿、螺纹加工、恒速切削加工、固定循环、自动换刀、手动操作。

3. 数控技术的发展趋势

从 1952 年美国麻省理工学院研制出第一台试验性数控系统开始,到现在经历了分立式晶体管式—小规模集成电路式—大规模集成电路式—小型计算机式—超大规模集成电路—微机式的数控系统等阶段。目前,数控技术发展的趋势表现为以下两个方面。

1）采用开放式体系结构

开放式体系结构使数控系统有更好的通用性、柔性、适应性、扩展性,并向智能化、网络化方向发展。开放式体系结构可以大量采用通用微机的先进技术(如多媒体技术等),实现声控自动编程、图形扫描自动编程等。数控系统继续向高集成度方向发展,使系统体积更小,同时可靠性大大提高。利用多 CPU 的优势,实现故障自动排除;增强通信功能,提高进线、联网能力。开放式体系结构的新一代数控系统,其硬件、软件和总线规范都是对外开放的,由于有充足的软、硬件资源可供利用,不仅使数控系统制造商和用户进行的系统集成得到有力的支持,而且也为用户的二次开发带来极大便利。

2）提高控制性能

数控系统在控制性能上向智能化发展。随着人工智能在计算机领域的渗透和发展,数控系统引入了自适应控制、模糊系统和神经网络的控制机理,不但具有自动编程、前馈控制、模糊控制、学习控制、自适应控制、工艺参数自动生成、三维刀具补偿、运动参数动态补偿等功能,而且人机界面更加友好,并具有故障诊断专家系统,使自诊断和故障监控功能更趋完善。伺服系统智能化的主轴交流驱动和智能化进给伺服装置能自动识别负载,并自动优化调整参数。

7.5.2　柔性制造技术

随着社会的进步和生活水平的提高,社会对产品多样化、低制造成本及短制造周期等需求日趋迫切,传统的制造技术已不能满足市场对多品种、小批量、更具特色、符合顾客个人要求样式和功能的产品的需求。20 世纪 90 年代后,由于微电子技术、计算机技术、通信技术、机械与控制设备的发展,柔性制造技术已成为各工业化国家机械制造自动化的研制和发展重点。

1.基本概念

1)柔性

柔性可以表述为两个方面:一是系统适应外部环境变化的能力,可用系统满足新产品要求的程度来衡量;二是系统适应内部变化的能力,可用在有干扰(如机器出现故障)情况下,系统的生产率与无干扰情况下的生产率期望值之比来衡量。随着批量生产时代正逐渐被适应市场动态变化的生产所替换,一个制造自动化系统的生存能力和竞争能力在很大程度上取决于它具有的柔性。

柔性主要包括:①机器柔性:当要求生产一系列不同类型的产品时,机器随产品变化而加工不同零件的难易程度;②工艺柔性:一是工艺流程不变时自身适应产品或原材料变化的能力;二是制造系统内为适应产品或原材料变化而改变相应工艺的难易程度;③产品柔性:一是产品更新或完全转型后,系统能够非常经济和迅速地生产出新产品的能力;二是产品更新后,对老产品有用特性的继承能力和兼容能力;④维护柔性:采用多种方式查询、处理故障,保障生产正常进行的能力;⑤生产能力柔性:当生产量改变时系统也能经济地运行的能力。对于根据订货而组织生产的制造系统,这一点尤为重要;⑥扩展柔性:当生产需要的时候,可以很容易地扩展系统结构,增加模块,构成一个更大系统的能力。⑦运行柔性:利用不同的机器、材料、工艺流程来生产一系列产品的能力和同样的产品换用不同工序加工的能力。

2)柔性制造技术

柔性制造技术是对各种不同形状加工对象实现程序化柔性制造加工的各种技术的总和。柔性制造技术是技术密集型的技术群,通常侧重于柔性,适应于多品种、中小批量(包括单件产品)的加工技术都属于柔性制造技术。目前按规模大小划分为柔性制造系统(FMS)、柔性制造单元(FMC)、柔性制造线(FML)和柔性制造工厂(FMF)。

我国国家军用标准将柔性制造系统定义为"是由数控加工设备、物料运储装置和计算机控制系统组成的自动化制造系统,它包括多个柔性制造单元,能根据制造任务或生产环境的变化迅速进行调整,适用于多品种、中小批量生产。"常见的组成包括多台全自动数控机床(如加工中心与车削中心等),由集中的控制系统及物料搬运系统连接起来,可在不停机的情况下实现多品种、中小批量的加工及管理。

柔性制造单元可视为一个规模最小的FMS,是FMS向廉价化及小型化方向发展的一种产物。它由1~2台加工中心、工业机器人、数控机床及物料运送存储设备构成,特点是实现单机柔性化及自动化,具有适应加工多品种产品的灵活性,迄今已进入普及应用阶段。

柔性制造线是处于单一或少品种、大批量非柔性自动线与中小批量、多品种FMS之间的生产线。其加工设备可以是通用的加工中心、CNC机床,也可采用专用机床或NC专用机床。对物料搬运系统柔性的要求低于FMS,但生产率更高。它以离散型生产中的柔性制造系统和连续生产过程中的分散型控制系统(DCS)为代表,其特点是实现生产线柔性化及自动化,其技术已日臻成熟,迄今已进入实用化阶段。

柔性制造工厂是将多条 FMS 连接起来,配以自动化立体仓库,用计算机系统进行联系,采用从订货、设计、加工、装配、检验、运送至发货的完整 FMS。它包括了 CAD/CAM,并使计算机集成制造系统投入实际,实现生产系统柔性化及自动化,进而实现全厂范围的生产管理、产品加工及物料储运进程的全盘化。FMF 是自动化生产的最高水平,反映出世界上最先进的自动化应用技术。它将制造、产品开发及经营管理的自动化连成一个整体,以信息流控制物质流的智能制造系统(IMS)为代表,其特点是实现工厂柔性化及自动化。

2. 柔性制造采用的关键技术

1) 模糊控制技术

模糊数学的实际应用是模糊控制器。最近开发出的高性能模糊控制器具有自学习功能,可在控制过程中不断获取新的信息并自动地对控制量作调整,使系统性能大大改善,尤其是基于人工神经网络的自学方法更引起人们极大的关注。

2) 人工智能、专家系统及智能传感器技术

迄今,柔性制造技术中采用的人工智能大多是基于规则的专家系统。由于专家系统能简便地将各种事实及经过验证的理论与通过经验获得的知识相结合,因而专家系统为柔性制造的诸方面工作增强了柔性。展望未来,以知识密集为特征,以知识处理为手段的人工智能(包括专家系统)技术必将在柔性制造业(尤其智能型)中起着日趋重要的、关键性的作用。智能制造技术旨在将人工智能融入制造过程的各个环节,借助模拟专家的智能活动,取代或延伸制造环境中人的部分脑力劳动。对未来智能化柔性制造技术具有重要意义的一个正在急速发展的领域是智能传感器技术,它使传感器具有内在的"决策"功能。

3) 人工神经网络技术

人工神经网络(ANN)是模拟智能生物的神经网络对信息进行处理的一种方法,故人工神经网络也就是一种人工智能工具。在自动控制领域,神经网络将并列于专家系统和模糊控制系统,成为现代自动化系统中的一个组成部分。

3. 柔性制造技术的发展趋势

1) 发展效率更高的 FML

多品种、大批量的生产企业,如汽车及拖拉机等,对 FML 的需求引起了 FMS 制造厂的极大关注。采用价格低廉的专用数控机床替代通用的加工中心将是 FML 的发展趋势。

2) 向多功能方向发展

由单纯加工型 FMS 进一步开发以焊接、装配、检验及钣材加工乃至铸、锻等制造工序兼具的多种功能 FMS。

近年来,柔性制造作为一种现代化工业生产的科学"哲理"和工厂自动化的先进模式

已为国际上所公认，可以这样认为：柔性制造技术是在自动化技术、信息技术及制造技术的基础上将以往企业中相互独立的工程设计、生产制造及经营管理等过程，在计算机及其软件的支撑下构成一个覆盖整个企业的完整而有机的系统，以实现全局动态最优化、总体高效益、高柔性，并进而赢得竞争全胜的智能制造技术。

7.5.3 传统的智能制造技术

随着全球经济一体化的大环境的形成，市场竞争愈演愈烈，致使企业面临着大批量定制的需求、企业生存环境日益复杂，以及脑力劳动自动化有待进一步提高等诸多挑战。智能制造（IM）就是顺应这些情况发展起来的。它是人类追求的理想制造方式，能够实现制造系统运作的高度柔性化和集成化。

1．智能制造概述

1）智能制造的内涵

智能制造技术（Intelligent Manufacturing Technology，IMT）和智能制造系统（Intelligent Manufacturing System，IMS）统称为智能制造。

智能制造技术是利用计算机模拟制造业人类专家的分析、判断、推理、构思和决策等智能活动，并将这些智能活动与智能机器融合起来，贯穿应用于整个制造企业的子系统（如经营决策、采购、产品设计、生产计划、制造装配、质量保证和市场销售等），以实现整个制造企业经营运作的高度柔性化和高度集成化，从而取代或延伸制造环境中人类专家的部分脑力劳动，并对制造业人类专家的智能信息进行搜集、存储、完善、共享、继承与发展，是一种极大提高生产效率的先进制造技术。

智能制造系统是指基于智能制造技术，综合应用人工智能技术、信息技术、自动化技术、制造技术、并行工程、生命科学、现代管理系统理论和系统工程理论与方法，在国际标准化和互换性的基础上，使得整个制造系统中的各个子系统分别智能化，并使制造系统成为网络集成的、高度自动化的制造系统。智能制造系统具有自组织能力、自律能力、自学习和自维护能力，以及整个制造系统的智能集成等特征。

2）智能制造的特点

智能制造的特点包括：①广泛性——涵盖了从产品设计、生产准备、加工与装配、销售与使用、维修服务直至回收再生的整个过程。②集成性——集机械、电子、信息、自动化、智能控制为一体的新型综合技术，各学科的不断渗透交叉、融合，界限逐渐淡化，甚至消失，技术趋于集成化。③系统性——追求的目标是整个制造系统的智能化。④动态特性——智能制造技术的内涵不是绝对的和一成不变的，反映在不同的时期不同的国家和地区发展的目标和内容会有所不同。⑤实用性——其目的不是追求技术的高新，而是注重产生最好的实践效果，以提高效益为中心，以提高企业的竞争力和促进国家经济增长和综合实力的提高为目标。⑥开放性——从耗散结构理论和进化论的观点看，要让机器具有较高的智能行为，首先是依靠人来向系统引入负熵流，即通过人工移植必要的基本知识，使系统具备自我学习、自我积累、自我调整、自我扩展阶段。

2. 智能制造系统的体系结构

智能制造系统的主要类型有：以提高制造系统智能为目标，以机器人、智能体或全能体为手段的 Holonic 制造系统（Holonic Manufacturing System，HMS）；采用生物的问题求解方法，使制造系统具有生物特点的生物型制造系统（Bionic Manufacturing System，BMS）；以及借用分形几何中的自相似性概念描述的分形企业（fractal enterprise）。

1）Holonic 制造系统

Holon 是一种具有自律特性和协作特性的制造系统结构单元。它在制造系统中用于对信息或物理对象进行转换、运输、储存和确认。Holon 通常包括一个信息处理部分和一个物理处理部分。Holonic 结构是指由能够协作达到一个目的或目标的 Holon 组成的 Holonic 系统。Holonic 结构定义了 Holon 协作的基本规则（图 7.45）。

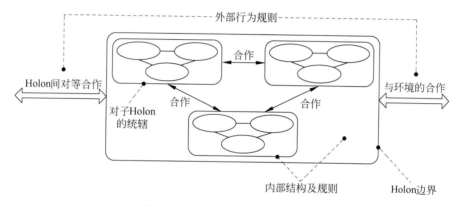

图 7.45　Holonic 系统结构示意图

Holonic 制造系统是一个集成了包括从订单预定一直到设计、生产和打入市场在内的所有制造活动的、以实现敏捷制造为目的的 Holonic 结构。图 7.46 是一个 Holonic 制造系统。HMS 运行机制主要包括系统中 Holon 之间的谈判协议和协商合作策略。

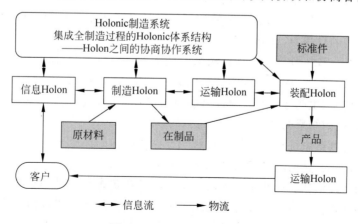

图 7.46　Holonic 制造系统

2）生物制造系统

生物制造系统采用一种新的、生物型的求解方法。构成生物制造系统的方法学的基础是相似学理论。生物制造系统要求每个生产环节具有自发性、自律性和自协调的能力，一旦出现问题，就能解决。生物制造系统具有集成化、分布化、冗余结构、自组织性、信息化以及智能化等特点。

生物制造系统的基本单元称作基元（modelon），采用面向对象方法定义的每个基元都有自主权和主动性，同时又顾及整体，保证整体上相互协调一致。基元上下级与平行级之间通过消息板（message board）交换信息，这种消息板与专家系统中的黑板机制类似，只是取消了集中的控制机构。一个基元启动后，该基元与相关基元通过消息板实现对话，以寻求解决问题的方案。图7.47是基元结构与信息总线图。

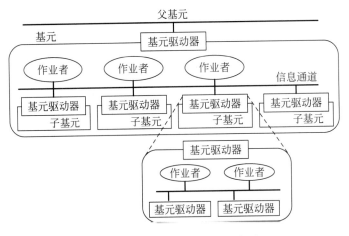

图 7.47　基元结构与信息总线图

3）分形企业

分形企业作为一种新的生产模式，具有许多精益生产的特点。它是借用分形几何中的自相似性（self-similarity）概念描述的一种新的生产方式。分形企业的自相似性包括：①企业组织结构的自相似，即以过程为中心建立企业的组织；②目标自相似，即单元的目标与企业的目标一致。分形企业在自相似的基础上具有自组织性的特点，表现为：①自监控产品质量、总数、效率和性能等；②自调控企业能力利用、资源配置分配和评价；③自确定工作时间、生产方式等；④自治生产安排和控制；⑤不是各人行为的协调和控制，而是分形的面向结果的评价。

分形企业将制造系统看作是具有自己的过程和结构的集成系统，不是线性发展的系统，不能精确预测的、其内部和外部的边界是模糊的系统。分形企业常采用面向产品或面向任务的项目组形式。这些项目组负责某一产品或负责完成某一任务，并具有与完成任务有关的一切责任和权利。项目组的组长可以对组内的重大事件做出决策，而无须向上级汇报或征求上级意见。整个企业的组织结构就是由很多这样的项目组组成的"适度递阶控制（hierarchal control）"的结构。

3. 智能制造中的关键技术

1）智能制造技术

智能制造技术是一个从产品概念体系到最终产品的集成活动和系统,是一个功能体系和信息处理系统,实质上是智能制造技术在制造领域的应用。

2）物流系统设计及仿真

由于物流系统涉及因素多,难以建立数学解析模型,因此计算机仿真成为人们进行物流系统设计最常用的手段。将面向对象的概念引入 Petri 网技术中,对网络进行分层和抽象,形成层层子网的树形结构,就出现了将形式化建模与非形式化建模相融合的复合建模方法。

3）物料识别控制调度技术

物料识别是进行计算机存储控制的基础。在识别技术中,条形码自动识别技术已经被广泛采用。物料控制是在物料识别信息基础上,根据生产情况,由计算机统一协调控制相应的设备和装置,实现物料的按需传送。物流调度是以自动小车,特别是以 AGV(自动导引运输车)为控制对象,在实施实时调度、规划、路径选择时,利用新理论来提高决策水平,适应物流系统柔性化、自动化日益提高的需求。

4）人工智能技术

人工智能是为了用技术系统突破人的自然智力的局限性,实现部分代替、延伸和加强人脑的科学。当前,专家系统、模糊推理以及神经网络等人工智能技术已经在智能制造中广泛应用。

7.6　制造技术的新发展

新一代信息技术的运用不仅使大型的、跨国性公司的运营得到优化,而且也大大提升了中小企业的综合竞争力,这使得智能制造的理念对社会生产力和整个社会经济发展的重要意义得到人们的普遍公认。

1. 新的制造模式不断产生和发展

市场需求的快速变化,社会生产力发展水平、社会需求的变化和全球性的经济竞争,使得制造环境已经或正在发生着重大的变化,催生了许多新型制造模式,如家用电器、汽车行业的客户化定制模式,电力、航空装备行业的异地协同研发和云制造模式,食品、药材、建材、钢铁、服装等行业的电子商务模式,以及众包设计、网络协同制造、服务型制造等新型制造模式,指导制造企业面对以个性化服务为基础的不断变化的市场,并在合理利用资源、可持续发展的前提下求得生存与发展。

2. 从面向过程的管理走向企业策略管理

随着科学技术的飞速发展以及全球统一市场的形成,企业迫切需要有效的管理工具来适应极度膨胀的信息和成倍增长的数据,以优化自己的经营,从而在激烈的市场竞争中达到"提供最好的产品与服务、获得最大利润"的目标。正是在对这一目标的不断追求中，现代管理方法从面向生产、销售、人事、财务、后勤等各个过程的管理发展到企业整个供应链、价值链的整合，从追求企业内部生产的协调顺畅到支持企业间联盟的管理组织以及客户关系管理（CRM），从 MRP 到 ERP，再发展到电子商务时代的供应链管理，管理思想水平取得飞速发展，管理系统工具，特别是 ERP 的功能也随之不断拓展。

ERP 结合 Internet 技术，可以帮助企业运用 Internet 进行高效的市场运作，获取并分析客户、供应商、雇员以及合作伙伴的相关信息，使企业做出更好的商业决策。同时，运用 Internet 还可以使企业的商业流程自动化，使制造、采购供应链系统更为畅通，保证企业在最短的时间内将正确的产品和服务传递给客户，从而提高企业的竞争力。

ERP 中拓展了客户关系管理功能。CRM 强调以客户为中心，强调对客户的快速反应，给予客户一对一、交互式的个性化服务。它所要求的不仅仅是销售过程的自动化，还要求商业结构能够充分利用关键客户和企业数据来优化商业决策过程。同时，它还赋予客户与企业进行交流的能力。CRM 与财物、人力资源、工程、制造和供应链应用系统完全集成为一体，将成为企业级的 CRM 解决方案，实现与客户的高度集成。

供应链是在 MRP-Ⅱ 和 ERP 技术基础上发展起来的又一种现代管理方法与技术。它强调随着发展和变化，在把握真实需求的基础上，对供应链的信息流、物流、资金流、价值流、工作流等各个流程的集成和优化。比较活跃的领域包括：①供应链建模技术；②供应链运行的参考模型；③供应链管理的实施、方法；④电子商务下的供应链管理；⑤基于模块化、可重构、代理、分布式对象等技术的供应链管理；⑥支持动态联盟的虚拟供应链等。这些研究成果已逐步应用到实际产品中。

从 MRP 到供应链管理的沿革可以看出，现代管理技术已经从物料的计划发展到整个公司经济战略与事物的综合管理方法，成为企业最大限度发挥现有设备、资源、人力的作用，最大限度地产生经济效益的一种有力的支撑基础。

3. 面向全生命周期的产品并行虚拟开发技术日趋成熟

据国外资料统计分析，从 19 世纪 70 年代到 20 世纪 90 年代的 100 多年里，加工过程的效率提高了 2000%，生产管理的效率提高了 80%～120%，而产品开发的效率仅提高了 20%，产品设计是产品整个生命周期的重要一环，近 80% 的成本是在这一阶段确定的。尤其是当前市场竞争环境下，体现竞争能力的一个关键就是不断地快速开发新产品。因而，产品开发方法与技术的研究一直是一个非常活跃的领域，并取得了很大的进展。着眼于优化产品的整个生命周期，生产具有综合竞争力的产品，面向全生命周期的产品并行化、虚拟化、敏捷化的产品开发技术日趋成熟。

1）产品开发方式由串行向并行发展，开发的组织管理模式从严格分工向自主管理的项目团队方式转变

并行工程（Concurrent Engineering，CE）是对产品设计及其相关过程（包括设计过程、制造过程和支持过程）进行并行一体化设计的一种系统化的工作模式。这种工作模

式力图使开发者一开始就考虑到产品全生命周期中的所有要素,包括质量、成本、进度与用户要求。并行工程充分利用集成环境和各种协同工具,从全局优化的角度使产品生命周期内各环节的设计任务尽可能并行,侧重产品全生命周期的研究。

如图 7.48 所示,在并行设计过程中,产品开发过程各个阶段的工作交叉进行,以便可以及早发现与其相关过程不匹配的地方,及时评估、决策,以达到缩短产品开发周期、提高质量、降低成本的目的。并行设计将产品开发周期分解成许多阶段,每个阶段都有自己的时间段,组成设计的整个过程。时间段之间重复的部分表示同时进行。一般情况下,相邻的两个阶段可以相互重叠,需要时也可以出现两个以上阶段相互重叠。在这些相互重叠的设计阶段之间进行并行设计,显然首先要求信息集成和相互间的通信能力,此外还要求以团队的方式工作。

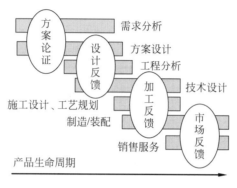

图 7.48　并行开发模式

(1) 支持并行开发团队的协同工具更加完备。

支持产品开发团队的协同工具主要包括以下两方面:一是集成化的产品数据管理(PDM)系统,以方便团队成员对产品信息进行访问;二是足够的通信手段和协同工具,以保证设计成员之间进行信息交流,并实现设计约束的管理、设计冲突的协调和设计方案的评价等。

产品数据管理系统融合了面向对象技术、分布式数据库技术、网络技术与 C/S 结构,可对产品生命周期所有相关数据和过程进行管理与控制,实现分布环境中数据的共享与操作。许多 PDM 工具都将支持产品全生命周期操作作为自己追求的目标,提供 API 用以与其他工具集成。而基于 Web 技术的系统成为其发展的主流方向。

在通信与协同工具方面,有关产品开发团队工作环境的研究包括通用的平台(如计算机支持的协同工作环境,也称为"群件")以及专门的协同设计系统。计算机支持的协同工作(CSCW)领域已取得了很大的进展,并已有商业化的产品,如莲花公司的 Lotus 系列、微软公司的 Microsoft NetMeeting 等。

专门的协同设计系统在连接不同 CAD 系统、进行协同设计信息访问的基础上,可以进行实时的二维、三维协同建模,使团队成员对图形、属性等信息进行查看、检验,并相互交换不同的设计思想,方便团队最终达成一致的设计方案。

（2）面向产品全生命周期的并行开发工具逐渐成熟。

面向产品全生命周期的并行开发方式。已超越了设计与销售、制造等系统之间简单的信息共享，而形成一种同时考虑产品生命周期各阶段目标和约束的系统性方法，这就是面向制造（M）、面向质量（Q）、面向环境（E）等多方面的设计方法，综合称为 Design For X(DFX)的设计模式。DFX 的方法包括经验法、定量评估法、基于特征的方法以及人工智能的方法。当前研究的关键技术包括计算机辅助概念设计、集成产品信息模型、产品可制造性模型及其评价方法、并行设计过程分析等。DFX 系列产品主要包括面向制造和装配的设计（DFMA）工具、面向维护（Service）的设计（DFS）工具、面向环境的设计（DFE）工具。DFMA 工具可在设计的早期分析产品结构的优化程度、装配难易程度以及整体的可制造性评价。DFE 则用于对产品循环利用的经济性，以及产品设计对环境的影响进行分析，并对拆装顺序进行优化。DFS 可对产品维护的难易程度进行分析。所有这些工具的分析结果都将作为概念设计的约束，而且这些工具还可以为改良设计提供建议。

2）产品开发系统功能更加强大，并向集成化、虚拟化发展

随着 CAD/CAE/CAM 系统功能的不断增强以及仿真、可视化技术的发展，产品开发过程中的仿真技术应用范围不断扩展，从面向单个零部件的应用发展到整个产品乃至设计、制造、加工的过程的仿真，虚拟产品开发（Virtual Product Development，VPD）、虚拟原型（Virtual Prototyping）与虚拟制造技术（Virtual Manufacturing)研究与开发受到广泛关注。

如图 7.49 所示，虚拟产品开发能够在虚拟状态下构思、设计、制造、测试和分析产品，以解决那些反映在时间、成本、质量诸方面存在的重大压力问题。

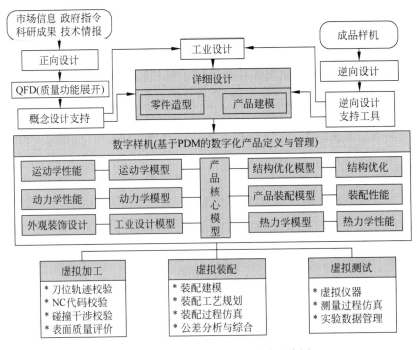

图 7.49　虚拟产品开发核心内容示意图

VPD 是实际产品开发过程在计算机上的本质实现，即采用计算机仿真与虚拟现实技术，在计算机上群组协同工作，通过三维模型与动画，实现产品的设计开发的本质过程，是一种通过计算机虚拟模型来模拟和预测产品功能、性能以及可加工性等各方面可能存在的问题，提高产品的预测和决策水平，使得产品开发走出主要依赖于经验的狭小天地，发展到全方位预测的新阶段，从根本上解决 TQCS（时间，质量，成本，服务）的难题。

目前，VDP 的开发研究热点包括：①基于 META 建模的 VPD 建模理论、方法、框架的研究；②支持 VPD 全过程的产品数字模型的数据组织与管理技术；③面向设计、装配、生产的产品数字模型的映射技术；④基于 PDM 的虚拟产品创新设计系统、产品样机数字化技术；⑤逆向设计中的产品反求技术；⑥工业设计美学原则及设计手法在产品设计中的运用技术以及美学评价技术；⑦产品机构的运动学、动力学分析与仿真；⑧产品结构的分析与仿真。

4. 制造技术继续向柔性化、集成化和智能化方向发展

柔性制造、集成制造、智能制造是智能制造技术发展的三个阶段。近年来，超精密加工、束流加工、快速原型（Rapid Prototyping，RP）等底层加工技术发展迅速，这些技术具有高柔性、容易集成和智能化等特点。

高效柔性化和高精化分别反映了制造业在竞争激烈且具有不确定性市场环境下的两个最主要的要求，即产品生产变换的灵捷性和产品质量持续的提高。当前制造技术柔性化的发展将沿着以下四个方向推进：①加速数控机床向高速化和高精化发展和应用的步伐；②加强发展多功能复合加工的数控机床来提高单件和中小批量生产的加工精度和高效柔性化；③对于中、大批量生产提出发展快速重组制造系统（Rapidly Reconfigurable Manufacturing System，RRMS）和可重构机床（Reconfigurable Machine Tool，RMT）将是一个合理的解决方案；④发展网络化制造单元，以适应数字化企业的构建。

集成制造强调信息流和物质流的集成。集成制造是实现智能制造的重要支撑和基础。全生命周期下，面向产品形成过程的制造信息集成除了传统的 CAD/CAPP/CAM/PDM 集成外，目前基于 Web 的 CAx/PDM/ERP 等应用系统的信息集成已经成为发展方向。其中，需要解决的关键问题包括：①接口的开发。接口的开发是与系统的结构和工作方式密切相关的，且必须考虑整个功能和各个分系统的作用。②标准化工作。企业标准化包括有关数据和文档的标准化、零部件名称的标准化、编号系统的标准化和企业业务流程的标准化等工作。③面向对象的应用与关系数据的匹配问题。需要在关系数据库上开发出面向对象的应用程序接口。④支持分布式数据管理。需要解决异构软硬件环境、异构网络协议下的远程通信问题，要求提供模型数据字典的管理与维护及面向数据存取与操作的规则处理机制等。

制造智能化能够促进集成化制造水平的提高。其发展表现为：①提高智能。智能化复杂系统的行为和结构是分层次的，每个层次都有自己的新物质和状态描述，必须建立每个层次能上下相容的结构与周边友好的界面。②研究和模仿人类智能。研究生物界

的进化机制、生命系统自组织能力、免疫能力和遗传能力的精确结构。③协调人机关系。建立一种新型的人机一体化关系，从而产生高效、高性能的生产系统。

最近发展迅速的虚拟轴机床、虚拟制造等技术标志着底层加工技术向柔性化、智能化和集成化方向更进一步。虚拟制造技术本质上是一个集成的、综合的可运行制造环境，用来提高各个层次的决策和控制，它为"虚拟产品开发"提供了有效的制造过程仿真。采用"虚拟产品"模型对产品的加工过程仿真可以评价"制造"出的产品与"设计"产品之间的差别，并可根据毛坯切削的过程和结果来评价设计产品的可制造性问题，并校验数控代码指挥的数控机床可能产生的刀具与工件、刀具与夹具、刀具与加工工作台之间的碰撞与干涉等问题。另外，智能制造单元、生物制造系统(BMS)、多功能集成工厂(Multi-Functions Integrated Factory，MFIF)等新技术、新概念层出不穷，极大地促进了加工技术的智能化和集成化。

5. 2017 年 Gartner 发布的新兴科技技术成熟度

Gartner 发布了如图 7.50 所示的 2017 年新兴科技技术成熟度曲线，其中包含的各类新兴科技技术揭示出未来 5～10 年可以帮助各企业在数字经济时代中生存并繁荣发展的三大显著趋势。这三大趋势为无处不在的人工智能(AI)、透明沉浸式体验(transparently immersive experiences)和数字平台(digital platforms)。它们将提供无可

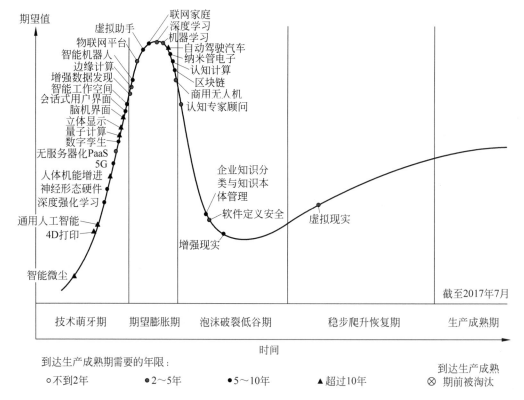

图 7.50 2017 年新兴科技技术成熟度曲线(来自 Gartner)

比拟的智能、创造全新体验并提供各种平台,帮助各企业机构与全新业务生态系统(new business ecosystems)相关联。

1) 无处不在的人工智能

人工智能将在未来十年内成为最具颠覆性的科技,因为它具有前所未有的计算能力、接近无限的数据量并在深度神经网络中取得了空前进步;而这些也将使拥有人工智能科技的企业机构可以熟练驾驭数据,以适应新环境,解决新问题。

该领域中主要的科技技术包括:深度学习(deep learning)、深度强化学习(deep reinforce learning)、通用人工智能(artificial general intelligence)、自动驾驶汽车(autonomous vehicles)、认知计算(cognitive computing)、商用无人机(commercial UAVs (Unmanned Aerial vehicles)/Drones)、会话式用户界面(conversational user interfaces)、企业知识分类与知识本体管理(enterprise taxonomy and ontology management)、机器学习(machine learning)、智能微尘(smart dust)、智能机器人(smart robots)和智能工作空间(smart workspace)。

2) 透明沉浸式体验

科技将更加以人为本,在个人、公司和物件之间建立起公开透明的关系。随着科技将在工作场所和家中以及与企业和人类的互动过程中变得更具适应性、情境化和易变性,这种关系将变得日益密切和复杂。需要考虑的关键技术包括:4D 打印(4D printing)、增强现实(augmented reality)、脑机界面(computer-brain interface)、联网家庭(connected home)、人体机能增进(human augmentation)、纳米管电子(nanotube electronics)、虚拟现实(virtual reality)和立体显示(volumetric displays)。

3) 数字平台

新兴科技要求革新能够提供大量必要数据、先进计算能力及广泛赋能生态系统的各种基础架构。分段化的技术基础架构向生态系统赋能平台的转变正在为人类和技术之间搭建桥梁的全新业务模式奠定基础。

企业须追踪的关键平台科技包括:5G、数字孪生(digital twin)、边缘计算(edge computing)、区块链(block chain)、物联网平台(iot platform)、神经形态硬件(neuromorphic hardware)、量子计算(quantum computing)、无服务器化的平台服务(serverless PaaS)以及软件定义安全(software-defined security)。

可以看到,透明沉浸式体验中以人为本的赋能科技,如智能工作空间、联网家庭、增强现实、虚拟现实和日益增长的脑机界面正在发展成为拉动技术成熟度曲线上其他趋势的尖端科技;无处不在的人工智能科技正在技术成熟度曲线上快速移动,深度学习、自主学习和认知计算等科技刚越过曲线顶峰,这表明它们是创造透明沉浸式体验的赋能科技;数字平台正在迅速地沿着技术成熟度曲线移动,这表明提供可驱动未来的基础平台可能催生新的 IT 现实;量子计算(正在技术萌芽期爬升)和区块链(已通过曲线顶峰)等科技预计在未来的五到十年产生最具革新性且最引人注目的影响。

参考文献

[1] CPS(Cyber Physical System)[EB/OL]. 百度百科：https://baike. baidu. com/item.

[2] 新一代人工智能发展规划[EB/OL]. 百度百科：https://baike. baidu. com/item.

[3] 机器学习常见算法分类汇总[EB/OL]. http://www. ctocio. com/hotnews/15919. html.

[4] 机器学习[EB/OL]. 百度百科：https://baike. baidu. com/item.

[5] 从 NIPS2014 大会看机器学习新趋势[EB/OL]. http://blog. sina. com. cn/s/blog_4caedc7a0102vafg. html.

[6] Gartner 发布 2017 年度新兴技术成熟度曲线[EB/OL]. http://www. sohu. com/a/163340658_473476.